JN436764

신편
발변전공학

공학박사 송길영 저

동일출판사

머 리 말

국내 에너지 자원이 전무하다 싶이 크게 부족한 우리 나라에서는 산업 발전의 원동력이 될 에너지, 특히 그 중에서도 전기 에너지를 어떻게 하면 차질없이 확보하고 안전 공급하느냐 하는 것은 국가적으로도 중요한 과제이다.

우리 나라의 발전 부문은 과거의 수력 중심에서 한동안 값싼 석유에 의존하는 석유 화력 시대를 구가하다가 1970년대의 석유 파동을 계기로 다시 최근에는 탈 석유 정책에 따른 에너지 자원의 다변화, 다양한 확보 정책에 따라 원자력 및 석탄을 중심으로 하는 전원 개발을 적극적으로 추진하고 있다.

IMF 파동으로 잠시 주춤했던 전력 수요의 정체도 이제 회복 단계에 들어섰고 앞으로의 전력 수요도 종래 못지 않게 계속 늘어날 전망이다. 한편 새로운 21세기를 맞이하면서 에너지 이용에 따른 환경문제는 날이 갈수록 심화되어가고 있다. 또한 최근에는 규제 완화, 시장 경쟁 원리 도입이라는 새로운 바람이 일면서 전세계적으로 전력 사업은 전력 산업 구조 개편이라는 대변혁에 직면하고 있는바, 우리 나라에서도 최근에 와서 발전 사업의 분리(개방화), 더 나아가서 이들의 민영화가 현실 문제로서 대두하고 있다.

이와 같은 시대 배경 아래에서 그 동안 대학 및 전문대학에서의 교재로서 널리 사용되어 왔던 "발변전 공학"도 그동안의 기술발전과 시대의 변화를 감안해서 여러 가지 면에서 개선하고 보강하지 않을 수 없게 되었는바, 이번에는 특히 다음과 같은 사항을 중심으로 개정하였다.

먼저 수력 발전 부문에서는 대용량 화력, 원자력 발전소의 건설에 맞추어 점차 그 비중을 높여가고 있는 양수 발전 부분을 보강하고 그 중에서도 이들의 운용과 관련된 실제적인 운용 계산 문제를 다수 수록하였다.

다음 화력 발전 부문에서는 석유 파동 이후의 에너지의 절약, 전원의 다양화 및 환경보존 문제를 배경으로 최근 관심을 끌고 있는 열병합 발전 시스템과 복합 사이클 발전 부분을 대폭 보강하였으며, 그 밖에 태양광 발전, 연료 전지 발전, 석탄의 새로운 이용 기술 등에 대해서도 현재의 기술 수준을 고려한 가능한 범위 내에서 내용을 추가, 충실화하였다.

원자력 부문은 지난번의 개정판에서 중점적으로 보강하였기 때문에 이번에 크게 손질하지는 않았지만, 그래도 역시 문제가 되고 있는 원자력의 안전성 문제와 핵연료 사이클, 폐기물 처리에 관한 부분은 최근의 원자력을 둘러싼 각 나라에서의 움직임과 정보를 바탕으로 새로운 항목을 추가하면서 다시 한번 개정, 보강하였다.

한편, 변전 부문은 오늘날처럼 대규모, 복잡화한 전력계통에서는 변전소의 신뢰성이 전력 계통의 신뢰도를 결정하고 있다고 하여도 지나치지 않을 정도로 그 중요성이 높아지고 있다는 점과, 변전소는 수용가에 근접해서 건설된다는 점에 초점을 맞추어서 기술 내용을 일신하였다. 특히 변전소의 입지가 수요지의 중심에 설치되기 때문에 변전소의 설치 공간의 축소, 주위 환경과의 조화 등이 중요한 과제로 등장하였으며 이를 해결하는 수단으로서 현재 우리 나라에서도 많이 건설되고 있는 SF 가스를 사용한 개폐 설비의 축소화에 대한 내용을 보강하였다.

이 책은 그동안 대학 및 전문대학에서의 발변전공학 교재로서 사용되어 왔던 것을 상술한 전원 다양화의 추세에 맞추어 앞으로 우리 나라의 전원 개발의 중심적인 역할을 맡게 될 원자력, LNG 발전(복합 사이클 발전 포함), 석탄 화력 등에 관한 내용을 우선 최신의 것으로 대폭 보강하였다. 그리고 이들의 기초를 알기 쉽게 기술하고 동시에 기술된 내용을 보다 확실하게 이해할 수 있게끔, 또한 현장 감각도 익힐 수 있게끔 실제로 계통 운용에 관련된 기초적이고도 핵심적인 문제를 다양하게 예제와 연습문제로 나누어서 대폭 수록하므로서 발변전 공학에 관심을 갖는 이라면 누구나 쉽게 접할 수 있도록 편집하였다.

그 밖에 전기주임기술자시험을 수험하고자 하는 분들을 위해서도 권말에 연습문제 해답편을 수록하였으므로 이것이 자립 학습하는데 많은 도움이 될 것으로 기대하는 바이다.

과연 당초 의도하였던 대로 다듬어졌는지 의심스럽지만 부족된 점은 앞으로 독자 여러분의 끊임없는 협조하에 하나씩 보완해 갈 것을 약속드리면서 이 책이 발변전 공학에 관심을 갖는 공학도 여러분들에게 좋은 길잡이가 될 것을 기대해 마지않는 바이다.

끝으로 이 책을 출간함에 있어 여러 가지로 애써 주신 동일출판사 여러분들께 심심한 감사를 표하는 바이다.

저자 씀

차 례

1장 에너지 자원과 발전

2장 수력발전

3장 수력학

4장 유량과 낙차

5장 수력설비

6장 수 차

7장 화력 발전의 개요

8장 기력 발전소의 열 사이클

9장 보일러 및 연소장치

10장 증기터빈

11장 기타의 화력발전

12장 원자력 발전의 개요

17장 새로운 발전

18장 변전설비

19장 변압기

20장 조상 설비

21장 개폐 장치 및 모선

22장 보안 장치

제 1 장

에너지 자원과 발전

1.1 개 요

인류가 활동을 유지해 나가기 위해서는 직접, 간접으로 많은 에너지를 필요로 하게된다. 에너지가 생산되어서 소비자가 사용하게 될 때까지 여러 가지 단계와 경로를 거치게 된다. 맨 처음에 생산된 에너지를 **1차 에너지**라고 하며, 이 1차 에너지로부터 이용하기 쉬운 형태로 변환한 에너지를 **2차 에너지**라고 한다. 1차 에너지는 자원 형태로 그대로 존재하는 원유, 석탄, 천연 가스, 수력, 원자력 등, 에너지의 근원이 되는 것이다. 이에 대하여 2차 에너지는 우리가 바로 사용할 수 있는 석유제품(휘발유, 등유, 중유 등), 도시 가스, 열, 전력 등이 되는 것이다.

현재 인류는 매일 1인당 $1.8 \sim 2.0 \times 10^5$[kJ] (45,000~51,000 [kcal])의 에너지를 소비하고 있다고 한다. 이것을 연간 석유 환산으로 하면 1인당 1.7~1.9 [t], 전 세계적으로는 약 90~100억 [t]에 상당한다(2002년 통계에서는 약 93억[t]이었다).

이와 같은 에너지 수요에 대응해서 공급원은 시대와 더불어 변화해 왔다. 태고시대에는 동력으로서는 인력·가축이나 소 수력을, 또 열원으로서는 나무를 사용했었으나, 산업혁명 이후에는 석탄이 열원으로서, 또 동력으로는 석탄 연소열을 이용한 증기기관이 사용되었다. 다시 20세기 후반에는 석유가 에너지원의 주종을 이루게 되었으나, 1970년대 겪게 된 석유 파동을 통해 이러한 석유자원에는 유한성이 있다는 것을 알게 되었다. 이제까지 마음 놓고 이용해 왔던 석유자원도 언젠가는 고갈 될 날이 올 것이라는 우려 때문에, 앞으로는 석유보다는 양적으로 풍부한 석탄이나 원자력과 같은 석유 대체에너지의 활용과 태양 에너지와 같은 새로운 에너지의 이용에 기대할 수 밖에 없을 것이다.

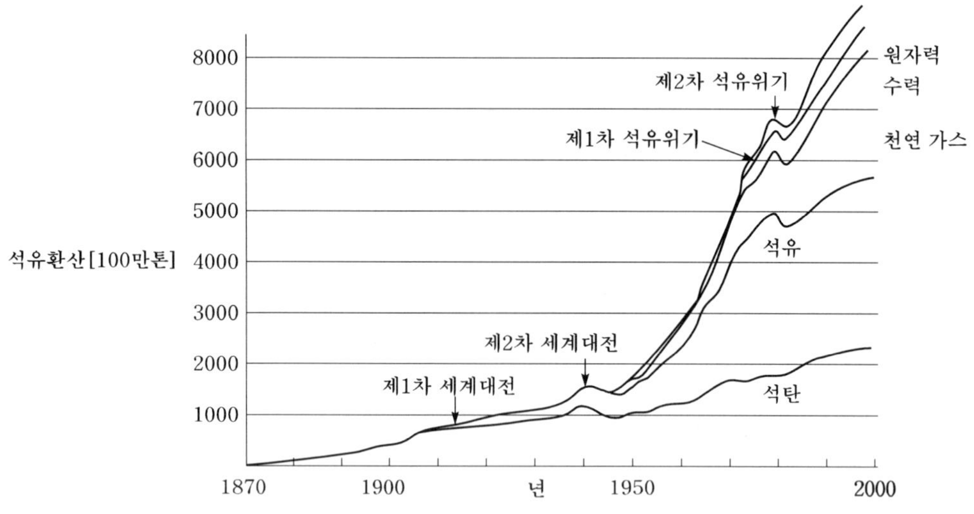

그림 1.1 세계의 에너지 소비의 추이

에너지 소비는 인구의 증가라든지 사회·경제의 발전과 더불어 가속도적으로 증가하고 있다. 과거 수 100년에 걸쳐 소비해 왔던 에너지를 현재는 불과 몇 년이면 모두 소비하고 있을 정도이다.

현재 세계에서 사용되고 있는 에너지를 에너지원 별로 보면, 석유가 40.0[%], 석탄이 25.0[%], 천연가스(LNG)가 24.7[%]로서, 이들 화석연료만으로도 전체의 90[%] 가까이를 차지하고 있다. 현대문명은 그야말로 화석연료의 소비에 지탱되고 있다고 해도 지나친 말이 아니다. 이 밖에도 수력과 원자력이 각각 2.6[%]와 7.6[%]를 차지하고 있으나, 태양 에너지 등 이른바 새로운 형태의 재생가능한 신 에너지는 이제 겨우 시작의 첫발을 내딛고 있을 따름이다.

표 1.1 전세계에서의 1차 에너지의 비율

	1차 에너지 (석유환산 100만[t])	비율[%]
석 유	3,500	40.0
석 탄	2,188	25.0
천연가스	2,162	24.7
원 자 력	665	7.6
수 력	228	2.6
합 계	8,752	100

1.2 에너지 자원의 유한성

현재 세계인구는 80억에 육박하고 있으며, 전 세계에서의 에너지 소비도 석유환산으로 90~100억[t]에 이르고 있다. 이 엄청난 에너지 소비를 지탱할 수 있을 만큼 에너지 자원, 특히 그 중에서도 화석연료의 매장량은 충분한 것인가?

표 1.2는 2002년 말 세계의 에너지 자원 매장량을 보인 것인데, 이 매장량을 현재의 년 생산량(우라늄의 경우는 년 수요량)으로 나눔으로써, 현재의 생산을 앞으로 몇 년 계속할 수 있을 것인가 하는 **가채년수(可採年數)**를 시산할 수 있다.

현재 탐사 등으로 매장되어 있는 것이 확실한 것으로 확인되어 있는 **확인가채 매장량**은 석유가 1조 5백억 배럴로서 가채년수는 약 41년이다. 석유의 부존지역은 표 1.2에서 보는 바와 같이 정치사정이 불안정한 중동지역에 집중되어 있는데, 이들의 지역만으로 전체의 65 [%] 이상을 차지하고 있다.

석탄의 확인가채 매장량은 9천 8백50억 [t]이고 가채년수는 204년으로서 다른 주요 에너지 자원에 비해 긴 편이고, 부존지역도 미국, 구소련, 중국, 호주 등 거의 세계의 모든 곳에 고르게 분포되어 있어서 공급의 불안정요인은 비교적 작은 편이다.

최근 그 사용이 증대하고 있는 천연가스의 확인가채 매장량은 156조[m^3]로 평가되고 있으며, 가채년수는 약 61년이다. 부존지역은 구소련, 동유럽이 35[%], 중동지역이 36[%]로 이 2개 지역에서 전체의 71[%] 이상을 차지하고 있어서 원유보다는 조금 나은 편이지만, 그래도 지역 편재성은 강한 편이다.

그밖에 우라늄의 확인가채 매장량은 393만[t]이고, 가채년수는 106년으로 되어 있다. 부존지역은 세계 중에 고르게 분포되고 있어서 공급의 불안정성은 비교적 작은 편이다. 그중에서도 북미, 호주, 중·남부 아프리카가 3대 자원지대로 되고 있다.

한편, 여기서 보인 매장량은 현재의 탐사 등으로 매장이 명확하게 확인되어 있는 양을 보인 것이고, 앞으로의 채광기술의 진보에 따라 새로운 자원이 발견될 수도 있다. 이 때문에 수 10년 내에 에너지 자원이 고갈될 것이라고 본다는 것은 적당하지 않지만, 아무튼 에너지 자원은 유한이라는 이 엄연한 사실에는 변화가 없다.

표 1.2 세계의 지역별 화석연료의 매장량(2002년)

		석 유	천연가스	석 탄	우라늄
확인가채 매장량		1조 480억 배럴	156조 [m^3]	9,845억 [t]	393만 [t]
지역별 부존상황	북미	3.6 [%]	4.4 [%]	26.1 [%]	17.9 [%]
	중남미	10.6 [%]	4.7 [%]	2.3 [%]	6.5 [%]
	서구	1.8 [%]	3.8 [%]	13.2 [%]	3.5 [%]
	아시아・태평양	3.7 [%]	8.1 [%]	29.7 [%]	23.8 [%]
	중동	65.4 [%]	36.0 [%]	0.2 [%]	0.0 [%]
	아프리카	7.4 [%]	7.6 [%]	5.6 [%]	17.8 [%]
	구소련・동구	7.5 [%]	35.4 [%]	22.9 [%]	23.8 [%]
연생산량		270억 배럴 (7천4백만 배럴/일)	2.5조 [m^3]	48.3억 [t]	3.7만 [t]
가채년수		40.6년	60.7년	204년	106년 (주1)

[주] 석유, 천연가스, 석탄 : BP사계 2003
우라늄 : OECD/NEA, IAEA URANIUM 2001

참고로 표 1.3은 우리나라 에너지 자원의 부존량을 나타낸 것인데, 이로부터 우리나라가 얼마나 에너지 자원 빈곤국인가를 알 수 있을 것이다.

표 1.3 우리나라 에너지 자원 부존량

구 분	단 위	매장량	경제적 가채량	생산가능 기간	비 고
무연탄	억 [t]	15	7	약 30년	·연간 약 2천 4백만 [t] 채탄 ·채탄여건 계속 악화
수 력 (양수는 불포함)	만 [kW]	300	200	–	·134만 [kW] 이미 개발
우라늄	천 [t]	115	–	–	·저 품위로 경제성이 거의 없음
조 력	만 [kW]	170	–	–	·시화 조력발전소 25.4만[kW]

예제 1.1 에너지의 대량소비에 따른 환경파괴 문제에 대해서 설명하여라.

풀이 인류가 활동을 지속하기 위해서는 에너지는 필수 불가결한 것이다. 오늘날 우리는 연간 석유환산톤으로 90~100억 [t]이라는 막대한 에너지를 소비하고 있는데, 그 대부분은 석유, 석탄, 천연가스를 중심으로 한 화석연료이다.

이들 화석연료자원의 매장량에는 한계가 있어서 이대로 소비를 계속하면 머지않은 장래 자원이 고갈될 것이다. 이와 같은 에너지의 대량소비가 가져다주는 또 하나의 문제점은 환경파괴인데, 화석연료를 연소하면 아황산가스, 질소산화물, 그리고 이산화탄소가 배출된다. 전자는 산성비를 발생시키고 후자는 지구온난화의 주요원인으로 되고 있다.

산성비 문제란 대기 중에 방출된 유황산화물(SOx), 질소산화물(NOx) 등이 구름이나 빗방울에 용해해서 산성화된 비가 내림으로써 산림의 파괴, 고기류의 사멸, 강과 호수, 토양의 산성농도 증가, 건조물 등에 피해를 주는 문제이다.

이에 대하여 지구온난화(기후변동) 문제란 석탄, 석유 등의 연소에 따른 이산화탄소(CO_2) 등 온실효과가스의 대기 중 농도가 상승한 결과 지구규모의 기온상승, 더 나아가서는 예기치 못한 기후변동을 낳게 되는 것이다. 지난 1997년 말 기후변화 협약관련 국제회의(COP_3)에서 온난화 대응을 위해 선진 각국이 이산화탄소 등 온실효과가스 삭감의 수치목표를 정하였다는 것은 이 문제의 중요성, 긴급성을 말하는 것이라고 하겠다.

이밖에 예상될 환경 파괴 문제로서는 오존층파괴 문제, 해양오염 문제, 유해폐기물의 국경이동, 산림파괴 문제, 사막화 문제, 야생생물 종 감소문제 등이 있는데 어느 것이나 모두 앞으로의 인류존망에 심각한 영향을 끼칠 것으로 예상되고 있어, 이에 대한 환경 보존책이 시급히 요구되고 있다 하겠다.

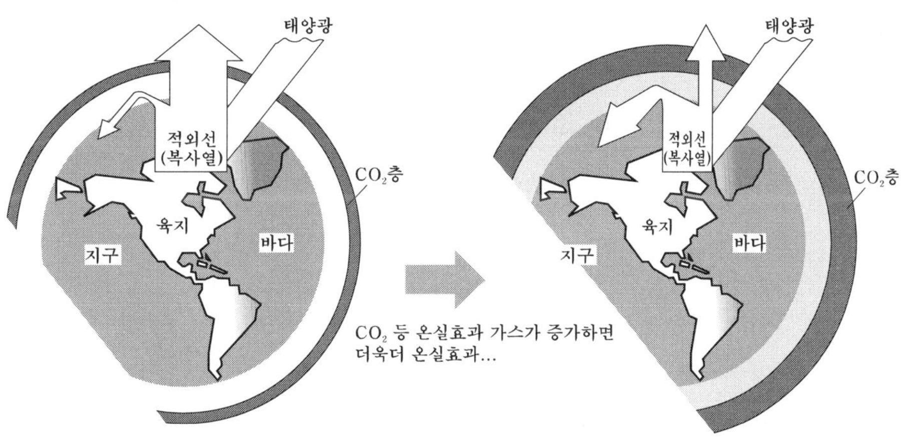

* 온실효과란 화석연료가 연소되면서 방출된 탄산가스가 지구를 둘러싸서 지구로부터 대기권 밖으로의 열방사를 방지하는 한편 태양광은 자유롭게 대기권을 관통하게 해서 대기온도를 상승시키는 현상을 의미한다.

그림 1.2 CO_2에 의한 온실효과의 개념도

1.3 에너지의 전력으로의 변환방식

자연계에 존재하는 에너지를 분류해 보면, 위치 에너지, 운동 에너지, 열 에너지, 광 에너지, 원자핵 에너지, 자기 에너지, 물질의 화학적 또는 물리적 반응에 의한 에너지 등으로 나누어 볼 수 있다. 우리는 이러한 에너지를 우리가 이용하기 쉬운 에너지 형태로 변환해서 사용하고 있는 것이다. 전기 에너지는 이들 중에서도 가장 이용하기 좋은 형태의 에너지로서, 이것은 바로 산업의 원동력이 될 생산재임과 동시에 개인의 일상생활에 있어서도 빼놓을 수 없는 소비재이다.

이들의 에너지를 전기적 에너지로 변환함에 있어서는, 무엇보다도 값싸게, 풍부하게, 그리고 신뢰도 높게 할 수 있어야 할 것이다. 이러한 관점에서 저렴한 전력을 풍부하게, 그리고 신뢰도 높게 만들어 낼 수 있는 발전용 에너지원 가운데에서 주요한 것을 간추려 보면 다음과 같다.

① 수 력 : 높은 곳에 있는 물이 갖고 있는 위치 에너지, 간만의 차에 의한 해수의 낙차를 이용하는 조력의 위치 에너지

② 열 력 : 연료(석탄, 석유, 가스, 기타)가 갖는 열 에너지, 지열, 해면과 해면 아래와의 온도차에 의한 에너지

③ 원자력 : 원자핵 분열 또는 원자핵 융합에 의해서 방출되는 핵 에너지

④ 기 타 : 풍력, 해류에 의한 속도 에너지, 파력 에너지 등

그림 1.3은 자연계에 존재하는 1차 에너지로부터 인간이 이용하기 쉬운 전기를 얻을 수 있는 각종 발전 방식에 대한 에너지 변환과정을 보인 것이다.

수력, 풍력, 조력, 파력은 자연계에 존재하는 역학에너지를 수차, 풍차, 터빈 등의 회전기계와 발전기를 조합시켜서 전기로 변환하고 있으며, 태양광 발전은 광 에너지를 반도체로 직접 전기로 변환하고 있다.

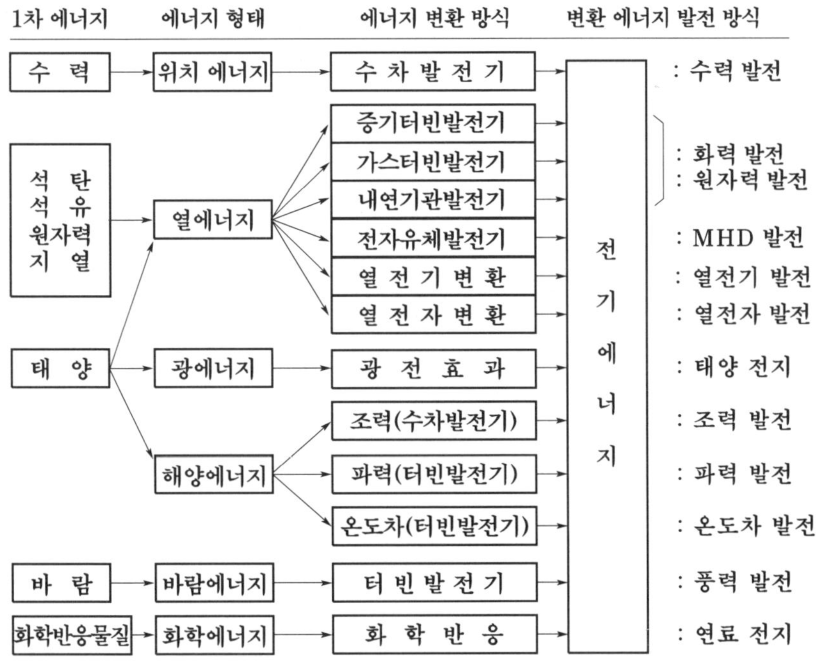

그림 1.3 각종 에너지 변환 방식

이러한 각종의 발전방식은 자연계의 에너지를 열이라든지 운동 에너지로 변환하는 간접 변환과정(간접 발전)을 거치기 때문에 열역학의 법칙에 따라 100[%]의 변환효율을 얻을 수는 없는 것이다. 귀중한 자연 에너지로부터 가능한 한 많은 전기를 얻을 수 있는 고 변환효율의 발전시스템을 실현한다는 것은 그야말로 어려운 기술개발 문제이다.

1.4 우리나라의 발전설비

우리나라는 비록 북쪽에 치우치긴 하였지만, 비교적 수력자원이 풍부한 편이어서, 일찍부터 수력개발이 추진되어 이른바, 수주화종(水主火從)의 전원구성을 이루어왔었다. 그러나, 1945년 해방 후 부터는 압록강, 장진강, 부전강 등 북부에 편재한 수력설비를 모두 잃게 되어 발전설비 면에서 많은 어려움을 겪게 되었다.

그 후 수차에 걸쳐 추진된 전원개발은 화력, 그 중에서도 주로 석유화력 개발을 중심으로 한 화주수종(火主水從) 형태로 추진해 왔다. 특히 70년대에 들어와서는 고도의 경제성장에 따라 전력수요가 급증하였기 때문에, 이 기간에서의 전원설비 증가는 다른 나라에서 그 유례를 찾아볼 수 없을 정도로 급격하였으며, 90년대에 와서도 원자력을 중심으로 한 전원설비의 증강이 계속 이어지기도 하였다.

2009년 말 현재, 총 시설용량은 73,469[MW]에 이르고 있는바, 그 중, 수력이 5,514 [MW]로 7.5[%], 화력(내연력 포함)이 50,187[MW]로 68.3[%], 그리고 원자력이 17,716 [MW]로 24.1[%]를 차지하여 완전한 화주수종의 구성을 보이고 있다.

표 1.4 우리 나라의 발전설비 단위 : 1,000 [kW]

구분 \ 연도		1980	1992	1997	2009
수 력		1,157	2,498	3,115	5,514
화력	석 탄	750	3,700	10,200	24,205
	유 류	6,897	4,810	8,860	8,060
	LNG	–	5,496	8,551	17,922
원 자 력		587	7,616	10,316	17,716
계		9,391	24,120	41,042	73,469 (집단/대체 에너지 포함)

[주] 타사분 포함 (한화,POSCO 등, 5,257, 수자원 1,044, 소 수력 33)

화력발전의 경우 1960년대까지는 그 연료의 대부분을 국내탄에 의존하여 왔었으나, 그 이후 전원개발이 급속도로 전개되면서부터 연료의 주체는 석탄에서 석유로 이행하게 되었다. 그러나, 우리나라에서는 이 석유의 전량을 해외로부터의 수입에 의존해야만 하는 실정이며, 그나마 이것도 지난번의 석유위기를 계기로 그 안정 확보가 크게 위협을 받고 있는 실정이다. 따라서 앞으로는 에너지 수급면의 안정성 확보를 기하기 위하여 새로운 연료원으로서, 해외탄의 도입, 액화 천연가스(LNG)의 도입과 아울러 원자력 발전을 적극적으로 추진해 나가지 않을 수 없게 되고 있다.

우리나라에서의 이러한 전원개발은 그동안 한국전력이 담당해 왔었다. 그러나 여기서 특기할 것은 우리나라의 전력산업에도 시장경제원리를 도입하겠다는 전력산업의 구조개편이 지난 90년대부터 적극적으로 추진되어 오다가, 드디어 지난 2001년 4월부터 한국전력의 발전부문이 6개 자회사로 분리되었다는 것이다. 전력산업 구조개편의 목적은 독점체제인 전력산업에 경쟁을 도입하여 전력공급의 효율성을 높임과 동시에 값싸고 안정적인 전력공급을 장기적으로 확보하자는 것이다.

곧, 세계화시대의 조류를 타고 우리나라 전력사업도 이제 시장경쟁시대로 들어선 것이다. 그림 1.4에 보는 바와 같이, 이 구조개편으로 한국전력은 송배전과 전력판매, 고객관리사업만 담당하고, 원자력 발전부문은 한국 수력원자력으로, 나머지 화력부문은 동서, 서부, 남부, 중부, 남동발전이 담당한다는 5개 발전회사체제로 분리되었으며, 이들의 계통운영을 담당하는 기관으로서 전력 거래소가 새로이 발족하게 된 것이다.

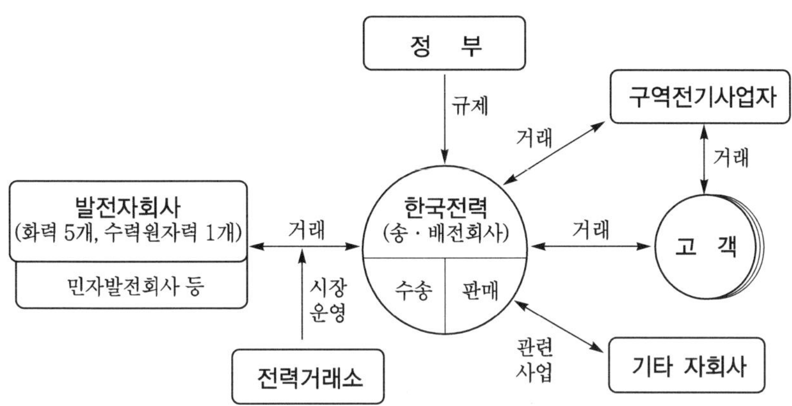

그림 1.4 국내 전력산업 구조

참고로 2009년도의 이들 각 발전회사별 발전용량 및 발전량을 표 1.5에 보인다.

표 1.5 발전회사별 발전용량 및 발전량(2009년)

구분	발전용량 [MWh]	점유비[%]	발전용량 [MWh]	점유비[%]
한국수력원자력	17,716	24.1	147,876	34.1
한국남동발전	8,965	12.2	60,410	13.9
한국중부발전	9,398	12.8	46,042	10.6
한국서부발전	8,885	12.1	45,727	10.5
한국남부발전	8,779	11.9	54,658	12.6
한국동서발전	9,503	12.9	50,777	11.7
전력그룹사 소개	63,296	86.1	405,492	93.4
기 타	10,223	14.0	28,111	6.6
국내 전체	73,469	100	433,603	100

그림 1.5는 이러한 체제하에서 오늘날 운영되고 있는 우리나라의 전력계통도를 보인 것이다. 이로부터 우리나라의 송전계통 역시 그동안 이룩해 온 계통규모의 확대에 따라 이전까지의 345[KV] 초고압 시대로부터 이제는 한 단계 더 높은 765[KV]초고압시대로 들어서고 있다는 것을 알 수 있을 것이다.

표 1.6은 이러한 에너지 개발의 기본 방침에 따른 2020년까지의 전력수급 기본계획에서의 발전원별 구성비율을 나타낸 것이다. 이에 의하면 앞으로의 전원개발은 첫째 국내 부존자원 개발의 극대화를 위하여 일반수력(양수 포함)을 비롯한 수력개발 및 국내 무연탄 발전 증대, 둘째 수입 에너지원의 다변화 및 원자력의 확대개발이 그 기본방향으로 되어 있어 앞으로는 특히 원자력이 차지하는 비중이 높아질 것으로 보고 있다.

참고로 2020년에 있어서의 전원구성비를 보면 총 시설 용량 94,280[MW] 중, 수력(양수 포함)이 12,070[MW]로 12.8 [%], 화력(내연력 포함)이 55,090[MW]로 58.2[%], 원자력이 27,320[MW]로 29.0[%]가 될 것으로 계획되고 있다.

표 1.6 전원구성 전망(제3차 전력수급기본계획 기준) (단위 : 만kW, %)

구분		원자력	석탄	LNG	석유	수력/기타	합계
2006년	제3차	1,772 (27.0)	1,847 (28.2)	1,744 (26.2)	468 (7.1)	725 (11.1)	6,556 (100)
2010년	제2차	1,872 (23.8)	2,427 (30.9)	2,055 (26.1)	491 (6.2)	1,018 (13.0)	7,863 (100)
	제3차	1,872 (23.9)	2,420 (30.9)	2,039 (26.0)	482 (6.1)	1,028 (13.1)	7,841 (100)
2017년	제2차	2,664 (30.3)	2,224 (25.3)	2,313 (26.3)	333 (3.8)	1,270 (14.4)	8,804 (100)
	제3차	2,732 (29.0)	2,642 (28.0)	2,615 (27.7)	236 (2.5)	1,207 (12.8)	9,432 (100)
2020년	제3차	2,732 (29.0)	2,642 (28.0)	2,615 (27.7)	232 (2.5)	1,207 (12.8)	9,428 (100)

[주] 1. 연말 정격용량(걸보기용량) 기준 2. 기타는 신·재생, 집단, 양수발전 등

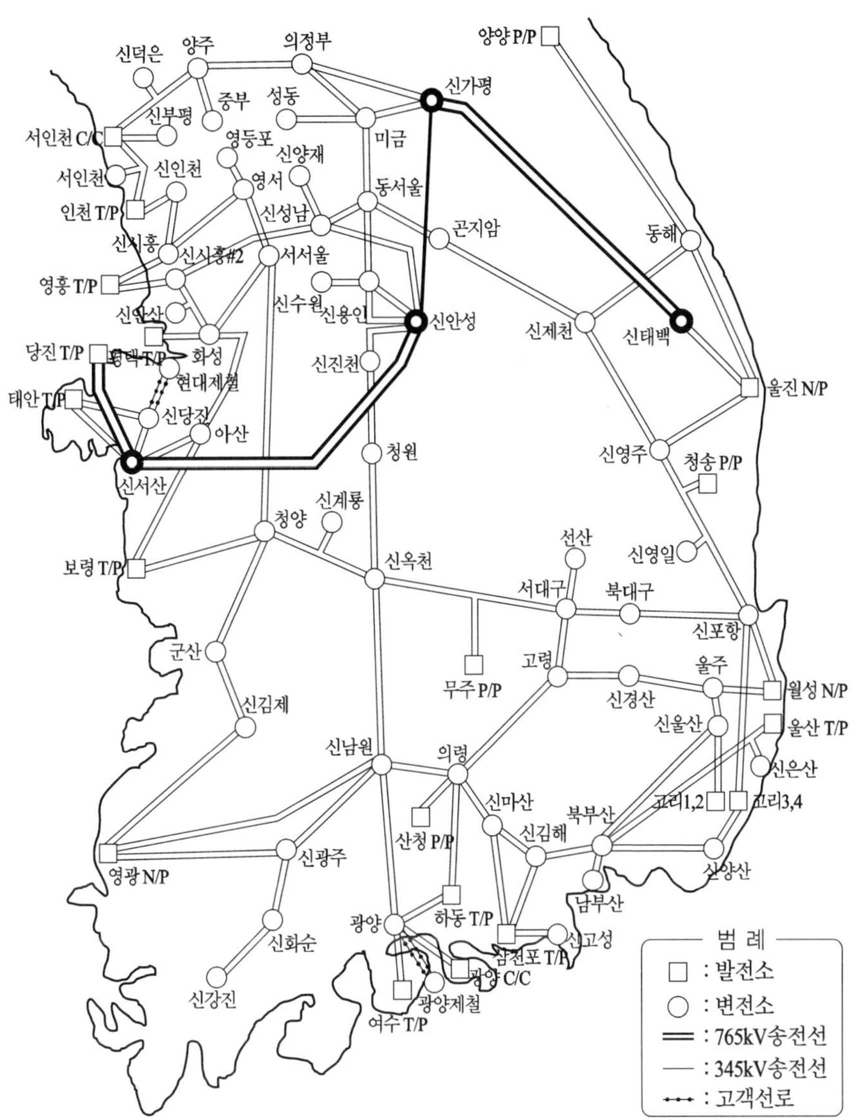

※ N/P : Nuclear Power Plant(원자력 발전소)
※ T/P : Thermal Power Plant(석탄, LSWR, Oil 화력발전소)
※ C/C : Combined-Cycle Power Plant(LNG 복합화력발전소)
※ P/P : Pumped-Storage Hydro Power Plant(양수발전소)

그림 1.5 국내 전력계통도(2009년 기준)

제 2 장

수 력 발 전

2.1 수력발전의 원리

수력발전은 1차 에너지로서 높은 곳에 있는 하천 또는 저수지(또는 호소) 등의 물이 갖는 위치 에너지를 수차를 이용해서 기계 에너지로 변환하고, 이것으로 발전기를 회전시켜서 전기 에너지, 곧 전력으로 변환하는 발전방식이다.

여기서 발생되는 출력은 물이 위에서 수차까지 떨어지는 수직 높이로 나타내어지는 낙차와 이때 사용되는 수량과의 곱에 비례하므로, 수력 발전은 우선 발전소 상부의 포장수력에 좌우된다. 또한, 이 때의 출력을 늘리기 위해서는 하천의 물이 1개소에 집중되도록 유수를 바꾸고, 또 큰 낙차를 얻을 수 있는 발전지점을 선정하여야 한다.

지금 사용수량 $Q[\mathrm{m^3/s}]$의 물이 유효낙차 $H[\mathrm{m}]$를 낙하해서 수차에 유입될 경우 수차에 주는 동력 $P_0[\mathrm{kW}]$는

$$P_0 = 9.8\,QH[\mathrm{kW}] \tag{2.1}$$

로 표시되는데, 보통 이것을 **이론수력**이라고 부른다.

이 이론수력은 그림 2.1에서와 같이 수차에의 입력으로 되어서 수차 및 발전기를 회전하게 된다. 이때 발생하게 될 수차출력 P_t 및 발전기 출력 P_g는 각각 수차효율을 η_t, 발전기효율을 η_g라고 할 때,

$$P_t = 9.8\,QH\eta_t\ [\mathrm{kW}] \tag{2.2}$$

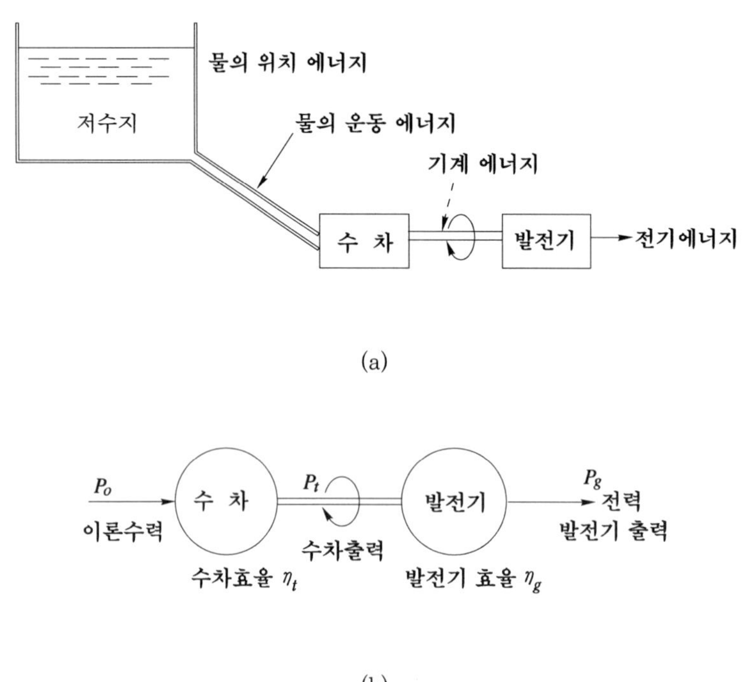

그림 2.1 수력발전의 개요

$$P_g = 9.8\,QH\eta_t\,\eta_g\ [\mathrm{kW}] \tag{2.3}$$

로 표시된다.

η_t, η_g는 수차 및 발전기의 형식, 용량, 회전속도, 부하상태의 크기 등에 따라 달라지지만, 최고효율은 대략 표 2.1에 보이는 바와 같다. 여기서 이 수차와 발전기 효율 양자의 곱 $\eta = \eta_t\,\eta_g$를 **종합효율**이라고 한다.

식 (2.2)와 식 (2.3)으로부터 알 수 있는 바와 같이 수력을 사용할 경우의 출력은, 어떻게 하면 더 큰 낙차(H)와 더 많은 사용수량(Q)을 경제적으로 얻을 수 있는가 하는 것이 문제로 된다. 가령, 하천의 하류부를 이용할 경우에는 사용수량은 크게 되지만 낙차는 작은 편이고, 반대로 하천의 상류부에서는 사용수량은 비교적 작지만, 큰 낙차를 얻을 수 있는 경우가 많기 때문이다.

표 2.1 수차 및 발전기 효율의 개략값

출 력 [kW]	수차효율, η_t[%]	발전기 효율, η_g[%]	종합효율, η[%]
5,000 이하	87~89	96	83~85
5,000~20,000	89~92	97	86~89
20,000 이상	90~95	98	88~93

예제 2.1 총 낙차(H_0) 300[m], 사용수량(Q) 20[m^3/s]인 발전소의 수차출력(P_t)과 발전기 출력(P_g)을 구하여라. 단, 수차효율 η_t는 90[%], 발전기 효율 η_g는 98[%]라 하고 손실낙차(H_l)는 총 낙차의 6[%]라고 한다.

풀이

손실낙차 $H_l = 300 \times 0.06 = 18$ [m]

유효낙차 $H = H_0 - H_l = 300 - 18 = 282$ [m]

따라서 $P_t = 9.8QH\eta_t = 9.8 \times 20 \times 282 \times 0.9 = 49{,}745$ [kW]

$$P_g = 9.8QH\eta_t\eta_g = 9.8 \times 20 \times 282 \times 0.9 \times 0.98 = 48{,}750 \text{ [kW]}$$

예제 2.2 최대출력 50,000[kW]의 수력 발전소가 있다. 유효낙차가 80[m], 수차 및 발전기의 효율이 각각 92[%], 97[%]라고 할 경우 이 수차에서의 사용수량 Q는 몇 [m^3/s]인가? 또, 이 발전설비의 연간 이용률이 75[%]라면 이 발전소에서의 연간 발전 전력량 W는 몇 [MWh]로 되겠는가?

풀이

발전기 출력에 관한 계산식

$$P_g = 9.8QH\eta_t\eta_g$$

로부터 사용수량 Q는

$$Q = \frac{P_g}{9.8H\eta_t\eta_g} = \frac{50{,}000}{9.8 \times 80 \times 0.92 \times 0.97} \fallingdotseq 72.1 [m^3/s]$$

곧, 이 발전소에서의 사용수량은 72.1 [m^3/s]이다.

다음 이 발전설비의 연간 이용률 $U = 0.75$이므로 연간 발생 전력량 W는

$$W = P_g \times U \times 365 \times 24 = 328.5 \times 10^6 [kWh] = 328.5 \times 10^3 [MWh]$$

2.2 수력 발전소의 종류

수력 발전소는 물의 취수방법과 그 사용방법에 따라 여러 가지로 분류된다.

2.2.1 취수방법(구조)에 의한 분류

(1) 수로식 발전소

이것은 하천 내의 구간에서 경사가 급해서 가장 큰 낙차를 얻을 수 있는 지점을 찾아서, 그곳까지 별도의 수로로 하천의 물을 끌어와서 낙하시키는 방식이다. 곧, 그림 2.2와 같이 하천의 상·중류부에서 경사가 급하면서 굴곡된 곳을 비교적 짧은 수로로 연결(원래의 유로를 바꿈)함으로써 큰 낙차를 얻는 발전소이다.

우리나라에서는 북한강 상류에 있는 화천 발전소 및 대관령의 고원지대에서 동해안까지 지하터널로 연결한 강릉 수력 발전소가 이러한 수로식 발전소의 대표 예이다(단, 이 강릉 수력 발전소는 고원지대의 오염된 물을 방류한다는 문제 때문에 현재 사용정지상태에 있다). 이 방식은 일반적으로 상류 측에 취수댐을 만들어서 취수댐 → 취수구 → 침사지 → 수로 → 조압수조(서지탱크) → 수압관 → 발전소 → 방수로 → 방수구의 순으로 연결하는 것이 보통이다.

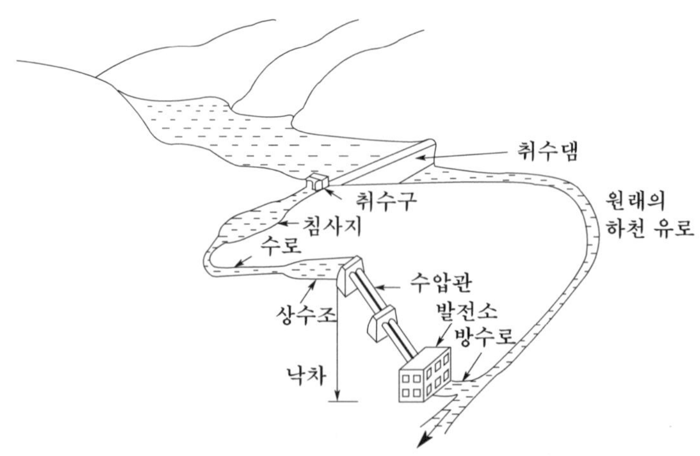

그림 2.2 수로식 발전소의 개념도

(2) 댐식 발전소

댐식은 그림 2.3에 보인 것처럼, 하천을 가로질러 높은 댐을 쌓아서 인조호를 만들고, 댐 상류 측의 수위를 높여서 하류 측과의 사이에 생긴 인공적인 낙차를 이용해서 발전하는 발전소이다.

이것은 댐에 저장되는 수량이 풍부 할수록 경제적으로 유리하고, 또 운용 면에서도 바람직한 것이다. 우리나라에서는 비교적 경사가 있고 수량이 풍부한 한강 계 중·하류부에 이 형식의 발전소를 많이 건설하고 있다(춘천, 의암, 청평, 팔당, 소양강 발전소 등).

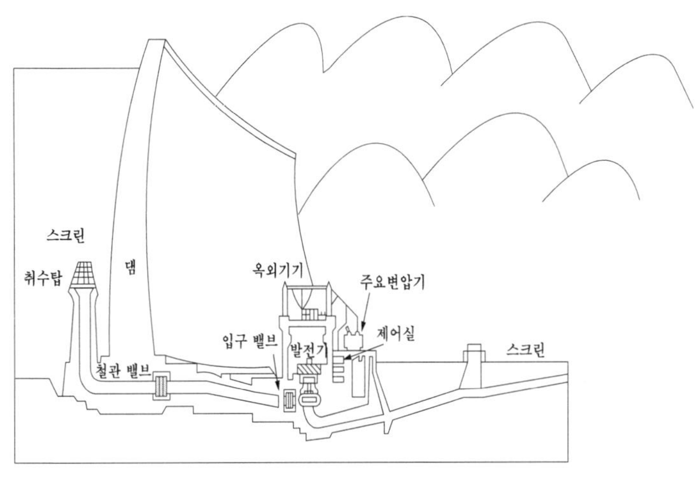

그림 2.3 댐식 발전소의 개념도

(3) 댐 수로식 발전소

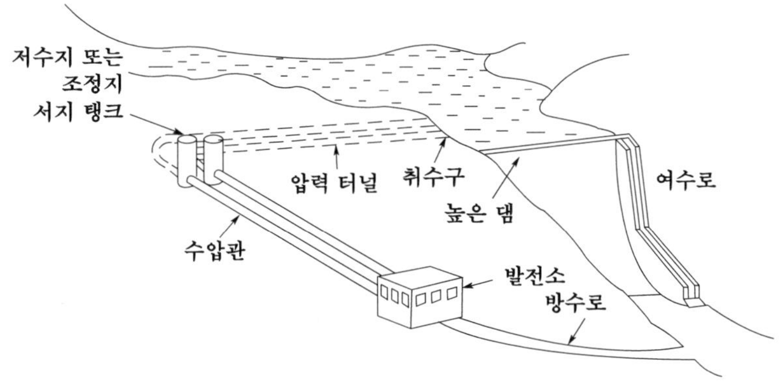

그림 2.4 댐 수로식 발전소의 개념도

이것은 댐식과 수로식을 병용한 방식으로서, 댐으로 모아진 물을 수로로 하류에 유도해서 댐으로 얻어진 낙차보다 높은 낙차로 발전하는 발전소이다. 이 경우 수로는 댐의 이용수위 보다 낮은 표고를 통과시키므로 압력수로로 되고 압력수로 말단에는 서지 탱크를 설치하게 된다.

우리나라의 수력 발전소는 거의 모두가 전술한 댐식 발전소이지만, 북한강 상류에 있는 화천 발전소는 상류에 댐을 축조해서 일단 낙차를 얻은 다음, 여기에서 저수된 물을 수로를 통해 낙차가 큰 하부의 적당한 지점까지 유도해서 발전하고 있으므로 대표적인 댐 수로식 발전소(상류 댐은 단순한 취수댐이 아니고 저수 댐으로 볼 수 있기 때문)라고 할 수 있다.

(4) 유역 변경식 발전소

어느 하천에 인접해서 다른 하천이 있고, 두 하천 사이에서 큰 낙차를 얻을 수 있을 때, 이 두 하천을 수로로 연결해서 그 낙차를 이용하는 발전소이다. 앞에서 소개한 강릉 수력 발전소는 우리나라에서의 유일한 유역변경 수로식의 대표적인 예가 될 것이다.

이것은 대관령 고원지대에서 용평 쪽으로 흐르는 남한강 수계를 취수댐으로 가로막아서 저수한 물을 멀리 동해안 강릉 부근을 흐르는 강릉수계까지 유도해서(수로터널의 길이는 15.6[km]나 된다), 최고 640[m]에 달하는 낙차를 얻어서 발전하고 있는 것이다.

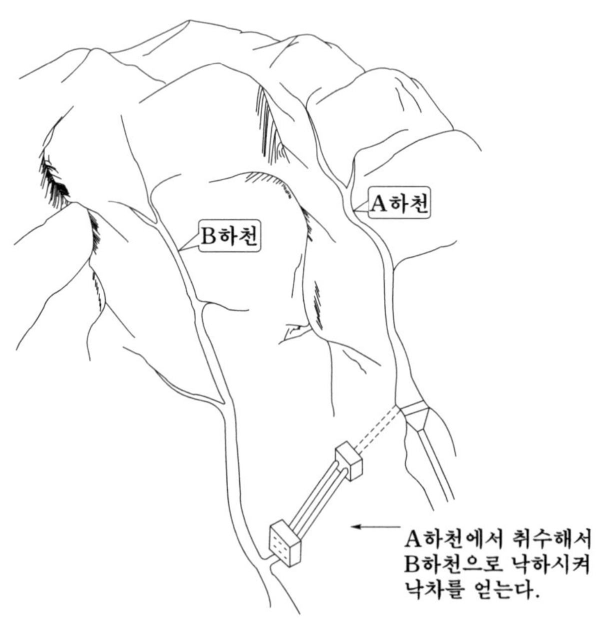

그림 2.5 유역 변경식 발전소의 개념도

2.2.2 운용방법에 따른 분류

하천을 흐르고 있는 자연유량을 어떻게 조절하는가에 따라 유량의 사용법이 달라진다. 가령 홍수량을 모아 두었다가 이것을 갈수기에 방출하면 1년간을 통해서 유량이 평균화되어 안정된 출력을 얻을 수 있다. 한편 1일 단위이지만, 전력의 사용량이 적은 경부하시에 발전기를 정지시켜서 유량을 모아 두었다가 전력의 사용량이 가장 많은 첨두부하 시에 그 저수량을 사용하면 이른바 피크(첨두시) 발전으로서 같은 유량이지만, 낙차가 커진 것만큼 이것을 보다 유효하게 이용할 수 있다.

이처럼 하천유량을 어떻게 사용하는가에 따라서 수력 발전소는 다음과 같이 몇 가지로 나누어진다.

(1) 유입식 발전소

자연유량이 풍부한 지점에서는 발전소 소정의 최대 사용수량의 범위 내에서 하천의 자연유량을 취수해서 그대로 계속 발전에 이용하는 발전소이다. 곧, 하천에 흘러 들어오는 물을 그대로 사용해서 발전하기 때문에 자류식 발전소라고 부르기도 한다. 저수지 또는 조정지가 없는 수로식 발전소가 바로 이 방식이라고 할 수 있다.

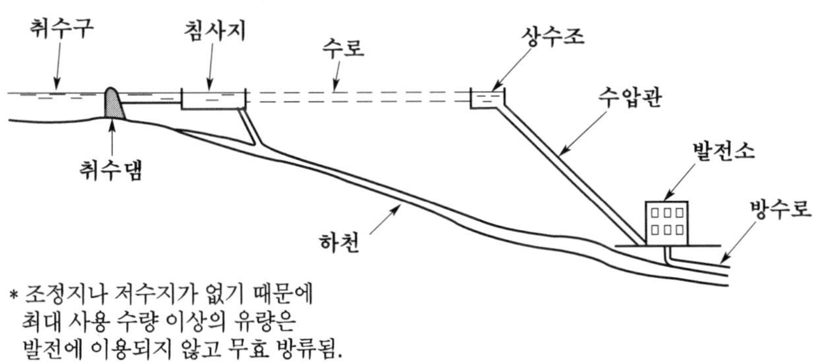

그림 2.6 유입식 발전소의 개념도

이 방식에서는 건설비가 적게 소요되지만 그 대신 발생전력은 자연유량에 따라 달라지며, 또 이 자연유량도 계절에 따라 변동되기 때문에 부하변화에 맞추어서 원활한 전력공급을 할 수 없다는 결점이 있다.

우리나라에서는 유량이 부족해서 이러한 발전소는 없지만, 러시아(시베리아)나 브라질처럼 수량이 풍부한 지역의 하천에서는 자연유량을 그대로 발전에 이용하는 유입식 발전소를 건설해서 운용하고 있다.

(2) 저수지식 발전소

계절적인 하천의 유량변화를 조정할 수 있는 대용량의 저수지를 가진 발전소로서, 가령 풍수기에 남는 물을 저수하였다가 이것을 갈수기에 방출해서 하천유량을 장기간(보통 1년간)에 걸쳐 유효하게 이용하는 발전소이다.

우리나라의 수계는 유량이 비교적 적기 때문에 저수지식 발전소는 귀한 편이다.
그 중에서도 북한강계의 소양강 발전소(출력 : 20만[kW])와 남한강계의 충주 발전소(출력 : 40만[kW])가 다목적댐을 축조해서 비교적 대용량 급의 저수지식 발전소를 이루고 있다. 유효 저수량을 보면 소양강댐이 약 19억 [t], 충주댐이 약 18억 [t]이다.

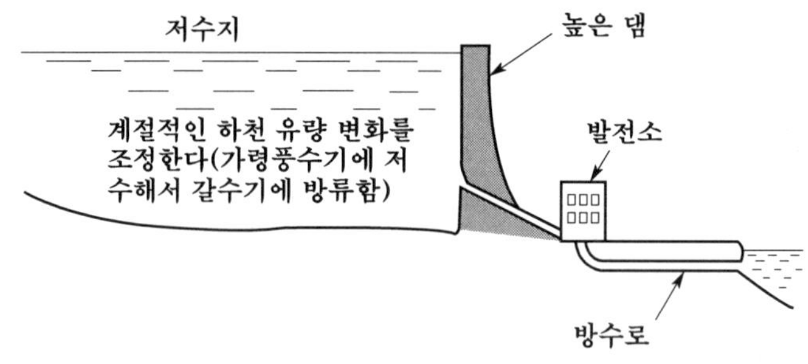

그림 2.7 저수지식 발전소의 개념도

(3) 조정지식 발전소

저수지를 건설할 수 없을 정도로 유량이 적은 수계에서는 수로의 도중 또는 취수구 앞(댐식일 경우)에 **조정지**를 설치해서 하천으로부터의 취수량과 발전에 필요한 수량과의 차를 이 조정지에 저수하거나 또는 방출함으로써 수 시간 내지 수일간에 걸친 부하변동에 대응할 수 있게 하고 있다. 이 방식은 유입식 발전소와 달라서 하천의 취수량보다도 발전소의 사용수량을 상당히 크게 설계할 수 있다는 이점이 있다. 이러한 조정지식 발전소는 첨두부하를 분담하는 경우가 많아서 이것을 특히 **피크(첨두용) 발전소**라고 부르기도 한다.

우리나라에서는 큰 저수지를 만들 만 한 수력 개발점이 적기 때문에 대부분의 수력 발전소는 저수지식 발전소가 아닌 이 조정지식 발전소에 속하고 있다.

(4) 양수식 발전소

양수 발전은 조정지식 또는 저수지식 발전소의 일종으로서, 발전소의 상부 및 하부에 2개의 조정지를 만들어서, 전력수요가 적은 심야 또는 주말 등의 경부하시에 원자력 발전소 등의 값싼 전력을 이용하여 하부 저수지의 물을 상부 저수지에 펌프로 양수해서 저수해 두었다가 첨두부하 시에 이것을 이용하는 발전소이다.

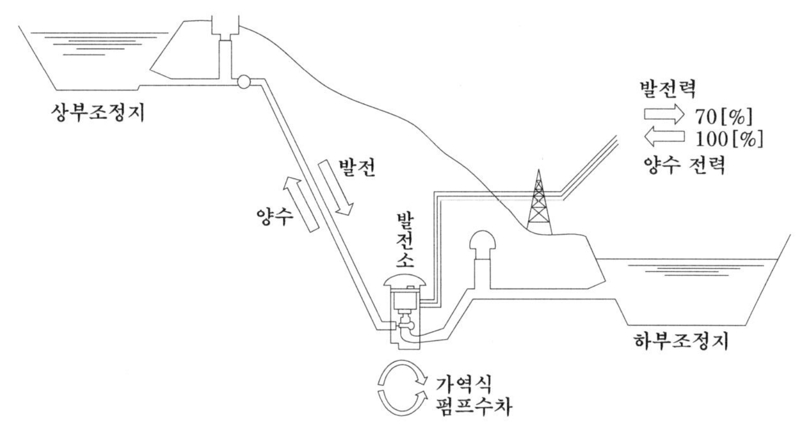

그림 2.8 양수 발전소의 개념도

이 방식에는, 원래 상부 조정지에 하천유량이 있는데다가, 부족 되는 수량만을 하부 조정지로부터 양수하는 **혼합식 양수 발전소**와, 상부 조정지에는 일체 자연 유입량이 없이 양수된 수량만으로 발전하는 **순양수식 양수 발전소**의 2가지가 있다.

현재 우리나라에서 운전 중인 양수 발전소(청평, 삼랑진, 무주, 산청 등)는 모두 후자의 순양수식 발전소에 속한다.

(5) 조력 발전소

조력발전은 바닷물의 간만의 차에 의한 위치 에너지를 이용하는 발전소이다. 그 설치장소는 가능한 한 간만의 차가 큰 곳이 바람직하다. 곧, 바닷물이 밀물로 밀려왔을 때 이것을 해안에 건설된 조정지에 유도해서 저수해 두었다가 썰물로 빠져나갔을 때 조정지로부터 저수한 바닷물을 낙하시켜서 발전하는 방식이다. 이 발전방식의 가장 큰 문제점은 입지조건이며, 바닷물의 간만차가 최대 10[m] 정도 있어야 하고 또, 그 해안이 조정지의 건설에 적합하다는 조건이 충족되어야 한다.

조력 발전소의 운전 예로서는 최대 13[m]의 간만차를 이용한 프랑스의 랭스 하구에서의 랭스 조력 발전소가 유명하다. 여기서는 최대 13.5[m], 평균 8.5[m]의 간만차를 이용해서 10,000[kW]×24기의 발전을 하고 있다.

우리나라도 특히 서해안에는 간만의 차가 심한 곳이 많아서 조력발전으로서 유망한 편이다. 우리나라에서는 안산시화 조력발전소가 2011년 8월에 준공되어 운전중에 있다.

위치는 경기도 안산의 시화방조제 일원으로서 조지(潮池) 면적 39[km^2], 최대 간만차 7.8[m], 정격낙차 5.82[m](평균낙차 5.64[m])로 시설용량 254[MW](25.4MW × 10기, 세계 최대규모), 연간발전량 552.7[GWh] 규모의 발전소이다. 그 밖에 가로림만에서도 최대 조석차 8.0[m], 평균 4.8[m]의 낙차를 이용하여 발전하는 것으로 시설용량 520[MW](26[MW]급 발전기 20대)의 발전소 건설계획이 추진 중에 있다고 한다.

연 습 문 제

1. 우리나라의 수력자원 문제에 대해서 설명하여라.

2. 수력 발전소를 하천유량의 사용법에 따라서 분류하는 데에는 어떤 방법이 있는가?

3. 최근 대용량의 양수 발전소가 많이 건설되고 있는데 그 이유를 설명하여라.

4. 바닷물을 사용하는 양수발전이 개발되고 있다는데, 우리나라에서 이것을 도입할 경우 예상되는 문제점에 대해서 설명하여라.

5. 유효낙차 300[m], 사용수량 150[m^3/s], 수차효율 87[%], 발전기 효율 96[%]일 때의 이론출력 및 발전기출력을 구하여라.

6. 유효낙차 100[m], 사용수량 60[m^3/s]의 수력지점을 개발할 때 대략 몇 [kW]의 발전 출력을 얻을 수 있겠는가? 단, 발전기 및 수차의 종합효율은 80[%]라고 한다.

7. 유효낙차 50[m], 출력 40,000[kW]의 수차 발전기를 전 부하로 운전할 경우 1일간의 사용수량 Q_a는 얼마로 되겠는가? 단, $\eta_t = 90$[%], $\eta_g = 97$[%]라고 한다.

8. 총 낙차 80.9[m], 사용수량 30[m^3/s]의 발전소가 있다. 수로의 긍장 3,800[m], 수로구배 1/2,000, 수압철관의 손실낙차 1[m]라고 한다면 이 발전소의 출력은 얼마[kW]인가? 또, 여기에 시설하여야 할 발전기 수를 2대로 하려면 발전기 및 수차의 용량은 각각 얼마로 하여야 할 것인가? 단, 수차의 효율은 86[%], 발전기의 효율은 96[%]라고 한다.

9. 최대 사용수량 120[m^3/s], 유효낙차 75[m], 발전소 종합효율 85 [%]인 수력 발전소의 최대출력 P_m을 구하여라. 또, 이 발전소를 1년 중 200일간은 평균 사용수량 100 [m^3/s], 효율 70 [%]로, 50일간은 평균 사용수량 60 [m^3/s], 효율 55 [%]로, 나머지 기간은 최대 사용수량으로 운전하였다고 하면 1년 365일을 통한 전발전량 W[kWh]는 얼

마가 되겠는가? 단, 유효낙차는 사용수량의 대소에 관계없이 일정하다고 한다.

10. 유효낙차 80[m], 최대출력 50,000[kW]의 수력 발전소가 있다. 수위변화에 따라 유효낙차가 75[m]로 저하하였을 때의 최대출력 [kW]을 구하여라. 단, 안내날개 개도 및 수차, 발전기의 종합효율은 일정하다고 한다.

11. 유효낙차 250[m]를 취할 수 있는 양수 발전지점에서 600,000[kW]의 최대 출력을 얻고자 할 때, 최대 사용수량은 얼마로 하면 되겠는가? 단, 수차효율은 88[%], 발전기 효율은 98[%]라고 한다.

제 3 장

수력학

3.1 물의 물리적 성질

물의 밀도는 대기압 아래에서는 4 [℃]에서 최대로 되고 온도에 따라서 다소 변화하지만 그 변화는 아주 작기 때문에 보통 수력학상의 계산에서는 일정한 무게를 갖는 것으로 취급하고 있다. 즉, 물의 비중을 1(기준)로서 취급한다. 따라서 물의 질량은 1[cm^3] 당 1[g], 또는 1[m^3] 당 1[t]로서 취급한다.

물에 압력을 가하면 극히 작은 값이지만 그 체적이 감소한다. 그러나 그 체적의 변화 비율, 곧 물의 압축률은 워낙 작아서 상온상압에서는 1기압의 변화에 대하여 약 5×10^{-5} 밖에 안되므로 물을 비압축성이라고 보아도 별문제가 없다. 따라서 물은 일반의 경우 압력에 의한 체적의 변화는 없는 것으로 취급하여도 된다.

운동하고 있는 액체내부에서 유속의 차가 있으면 그 상대운동에 저항하는 힘을 발생하게 된다. 이 성질은 점성 또는 내부마찰이라고 부른다. 이 때문에 물이 관이나 수차의 내부를 흐를 때에는 아주 복잡한 운동을 하게 되는 것이다.

3.2 정수력학

정지하고 있는 수중에 있는 물체의 임의의 면에 작용하는 힘은 그 면에 직각이며, 모든 방향에 대해 균등하다. 또한, 수면에 가해진 압력은 수중의 모든 방향에 균등하게 전달된다. 가령, 수면에 대기압이 가해지면, 그것은 수중의 어느 부분에도 그 대기압이 균등하게 전해진다는 것이다.

용기에 들어서 정지하고 있는 물의 표면은 언제나 중력의 방향에 대해 수직을 유지하고 있는데, 이것을 수평면이라고 부른다. 그림 3.1과 같이 정지하고 있는 수면으로부터 깊이가 H[m]이고 단면적이 A[m^2]인 수주(水柱)를 생각한다. 이 수주의 체적은 AH [m^3]인데 이 때 물의 단위 체적 당 중량을 w[kg/cm^3]라고 하면, 이 수주의 전 중량은 wAH[kg]으로 된다. 따라서 수주는 그 밑바닥에서 위로 작용하는 물의 힘 W[kg]에 지탱되어서 평형상태에 있게 된다.

즉, $W = wAH$ [kg]이므로 수주의 밑바닥 부분에서 물이 받는 평균의 힘 p[kg/m^2]는

$$p = \frac{W}{A} = wH \text{ [kg/m}^2\text{]} \tag{3.1}$$

로 된다. 이 p를 깊이 H [m]에서의 **압력의 세기** 또는 **압력도**라고 하는데, 이의 크기는 수면으로부터의 깊이에 비례한다는 것을 알 수 있다.

한편 전체에 작용하는 수압 P는 **전압력** 또는 **총압**이라고 해서 이것과 구별하고 있다.

또, 이 때의 $H = \frac{p}{w}$ [m]를 **압력수두**라고 말한다.

압력의 단위로서는 [kg/cm^2] 또는 [kg/m^2]를 사용한다.

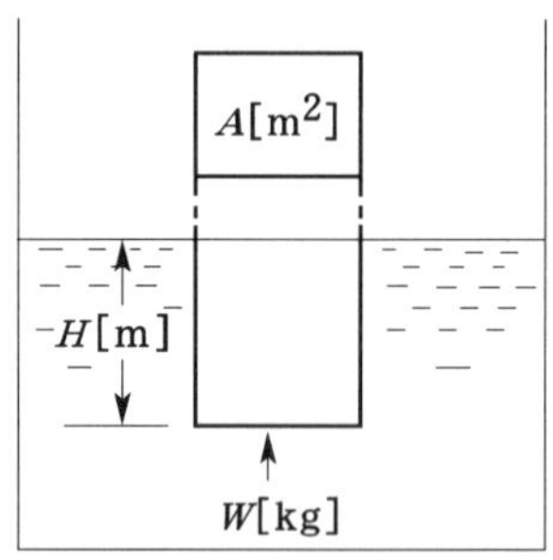

그림 3.1 정수압

3.3 동수력학

3.3.1 연속의 원리

동수력학에서는 유체(주로 물)의 운동법칙을 취급한다. 유체의 운동을 크게 나누면 유동과 와동(渦動), 그리고 파동으로 된다. 유동을 다시 나누면 유선이 질서정연하게 기하학적인 선으로 흐트러지지 않고 흐르는 **층류**와 유선이 서로 엉켜서 혼란한 상태가 되어 흐르는 **난류**로 된다. 수력 발전소에서 사용하는 유체의 흐름은 난류이다.

일반적으로 관로나 수로 등에 흐르는 물의 양 $Q[\mathrm{m}^3]$는 유수의 단면적 $A[\mathrm{m}^2]$와 평균 유속 $v[\mathrm{m/s}]$와의 곱으로 표시된다.

$$Q = A \cdot v\ [\mathrm{m}^3] \tag{3.2}$$

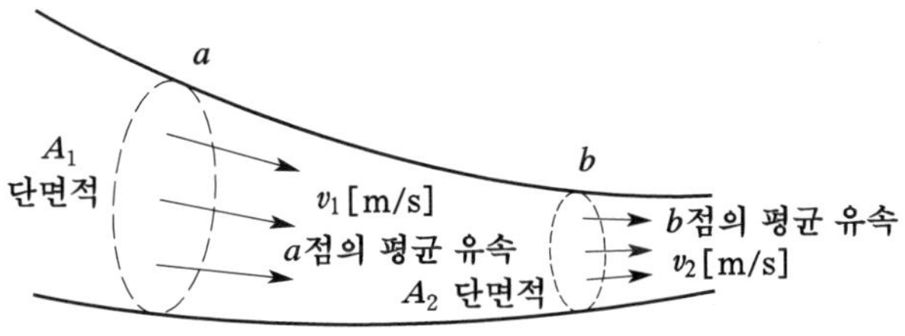

그림 3.2 연속의 원리

그림 3.2와 같이 관로 등의 고체로 둘러싸인 유수에서 2점 a, b에서의 단면적을 각각 A_1 $[\mathrm{m}^2]$, $A_2[\mathrm{m}^2]$, 평균 유속을 각각 $v_1[\mathrm{m/s}]$, $v_2[\mathrm{m/s}]$라고 하면, 단위시간에 지점 a로부터 유입되는 수량은 $A_1 v_1[\mathrm{m}^3/\mathrm{s}]$, 지점 b로부터 유출되는 수량은 $A_2 v_2\ [\mathrm{m}^3/\mathrm{s}]$이다.

그런데 유수는 고체로 둘러싸여 있고, 또한 비압축성이므로 어느 시간 중에 지점 a로부터 유입되는 수량과 지점 b로부터 유출되는 수량은 같아야 한다. 곧, 이것을 **연속의 원리**라고 말한다.

$$A_1 v_1 = A_2 v_2 = Q = \text{일정} \tag{3.3}$$

또, 이 관계로부터 유속은 유로의 단면적에 반비례하기 때문에 좁은 장소에서는 유속이 크고 넓은 장소에서는 유속이 작아진다는 것을 쉽게 알 수 있다.

3.3.2 베르누이의 정리

정지하고 있는 물은 그 내부에서는 그것에 작용하는 외력과 압력에 의해서 평형을 유지하게 되지만, 운동하고 있는 유수에서는 이 2가지 힘 외에 가속도가 작용해서 결국 이 3가지 힘으로 평형을 유지하게 된다(단, 정상류의 경우에는 가속도는 작용하지 않고 외력은 지구의 중력만으로 된다).

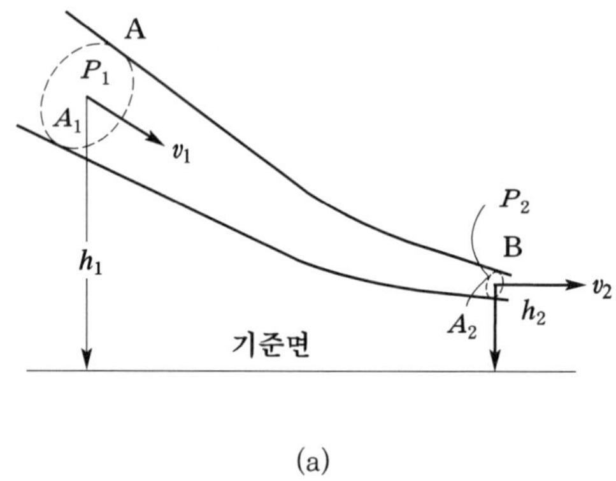

(a)

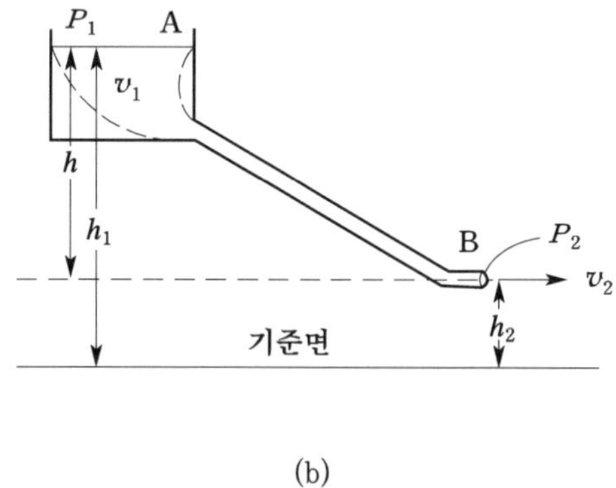

(b)

그림 3.3 베르누이의 정리 설명도

그림 3.3 (a)의 A점, B점에서의 물의 압력도를 각각 p_1[kg/m^2], p_2[kg/m^2]라고 하고, 기준면으로부터의 높이를 각각 h_1[m], h_2[m], 물의 단위체적 당의 중량을 w [kg/m^3], 중

력의 가속도를 $g=9.8[\mathrm{m/s^2}]$라고 하면 에너지 보존법칙에 따라 다음 식이 성립한다.

$$wQh_1+Qp_1+\frac{wQv_1^2}{2g}=wQh_2+Qp_2+\frac{wQv_2^2}{2g}\ [\mathrm{kg\cdot m/s}] \tag{3.4}$$

위 식의 관계는 일반적으로 다음과 같이 표현된다.

$$\left.\begin{aligned} wQh+Qp+\frac{wQv^2}{2g}&=wQH\,[\mathrm{kg\cdot m/s}] \\ &=1{,}000\mathrm{QH}\ [\mathrm{kg\cdot m/s}] \\ &=9.8\mathrm{QH}\ [\mathrm{kW}] \end{aligned}\right\} \tag{3.5}$$

단, H : 정수

즉, 식 (3.5)는 **파워**를 나타내고 있다. wQh, Qp 및 $\frac{wQv^2}{2g}$은 각각 **위치파워**, **압력파워** 및 **속도파워** 또는 **운동파워**라고 불리어지는 것으로서 다음과 같이 정의한다.

① **위치파워**(wQh) : 기준면으로부터 h의 높이에 있는 유수가 갖는 1초당의 위치 에너지로서 다음에 설명하는 위치 수두와 같다.

② **압력파워**(Qp) : 상기 유량이 갖는 1초당의 압력 에너지로서 다음에 설명하는 압력수두와 같다.

③ **속도파워**$\left(\frac{wQv^2}{2g}\right)$: 상기 유량이 갖는 1초당의 운동 에너지로서 다음에 설명하는 속도수두와 같다.

위의 3가지 파워의 합계는 에너지 보존법칙에 따라 일정하므로 이것을 wQH로 나타내고 일반적으로 이 wQH를 **총 파워** 또는 **총 수력**(즉, 1초당의 총 에너지)이라고 한다. 곧 위의 식 (3.5)는 완전유체가 유선에 따라 흐르고 있을 경우 위치 에너지, 압력 에너지 및 운동 에너지의 합계는 그 유수가 갖는 1초당 총 에너지 wQH와 같다는 것을 나타내고 있는 것이다.

한편 이들 에너지의 합계가 일정하다는 것은 이들 각 에너지간의 상호변환이 가능하다는 것을 의미하는 것으로서, 수력 발전이란 바로 이 상호변환을 이용해서 이루어지는 것이다. 곧, 위치가 높은 곳(저수지의 취수구)에서의 위치 에너지가 위치가 낮은 곳(수차가 있는 방수구)에서 운동 에너지로 변환되고, 그 양은 이들 양자간의 수위의 차로 표현되는 것이다(이 수위의 차를 총 낙차라고 함).

지금 식 (3.5)의 양변을 wQ로 나누면 다음과 같이 된다.

$$h + \frac{p}{w} + \frac{v^2}{2g} = H\,[\mathrm{m}] \tag{3.6}$$

여기서, h를 **위치수두**, p/w를 **압력수두**, $v^2/2g$를 **속도수두**, H를 **전 수두**라고 부르고 있다. 이것을 **베르누이의 정리**라고 한다.

베르누이의 정리란, 어떤 수관을 연속해서 흐르고 있는 물은 그 수관의 어느 점에 있어서도 '위치에너지(h), 압력에너지(p/w) 및 운동에너지($v^2/2g$)의 합은 같다'라는 것을 나타내고 있는 것이다.

베르누이의 정리를 수로의 흐름에 적용할 경우에는, 실제로 물이 흐를 때 받게 되는 여러 가지 손실분(마찰에 의한 손실, 수로의 기울기에 의한 낙차손실 등)을 고려하지 않으면 안 된다. 이들의 손실에 상당하는 수두를 **손실수두**라 하고 이것을 h로 나타내면 식 (3.7)은 다음과 같이 표시된다.

$$h + \frac{p}{w} + \frac{v^2}{2g} + h_l = H\,[\mathrm{m}] \tag{3.7}$$

예제 3.1 그림 3.4와 같은 수관에서 A의 지름은 0.5[m], B의 지름은 0.2[m], A점의 압력 및 유속이 각각 20,000[kg/m^2], 0.4[m/s]일 경우 B점의 압력 P_B[kg/m^2]를 구하여라.

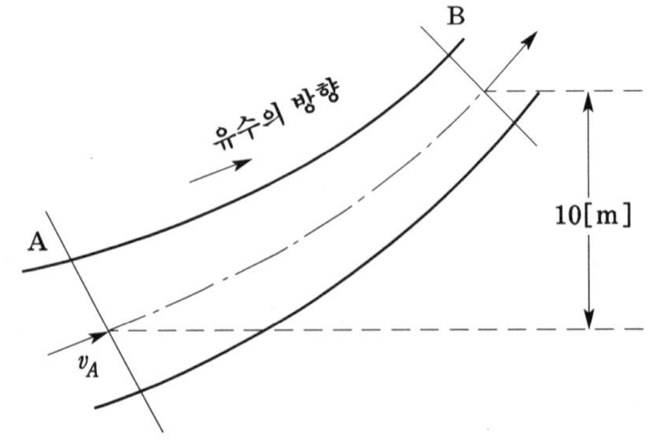

그림 3.4

풀이 먼저 A, B점의 단면적 S_A, S_B를 구한다.

$$S_A = \frac{\pi}{4}(0.5)^2 = 0.197\ [\mathrm{m}^2]$$

$$S_B = \frac{\pi}{4}(0.2)^2 = 0.0314\ [\mathrm{m}^2]$$

연속의 원리($S_A v_A = S_B v_B$)로부터,

$$v_B = \frac{S_A}{S_B} v_A = \frac{0.197}{0.0314} \times 0.4 = 2.52\,[\mathrm{m/s}]$$

여기에 베르누이의 정리를 적용해서 B점의 압력 P_B를 구하면,

$$P_B = w\,(H_A - H_B) + \frac{w}{2g}(v_A^2 - v_B^2) + P_A$$

제의에 따라,

$$w = 1{,}000\,[\mathrm{kg/m^2}],\ \ H_A = 0,\ \ H_B = 10\ [\mathrm{m}]$$
$$P_A = 20{,}000\,[\mathrm{kg/m^2}]$$

를 대입하면,

$$P_B = 1{,}000(0 - 10) + \frac{1{,}000}{2 \times 9.8}(0.4^2 - 2.52^2) + 20{,}000 = 9{,}685\,[\mathrm{kg/m^2}]$$

3.3.3 토리첼리의 정리

그림 3.5와 같이 단면적 ①을 가진 수조에서 하부의 측벽에 있는 아주 작은 구멍, 즉 오리피스 ②로부터 분출하는 물의 속도 v_2는 베르누이의 정리

$$h_1 + \frac{P_1}{w} + \frac{v_1^2}{2g} = h_2 + \frac{P_2}{w} + \frac{v_2^2}{2g}\ [\mathrm{m}] \tag{3.8}$$

에서 P_1과 P_2는 대기압 P_a와 같고($P_1 = P_2 = P_a$) 수조의 단면적은 분출구의 단면적보다 훨씬 크기 때문에 v_1는 무시된다($\fallingdotseq 0$).

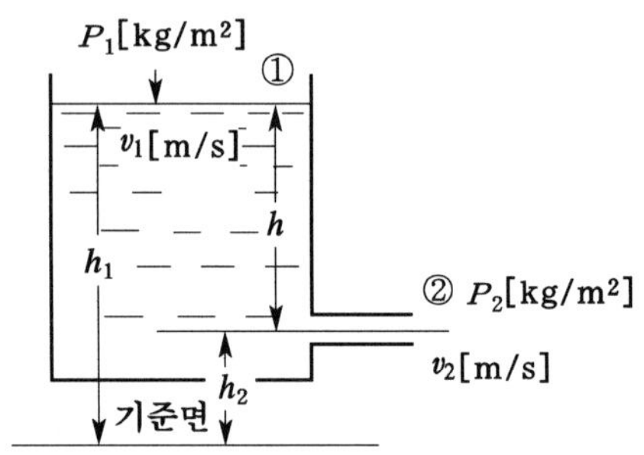

그림 3.5

또, $h_1 - h_2 = h$인 조건을 위의 식에 대입하면,

$$h + \frac{P_a}{w} + \frac{0^2}{2g} = \frac{P_a}{w} + \frac{v_2^2}{2g}$$

으로부터

$$v_2 = \sqrt{2gh}\ [\text{m/s}] \tag{3.9}$$

를 얻는다.

이 관계식을 **토리첼리의 정리**라고 말한다. 실제적으로는 물의 점성, 분출공에서의 마찰손실 등이 있기 때문에 실제의 분출속도 v_2'는 v_2보다 약간 작아져서 다음 식으로 표시된다.

$$v_2' = c_v\sqrt{2gh}\ [\text{m/s}] \tag{3.10}$$

단, c_v는 **유속계수**라고 불려지는 것으로서 보통 0.95～0.99 정도의 값을 가지는데, 수심 h 또는 오리피스의 지름 d가 커질수록 이 값은 커진다. 또한, 이 값은 분출구의 모양에 따라서도 달라지는데 표 3.1은 참고로 그 일례를 보인 것이다.

표 3.1 유속계수의 예

분출구의 모양				
유속계수	0.97～0.98	0.72	0.82	0.96

예제 3.2 그림 3.6과 같은 수조에 물이 채워져 있다. 수면으로부터 20[m] 깊이의 측벽에 분출공을 뚫었을 때 물이 이 구멍으로부터 분출하는 분출속도를 구하여라. 단, 이 때의 손실은 무시하는 것으로 한다.

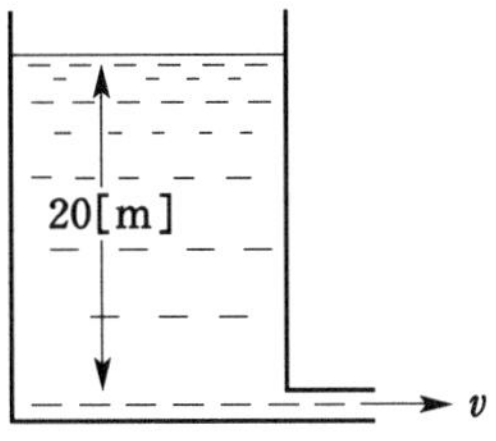

그림 3.6

풀이 수조수면의 물의 강하속도를 무시하면 토리첼리의 정리로부터 식 (3.15)를 사용해서 $h=20$[m], $g=9.8$[m/s^2]을 대입하면,

$$v=\sqrt{2gh}=\sqrt{2\times 9.8\times 20}=19.8\text{[m/s]}$$

그러나 실제의 분출속도는 위 식에서 구한 값보다 작아진다. 그것은 앞에서 설명한 바와 같이 유속계수 c_v의 값이 분출구의 모양에 따라 변화하기 때문이다.

예제 3.3 낙차가 중간 정도의 수력 발전소에서 유효낙차 H[m]가 변화하였을 경우 이에 따라 수차의 최대출력 P_t는 어떻게 변화하는가? 단, 이 경우 수차효율 η_t는 일정하다고 한다.

풀이 수차출력 $P_t=9.8\,QH\eta_t$ [kW]

그림 3.7에서 수압관 출구의 단면적을 A[m^2], 유속을 v[m/s]라 하면 수량 Q[m^3/s]는 연속의 원리에 따라

$$Q=Av\text{[m}^3\text{/s]}$$

한편, 유속 v는 토리첼리의 정리로부터

$$v=c\sqrt{2gH}$$

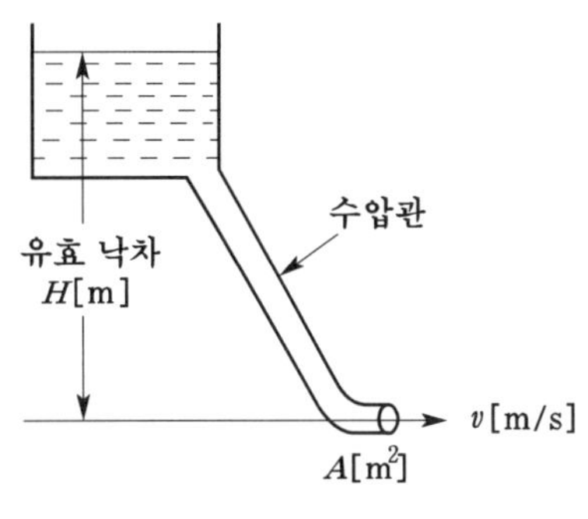

그림 3.7

이므로

$$Q = Ac\sqrt{2gH}$$

로 된다. 이것을 수차의 출력 계산식에 대입하면,

$$P_t = 9.8\,Ac\sqrt{2gH}\,H\eta_t = KH^{3/2}$$

단, $K = 9.8\,Ac\sqrt{2g}\,\eta_t$

그러므로 수차출력 P_t는 수차효율이 일정할 경우 낙차의 3/2승에 비례해서 변화한다는 것을 알 수 있다.

연 습 문 제

1. 정수 중 수심 200[m]인 점의 압력의 세기는 얼마로 되는가?

2. 그림 3.8과 같은 수심이 40 [m]의 수조가 있다. 이의 측면에 미치는 수압은 얼마인가?

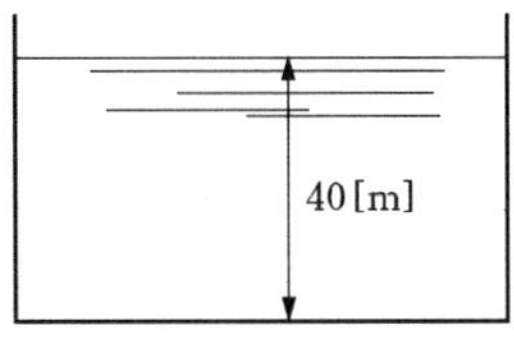

그림 3.8

3. 다음 용어의 뜻을 설명하여라.

(1) 속도수두 (2) 낙차

(3) 유출계수 (4) 손실수두

4. 유속의 대소에 따라 손실수두에 어떤 차이가 있는가를 설명하여라.

5. 다음 용어를 설명하여라.

(1) 베르누이의 정리

(2) 토리첼리의 정리

6. 그림 3.9와 같은 수조에 물이 채워져 있다. 수면으로부터 40 [m] 깊이의 측벽에 분출공을 뚫었을 때 물이 이 구멍으로부터 분출하는 분출속도를 구하여라. 단, 이 때의 손실은 무시하는 것으로 한다.

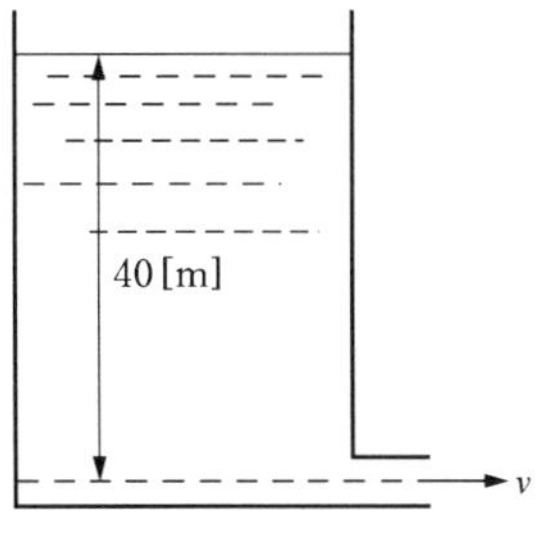

그림 3.9

7. 그림 3.10과 같은 수관에 물이 충만해서 흐르고 있다. a점의 지름이 0.3 [m], 압력 및 유속은 각각 30,000[kg/m^2], 0.6 [m/s]이고 b점의 지름이 0.5 [m]일 때 b점의 압력은 얼마인가?

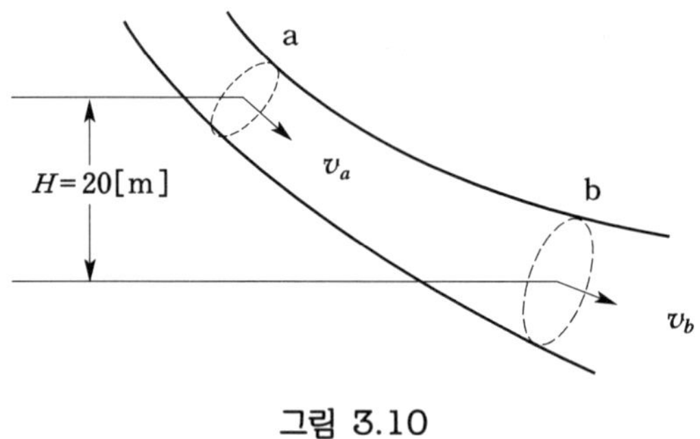

그림 3.10

8. 그림 3.11에서와 같이 하천을 가로질러 막고 있는 월류 둑의 측면이 받는 수압을 구하여라. 단, 하천의 폭은 30 [m]라 하고 수류에 의한 압력은 고려하지 않는 것으로 한다.

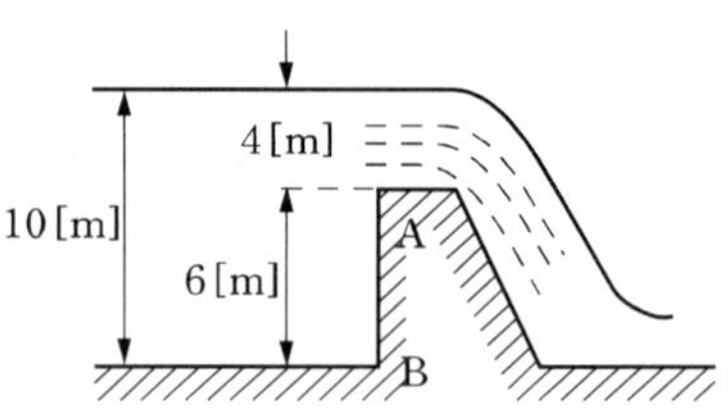

그림 3.11

9. 유효낙차 200[m]에서 출력 100,000[kW]의 수차가 있다. 유효낙차가 20[m]만큼 저하하였다고 하면 출력은 몇 [kW]로 되겠는가? 단, 낙차저하에 따른 수차효율의 변화는 무시하는 것으로 하고, 또 수차 안내날개의 개도는 일정하다고 한다 (즉, 물의 유입면적이 같다는 뜻).

제 4 장

유량과 낙차

4.1 강수량과 유량

수력발전을 하기 위해서는 우선 그 에너지원이 될 유량과 낙차에 대해서 알고 있어야 한다. 낙차는 상세한 지형도를 사용해서 실측함으로써 비교적 쉽게 결정할 수 있다. 그러나 유량은 같은 하천일지라도 계절에 따라 또는 해에 따라 큰 차이가 있기 때문에 장기간에 걸쳐 면밀하게 조사할 필요가 있다.

하천을 흐르는 유수의 근원이 되는 것은 그 하천의 유역에 내리는 비와 눈이다.
이들의 양은 **강수량** 또는 **우량**이라고 불려지는데, 일반적으로 이것을 나타내는 단위로는 수심을 기준하여 [mm]가 사용되고 있다. 강수량을 1년간 적산한 값을 **연강수량**이라고 하는데, 우리나라의 평균 연강수량은 1,100[mm] 정도로서 비교적 많은 편이다. 다만, 우리나라에서는 겨울철의 적설량에 의한 유입량은 적은 편이고, 비도 여름 한 철(7~9월)에 몰려서 내린다는 특징이 있어 상술한 평균 연강수량만 가지고는 유량을 파악하기 어려운 실정이다.

강수량 중에서 상당한 부분은 증발되어 다시 대기로 돌아가고 일부는 땅으로 스며들어서 지하수가 되는데, 대부분은 지표수로 되어 하천의 유량이 되고 있다. 지질이나 산림상태 등에 따라서 약간 다르기는 하지만 강수량과 하천의 유량과의 사이에는 일정한 관계가 있다. 보통 하천에서의 연간 유량과 유역 내의 연간 강우량과의 비를 **유출계수**라고 부른다. 유출계수가 크다는 것은 내린 비가 지하에 별로 스며들지 않고 그대로 하천으로 유입해서 유량이 많아진다는 것을 뜻한다.

가령 어느 하천의 유역면적을 A[km^2], 유출계수를 k(보통 0.4~0.8 정도), 연강수량을 p라고 한다면 그 하천의 **연평균 유량** Q[m^3/s]는 식 (4.1)로 산출할 수 있다.

$$Q = \frac{kpA \times 10^3}{365 \times 24 \times 60 \times 60} \fallingdotseq 3.17kpA \times 10^{-5} \ [\mathrm{m^3/s}] \tag{4.1}$$

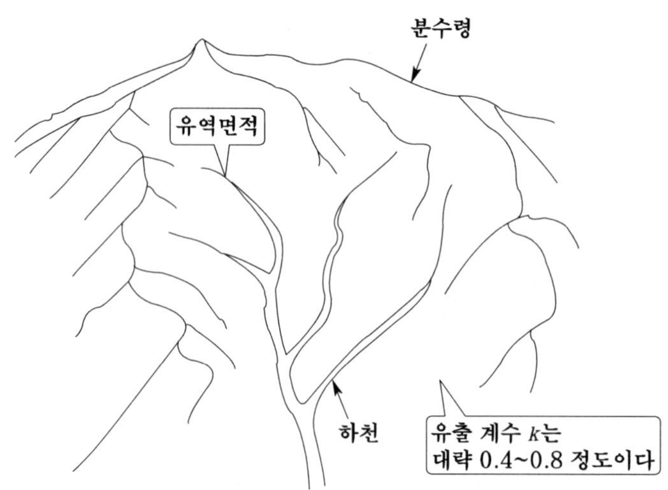

그림 4.1 유출계수의 개념도

예제 4.1 연간 강우량이 2,100[mm]인 지방에서 유역면적 75[km^2]를 갖는 하천이 있다. 이 하천의 연평균 유량[m^3/s]은 얼마인가? 단, 1년은 365일이라 하고 유출 계수는 70[%]라고 한다.

풀이 75[km^2]의 1년간 강우량을 용적[m^3]으로 고치면

$$2.1 \times 75 \times 1{,}000 \times 1{,}000 = 15.75 \times 10^7 [\mathrm{m^3}]$$

이다. 1년간의 총유량은 여기에 유출계수를 곱하면 되므로

$$\text{연간 유량} = 15.75 \times 10^7 \times 0.7 = 11{,}025 \times 10^7 \ [\mathrm{m^3}]$$

따라서 연평균 유량 Q[m^3/s]는,

$$Q = \frac{11{,}025 \times 10^7}{365 \times 24 \times 60 \times 60} \fallingdotseq 3.5[\mathrm{m^3/s}]$$

예제 4.2 유역면적 240[km^2], 1년간의 총강수량 1,314[mm]의 수력 개발지점이 있다. 연평균 유량의 50[%]의 평수량을 3.8[m^3/s]라고 할 때 이 수력 개발지점의 유출계수 [%]를 구하여라.

풀이 하천의 평균유량(Q)이란 어느 하천유역 범위에 있어서의 유출량의 1년간의 평균유량을 말하며 다음 식으로 표시된다.

$$\text{평균유량 } Q[\text{m}^3/\text{s}] = \frac{\text{연강수량 } P[\text{mm}] \times \text{유역면적 } A[\text{km}^2] \times 10^3}{\text{1년간을 초로 환산한 시간[초]}} \times \text{유출계수 } k$$

따라서

$$\text{유출계수 } k = \frac{Q \times 8,760 \times 3,600}{P \times A \times 10^3} \times 100[\%]$$

제의에 따라 $Q = \dfrac{3.5}{0.5} = 7.0[\text{m}^3/\text{s}]$이므로

$$k = \frac{7.0 \times 8,760 \times 3,600}{1,314 \times 240 \times 10^3} \times 100 = 7.0[\%]$$

예제 4.3 다음과 같은 수력 발전소의 최대 출력을 계산하여라.

유역면적 160[km^2]	최고 유효낙차 120[m]
연간 강우량 1,500[mm]	종합효율 85[%]
최대 사용수량은 연평균 유량의 2.5배	유출 계수 0.7

풀이

$$\text{연평균 유량} = 160 \times 1,000^2 \times \frac{1,500}{1,000} \times \frac{1}{3,600 \times 24 \times 365} \times 0.7[\text{m}^3/\text{s}]$$

$$= 5,328[\text{m}^3/\text{s}]$$

따라서 최대출력 P_m은

$$P_m = 9.8 \times 5.328 \times 2.5 \times 120 \times 0.85 = 13,314[\text{kW}]$$

4.2 유량의 변동과 그 표현방법

하천의 유량은 강우나 계절에 따라 변동한다. 대체로 우리나라에서는 겨울 철(12~3월)에는 유량이 감소하고(이 기간을 갈수기라고 함), 여름과 가을 철(7~10울)에는 유량이 증대하는 편이다(이 기간을 풍수기라고 함). 이와 같이 계절에 따른 유량의 변화는 하천에 따라서 약간 차이가 있지만, 거의 매년 같은 변화를 되풀이 하고 있다. 그러나 1년간의 누계유량이라던가 갈수량은 해에 따라 차이가 있기 때문에, 발전계획을 세우려면 적어도 10년 이상의 유량을 파악해서 임하지 않으면 안 된다.

하천의 유량의 크기를 나타내는 데에는 다음과 같은 용어를 정의해서 쓰고 있다.

* **갈수량** (갈수위) : 1년 365일 중 355일 이상 발생하는 유량 또는 수위
* **저수량** (저수위) : 1년 365일 중 275일 이상 발생하는 유량 또는 수위
* **평수량** (평수위) : 1년 365일 중 185일 이상 발생하는 유량 또는 수위
* **풍수량** (갈수위) : 1년 365일 중 95일 이상 발생하는 유량 또는 수위
* **고수량** (고수위) : 매년 1~2회 생기는 최대 출수의 유량 또는 수위
* **홍수량** (홍수위) : 3~4년에 한 번 생기는 최대 출수의 유량 또는 수위
* **최저갈수량, 최대홍수량** : 과거의 기록, 구전 등으로 판정된 최저 또는 최대의 유량

유량도는 그림 4.2와 같이 가로축에 1년 365일을 캘린더의 순으로 잡고, 세로축에 그날에 상당하는(곧 매일매일) 하천유량을 기입해서 도시한 것으로서, 이 유량도만 있으면 1년을 통한 하천유량의 변동 상황을 쉽게 알 수 있다.

이에 대하여 **유황곡선**이란 유량도를 사용해서 그림 4.3과 같이 가로축에 1년의 일수를, 세로축에 유량을 취하되, 매일의 유량 중 큰 것부터 크기의 순서로 1년분을 재배열해서 그린 곡선이다. 그림 4.4는 그 일례로서 가령 이 그림과 같이 95일, 185일, 355일의 세로축의 값으로부터 각각 풍수량, 평수량, 갈수량 등을 쉽게 구할 수 있다. 단, 이 유황곡선의 형태는 하천의 성질에 따라 달라질 수 있다.

유황곡선은 발전계획을 수립할 경우 유용하게 사용할 수 있는 자료로서 보통 수십 년간의 기록을 기초로 해서 **평균 유황곡선**을 만들고 이것으로 발전소의 사용유량 등을 결정하는 데 사용하고 있다.

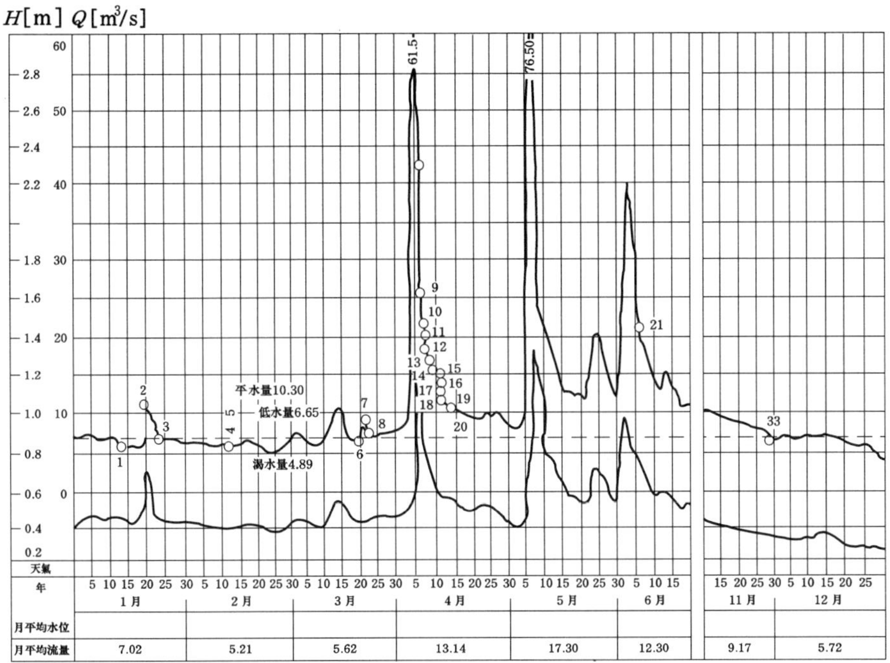

그림 4.2 유량도의 일례

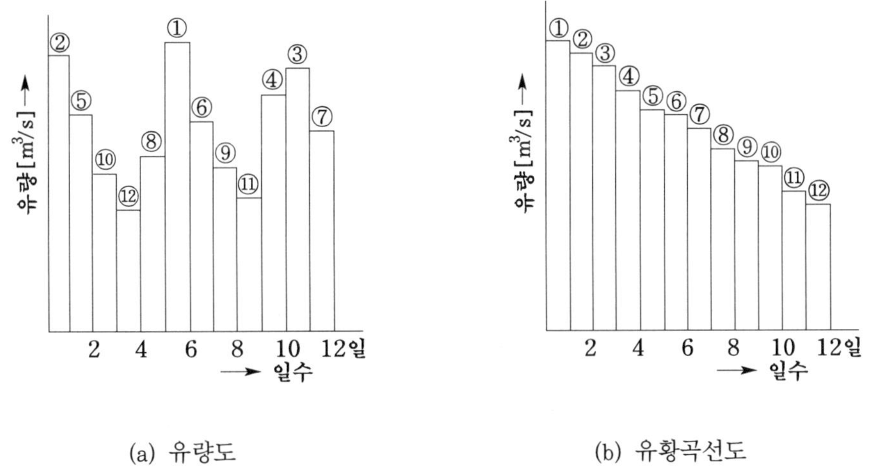

(a) 유량도 (b) 유황곡선도

그림 4.3 유량과 유황 곡선의 설명도

출수율은 어느 날, 또는 어느 달의 하천의 평균유량과 과거 수 10년간의 같은 날, 또는 같은 달의 평균유량과의 비를 말한다.

가령 사용유량을 평수량으로 잡으면 1년간 발전에 사용할 수 있는 수량은 곧 이 곡선으로부터 구해지고, 또 갈수 때문에 부족 되는 수량도 알 수 있으므로 이 부족분을 화력발전 기타에서 메워 줄 경우 이에 따른 전력소요량도 쉽게 산출해 낼 수 있다.

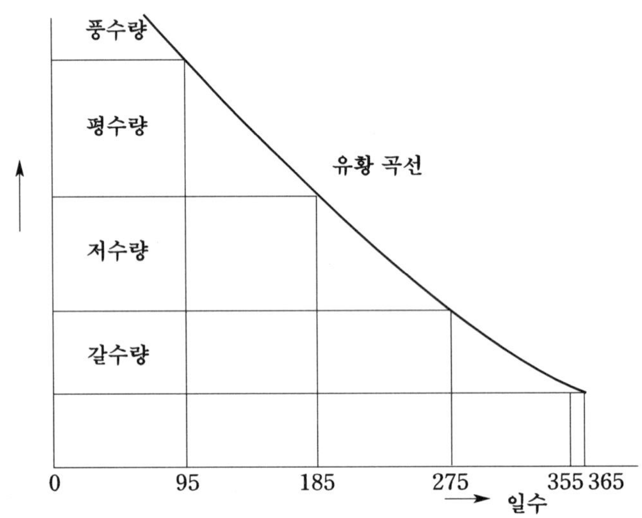

(a) 개념도

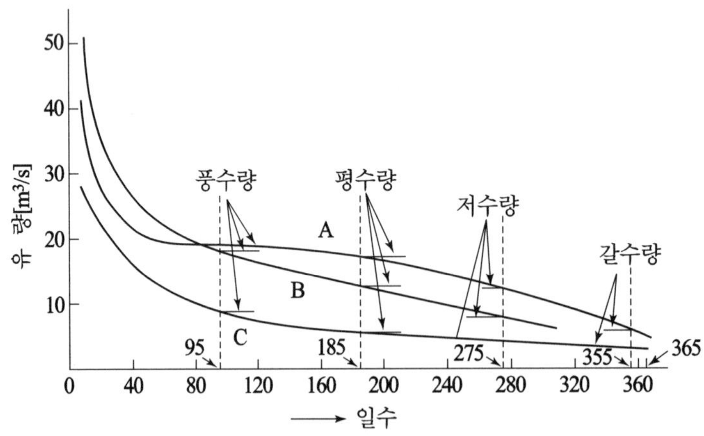

(b) 하천의 종류에 따른 유황곡선의 예

그림 4.4 유황 곡선

그 밖에 **적산 유량곡선** 또는 **유량 누가곡선**이라는 것도 많이 사용한다. 이것은 그림 4.5에서와 같이 매일의 수량을 차례로 적산해서 가로축에 일수를, 세로축에는 적산수량을 그린 곡선이다.

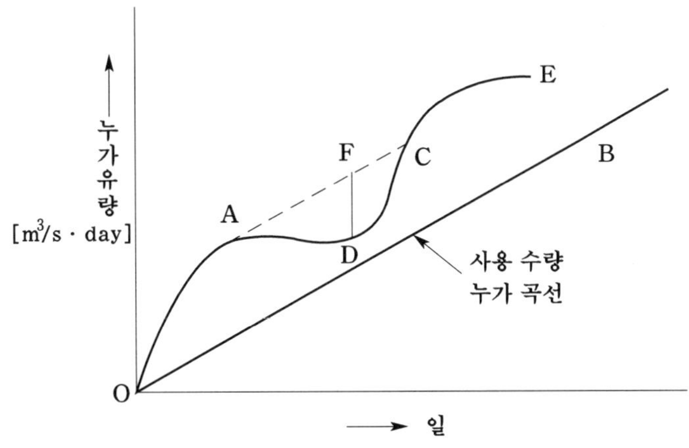

그림 4.5 유량 누가곡선의 개념도

수량의 단위로서는 일반적으로 $[\mathrm{m^3/s \cdot day}]$가 사용된다. $1[\mathrm{m^3/s \cdot day}]$는 $1[\mathrm{m^3/s}]$의 유량이 24시간 연속해서 흘렀을 때의 수량으로서 $60 \times 60 \times 24 = 86,400[\mathrm{m^3}]$에 상당하는 것이다.

이 때 일수의 기점으로는 유량이 풍부한 시기를 선정한다. 그림 4.5에서 $\overline{\mathrm{OB}}$는 발전소가 사용하는 평균수량의 사용수량 누가곡선으로서 가령 매일 매일의 사용수량이 일정할 경우에는 그림에서 보인 것처럼 직선으로 된다. 여기서 A를 만수면이라 하면 A로부터 ($\overline{\mathrm{OB}}$)에 평행하는 직선을 그어 이것이 유량 누가곡선(곡선 OADCE)과 교차하는 점을 C라고 할 때 직선 AC와 유량 누가곡선과의 최대 수직거리 FD가 이 저수지의 소요 저수용량을 가리키게 된다.

또, 이 그림에서 OB보다 경사가 완만한 AD에서는 유입량이 사용수량보다 적다는 것을 나타내는데, 이것은 곧 저수지로부터의 보급을 요하는 부분이 된다. 반대로 $\overline{\mathrm{OB}}$보다 기울기가 급한 DC에서는 유입량이 사용수량보다 많이 들어와서 저수지에 저수하게 된다는 것을 알 수 있다.

이번에는 이와 같이 해서 결정한 저수량을 $V[\mathrm{m^3}]$라고 하였을 때 이 양이 어느 정도의 발전 전력량 $W[\mathrm{kWh}]$로 되는가를 계산해 보자.

지금 첨두부하시의 발전소의 사용수량 및 발전 계속 시간을 각각 $Q[\mathrm{m^3/s}]$, $T[\mathrm{h}]$라고 하면 저수량 $V[\mathrm{m^3}]$의 관계는

$$V = Q \times 3{,}600\,T[\mathrm{m^3}] \tag{4.2}$$

로 된다. 한편 발전 전력량 $W[\mathrm{kWh}]$는 발전소 출력 $P_g[\mathrm{kW}]$와 발전 계속 시간 $T[\mathrm{h}]$의 곱으로 표현되므로, 유효낙차 및 수차·발전기 효율을 각각 $H[\mathrm{m}]$ 및 η_t, η_g라고 하면

$$W = P_g\,T = 9.8\,QH\eta_t\,\eta_g \times T\,[\mathrm{kWh}] \tag{4.3}$$

이 식에 식 (4.2)로부터 Q를 구해서 대입하면

$$W = \frac{9.8\,VH\eta_t\,\eta_g}{3{,}600}\,[\mathrm{kWh}] \tag{4.4}$$

를 얻는다.

실제로 저수지의 규모를 결정함에 있어서는 위에서 설명한 것과 같은 방법으로 먼저 개략적인 값을 정한다. 그 다음에 그 지점에서의 홍수위, 이용수심, 최대 사용수량을 몇 가지 취해서 각각의 경우에 대하여 저수지 운용기준에 따라서 발전 전력량을 계산하고 이 전력량과 공사비를 비교함으로써 가장 경제적인 규모를 도출할 수 있다.

그밖에 같은 하천에 여러 개의 조정지 또는 저수지식 발전소가 건설되고 이들이 전력수요에 따라서 사용수량을 변화하게 되면, 그 운전 상황에 따라 하류에서의 방류량이 크게 변화하게 된다. 하천은 농업용수라든지 주운(舟運), 관광 등 여러 목적에 이용되고 있기 때문에 유량이 급격하게 변화하면 여러 가지 지장을 주게 된다. 이것을 방지하기 위하여 하류 지점에 조정지를 설치해서 일단 여기서 유량을 저수한 다음, 필요한 유량만큼씩 조절해서 흘려주도록 하는 경우가 있다. 이러한 목적으로 설치된 조정지를 **역조정지**라고 부르며, 이에 병설된 발전소는 조정유량에 의해서 결정되는 출력으로 운전하게 된다. 우리나라에서도 충주 수력 발전소의 하류에 이러한 역조정지를 설치해서 유량을 일부 조정하고, 또 동시에 이것으로 발전(출력, 12,000 [kW])도 하고 있다.

예제 4.4 그림 4.6과 같은 유황곡선을 가진 하천에서 최대 사용 수량 $90[\mathrm{m^3/s}]$, 최소 사용 수량 $30[\mathrm{m^3/s}]$, 유효낙차 $60[\mathrm{m}]$의 수력 발전소를 설계할 경우 아래 사항의 값을 구하여라. 단, 수차효율 η_t는 88[%], 발전기 효율 η_g는 97[%]라고 한다.

(1) 발전소 출력

(2) 연간 발전 전력량

(3) 연간 발전소 이용률

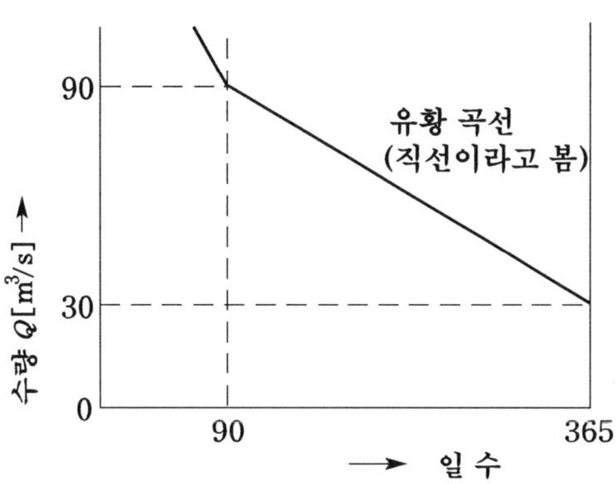

그림 4.6

풀이 (1) 발전소 출력이란 발생할 수 있는 최대전력을 말하므로

$$P = 9.8QH\eta_t\eta_g = 9.8\times 90\times 60\times 0.88\times 0.97 = 45{,}173[\mathrm{kW}]$$

(2) 1년간 사용할 수 있는 총수량 $V[\mathrm{m}^3]$는 그림 4.6의 유황곡선을 참조해서

$$V = \left[90\times 90 + 30(365-90) + (90-30)(365-90)\cdot\frac{1}{2}\right]\times 24\times 3{,}600$$
$$= 212{,}544\times 10^4[\mathrm{m}^3]$$

총수량 $V[\mathrm{m}^3]$를 h[시간]에서 사용하였을 때 평균 사용수량 $Q_a\,[\mathrm{m}^3/\mathrm{s}]$는,

$$Q_a = \frac{V}{3{,}600h}\ [\mathrm{m}^3/\mathrm{s}]$$

한편, 연간 발전 전력량 W[kWh]는,

$$W = 9.8Q_aH\eta_t\eta_g\cdot h = \frac{9.8\,VH\eta_t\eta_g}{3{,}600}$$
$$= \frac{9.8\times 212{,}544\times 10^4\times 60\times 0.88\times 0.97}{3{,}600} = 296.33\times 10^6[\mathrm{kWh}]$$

(3) 발전설비는 최대수량 사용 시에 맞는 규모로 그 출력이 정해져 있기 때문에 효율 등의 변화가 없다고 하면 설비 이용률은 평균수량 Q_a로 1년간 운전해서 발생하는 전력량을 최대 사용수량 Q_a로 1년간 운전해서 얻게 되는 전력량과의 비로

표시된다.
따라서 Q_a는 $h=365\times24$로 해서

$$Q_a=\frac{212{,}544\times10^4}{3{,}600\times24\times365}=67.4[\mathrm{m^3/s}]$$

발전소 이용률 F는

$$F=\frac{9.8Q_aH\eta_t\eta_g\times365\times24}{9.8Q_pH\eta_t\eta_g\times365\times24}=\frac{Q_a}{Q_p}=0.749$$

즉, F는 74.9[%]이다.

4.3 유량 측정법

하천유량은 그 통로의 단면적과 그 단면에 직각방향의 유속과의 곱으로 표시되므로, 유량을 알기 위해서는 단면적과 유속의 양자를 측정하지 않으면 안 된다. 이 중 전자의 단면적은 수로나 관로와 같은 구조물의 형체가 정해져 있어서 그 값을 쉽게 구할 수 있기 때문에, 결국 유량 측정의 중심은 유속의 측정에 있다고 말할 수 있다.

간단한 유량 측정방법으로서 현재 많이 사용되고 있는 방법은 다음과 같다.

4.3.1 유속의 측정방법

(1) 유속계법

프로펠러형의 날개차를 유수로 회전시켜 그 회전수로부터 유속을 구하는 것으로서 측정은 하천의 직선부분에서 한다. 주로 하천유량 등 대 유량 측정에 사용되는데 회전수 N [rps]와 유속 v[m/s]와의 관계식은 다음과 같다.

$$v=aN+b\ [\mathrm{m/s}] \tag{4.5}$$

단, a, b는 계수이다.

(2) 부표법

그림 4.7에서 보는 바와 같이 흐름이 안정된 하천의 직선부분을 측정지점으로 정하여 부표를 띄우고 그 2점간의 거리 l과 통과시간 t로부터 유속을 구하는 방법이다.

그러나 수면을 흐르는 표면부표로는 수면의 유속만을 알 수 있으므로 사전에 표면유속과 단면 내의 평균유속과의 관계를 미리 알아둘 필요가 있다. 일반적으로 평균유속 v는 표면유속의 80[%]로 보고 있으므로

$$v = 0.8\frac{l}{t}\,[\text{m/s}] \tag{4.6}$$

로 계산하고 있다.

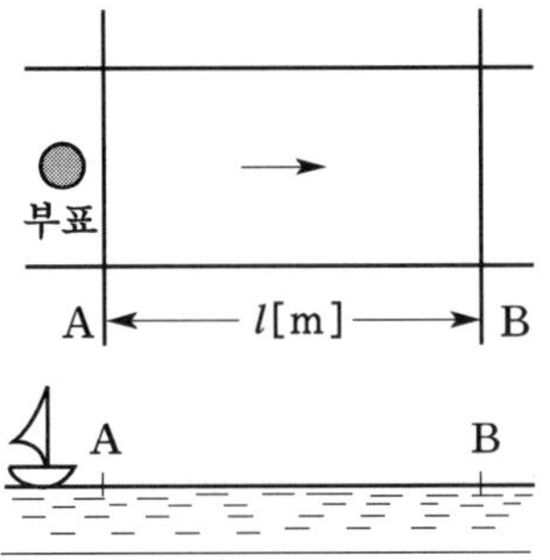

그림 4.7

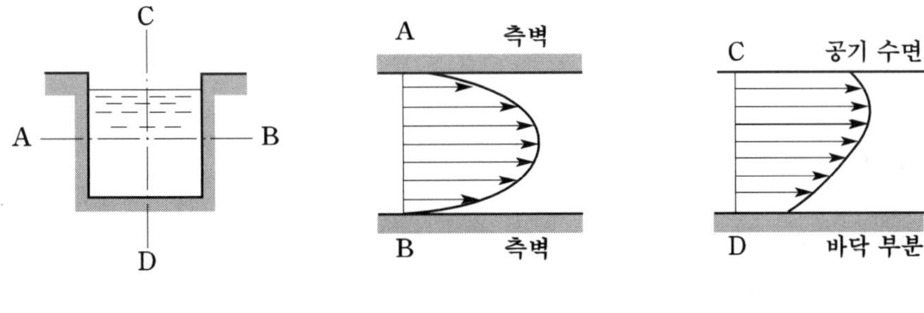

그림 4.8

(3) 염수 속도법

수압관이나 수로 등의 유수에 일정한 농도의 염수를 주입해서 염수 부막을 만들고 임의의 2점에 전극을 설치해서 전압을 인가하면 염수가 통과함에 따라 전류값에 변화가 일어난다. 이것을 기록해서 그 2점간을 통과하는 데 소요된 시간을 측정하면 쉽게 유속을 구할 수 있다. 이 때의 염분농도는 정량 분석법에 의하거나 도전율로부터 측정한다.

(4) 수압시간법

이것은 Gibson에 의해서 제안된 것이기 때문에 **Gibson법**이라고도 불려지고 있다. 수압관의 물은 수차입구의 안내날개를 통과해서 수차에 들어가는데, 이 안내날개를 서서히 폐쇄해서 유속을 저하시키면 수압관 내의 수압이 상승하게 되는 것을 이용해서 수압의 변화와 시간으로부터 유량을 구하는 방법이다. 즉, 이때의 상승수압과 시간과의 곱은 그 시간 중에 수압관 내의 유수에 생긴 운동량의 변화와 같다는 원리를 이용하는 것이다.

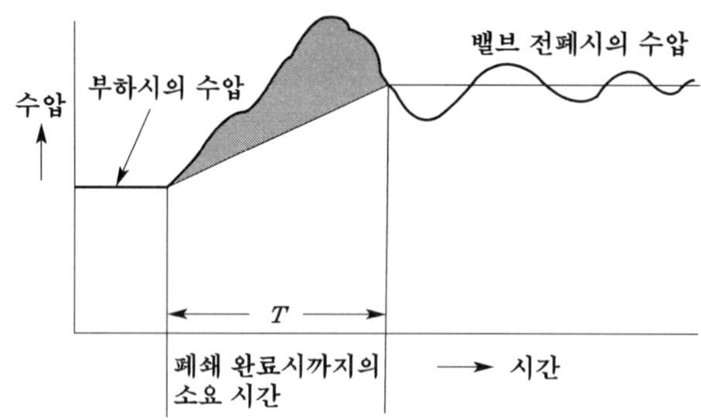

그림 4.9 수압시간법의 개요

(5) 피토관법

그림 4.10과 같은 유로에서의 정상류에 대해서 관벽에 A, 유수의 중심부에 B인 2개의 세관(細管)을 세우면 A관에는 압력 p에 해당하는 높이 $h_1 = \frac{p}{w}$까지만 물이 올라가지만, B관에서는 그 끝이 유수에 직각으로 놓여져 있으므로 흐르고 있는 물의 힘까지 받아서 관 내의 수위 h_2는 $\frac{p}{w} + \frac{v^2}{2g}$과 같은 높이로 된다.

따라서 A관으로 압력을 측정하고 B와 A의 수위로부터 $v^2/2g$를 구하여 유속 v를 다음 식으로부터 구할 수 있다.

$$h_1 = \frac{p}{w}$$

$$h_2 = \frac{p}{w} + c\frac{v^2}{2g}$$

$$h = h_1 - h_2 = c\frac{v^2}{2g}$$

$$\therefore v = \sqrt{\frac{1}{c}2gh} \tag{4.10}$$

단, c는 피토관의 구조에 따른 계수로서 1에 가까운 값이다. 일반적으로 B관과 같은 곡관을 **피토관**이라고 한다.

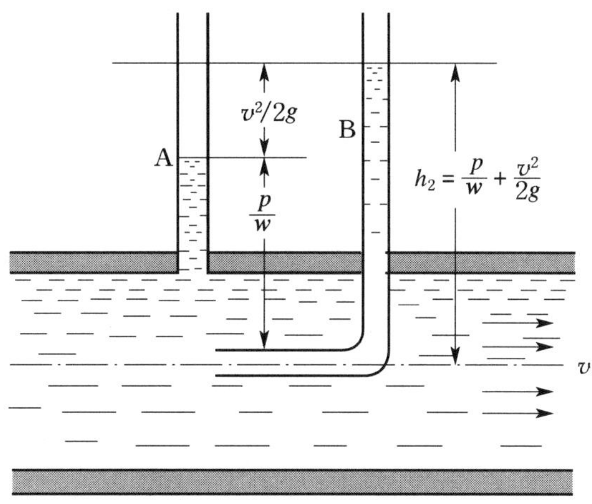

그림 4.10 피토관의 원리

4.3.2 직접유량을 측정하는 방법

유량의 측정에는 유속과 단면적의 양자를 측정하는 것이 일반적이지만 직접 유량을 측정할 수 있는 특수한 경우도 있다.

(1) 언측법

하천의 흐름을 가로질러서 차단 벽을 설치하고(이 차단 벽을 언(堰)이라고 한다) 유수가 이것을 월류(越流)할 때의 수위를 측정함으로써 유량을 구하는 방법이다.

이 방법은 측정이 쉽고 정확한 결과도 얻을 수 있으나, 주로 소하천 또는 수로용으로 제한된다.

(2) 수위 관측법

일반적으로는 하천의 수량과 수위와의 사이에는 일정한 관계가 있다. 지금 그림 4.11과 같은 측정지점에서의 수위유량도를 미리 구해 놓고 양수표로 수위를 측정하면 식 (4.11)과 같은 관계식으로부터 유량 Q를 쉽게 알 수 있다.

$$Q = a + bh + ch^2 [\mathrm{m^3/s}] \tag{4.11}$$

단, h : 수위[m], a, b, c : 계수(실측으로 구한다.)

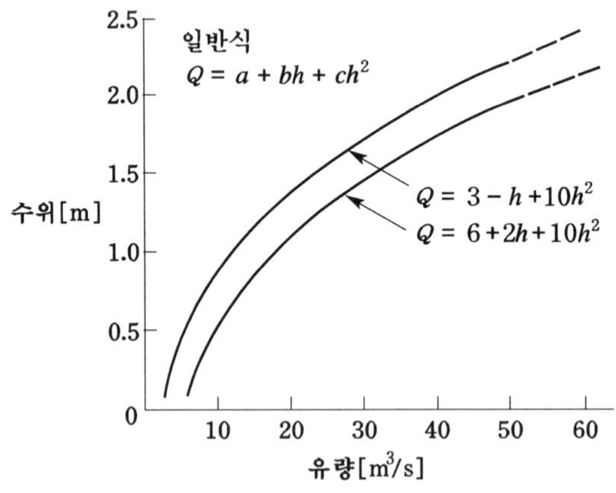

그림 4.11 수위 유량도

이상의 각 측정법에는 각각 일장일단이 있기 때문에, 그 장점을 살려서 측정을 간단히 또한 정확하게 할 필요가 있다.

4.4 낙 차

수력을 발생하는 요소는 유량과 낙차이다. 평지에 있는 하천은 유량이 아무리 풍부해도 물매(구배)가 작아서 낙차를 얻기 어려우나, 깊은 산 속에 있는 하천인 경우에는 유량은 작아도 지점에 따라 큰 낙차를 쉽게 얻을 수 있다는 이점이 있다. 우리나라에서는 비교적 유량이 풍부한 낙동강수계에서는 수력 발전소가 별로 없고, 수력 발전소의 대부분이 한강 수계에 집중되어 있다는 것도 바로 이 낙차의 유무 때문이다.

하천의 물매가 급하면 짧은 수로로서 고 낙차를 얻을 수 있다. 이 낙차를 최대한으로 이용하기 위해서 가령 북한강수계에서는 상류의 화천 발전소로부터 하류로 내려오면서 춘천, 의암, 청평 그리고 팔당 발전소처럼 지형에 따른 낙차를 빼놓지 않고 계단식으로 이용하는 경우도 있다.

낙차를 얻기 위한 방법으로서는 앞에서 설명한 바와 같이 수로식, 댐식, 댐 수로식, 유역 변경식, 양수식 등이 있다. 같은 출력의 수차로 비교한다면 낙차가 높은 편이 기계가 작아지고 이에 따른 공사비도 싸게 된다는 장점이 있다. 실제로는 다른 여러 가지 조건도 필요하므로 간단히 결론을 내릴 수 없으나, 일반적으로 고 낙차가 될수록 건설비는 싸진다고 볼 수 있으므로 그 만큼 낙차의 이용이 수력 발전소에서의 중요한 요소가 된다는 것을 알아야 한다.

그림 4.12에 낙차의 개념도를 보인다.

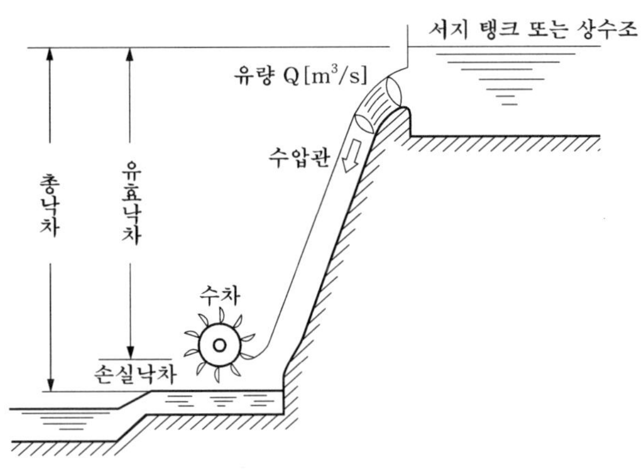

그림 4.12 낙차의 개념도

이 그림에서는 알기 쉬운 보기로서 충동형 수차의 예를 들었는데, 발전에 유효한 낙차는 총 낙차에서 손실낙차를 뺀 **유효낙차** H[m]이다. 이것이 앞에서 수차의 출력 P_t를 나타낸

$$P_t = 9.8\,QH\eta_t\,[\mathrm{kW}] \tag{4.12}$$

에서의 H인 것이다.

그러나 실제로 낙차를 따질 경우에는 그림 4.12에서처럼 수압관 상부의 수조의 수면의 높이를 기준으로 삼지 않고 더 상류 쪽으로 소급해 올라간 취수구의 수위를 기준으로 삼고 있으며, 손실낙차도 이들 구간에서의 취수구손실, 수로손실, 수압관손실 등도 포함하기 때문에 총 낙차와 유효낙차도 다음에 설명하는 바와 같이 보다 세분해서 정의하고 있는 것이 보통이다.

(1) 총 낙차

수로의 취수구 수면과 방수구 수면과의 위치수두의 차

(2) 정 낙차

수차가 정지하고 있을 때의 상수조(또는 조압수조) 수면과 방수위 수면과의 위치수두의 차 (반동수차에서는 방수위까지, 충동수차에서는 수차의 최저점까지의 고저차)

(3) 겉보기 낙차

수차가 운전하고 있을 때의 상수조(또는 조압수조) 수면과 방수위 수면과의 위치수두의 차

(4) 유효 낙차

유수가 취수구로부터 방수로에 이르기까지에는 낙차의 손실이 발생하게 되는데, 보통 이것을 손실낙차라고 부르며, 총 낙차로부터 손실낙차를 빼준 것을 **유효낙차**라고 한다. 일반적으로 이 유효낙차가 운전 중인 수차에 작용하는 전 수두로 된다.

그림 4.13은 한 예로서 반동수차에서의 각종 낙차의 개념을 도시한 것이다.

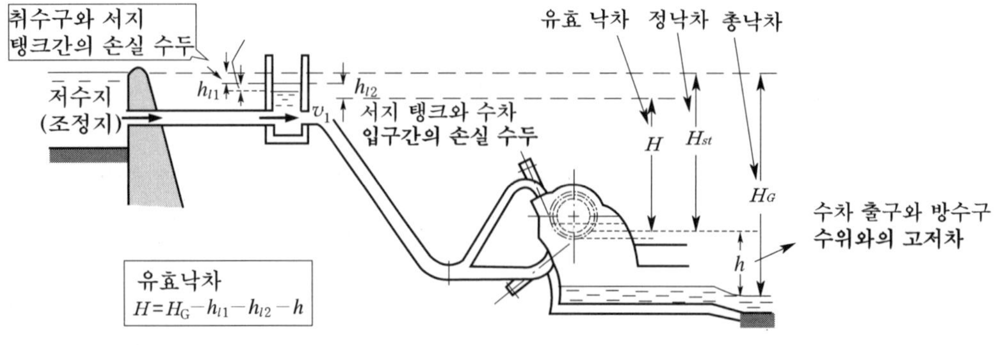

그림 4.13 반동수차에서의 각종 낙차의 설명도

예제 4.5 평균 유효낙차 50[m], 출력 160,000[kW], 유효 저수량 40,000,000[m^3]의 발전소가 있다. 이 저수량은 몇 [kWh]에 해당하는가? 단, 수차의 효율은 86[%], 발전기 효율은 97[%]이라고 한다.

풀이 160,000[kW]를 발전하는 데 필요한 유량을 Q[m^3/s]라고 하면
$160{,}000 = 9.8 \times 50 \times Q \times 0.86 \times 0.97$로부터

$$\therefore Q = \frac{160{,}000}{9.8 \times 50 \times 0.86 \times 0.97} = 391.43[\mathrm{m^3/s}]$$

1시간의 발전량 160,000 [kWh]를 내는 데 필요한 수량[m^3]은

$$391.43 \times 3{,}600 = 1{,}409{,}144\ [\mathrm{m^3}]$$

1 [m^3]당 [kWh]는

$$\frac{160{,}000}{1{,}409{,}144} = 0.11354\ [\mathrm{kWh}]$$

따라서 40,000,000[m^3]의 물에 해당하는 전력량 W는

$$W = 0.11354 \times 40{,}000{,}000 = 4{,}541{,}600[\mathrm{kWh}]$$

예제 4.6 유역면적 200[km^2], 1년간의 총강수량 1,500[mm]인 수력지점이 있다. 유출계수를 70[%]라 하고 갈수량을 연간 평균유량의 1/3 이라고 한다면 갈수량은 얼마인가? 다음 갈수시에 이 유량을 사용해서 그림 4.14와 같은 부하율 50[%], 첨두부하 계속시간 4시간의 부하를 담당해서 발전하는 데 필요한 조정지의 용량을 구하여라.

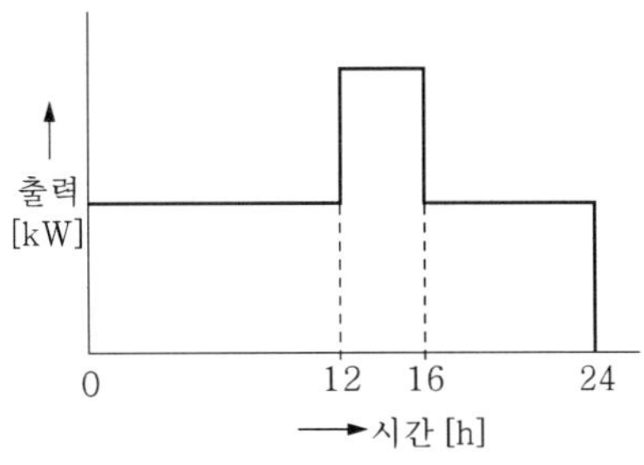

그림 4.14 부하곡선

풀이 연간 평균유량 $Q[\mathrm{m^3/s}]$는 식 (4.1)로부터

$$Q=\frac{0.7\times 1{,}500\times 200\times 10^3}{365\times 24\times 60\times 60}=6.66[\mathrm{m^3/s}]$$

제의에 따라 갈수량은 연간평균 유량 Q의 1/3이라 하였으므로

$$Q'=\frac{1}{3}\times 6.66 \fallingdotseq 2.22$$

그림 4.14의 부하곡선으로부터 첨두부하는 부하율이 50 [%]이므로 이때의 사용수량으로서는 갈수량의 2배가 필요하다. 곧 위에서 구한 갈수량과 같은 양의 수량을 4시간 공급하면 된다. 따라서 이 경우 소요될 조정지 용량(곧 저수량) Q_0는

$$Q_0=2.22\times 4\times 60\times 60 \fallingdotseq 32{,}000[\mathrm{m^3}]$$

연 습 문 제

1. 유역면적 600[km^2], 연강수량 2,300[mm]의 하천에 유출하는 연간 평균유량[m^3/s]을 구하여라. 단, 이 하천의 유출계수는 70[%]라고 한다.

2. 유역 면적 400[km^2], 1년의 총강수량 1,500 [mm]인 수력지점이 있다. 유출계수를 70 [%]라 하고 갈수량을 연간 평균유량의 1/3이라고 할 때 이 하천의 갈수량은 얼마인가?

3. 다음 용어를 설명하여라.

(1) 유효낙차

(2) 적산 유량곡선

(3) 유황곡선

(4) 출수율

4. 갈수량, 저수량, 평수량, 풍수량을 설명하여라.

5. 역조정지 대해서 설명하여라.

6. 하천의 유량을 측정하는 대표적인 방법 3가지를 들어 설명하여라.

7. 평균 유효낙차 60.6[m], 최대출력 5,000[kW]의 발전소에서 유효용량 80,000[m^3]의 조정지를 가지고 있다. 상시 사용수량이 6[m^3/s]라고 할 때 이 조정지를 이용하면 발전소를 최대출력으로 몇 시간 운전할 수 있겠는가? 단, 수차 발전기의 종합효율은 80[%]라고 한다.

8. 면적 80,000[m^2]의 조정지가 있다. 이 조정지에 대하여 다음 각 사항을 계산하여라.

(1) 이용수심 1[m]당의 유효 저수량

(2) 평균 유효낙차 75[m]에 대하여 이용수심 1[m]당의 발생 전력량

단, 발전소 종합효율은 80[%]로 일정하다고 한다.

(3) 상시출력을 7,000[kW]로 하고 상시 첨두출력 10,000[kW]를 연속 4시간 발전하려는 데 필요한 이용수심은 몇 [m]인가? 단, 평균 유효낙차는 변하지 않는 것으로 한다.

9. 조정지 용량 108×10^3[m^3], 유효낙차 300[m]의 수력 발전소에서 조정지 전용량까지 사용할 경우 발생할 수 있는 전력량 W[kWh]를 구하여라. 단, 수차 효율은 86[%], 발전기 효율은 94[%]라고 한다.

10. 표면면적 2,780[m^2], 유효깊이 3.05[m]의 저수지가 있다. 발전소의 유효낙차는 61 [m]이라고 한다. 이 저수지에 의해서 몇 [kWh]의 전력량을 발생할 수 있겠는가? 단, 수차와 발전기의 합성효율은 75 [%]이고 낙차변동의 영향은 없다고 한다.

11. 그림 4.15에 보인 바와 같이 유황곡선의 하천에서 사용수량이 최대에서 100[m^3/s], 최소에서 30[m^3/s], 유효낙차 100[m]이 수력 발전소를 설계할 경우에 다음 사항은 어떻게 되겠는가?

(1) 발전소 출력

(2) 1년간 발전 전력량

(3) 1년간 발전소 이용률

(4) 수차의 종류 및 대수와 1대의 용량

단, 수차 및 발전기의 종합효율은 80 [%]라고 한다.

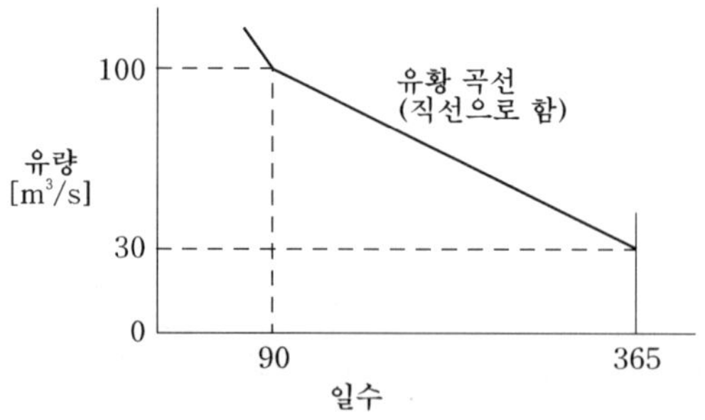

그림 4.15

12. 그림 4.16과 같은 하천유량 누적곡선이 있다. 지금 OP와 같은 사용수량 누가 곡선을 갖는 저수지식 발전소를 건설하고자 할 경우 최대 저수지 용량을 결정하여라.

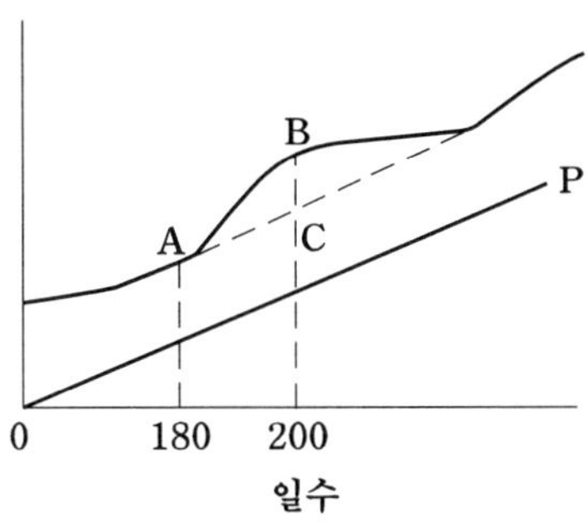

그림 4.16

13. 유효저수량 $216 \times 10^3[m^3]$ 조정지를 갖는 유효낙차 50[m]의 수력발전소가 있다. 자연유량이 $36[m^3/s]$일 때 그림 4.17과 같은 부하곡선으로 운전하면, 첨두부하 시에는 얼마의 출력을 낼 수 있겠는가? 또 비첨두시의 출력은 얼마인가? 단, 유효낙차는 변함이 없는 것으로 하고 수차와 발전기의 합성효율은 85 [%], 조정지는 최대한으로 이용하며 비첨두시(저수 시)에도 월류(overflow)시키지 않는 것으로 한다.

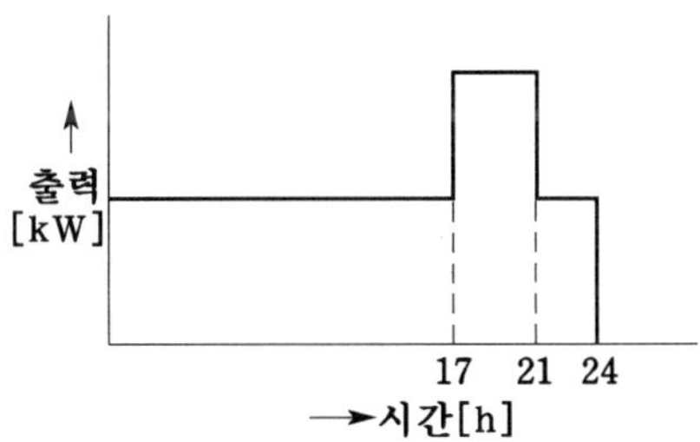

그림 4.17

제 5 장

수력설비

5.1 수력설비의 개요

수력 발전소에서의 수력설비를 그 기능에 따라 분류하면 크게 취수설비, 도수설비, 발전설비 및 방수설비의 4가지로 나누어진다.

각 설비에 사용하는 공작물에는 여러 가지 구조의 것이 있는데, 이들을 어떻게 조합하는가에 따라 발전소의 구성을 분류하면 그림 5.1과 같이 된다. 여기서는 수로식 발전소를 대상으로 해서 수력 발전설비의 개요를 살펴보기로 한다.

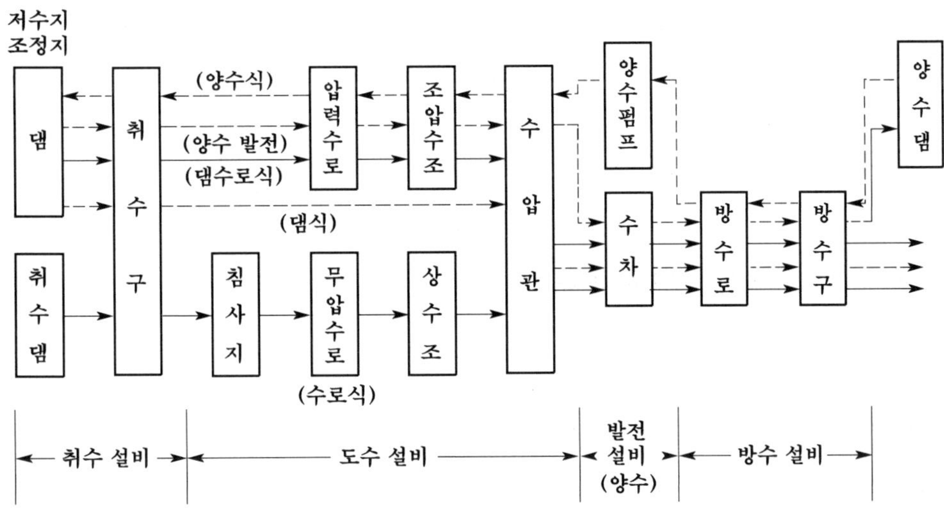

그림 5.1 수력설비의 구성도

수력 발전용으로서 하천의 유수를 취수하기 위해서는 하천의 흐름에 거의 직각의 방향으로 물을 막아 주는 설비 — 이것을 **취수댐**이라고 부른다 — 와 그 바로 상류의 하안에서 물을 취수하는 설비 — 이것을 **취수구**라고 부른다 — 를 축조한다.

취수구로부터 취수한 물은 수로를 통하여 발전소 상부에 있는 **상수조**까지 유도해서 낙차를 얻는다. 이것을 다시 수압관을 거쳐 수차에로 낙하 시켜서 발전기를 운전하게 된다. 수차에서 사용하고 난 물은 방수로를 통해서 다시 하천에 방류하게 된다. 이 과정에서 취수구 가까이에 **침사지**를 만들어 유수 중의 토사를 침전시키고 있다. 또, 상수조에는 **여수로**를 설치해서 갑자기 부하가 줄어서 수위가 규정값을 넘었을 때 잉여수를 하천에 안전하게 방류하도록 하고 있다. 이들 가운데 취수구 직후부터 상수조 입구까지를 **도수로**라고 부른다.

도수로에는 그 전체에 압력이 걸리는 **압력수로**와 유수의 상부가 대기와 접하고 있는 자연유하식의 **무압수로**의 2가지가 있다. **상수조**는 자연 유하식에 사용되는 것이며, 압력수로일 경우에는 이 상수조 대신에 **조압수조**를 사용한다.

한편 조정지나 저수지로부터 취수할 경우에는 이들 못 자체가 침사지의 작용을 겸하기 때문에 따로 침사지를 설치하지 않는다. 또, 댐식 발전소에서는 저수지가 상수조의 작용을 겸하게 되므로 따로 상수조를 설치하지 않는다.

5.2 발전용 댐

발전용 댐을 우선 그 용도별로 분류하면, 수로식 발전소에 사용되는 간단한 **취수댐**, 댐수로식 발전소에서는 상류 측의 수위를 높이는 데 사용되는 약간 큰 댐(조정지 댐), 그리고 댐식 발전소에서처럼 취수용뿐만 아니라 물을 어느 기간 동안 저수하기 위해서 골짜기나 하천을 가로 막아서 조정지라든지 저수지를 만드는 거대한 **저수댐** 등이 있다.

5.2.1. 사용목적에 따른 분류

(1) 취수댐

수로식 발전소에서 취수를 목적으로 한 댐으로서 일반적으로 댐 높이와 폭은 그다지 크지 않은 편이다.

(2) 저수댐

댐으로 상류 측 수위를 높여서 낙차를 얻음과 동시에 계절 내지 연간을 통한 수량 조절이 가능한 대규모의 것을 말하는데, 조정능력의 크기에 따라 다시 이 댐은 조정지와 저수지로 나누어진다.

5.2.2 사용재료에 의한 분류

(1) 콘크리트댐

시멘트, 모래, 자갈을 혼합, 가공한 콘크리트를 소재로 한 댐으로서 안정도가 높기 때문에 현재 가장 많이 사용되고 있다.

(2) 흙댐(어스댐)

모래, 자갈, 점토 등을 적당히 혼합해서 축조하는 댐으로서, 자재가 현지에서 조달될 경우 경제적이다. 이 형식의 댐은 그림 5.2에서 보는 바와 같이 콘크리트댐보다도 상류, 하류 양면의 경사를 완만하게 해서 안정을 유지할 수 있도록 설계하여야 한다.

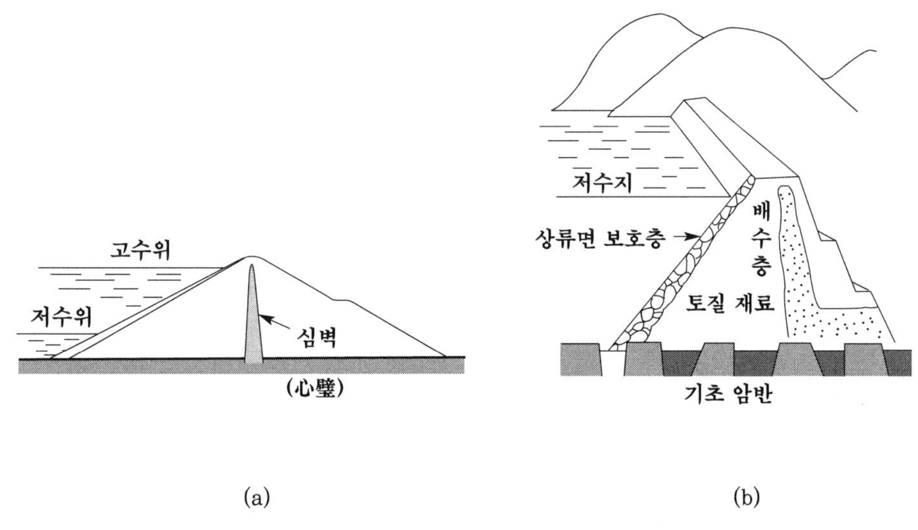

그림 5.2 흙댐

(3) 암석댐(록필댐)

주로 암석을 축조재료로 한 댐으로서 흙댐과 마찬가지로 현지에서 이러한 암석 재료가 조달될 경우 경제적이다. 이 댐은 흙댐에 비하여 댐을 높게 할 수 있고, 또 안정도도 높은 편이지만 가체중량이 크기 때문에 기초를 튼튼히 하여야 한다.

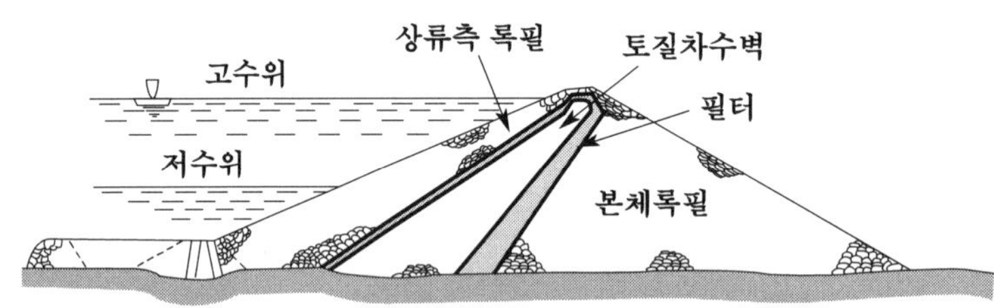

그림 5.3 암석댐

5.2.3 역학적인 구조에 따른 분류

(1) 중력댐

중력댐은 현재 가장 많이 사용되고 있는 형식으로서, 둑 본체의 자체중량으로 외력에 대하여 안정도를 유지하고 있다. 이 댐은 큰 압력이 기초부분에 걸리기 때문에 설치장소는 견고한 암반이 있는 곳이라야만 한다.

중력댐은 주로 콘크리트로 축조되지만, 이 밖에 흙을 사용한 흙댐, 암석을 사용한 암석댐도 중력댐의 일종으로 일부 사용되고 있다. 그림 5.4는 콘크리트 중력댐의 개념도를 보인 것이다.

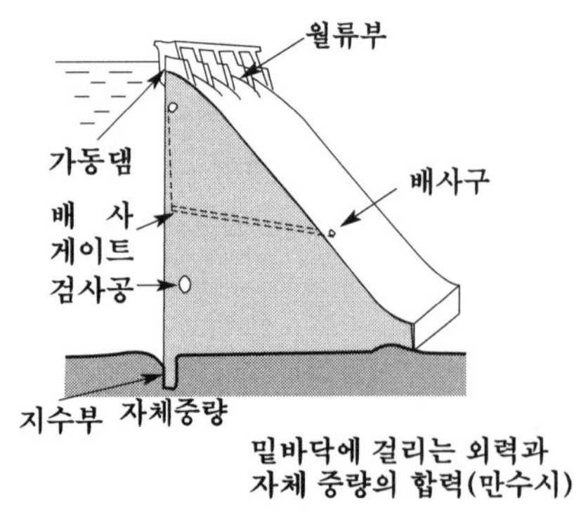

그림 5.4 콘크리트 중력댐

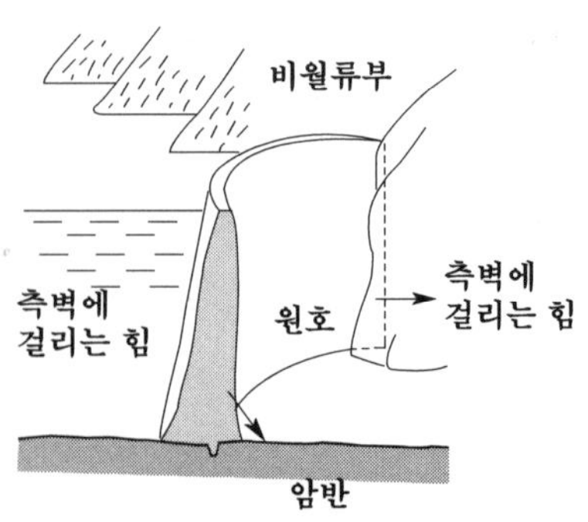

그림 5.5 아치댐

(2) 아치댐

아치댐은 콘크리트로 축조되지만, 안정을 얻기 위한 역학적인 원리는 중력댐과는 달리 댐의 수평방향의 아치작용에 의해서 수압을 지지하고 이것을 양 벽의 암반으로 받쳐서 안정을 유지하도록 하고 있다. 따라서 기초 및 양쪽의 벽은 튼튼한 암반으로 되어 있지 않으면 안 된다. 콘크리트 소요량은 중력댐에 비하여 댐 두께가 엷어도 되기 때문에 상당히 적어도 된다는 이점이 있다. 그림 5.5는 이 아치댐의 개요도이다.

(3) 중공(부벽)댐

이것은 표면 차수판을 철근 콘크리트의 부벽(扶壁)이라고 부르는 수직 벽으로 지지한 것으로서 댐 내부를 일부 공간으로 비우고 있으므로 중력댐에 비해 콘크리트 소요량을 60~70[%] 정도로 절약할 수 있다. 이것은 그림 5.6과 같이 표면 차수판의 경사를 완만하게 하여 수압의 수직분력이 이 벽에 작용하게 하고 이것을 부벽으로 기초에 전해서 안정을 유지하도록 하고 있으나 너무 높은 댐에는 적합하지 않다.

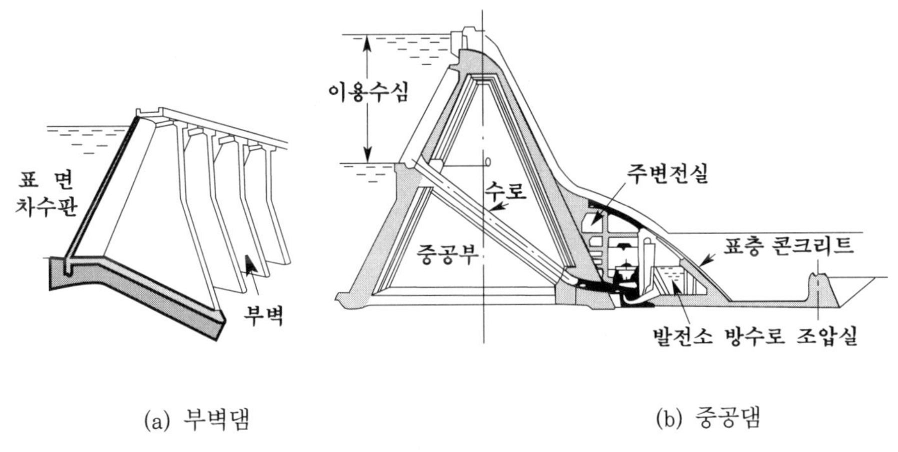

(a) 부벽댐 (b) 중공댐

그림 5.6 중공(부벽)댐

5.3 가동댐

가동댐은 고정댐의 상부에 설치해서 갈수 시에는 이것을 폐쇄해서 상류 측의 수위를 높여서 취수를 용이하게 하고, 홍수 시에는 반대로 이것을 개방해서 방수시킴으로써 수위가 지나치게 올라가는 것을 방지함과 동시에 댐의 상류 측에 퇴적된 토사를 토해 내도록 하는 기능을 지니고 있다.

가동댐은 일종의 제수문(制水門, 게이트)으로서 큰 수압을 받은 상태에서 조작할 필요가 있기 때문에 이에 적합한 구조의 것으로서 다음과 같은 여러 종류가 있다.

(1) 슬루스 게이트

이것은 소규모의 댐에 사용되는 가장 간단한 수문으로서 보통 직사각형의 문을 상하로 조작해서 개폐하는 구조로 되어 있다.

(2) 롤러 게이트

슬루스 게이트가 대형이 되면 문틀과 문의 접촉 부분의 마찰저항이 커지기 때문에 이 마찰을 줄이기 위하여 여기에 롤러를 사용한 것이다. 수문의 상·하 조작은 보통 와이어 로프와 권상기(卷上機)를 사용하고 있다.

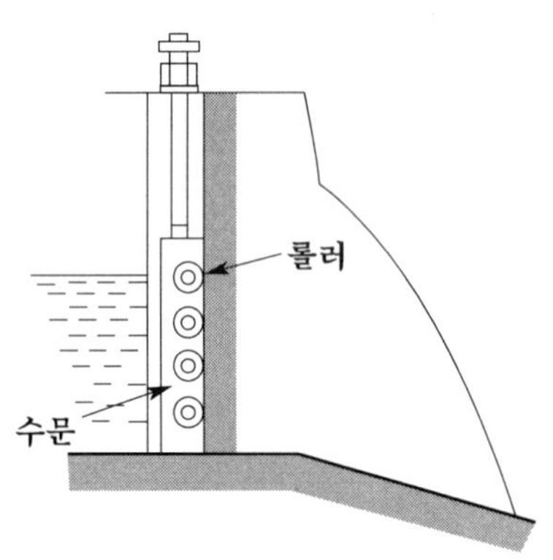

그림 5.7 롤러 게이트

(3) 스토니 게이트

롤러를 수문에 고정시키지 않고 문과 문틀과의 사이에 사다리 형 롤러를 설치해서 마찰을 줄인 것으로서 큰 수압을 받는 조정지의 취수구 등 대형 수문용으로 사용되고 있다.

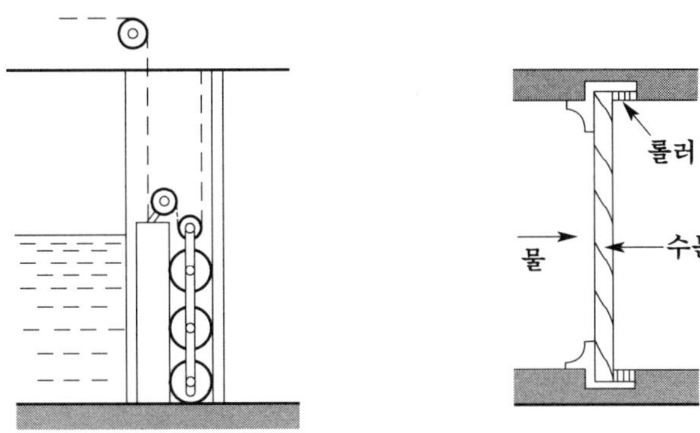

그림 5.8 스토니 게이트

(4) 테인터 게이트

그림 5.9와 같이 차수판이 원통면의 일부를 이루고 있어서 이에 가해지는 수압은 게이트의 위치에 관계없이 항상 호면(弧面) 중심에 있는 핀에 집중되므로, 이 핀을 중심으로 회전해서 개폐하는 것이다.

(5) 롤링 게이트

그림 5.10과 같이 강철제의 원통형 게이트를 댐의 정상에 설치하고 이 원통을 회전시키면서 수문을 개폐하는 것이다. 이것은 구조가 견고해서 유수 등의 충격에도 잘 견딜 수 있으므로 취수댐 등에 많이 사용되고 있다.

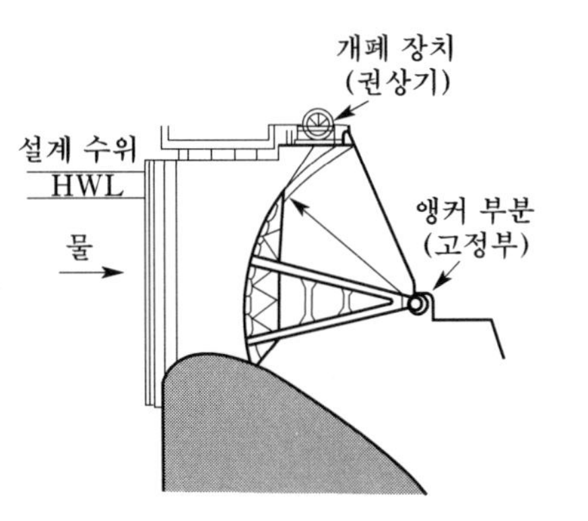

그림 5.9 테인터 게이트

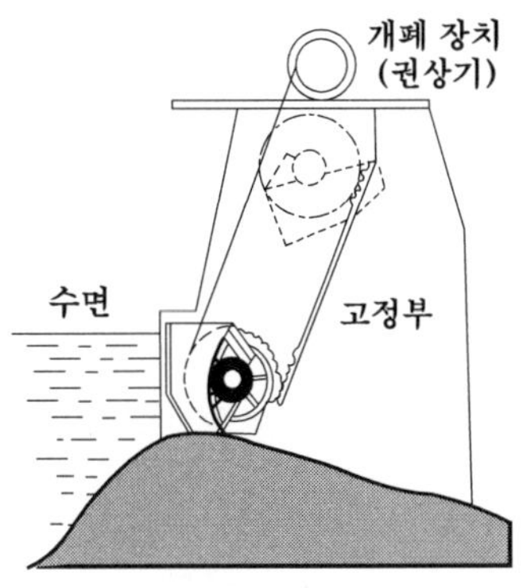

그림 5.10 롤링 게이트

5.4 수 로

발전소에서 사용할 물을 취수하는 취수구로부터 상수조의 입구까지를 수로 또는 도수로라고 부르는데, 이는 터널, 개방수로, 밀폐수로, 수로관 등으로 구성된다.

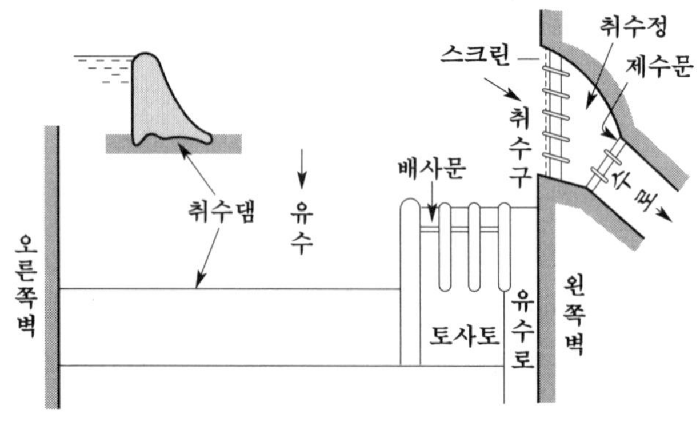

그림 5.11 수로식 발전소의 취수구

(1) 취수구

하천의 물을 발전소로 유도하기 위한 수로에의 유입구로서 하천에 설치되는 것이 취수구이다. 일반적으로 취수구의 설비는 최대 사용유량을 안전하게 취수함과 동시에 필요에 따라서는 취수량을 적당히 조절할 수 있어야 한다. 통상 취수구 설비는

① 제수 및 도수설비

② 유지설비(토사 유입방지 및 부유물 제거장치)

로 이루어진다.

(2) 침사지

취수구로부터 유입되는 물 속에는 작은 토사 등이 포함되어 있으므로 이것을 없애기 위해 취수구 부근에 수로보다 넓은 못을 만들어서 일단 여기서 유속을 떨어뜨려서 토사를 침전시킨 다음 깨끗한 물을 수로로 유도하고 있다. 지형에 따라서는 수로의 도중에 침사지를 설치하는 경우도 있다. 일반적으로 토사를 침전시키기 위해서는 유속을 0.25[m/s] 정도 이하로 할 필요가 있다.

(3) 개방수로

수로의 일종으로서 지표면을 사다리꼴 또는 직사각형의 단면으로 굴착하고 그 내면을 콘크리트 또는 돌로 입혀 준 것이다. 이것은 비교적 간단한 공작물이므로 단위 길이당의 공사비가 싸고 공기도 짧아지지만, 터널처럼 산을 직선적으로 통과할 수 없기 때문에 일반적으로 수로연장이 길어지고 손실낙차도 커진다는 문제점이 있다. 그밖에 토사, 낙엽 등이 혼입되기 때문에 이 수로는 보통 소규모의 것에 사용될 뿐이다.

(4) 밀폐수로

개방수로와 마찬가지로 지표면을 굴착해서 시공한 후 뚜껑을 입혀서 다시 묻어주는 것이다. 뚜껑 때문에 토사라든지 낙엽 등이 혼입 될 염려가 없기 때문에 보수가 용이하지만, 지형에 따라서는 수로연장이 길어질 수 있다.

(5) 터널

터널은 다른 수로에 비해서 단위 길이당의 건설비가 비싸고 내부의 점검, 감시가 불편하기는 하지만, 한편 수로의 길이를 가장 짧게 할 수 있기 때문에 손실낙차가 작고 외부로부터의 손상도 받는 일이 없어서 안전하며 토사, 낙엽 등이 혼입될 염려가 없다는 장점이 있다. 터널에는 그림 5.12 (a)처럼 상부에 공간을 남겨서 물이 자연유하 하는 **무압터널**과 그림 5.12 (b)처럼 단면 내에 물이 충만하여 단면 전체에 압력이 걸리는 **압력터널**의 2가지가 있다. 이 중 압력터널은 경사 그 자체가 손실낙차로 되지 않기 때문에 1/300~1/400 정도의 큰 경사를 취할 수 있다는 특징이 있다.

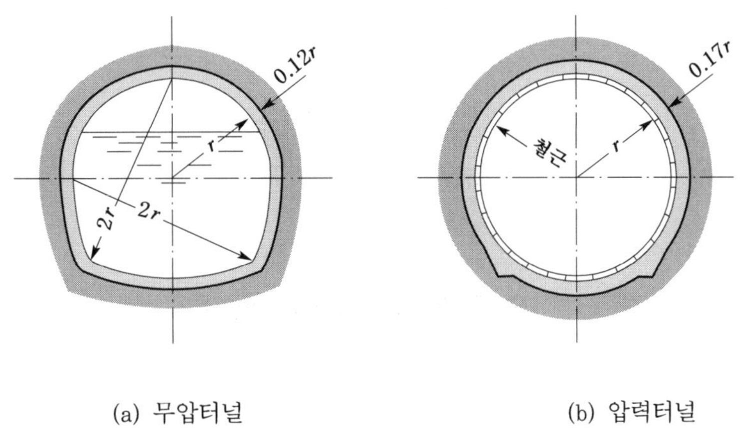

(a) 무압터널 (b) 압력터널

그림 5.12 터널의 단면도

5.5 수 조

5.5.1 상수조

수로로 유도된 물은 발전소 위에 있는 수조(탱크)에 들어간다. 수조는 도수로와 수압관의 접속부에 설치되는데, 이때 도수로가 무압수로일 경우에는 이것을 **상수조** 또는 **헷드탱크**라고 부른다. 그림 5.13은 상수조의 일례를 보인 것이다.

상수조의 기능은

① 유하토사의 최종적인 침전(유수의 정화)

② 부하가 갑자기 변화하였을 때 유량의 과부족 조정

을 담당하고 있다. 이 때문에 어느 정도(보통은 최대 사용수량의 1~2분 정도)의 조정 용량을 가질 필요가 있다.

부속설비로서는 토사 배출구, 제수문, 부유물 제거용 스크린과 부하 경감 시 생기는 여수를 배출하기 위한 여수 배출구를 설치하고 있다.

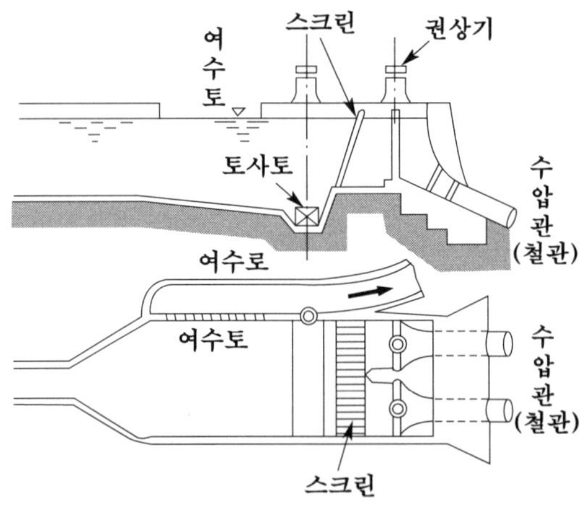

그림 5.13 상수조(head tank)

5.5.2 조압수조

댐수로식의 발전소에서는 물이 압력수로(터널)에 의해 유도됨으로 이 압력수로와 수압관의 접속부에 설치되는 수조를 **조압수조** 또는 **서지탱크**라고 한다. 일반적으로 서지탱크는 원통형이며, 지형에 따라서 입갱(立坑)을 파거나 지상에 철근 콘크리트나 강철로 조성하고 있다. 그림 5.14는이 **조압수조(서지탱크)**의 개요도이다.

조압수조의 기능은

① 수력 발전소의 부하가 급격하게 변화하였을 때 생기는 **수격작용**을 흡수하고

② 수차의 사용유량 변동에 의한 **서징작용**을 흡수한다.

③ 수차의 기동시에 물을 공급한다.

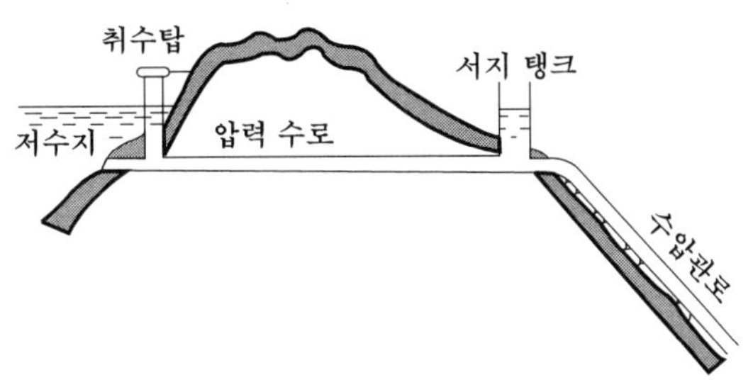

(a) 설치 장소

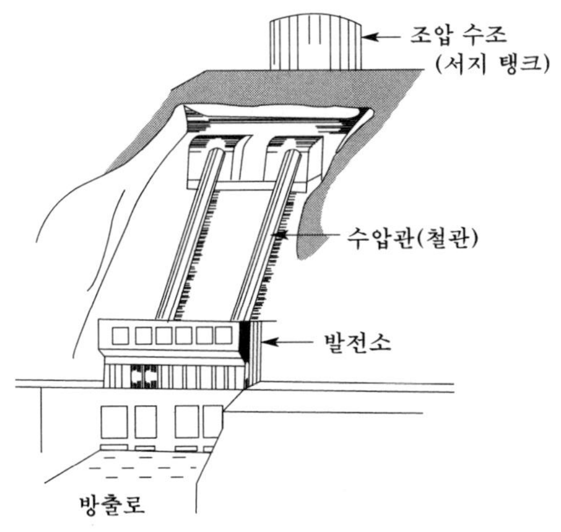

(b) 개요도

그림 5.14 조압수조(서지탱크)

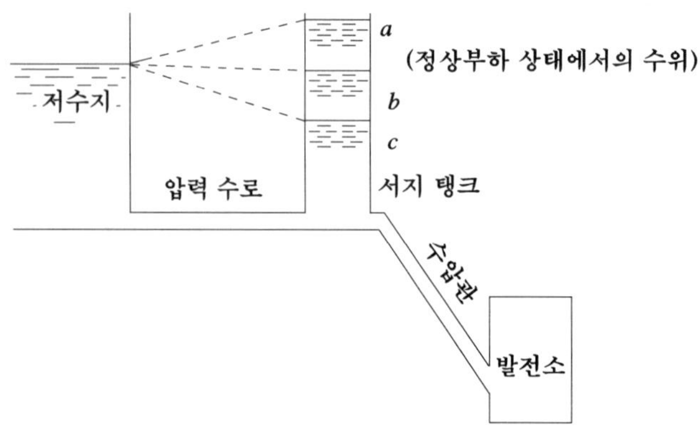

그림 5.15 조압 수조의 기능

지금 그림 5.15에서 갑자기 부하가 차단되면 수차에 들어가던 물의 유입이 차단되므로 (노즐의 폐쇄 또는 안내날개의 폐쇄에 의함) 조압수조 내의 수위가 순간적으로 상승해서 a로 올라간다. 이 결과 조압수조의 수위가 저수지 수위보다도 더 높아지므로 물은 압력수로를 역류해서 수위 c 까지 내려간다(관성 때문임). 이번에는 저수지 쪽의 수위가 높아지므로 물이 저수지로부터 조압수조로 흐르게 된다. 이하 이러한 과정을 되풀이하면서 최종적으로 수위는 수로 내에서의 마찰손실에 의해서 평형수위인 b에 멈추게 된다. 부하가 급증하였을 때에도 같은 **수위 진동현상**이 발생한다.

이처럼 급격한 부하증감에 따라 조압수조 내의 수위가 시간과 더불어 오르내리면서 진동하는 현상을 **서징작용**이라고 한다.

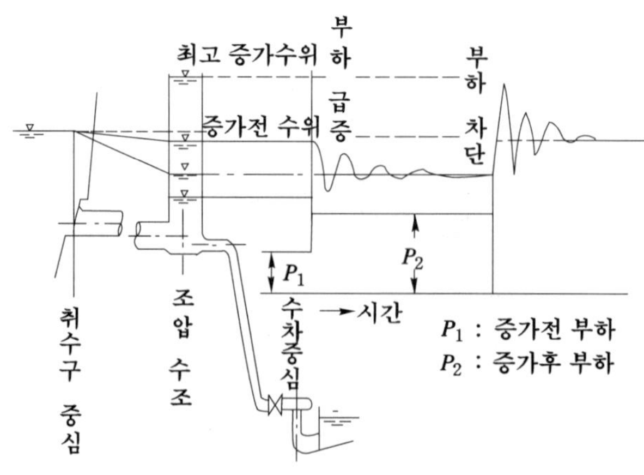

그림 5.16 조압수조의 서징작용

그림 5.16은 이 **서징작용**을 알기 쉽게 설명한 것이다.

조압수조에는 여러 가지 형식의 것이 있는데 여기서는 그 중 대표적인 몇 가지만 소개하기로 한다.

(1) 단동 서지탱크

그림 5.17 (a)와 같이 수조와 수로를 서로 연결만 해 준 가장 간단한 구조의 것이다. 부하가 변동하였을 때 수면의 승강이 다른 형식의 것에 비하여 완만하기 때문에 수로의 유속변화에 대한 움직임이 둔하므로 큰 용량의 수조를 필요로 한다. 그러나 이것은 수격작용의 흡수가 확실하고 수면의 승강이 완만하게 이루어지는 것만큼 발전소의 운전이 안정된다는 장점이 있다.

(2) 차동 서지탱크

그림 5.17 (b)와 같이 수조내부에 수로 단면적의 70～100[%]의 단면을 갖는 라이저(riser)를 세워서 이것과 수로를 직결함과 동시에 수조와 수로를 작은 구멍(포트라고도 함)으로 연결한 구조의 것이다. 부하가 급증하면 라이저 내의 수위가 재빨리 응동해서 승강하기 때문에 수로 내 유수의 속도가 부하의 변동에 신속하게 적응할 수 있다는 특징이 있다.

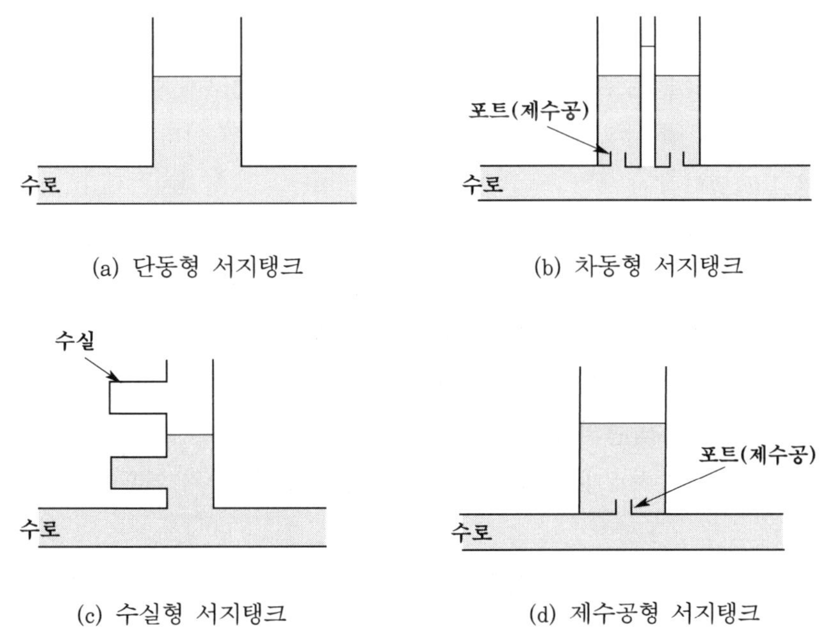

(a) 단동형 서지탱크 (b) 차동형 서지탱크

(c) 수실형 서지탱크 (d) 제수공형 서지탱크

그림 5.17 서지탱크의 각종 형식 예

(3) 수실 서지탱크

그림 5.17 (c) 와 같이 수조의 상, 하단에 수실을 설치한 구조인데, 수조 부분은 단면적을 작게 하여 차동 서지탱크의 라이저에 상당하는 역할을 하게 된다. 수조는 부하변동에 의한 서징을 억제하고 수량의 과부족은 수실로써 조정하게 되어 있다. 이 탱크의 특징은 저수지의 이용수심이 크고 지형에 따라 직립 원통형 수조를 설치할 수 없을 경우 수실의 모양을 적당히 맞추어서 시공할 수 있다는 것이다.

(4) 제수공 서지탱크

그림 5.17 (d) 와 같이 차동 서지탱크의 라이저를 제거하고 수조와 수로를 조그마한 **제수공**(오리피스)으로 결합한 것이다. 부하변동으로 생긴 수량이 수조에 들어갈 때 제수공에 의해서 마찰손실이 생기게 함으로써 손실수두를 크게 해서 수조 용량을 작게 한 것이다. 이 형식의 것은 구조가 간단하며 경제적이지만, 그 대신 이것으로는 수격작용을 충분히 다 흡수할 수 없다는 문제점이 있다.

5.6 수압관로

일반적으로 상수조(또는 조압수조)로부터 발전소의 수차입구에 이르기까지의 도수관을 **수압관**이라고 부르며, 이 수압관을 지지하기 위한 공작물 등과 기타 반면을 총칭해서 **수압관로**라고 부르고 있다.

수압관의 위치는 상수조(또는 조압수조)와 발전소와의 위치에 따라 가능한 한 최단거리의 직선을 택하여야 한다. 또한 수압관은 관수가 적을수록 경제적이지만, 반대로 관의 지름이 커지면, 같은 수압이더라도 관의 두께가 증가하게 된다.

수압관의 지름은 건설비나 손실수두를 고려해서 관내 유속이 3~5[m/s] 정도가 되게끔 정하고 있다. 그 밖에 수압관의 관수는 수차 1대에 1관이 기본이지만, 가령 고 낙차라든지 수량이 적을 경우에는 수차 2대에 1관으로 하는 경우도 있다. 수차 이후에는 **방수로**가 사용된다.

이것은 수차로부터 방출된 물을 원래의 하천으로 유도하기 위한 수로로서, 이것과 하천의 본류가 합류되는 곳을 **방수구**라고 한다.

방수로의 구조는 앞에서 설명한 수로의 그것과 대체로 같지만, 하천의 흐름에 원활하게 합류하게끔 가능한 한 수심이 깊은 장소를 선정하고 또한 하천의 흐름과 같은 방향으로 방류시키도록 하여야 한다.

예제 5.1 유효낙차 80[m], 출력 40,000[kW]의 수력 발전소에서 사용하게 될 수압관의 평균지름(안지름)은 얼마인가? 단, 발전소의 종합효율은 80[%], 수압관 내의 유속은 3[m/s]라고 한다.

풀이 먼저 이 발전소의 유량 $Q[\mathrm{m^3/s}]$는 $P = 9.8\,QH\eta_t\eta_g$로부터 다음과 같이 구해진다.

$$Q = \frac{P}{9.8H\eta_t\eta_g} = \frac{40{,}000}{9.8 \times 80 \times 0.8} \fallingdotseq 63.78[\mathrm{m^3/s}]$$

따라서, 수압관의 지름은 단면적을 $A[\mathrm{m^2}]$, 유속을 $v[\mathrm{m/s}]$라 할 때

$$Q = Av = \frac{\pi D^2}{4} \cdot v$$

의 관계로부터

$$D = \sqrt{\frac{4Q}{\pi v}} = \sqrt{\frac{4 \times 63.78}{3.14 \times 3}} = \sqrt{27.08} \fallingdotseq 5.2[\mathrm{m}]$$

연 습 문 제

1. 댐의 종류를 들고 각각에 대하여 설명하여라.

2. 다음 각 항목에 대하여 설명하여라.
(1) 침사지
(2) 압력터널
(3) 상수조
(4) 조압수조

3. 높이 100 [m] 정도의 발전용 댐을 건설할 경우 지형 및 지질에 따라 어떤 형식을 채용할 것인가에 대해서 설명하여라.

4. 압력터널과 무압 터널의 구조 및 성능상의 차이에 대해서 설명하여라.

5. 서지탱크(조압수조)의 기능 및 그 종류에 대해서 설명하여라.

6. 수로의 유속 및 구배는 어떻게 결정되는가를 설명하여라.

7. 우리나라의 수력 발전소에서 사용되고 있는 댐의 종류를 조사하고 각각의 특징을 설명하여라.

8. 수압관의 두께를 계산하는 계산식을 보여라.

9. 유효낙차 50[m], 출력 40,000[kW]의 수력 발전소에서 수압관의 평균지름(안지름)은 얼마인가? 단, 발전소의 종합효율은 80[%], 수압관 내의 유속은 6[m/s]라고 한다.

10. 조압수조에서 발생하는 수격작용(서징작용)에 대해 설명하고 다음 이러한 서징작용을 흡수하기 위하여 조압수조에서 택하고 있는 서지탱크의 각종 형식을 설명하여라.

제 6 장

수 차

6.1 수차의 개요

수차란 물이 보유하고 있는 에너지를 기계적인 에너지로 변환하는 수력 원동기(회전 기계)이다. 물이 갖는 역학적인 에너지는 위치, 압력 및 운동 에너지의 3가지로 나누어지는데, 이들 가운데에서도 자연계에 가장 많이 존재하는 것은 위치 에너지이며, 수차에 이용되는 것도 주로 이 위치 에너지이다.

수차는 물이 갖는 에너지를 기계적 에너지로 바꾸는 방법에 따라 **충동수차**와 **반동수차**로 나누어진다. **충동수차**는 물을 노즐로부터 분출시켜서 위치 에너지를 모두 운동 에너지로 바꾸는 수차로서 **펠톤 수차**는 그 대표적인 예이다.

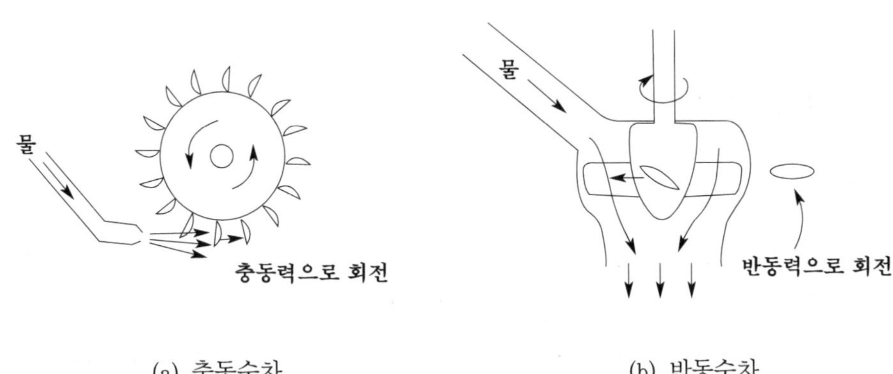

(a) 충동수차　　(b) 반동수차

그림 6.1 수차의 개념도

이에 대하여 **반동수차**는 물의 위치 에너지를 압력 에너지로 바꾸고 이것을 러너에 유입시켜 여기서부터 빠져나갈 때의 반작용으로 구동력을 발생하는 수차이다. 이 수차에는 물이 반지름 방향으로 유입하여 러너 내에서 축 방향으로 그 방향을 직각으로 바꾸어서 유출하는 구조를 가진 것을 **프란시스 수차**, 러너를 통과할 때, 유수의 방향이 비스듬하게(경사) 변하는 것을 **사류 수차**, 러너를 통과하는 물이 그대로 축 방향으로 흐르는 **플로펠러 수차** 및 **원통 수차** 등 여러 가지가 있다.

표 6.1은 물이 어떤 에너지 형태로 작용하는가에 따른 수차의 종류를 분류한 것이다.

표 6.1 수차의 여러 가지 형식

물의 작용 형태에 의한 분류	수차의 종류	적용 낙차 범위 [m]	비 고
충동형	펠톤수차	200~1,800	위치 에너지→운동 에너지
반동형	프란시스 수차	50~530	위치 에너지→압력 에너지
	프로펠러 수차 : 고정 날개형, 가동 날개형 원통형	 3~90 3~20	위치 에너지→압력 에너지
	사류수차	40~200	위치 에너지→압력 에너지
	펌프수차 : 프란시스형 사 류 형 프로펠러형	30~600 20~180 20 이하	위치 에너지→압력 에너지

6.2 수차의 종류

6.2.1 펠톤 수차

(1) 원리 및 구조

펠톤 수차는 그림 6.2에 나타낸 바와 같이 노즐로부터 분사된 물을 러너 주변에 부착한 **버킷**에 충돌시켜 그 충격력으로 회전력을 얻고 있다.

그림 6.3의 충동수차의 동작 개념도를 빌어 이 수차의 원리를 설명하면 다음과 같다. 그림 6.3에서와 같이 상수조 또는 조압수조의 A점에서의 전 수두는 $\left(h_1 + \dfrac{v_1^2}{2g}\right)$인데, 그 대

부분은 위치수두이다. 이 물이 수압관의 종단 B점에서는 $\left(h_2+\frac{p_2}{w}+\frac{v_2^2}{2g}\right)$으로 되는데, 여기서 그 대부분은 압력수두이다. 또한, 이 때 A로부터 B에 이르기까지의 사이에 Δh라는 손실수두가 생긴다. 그러나 이 물이 B점의 끝 부분인 노즐로부터 분사된 뒤에는 전 수두의 대부분이 속도수두 $\left(\frac{v_3^2}{2g}=k^2h\right)$로 바뀐다. 여기서 k는 앞서 식 (3.16)에서 사용한 상수 c_v와 같다.

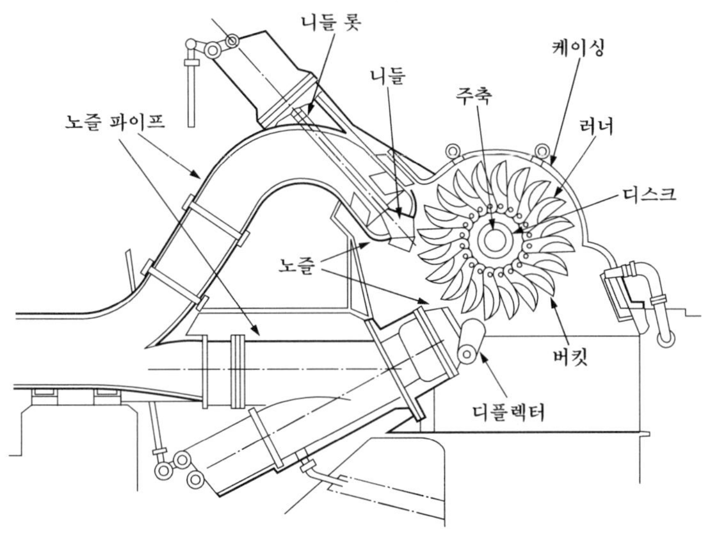

그림 6.2 펠톤 수차의 개요

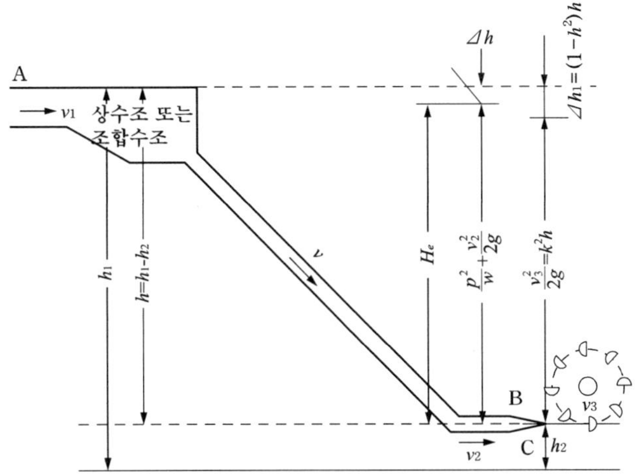

그림 6.3 충동 수차의 개념도

이 결과 A로부터 C까지의 손실수두는 $\Delta h_l = (1-k^2)h$로 된다. 따라서 펠톤 수차의 버킷은 $v_3 = k\sqrt{2gh}$ [m/s]의 속도를 가진 제트(사출분류)에 의해서 충격력을 받게 되고 펠톤 수차 회전부의 주축은 이 충격력에 상당한 축 출력을 가지게 된다.

이 수차에서는 러너에 들어가기 전에 물의 에너지는 전부 운동 에너지로 변환되고 있어서 수차 내에서는 압력이 변하지 않는다.

이 수차의 주요부분은 러너와 노즐로 이루어진다. 러너는 노즐로부터 분출류를 받는 버킷과 버킷의 접속부인 **디스크**로 구성되어 있다.

노즐은 수압관에 연결되고 있으며 이것으로 물의 압력수두를 속도수두로 바꾼 다음 이 물을 제트로 분사해서 아주 큰 충동력을 버킷에 작용시킨다.

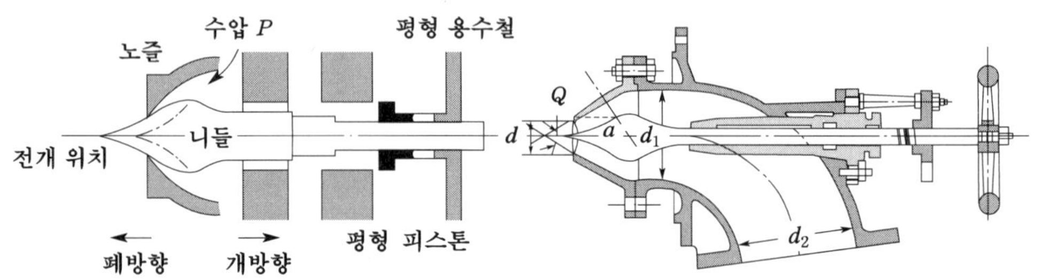

그림 6.4 니들의 구조

펠톤 수차는 그 설치방법에 따라 횡축 형과 직축 형으로 나뉘어지고, 또 노즐의 수에 따라 단사형, 2사형, … n 사형으로 분류된다. 그림 6.5는 대표적인 각종 펠톤 수차의 형식을 보인 것이다.

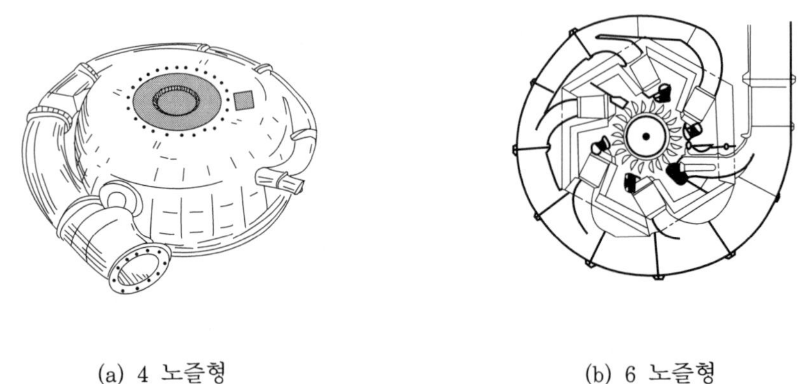

(a) 4 노즐형 (b) 6 노즐형

그림 6.5 펠톤 수차의 외형

노즐에서는 부하의 증감에 따라서 사용유량을 조정하기 위하여 그림 6.4와 같이 노즐 내에 **니들**을 설치하고 이것을 전후로 움직여서 제트의 단면적을 변화시킴으로써 분사량을 조정하고 있다.

(2) 출력 및 효율

러너는 버킷을 주변에 부착한 회전체이다. 버킷은 그림 6.6에서와 같은 단면을 가지고 여기에 노즐로부터의 분출류가 들어가게 된다.

지금 u [m/s]로 운동하고 있는 버킷에 속도 V_1 [m/s]로 노즐에서의 제트류가 유입되면 유수의 버킷에 대한 상대 유입속도 v_1은,

$$v_1 = V_1 - u \text{ [m/s]} \tag{6.1}$$

로 된다. 이 때 버킷으로부터의 유출속도 V_2[m/s]는 u와 버킷에 대한 상대 유출속도 v_2 [m/s]를 벡터곱으로 합성해서 그림 6.6 (b)처럼 구할 수 있다.

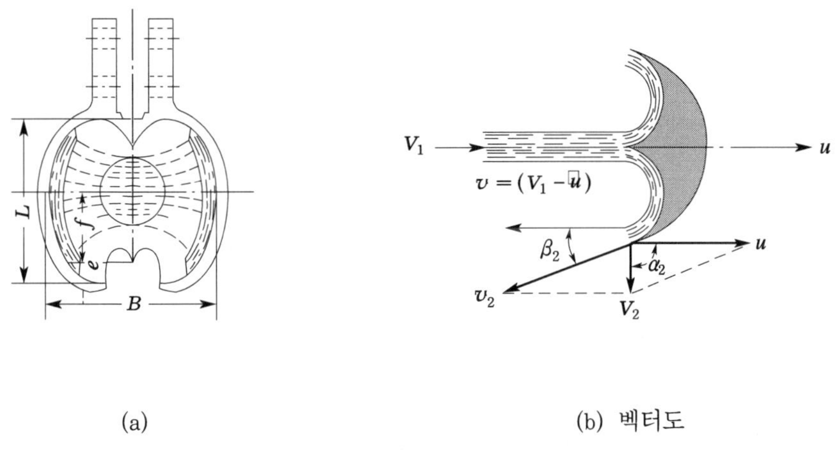

(a) (b) 벡터도

그림 6.6 버킷에 작용하는 힘

이 때, 버킷을 u의 방향으로 밀어서 러너를 돌리는 힘은 u방향에서의 운동량의 변화로부터 구할 수 있다. 지금 유량을 Q[m^3/s], 물의 단위 체적 당 무게를 w[m^3/s] 이라고 하면 버킷에 들어가는 운동량은 wQv_1/g, 버킷으로부터 나가는 운동량은 $-u$의 방향으로 $(wQv_2/g)\cos\beta_2$이므로 버킷의 출력 P는

$$P = \frac{wQu}{g}(v_1 + v_2 \cos\beta_2) \tag{6.2}$$

로부터 구해질 것이다.

한편, 이 경우의 입력은 $\frac{wQV_1^2}{2g}$이므로 버킷의 효율 η_b는

$$\eta_b = \frac{w\,Qu}{g}(v_1 + v_2\cos\beta_2) \Big/ \frac{w\,QV_1^2}{2g}$$

$$= 2\frac{u}{V_1^2}(v_1 + v_2\cos\beta_2) \tag{6.3}$$

로 된다. 지금 σ를 버킷에 대한 유수의 마찰계수라고 하고, 수력학에서 설명했던 손실수두에 관한 계산식을 사용하면,

$$\frac{v_1^2}{2g} = \frac{v_2^2}{2g} + \sigma\frac{v_2^2}{2g} = \frac{v_2^2}{2g}(1+\sigma) \tag{6.4}$$

가 된다. 따라서

$$v_2 = v_1 / \sqrt{1+\sigma} \tag{6.5}$$

식 (6.1)과 식 (6.5), 양식의 관계를 식 (6.3)에 대입해서 정리하면

$$\eta_b = 2\frac{u}{V_1}\left(1 - \frac{u}{V_1}\right)\left(1 + \frac{\cos\beta_2}{\sqrt{1+\sigma}}\right) \tag{6.6}$$

로 된다.

위의 식으로부터 알 수 있는 바와 같이 u 의 값을 바꾸면 효율이 바뀐다. 최고효율 $\eta_{b\max}$는 $d\eta_b / d\left(\frac{u}{V_1}\right) = 0$을 풂으로써 결국 $\frac{u}{V_1} = \frac{1}{2}$일 때 얻을 수 있다.

이상은 어디까지나 이론 면에서의 결과이고 실제는 여러 가지 마찰이라든지 공기의 저항 등이 관여하게 되기 때문에 이들의 손실까지 고려해서 계산하면 수차의 최고 효율은 $\mu / V_1 = 0.44 \sim 0.48$일 때 얻어진다는 것이 경험적으로 밝혀져 있다.

6.2.2 프란시스 수차

프란시스 수차는 반동수차의 일종이다. 수압관으로부터 유입된 고압의 물이 안내 날개를 통해 반지름 방향으로부터 러너에 들어가 여기서 속도를 올린 다음 축 방향으로 방향을 바

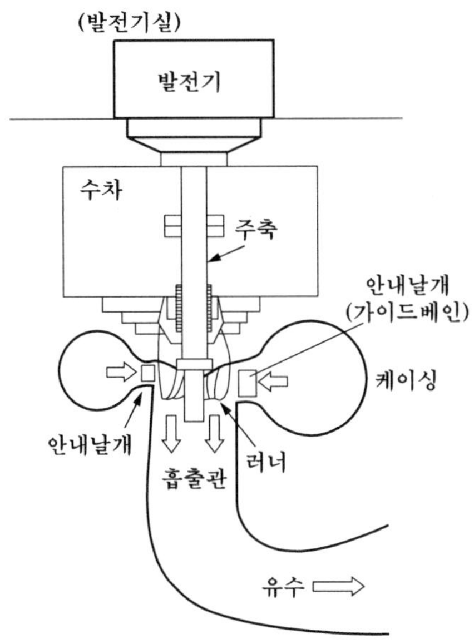

(a) 전체 개념도

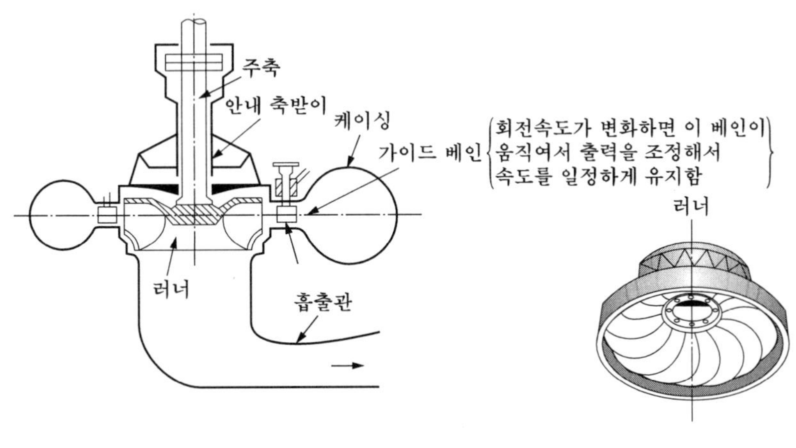

(b) 케이싱과 흡출관

(c) 러너

그림 6.7 반동형 수차의 개요

꾸어서 유출하게 될 때의 반동력으로 회전력을 얻는다. 실제로는 러너에 유입되는 물은 속도를 가지고 있기 때문에 이 수차는 충동력과 반동력의 2가지 작용을 아울러 이용하게 된다고 말할 수 있다.

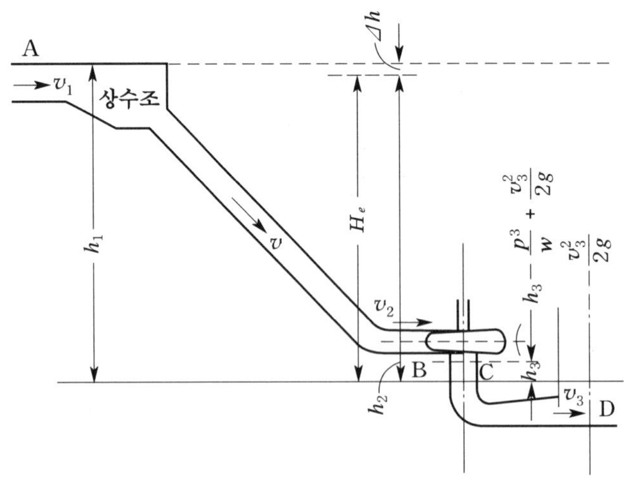

그림 6.8 반동수차의 동작 원리도

그림 6.8의 반동수차의 동작 원리도를 빌어 이 수차의 원리를 설명하면 다음과 같다. 상수조 또는 조압수조의 A점에서의 전수두$\left(h_1+\dfrac{v_1^2}{2g}\right)$는 수압관 종단(즉, 수차입구) B점에서 $\left(h_2+\dfrac{p_2}{w}+\dfrac{v_2^2}{2g}\right)$으로 전환되고 안내날개 및 러너를 통과한 다음 C점에서는 $\left(h_3-\dfrac{p_3}{w}+\dfrac{v_3^2}{2g}\right)$으로 된다. 따라서 B점과 C점의 수두차 ΔH는 다음 식처럼 된다.

$$\Delta H=\left(h_2+\frac{p_2}{w}+\frac{v_2^2}{2g}\right)-\left(h_3-\frac{p_3}{w}+\frac{v_3^2}{2g}\right)$$
$$=(h_2-h_3)+\frac{p_2+p_3}{w}+\frac{v_2^2-v_3^2}{2g} \tag{6.7}$$

여기서, $h_2-h_3 \fallingdotseq 0$, $v_2-v_3 \fallingdotseq 0$이라고 하면

$$\Delta H=\frac{p_2+p_3}{w}\,[\mathrm{m}] \tag{6.8}$$

따라서 이 반동수차에서는 대략 윗식의 압력수두 $\frac{p_2 + p_3}{w}$에 상당하는 파워에 수차효율을 곱한 것이 수차의 축 출력으로 된다.

펠톤 수차에서는 러너 중심으로부터 방수 면까지의 낙차는 이용할 수 없었다. 그러나 프란시스 수차에서는 흡출관을 사용함으로써 물은 수차의 입구로부터 흡출관의 출구까지 연속해서 흐르게 됨에 따라 러너 출구에서는 압력이 대기압보다 낮아져서 진공에 가까워지기 때문에 프란시스 수차에서는 러너 중심으로부터 방수 면까지의 낙차도 이용할 수 있게 되어 있다.

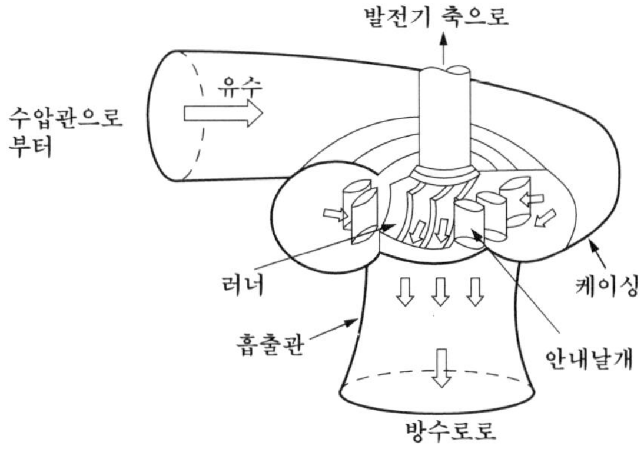

그림 6.9 프란시스 수차의 유수 경로

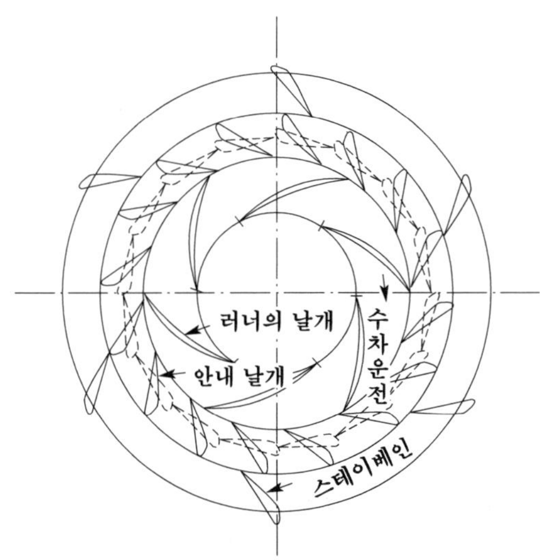

그림 6.10 프란시스 수차의 평면도

프란시스 수차는 그림 6.9, 6.10에서와 같이 물을 유도하기 위한 **케이싱**, 유수의 방향을 정하기 위한 **안내날개**, 회전해서 동력을 발생하는 **러너** 및 **흡출관** 등으로 구성되고 있다. 그림 6.11은 직축 프란시스 수차의 구조단면을 나타낸 것이다.

주축은 구조상 횡축, 직축 어느 쪽의 것도 사용할 수 있지만 일반적으로 대형의 수차에서는 효율이 좋은 직축이 많이 사용되고 있다.

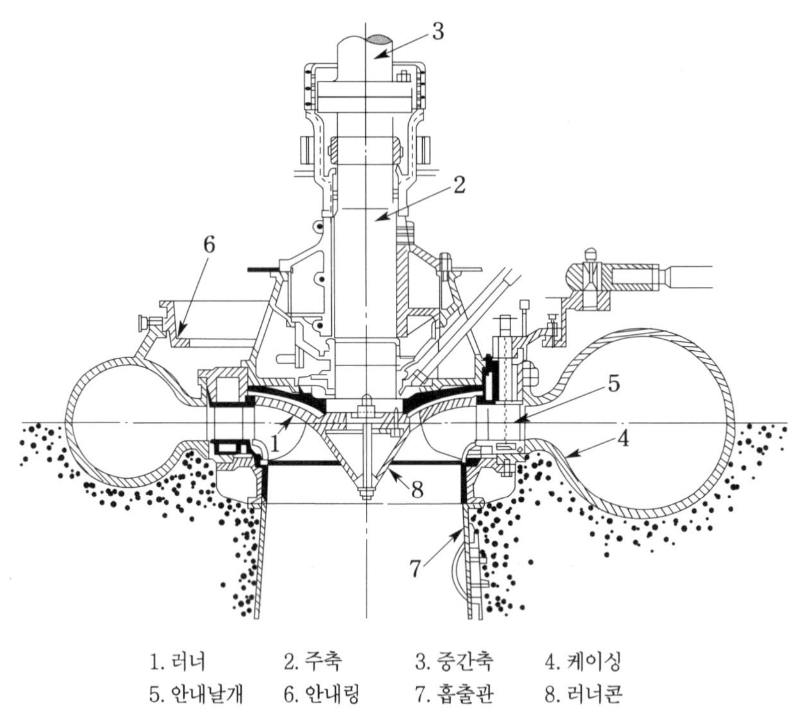

그림 6.11 직축 프란시스 수차의 구조

6.2.3 프로펠러 수차

프로펠러 수차는 반동수차의 일종으로서 유수가 러너를 축 방향으로 통과하는 수차이다. 이에는 러너날개가 고정된 것과 운전 중인 부하에 따라서 러너날개의 각도를 바꿀 수 있는 가동 날개형이 있다. 후자의 것을 **카플란 수차**라고 부르는데, 현재 이것이 널리 이용되고 있다. 그림 6.12는 카플란 수차의 일례를 보인 것이며, 그림 6.13은 카플란 수차의 러너날개를 나타낸 그림이다.

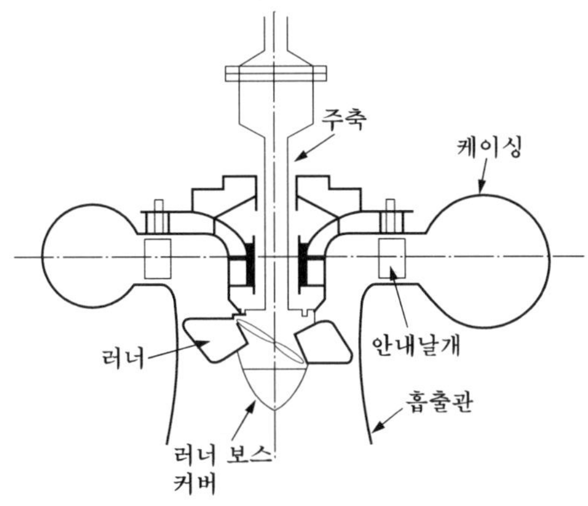

그림 6.12 카플란 수차

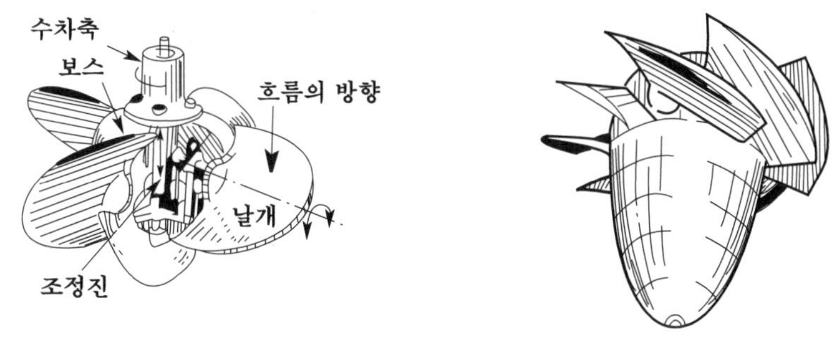

그림 6.13 카플란 수차의 러너날개

프로펠러 수차는 저 낙차, 대 유량의 수차에 적용되며, 이중에서도 가동 날개형인 카플란 수차의 특징을 들면 다음과 같다.

① 비속도를 높게 취할 수 있으므로 수차, 발전기를 소형화 할 수 있다.
② 물의 유입방향에 따라 러너날개를 변화시킬 수 있기 때문에 부분부하에 대한 효율은 좋다.
③ 낙차 변동에 대한 효율 및 출력의 변화는 적다.
④ 날개를 단독으로 떼어낼 수 있기 때문에 보수, 점검 등이 용이하다.
⑤ 날개와 날개의 간격이 넓으므로 수차에 유입한 이물질에 의한 장해는 없다.
⑥ 가동날개이기 때문에 수차의 구조는 복잡해진다.

유효낙차가 아주 작은 경우에는 물이 입구에서 반지름 방향으로 유입되고 러너 날개에서 축 방향으로 바뀐 다음, 방수로에서 다시 90°로 방향을 바꾸어서 유출되는 프로펠러 수차의 통상적인 유수방법으로는 방향변환에 따른 손실수두가 무시할 수 없을 정도로 크기 때문에 유입된 물이 바로 축방향으로만 흘러가게 한 저 낙차용 수차로 개발된 것에 **원통형 수차**가 있다.

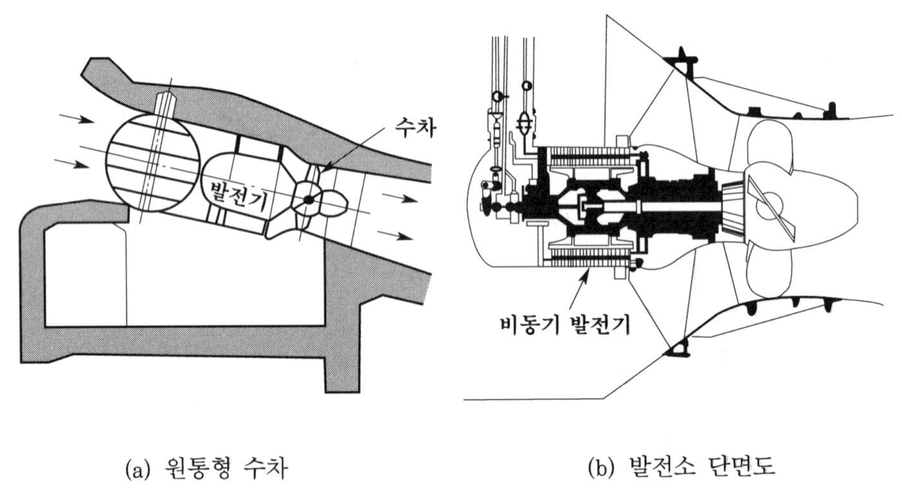

(a) 원통형 수차 (b) 발전소 단면도

그림 6.14 원통형 수차

이것은 그림 6.14와 같이 횡축 또는 수평보다 약간 기운 사축으로 하고 수차와 발전기를 하나로 묶어서 원통형의 케이싱 내에 설치한 것이다. 이것은 특히 저 낙차용으로서의 용도가 넓고 조력 발전소에도 쓰이며, 또한 가역식(可逆式)으로서 양수식 발전소의 펌프수차에도 사용되고 있다.

6.2.4 사류 수차

이것도 반동수차의 일종으로서 **데리아 수차**라고 불리기도 하는데, 유수가 러너의 축을 경사진 방향으로 통과하게 되어 있어서 러너의 모양은 프란시스 수차와 카플란 수차의 중간 형태로 되어 있다(설계상으로는 프란시스 수차에 가깝다). 이 수차는 부하변동이나 낙차의 변동에 따라 가이드 베인의 개도와 관련시켜서 운전 중에 러너 날개의 각도를 자동적으로 바꿀 수 있게 되어 있다.

이 사류수차의 특징은 다음과 같다.

① 프란시스 수차와 비교해서 변낙차, 변출력 특성이 좋다.
② 카플란 수차에 비해 고낙차에 따른 날개에 작용하는 하중이 작기 때문에 조작기구가 작고 손실도 적다.
③ 무구속 속도는 카플란 수차 보다 낮아서 프란시스 수차와 비슷하다.
④ 수차러너는 프란시스 수차와 카플란 수차의 중간적인 구조로 되어 있다.
⑤ 높은 양정(70[m] 정도)에서의 펌프운전이 가능하며, 또한 효율의 저하도 방지할 수 있다.

따라서 최근에는 카플란 수차의 고낙차 영역, 즉 프란시스 수차의 사용범위까지 이 사류수차가 진출해 가고 있는 추세이다.

그림 6.15는 사류수차의 한 예를 보인 것이며, 그림 6.16은 각종 수차의 러너를 보인 것이다.

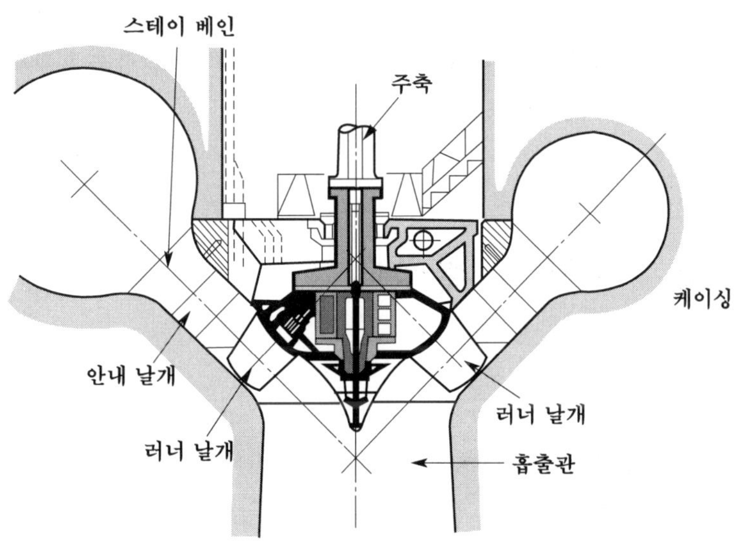

그림 6.15 사류수차의 구조

(a) 펠톤형

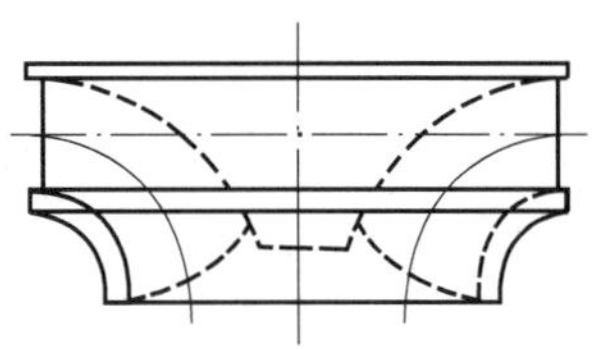

(b) 프란시스형

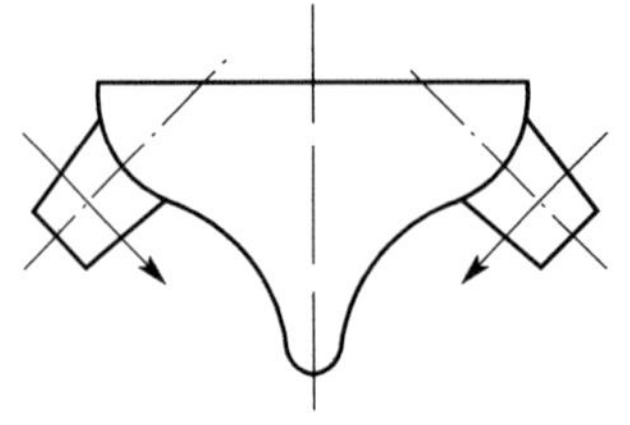

(c) 사류 프로펠러형

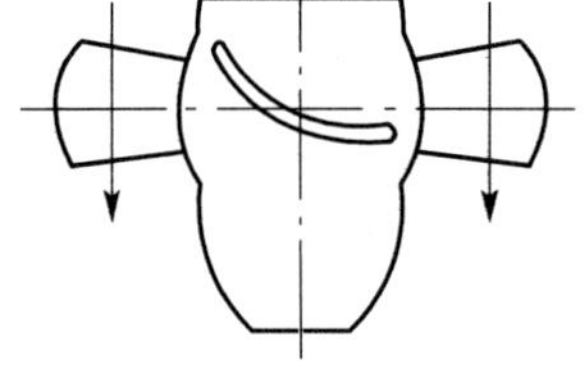

(d) 프로펠러형

그림 6.16 수차러너의 종류

6.2.5 가역 펌프수차

최근 양수 발전소용으로 펌프수차가 새로운 각광을 받고 있다. 즉, 한 대의 기기로 펌프와 수차를 겸용하는 것으로서 1개의 러너가 발전 시에는 수차로, 양수 시에는 이것을 역회전시킴으로써 양수펌프로 사용하도록 하고 있다.

6.3 수차의 특성

수차에 사용되는 수력의 원천이 되는 낙차나 유량은 지점에 따라 변화하고, 또 수차에도 앞에서 설명한 바와 같은 여러 가지 형식이 있다. 그러면서도 수차로 운전될 발전기의 회전속도는 계통 주파수에 따라 일정한 제약(60사이클 유지)을 받고 있다.
따라서 주어진 낙차와 유량에 대해서 가장 효율이 좋고, 또 안정적으로 운전할 수 있는 수차를 선정하기 위해서는 수차의 특성에 대해서 잘 알지 않으면 안 된다.

6.3.1 비속도

수차는 러너의 모양이 기하학적으로 서로 닮은꼴이면 그 크기에는 관계없이 같은 특성을 지니는 것으로 알려져 있다. **수차의 비속도**(**특유속도**라고도 함)란 그 수차와 기하학적으로 서로 닮은 수차를 가정하고, 이 수차를 단위낙차(가령 1 [m]) 아래에서, 또한 실제와 서로 닮은 운전상태에서 운전해서 단위출력(가령 1 [kW])을 발생하는 데 필요한 1분간의 회전수

N_s를 말하며 다음과 같은 식으로 나타내고 있다.

$$N_s = \frac{NP^{1/2}}{H^{5/4}} \ [\mathrm{m \cdot kW}] \tag{6.9}$$

또는,

$$N = N_s \, P^{-1/2} H^{5/4} \tag{6.10}$$

여기서, N : 수차의 정격 회전속도[rpm]

H : 유효낙차[m]

P : 낙차 H [m]에서의 수차의 정격출력[kW]

단, 이 P는 펠톤 수차에서는 노즐 1개당, 반동수차에서는 러너 1개당의 값을 취한다.

식 (6.9)의 비속도에 관한 계산식은 다음과 같이 유도된다.

그림 6.17에서 보이는 바와 같이 지금, 2개의 상사형 러너에서 유량을 각각 Q_1, Q_2[$\mathrm{m^3/s}$], 러너의 지름을 각각 D_1, D_2[m], 서로 닮은 상태에서 작용하는 낙차를 각각 H_1, H_2[m], 그리고 러너의 주변속도를 각각 v_1, v_2[m/s]라고 하면,

$$v_1 = k_1 \sqrt{2gH_1} = k_2 \cdot H_1^{1/2} \tag{6.11}$$

$$v_2 = k_1 \sqrt{2gH_2} = k_2 \cdot H_2^{1/2} \tag{6.12}$$

이것으로부터

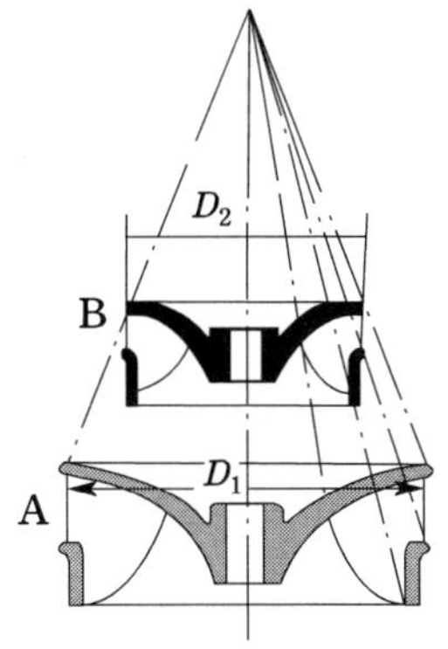

그림 6.17 상사 수차의 개념도

$$\frac{v_1}{v_2}=\frac{k_2H_1^{1/2}}{k_2H_2^{1/2}}=\left(\frac{H_1}{H_2}\right)^{1/2} \tag{6.13}$$

물의 유량 Q는 유속과 유입면적에 비례하므로

$$Q_1=k_3v_1D_1^2 \tag{6.14}$$

$$Q_2=k_3v_2D_2^2 \tag{6.15}$$

이것으로부터

$$\frac{Q_1}{Q_2}=\frac{k_3v_1D_1^2}{k_3v_2D_2^2}=\left(\frac{v_1}{v_2}\right)\left(\frac{D_1}{D_2}\right)^2 \tag{6.16}$$

식 (6.16)에 식 (6.13)을 대입하면,

$$\frac{Q_1}{Q_2}=\left(\frac{H_1}{H_2}\right)^{1/2}\cdot\left(\frac{D_1}{D_2}\right)^2 \tag{6.17}$$

다음에 수차의 출력은 유량과 낙차에 비례하므로

$$P_1=k_4Q_1H_1 \tag{6.18}$$

$$P_2=k_4Q_2H_2 \tag{6.19}$$

이것으로부터

$$\frac{P_1}{P_2}=\frac{k_4Q_1H_1}{k_4Q_2H_2}=\left(\frac{Q_1}{Q_2}\right)\cdot\left(\frac{H_1}{H_2}\right) \tag{6.20}$$

식 (6.20)에 식 (6.17)을 대입하면,

$$\frac{P_1}{P_2}=\left(\frac{H_1}{H_2}\right)^{\frac{1}{2}}\cdot\left(\frac{D_1}{D_2}\right)^2\cdot\left(\frac{H_1}{H_2}\right)=\left(\frac{H_1}{H_2}\right)^{\frac{3}{2}}\cdot\left(\frac{D_1}{D_2}\right)^2 \tag{6.21}$$

또, 수차의 회전수는 주속도 v에 비례하고 지름 D에 반비례하므로

$$N_1=k_5\frac{v_1}{D_1} \tag{6.22}$$

$$N_2 = k_5 \frac{v_2}{D_2} \tag{6.23}$$

$$\therefore \frac{N_1}{N_2} = \frac{k_5 \frac{v_1}{D_1}}{k_5 \frac{v_2}{D_2}} = \left(\frac{v_1}{v_2}\right)\left(\frac{D_2}{D_1}\right) \tag{6.24}$$

식 (6.21)에서 $\frac{D_1}{D_2}$을 구하면

$$\left(\frac{D_1}{D_2}\right)^2 = \left(\frac{P_1}{P_2}\right) \cdot \left(\frac{H_2}{H_1}\right)^{\frac{3}{2}}$$

$$\therefore \frac{D_1}{D_2} = \left(\frac{P_1}{P_2}\right)^{\frac{1}{2}} \cdot \left(\frac{H_2}{H_1}\right)^{\frac{3}{4}} \tag{6.25}$$

또, $\frac{v_1}{v_2}$에 식 (6.13)을 써서 식 (6.25)와 함께 식 (6.24)에 대입하면,

$$\frac{N_1}{N_2} = \left(\frac{v_1}{v_2}\right)\left(\frac{D_2}{D_1}\right) = \left(\frac{v_1}{v_2}\right) \cdot \left(\frac{D_1}{D_2}\right)^{-1} \tag{6.26}$$

$$= \left(\frac{H_1}{H_2}\right)^{\frac{1}{2}} \cdot \left[\left(\frac{P_1}{P_2}\right)^{\frac{1}{2}} \cdot \left(\frac{H_2}{H_1}\right)^{\frac{3}{4}}\right]^{-1}$$

$$= \left(\frac{P_1}{P_2}\right)^{-\frac{1}{2}} \cdot \left(\frac{H_1}{H_2}\right)^{\frac{5}{4}}$$

지금 B 러너 쪽의 $H_2 = 1$[m], $P_2 = 1$[kW]라 하면 특유속도의 정의에 따라 $N_2 = N_s$(특유속도)로 되기 때문에 식 (6.26)에 이들 값을 대입하면,

$$\frac{N_1}{N_s} = P_1^{-\frac{1}{2}} H_1^{\frac{5}{4}}$$

$$\therefore N_s = N_1 \times \frac{P^{\frac{1}{2}}}{H_1^{\frac{5}{4}}} \tag{6.27}$$

따라서 일반적으로 앞의 식 (6.9)와 같이

$$N_s = N \times \frac{P^{\frac{1}{2}}}{H^{\frac{5}{4}}} \text{ [m·kW 단위]}$$

을 얻게 된다. 이 값을 **비속도**라고 부르고 있는 것이다. 따라서 비속도란, 어느 수차와 서로 닮은 모형이 유효낙차 1 [m], 출력 1 [kW]로 동작할 때의 회전속도라고 할 수 있다.

현재 실용화되고 있는 각종 수차에 대한 비속도의 사용한계는 표 6.2와 같다. 저낙차 발전소에서는 유수의 속도가 낮으므로 식 (6.10)으로부터 알 수 있듯이 N_s가 큰 형식의 수차를 선정하지 않으면 회전수 N이 작아져서 수차 및 발전기가 대형으로 되어 경제성이 나빠진다. 반대로 고 낙차 발전소에서는 유수의 속도가 커서 N_s가 작은 형식의 수차라도 경제적으로는 별지장을 주지 않으므로, 가능한 한, 효율이 높고 견고한 구조의 펠톤 수차를 선정하는 것이 좋다.

일반적으로 각종 수차에 적용될 유효낙차와 비속도와의 사이에는 일정한 관계가 있다. 유효낙차가 높은 지점에 비속도가 큰 수차를 사용하면 **캐비테이션**(뒤에 설명)을 일으키는 등의 불안이 있기 때문에, 유효낙차에 대해서 사용할 수 있는 비속도에는 최고한계가 있다. 이들의 관계를 그림 6.18에 보인다.

표 6.2 수차의 종류와 N_s 및 그 사용 한계

종 류		N_s 의 한계값	
펠톤수차		$12 \leq N_s \leq 23$	
프란시스 수 차	저속도형	$N_s \leq \frac{20,000}{H+20}+30$	65~150
	중속도형		150~250
	고속도형		250~350
사 류 수 차		$N_s \leq \frac{20,000}{H+20}+40$	150~250
카플란 수차 프로펠러 수차		$N_s \leq \frac{20,000}{H+20}+50$	350~800

이상으로 각 수차는 낙차에 따라 각기의 특징이 달라지기 때문에 낙차, 유량 및 그 변동을 고려하여 적당한 것을 선정해서 사용하지 않으면 안 된다.

다음에 비속도면에서 본 각 수차의 특징을 간단히 요약 정리해 둔다.

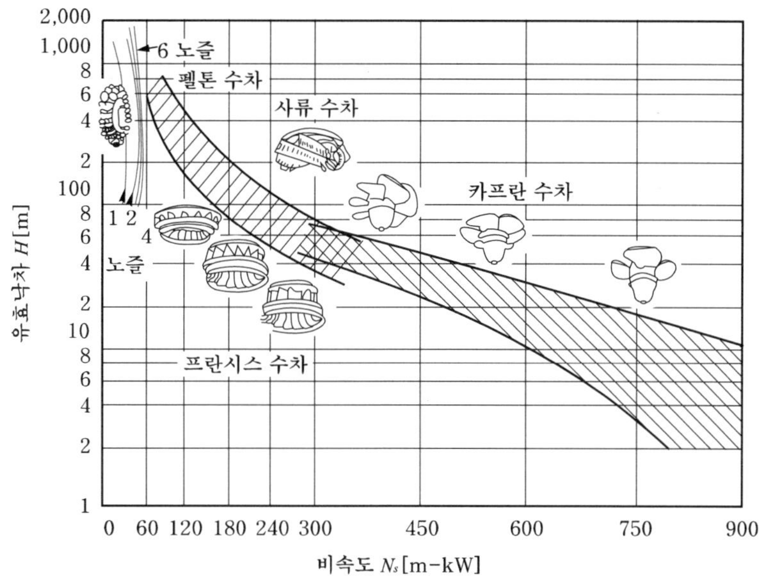

그림 6.18 각종 수차의 낙차와 비속도와의 관계

(1) 펠톤 수차

① 비속도가 낮아 고 낙차 지점에 적합하다.

② 러너 주위의 물은 압력이 가해지지 않으므로 누수방지의 문제는 없다.

③ 마모부분의 교체가 비교적 용이하다.

④ 출력변화에 대한 효율저하가 작아서 부하변동에 유리하다.

⑤ 노즐수를 늘렸을 경우에는 그 사용개수를 조절해 가면서 고효율 운전을 할 수 있다.

(2) 프란시스 수차

① 적용할 수 있는 낙차범위가 가장 넓다.

② 구조가 간단하고 가격이 싸다.

③ 고 낙차 영역에서는 펠톤 수차에 비해 고속 소형으로 되어 경제적이다.

(3) 프로펠러 수차

① 비속도가 높아 저 낙차 지점에 적합하다.

② 날개를 분해할 수 있어서 제작, 수송, 조립 등이 편리하다.

③ 고정 날개형은 구조가 간단해서 가격도 싸다.

(4) 카플란 수차

프로펠러 수차가 갖는 ①, ②의 장점 이외에도

① 낙차·부하의 변동에 대하여 효율저하가 작다는 장점을 지니고 있다.

(5) 사류수차

① 프란시스 수차의 저 낙차 범위에 사용하면 효율이 좋다.

② 효율특성이 평탄해서 낙차·부하의 변동에 유리하다.

예제 6.1 펠톤 수차를 사용하는 발전소가 있다. 수조면과 수차의 노즐과의 고저차가 200[m]에서 수차와 직결된 발전기가 60,000[kW]를 발생하고 있다. 수차와 발전기와의 합성효율은 75[%], 수압관 내의 수두손실을 고저차의 2[%]라고 하면 사용수량은 몇 [m^3/s]인가?

풀이 제의에 따라 수압관 내의 손실수두가 2[%]이므로 유효낙차 H는

$$H = 200 - 200 \times 0.02 = 196\ [\mathrm{m}]$$

따라서 1초당의 사용수량은

$$P = 9.8\,\eta_t \eta_g QH$$

의 관계식으로부터

$$Q = \frac{60{,}000}{9.8 \times 0.75 \times 196} = 41.6\,[\mathrm{m^3/s}]$$

예제 6.2 유효낙차 150[m]에서 출력 26,500[kW]의 수차가 있다. 유효낙차가 5[m] 저하하였을 때의 출력을 구하여라. 단, 수차의 안내날개의 개도 및 효율은 일정하다고 한다.

풀이 안내날개의 개도가 일정하면 유량은 $\sqrt{H}$에 비례한다.

따라서 출력은 $\sqrt{H} \times H = H^{\frac{3}{2}}$에 비례한다. 낙차가 저하한 후의 유효낙차는

$$H_e = 150 - 5 = 145 \text{ [m]}$$

이므로, 이 때의 출력 P는

$$P = 26{,}500 \times \left(\frac{145}{150}\right)^{\frac{3}{2}} \fallingdotseq 25{,}200 \text{ [kW]}$$

6.3.2 수차의 회전속도의 결정방법

수차의 회전속도는 유효낙차 H와 최대 사용수량 Q에 의해서 결정되는데, 그 결정순서는 다음과 같다.

① 유효낙차 H로부터 수차의 종류를 결정한다(표 6.1의 적용낙차 참조).

② 수차의 종류와 유효낙차 H를 써서 수차의 비속도 N_s를 결정한다(표 6.2의 비속도의 한계식 참조).

③ 유효낙차H와 최대 사용수량 Q로부터 수차의 출력($P = 9.8QH\eta_t$)을 계산하고, 이 P와 H, N_s를 식 (6.13)에 대입해서 회전속도 N을 구한다.

④ 수차의 회전속도 N을 동기속도를 구하는 관계식에 대입해서 극수 p를 구한다. 이 극수보다 크면서 가장 가까운 짝수를 수차의 극수 p로 한다.

⑤ 최종적인 수차의 회전속도 N을 동기속도 N_0의 계산식으로부터 구한다. 한편 ④에서 동기속도의 식으로부터 구한 극수의 값보다 작은 짝수 p를 선정하면 비속도 N_s가 커져서 낙차에 의한 사용 한계값을 초과하게 되므로 이점에 유의하여야 한다.

예제 6.3 유효낙차 160[m], 출력 22,500[kW], 주파수 60[Hz]의 수차 발전기의 정격 회전속도를 구하여라.

풀이 앞에서 설명한 회전속도의 결정방법에 따라 결정한다.

① 유효 낙차가 160[m]이므로 수차의 종류는 프란시스 수차를 선정한다.

② 프란시스 수차의 비속도 한계값은 표 6.2로부터 유효낙차를 H[m]라 하면

$$N_s \leqq \frac{20{,}000}{H+20}+30=\frac{20{,}000}{160+20}+30 \fallingdotseq 141.1\ [\mathrm{m \cdot kW}]$$

③ 비속도의 계산식인 식 (6.13)으로부터 회전속도 N[rpm]은

$$N=N_s\frac{H^{\frac{5}{4}}}{P^{\frac{1}{2}}}=141.1\times\frac{160^{\frac{5}{4}}}{\sqrt{20{,}500}} \fallingdotseq 740\ [\mathrm{rpm}]$$

④ 동기속도의 식 $N_0=120\times f/p$로부터 극수 p를 구하면

$$p=\frac{120\times f}{N_0}=\frac{120\times 60}{740} \fallingdotseq 9.73$$

로 되어 이 수치보다 크면서 가장 가까운 짝수는 10이므로 이것을 극수로 한다.

⑤ 최종적인 수차 발전기의 정격 회전속도 N_0는

$$N_0=\frac{120\times f}{p}=\frac{120\times 60}{10}=720\ [\mathrm{rpm}]$$

예제 6.4 취수구 수면이 표고 700[m], 방수구 수면이 표고 400[m]의 수력 발전소가 있는데 수차의 유량은 최대 50[$\mathrm{m^3/s}$]라고 한다. 이 수차에 접속될 발전기의 최대출력은 얼마로 되겠는가? 단, 손실낙차는 총낙차의 3[%], 수차효율은 88[%], 발전기 효율은 98[%]라고 한다. 또, 이 수차의 최대출력, 회전수 및 유효낙차를 구하고, 이들 값을 사용해서 이 수차의 비속도를 구하여라. 단, 발전기의 극수는 30, 주파수는 60[Hz]라고 한다.

풀이 총낙차 H_0는 취수구 표고 H_1과 방수구 표고 H_2와의 차이므로

$$H_0=H_1-H_2=700-400=300\ [\mathrm{m}]$$

유효낙차 H= 총낙차 − 손실낙차 = $300-300\times 0.03=291$ [m]

발전기 최대출력 $P_g=9.8\,QH\eta_t\eta_g$

$$=9.8\times 50\times 291\times 0.88\times 0.98 \fallingdotseq 122{,}970\ [\mathrm{kW}]$$

수차의 최대출력 $P_t=9.8QH\eta_t \fallingdotseq 125{,}480$ [kW]

회전수(동기속도) $N=\dfrac{120f}{p}=\dfrac{120\times 60}{30}=240$ [rpm]

비속도 $N_s=\dfrac{NP^{1/2}}{H^{5/4}}=\dfrac{240\cdot\sqrt{125{,}480}}{(291)^{5/4}} \fallingdotseq 70.8[\mathrm{m\cdot kW}]$

6.3.3 무구속 속도

발전기의 출력인 부하전력에 대하여 수차의 입력인 유량을 조정하는 것은 니들 밸브(펠톤 수차)나 안내날개의 개도(반동수차)이다.

지금 수차 발전기가 그 어떤 출력으로 운전하고 있을 때 갑자기 부하를 차단하면 조속기가 동작해서 유량을 감소시킬 수 있도록 니들이나 안내날개가 닫혀 질 때까지에는 입력이 과잉으로 되어 수차의 회전수는 상승한다. 그러나 가령 안내날개의 개도를 일정하게 둔 채로 부하를 차단하더라도 회전수는 무제한으로 상승하지 않는다. 이것은 회전속도가 상승함에 따라 러너 내에서의 유수의 마찰손실이나 수차 및 발전기의 기계적 손실(축받이의 마찰손이라든지 공기와의 마찰에 의한 손실 등)이 증가하기 때문이다.

이와 같이 지정된 유효낙차에서 발전기의 부하를 차단하였을 때의 수차 회전수의 상승한도를 **무구속 속도**라고 부른다.

무구속 속도는 수차의 종류, 낙차, 수구개도 및 비속도에 따라 다르겠지만 각종의 수차에 대한 값은 대체로 표 6.3에 나타낸 것처럼 비속도(N_s)가 큰 형식의 것일수록 무구속 속도가 높은 경향이 있다.

표 6.3 무구속 속도의 범위

수차의 종류	정격 회전수에 대한 [%]
펠톤 수차	150~200
프란시스 수차	160~220
사류 수차	180~230
프로펠러 수차	200~250
카플란 수차	200~240

이처럼 부하가 갑자기 차단되었을 경우에는 상술한 값까지 회전수가 상승하고 회전기의 원심력은 회전수의 제곱에 비례해서 증가하지만, 일반적으로는 수차·발전기 공히 무구속 속도가 1분간 정도 계속되더라도 견딜 수 있게끔 설계되고 있다.

6.3.4 수차의 효율

수차의 효율 η는 다음과 같이 정의된다.

$$\eta = \frac{P}{P_t} \times 100\ [\%] \tag{6.28}$$

여기서, P_t : 이론수력 [kW]

P : 수차의 기계적 출력 [kW]

수차의 최고효율은 설계 및 제작기술의 양부에도 좌우될 뿐 아니라 수차의 형식, 비속도, 수차의 용량 및 사용상황 등에 따라서 달라진다.

수차는 보통 전 부하 또는 그보다 약간 낮은 부하에서 최고효율이 되도록 설계되어 있으므로, 과부하 또는 저 부하에서 운전할 경우에는 효율이 상당히 저하하게 되는데, 이 때이 효율저하의 상황은 수차의 종류나 비속도 N_s에 따라 달라진다.

그림 6.19는 각종 수차의 출력과 효율과의 관계를 나타낸 것으로서 이에 따르면 비속도가 작은 펠톤 수차에서는 부하의 크기에 관계없이 효율이 좋고 특히 경 부하에서도 효율이 별로 떨어지지 않는다. 그러나 비속도가 큰 것, 특히 프란시스 수차라든지 고정날개 프로펠러 수차에서는 부하의 변동에 따른 효율의 변화가 크고 경 부하에서의 효율저하도 현저하다.

한편 가동날개 프로펠러 수차라든지 사류수차에서는 부하의 변화에 따라 러너 베인의 각도를 조절할 수 있도록 하고 있기 때문에 경부하시에도 효율저하는 거의 나타나지 않아서 전 출력 구간에서 일정한 효율값을 유지하고 있다.

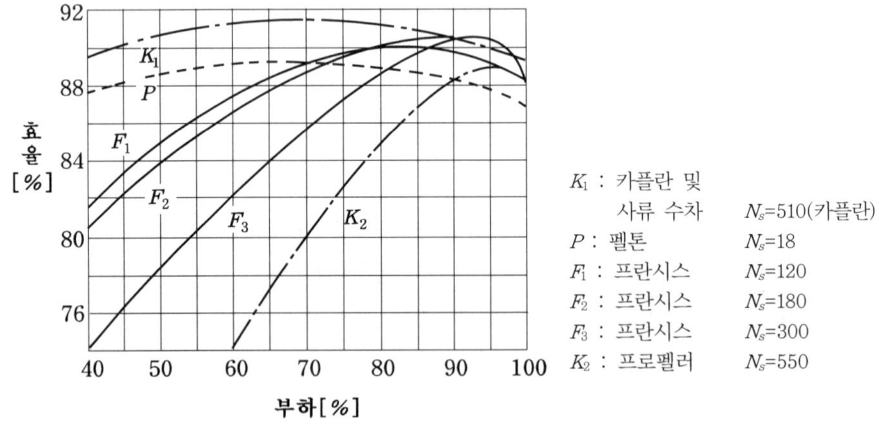

그림 6.19 각 수차의 효율

프란시스 수차에서는 카플란 수차 라든지 사류수차처럼 러너 베인의 각도를 조정해서 경 부하시의 효율을 높일 수 없으므로 가령 갈수기에 경 부하로 장기간 운전할 필요가 있을 경우에는 경 부하에서 최대효율을 올릴 수 있는 경 부하용 러너를 따로 준비해 두었다가 이 기간 중에는 아예 러너를 갈아 끼워서 운전하는 것이 경제적이다. 이와 같은 러너를 **경 부하 러너**라고 부르고 이에 대하여 수차의 최대출력을 주는 평상시의 러너를 **정규 러너**라고 부르고 있다. 그림 6.20은 정규 러너와 경 부하 러너와의 수차출력에 대한 효율변화를 나타낸 것이다.

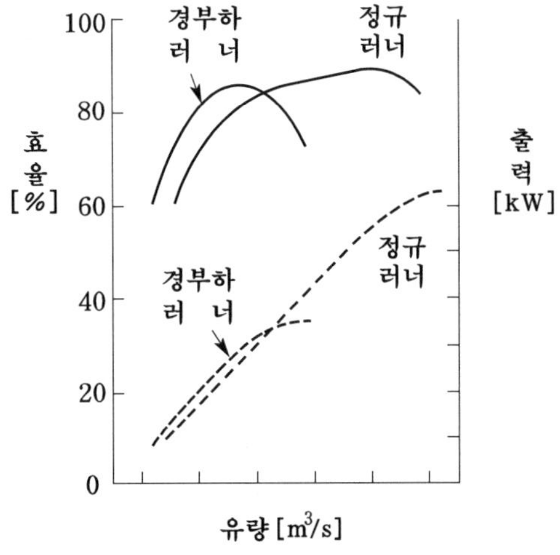

그림 6.20 정규 러너와 경부하 러너

6.3.5 캐비테이션

운전 중인 수차 또는 펌프수차의 각 부분의 유속 및 압력은 각각 다르다. 지금 어느 부분에서의 압력이 그때의 수온의 포화 증기압 이하로 저하하면 그 부분의 물은 증발해서 수증기로 되므로 유수 중에 미세한 기포가 발생한다. 이 기포가 주위의 물과 함께 흐르게 되는데, 이것이 압력이 높은 곳에 도달하면 더 이상 기포상태를 유지하지 못하고 갑자기 터지면서 그 순간에 매우 높은 압력이 발생해서 부근의 물체에 큰 충격을 주게 된다. 이 충격이 되풀이되면 드디어는 수차의 각 부분, 특히 그 중에서도 러너와 버킷 등을 침식하게 된다. 이 현상을 **캐비테이션**이라고 한다.

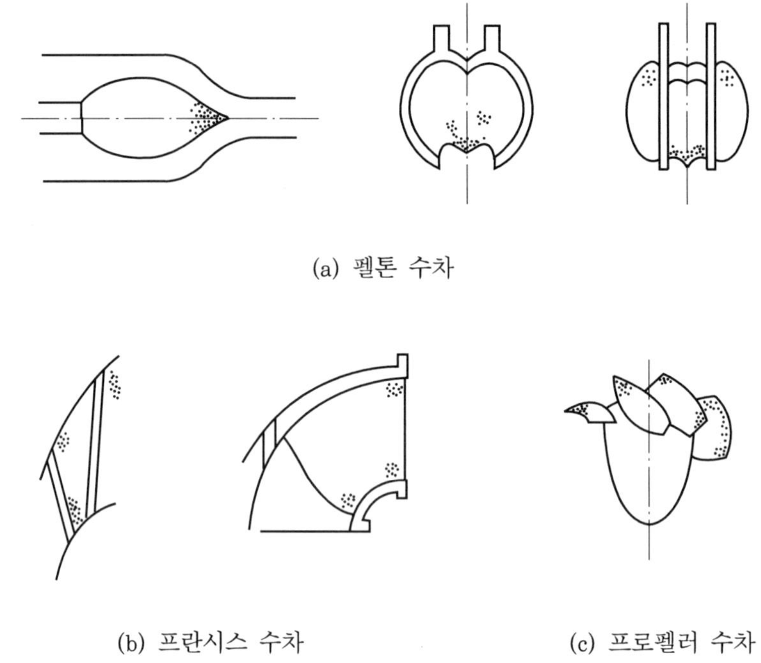

(a) 펠톤 수차

(b) 프란시스 수차 (c) 프로펠러 수차

그림 6.21 캐비테이션에 의한 침식 예

(1) 캐비테이션의 장해

캐비테이션이 발생하면 이로 인해 다음과 같은 장해를 일으키게 된다.

① 수차의 효율, 출력이 저하된다.

② 유수에 접한 러너나 버킷 등에 침식이 일어난다.

③ 수차에 진동을 일으켜서 소음을 발생한다.

④ 흡출관 입구에서의 수압의 변동이 현저해진다.

여기서, 가장 주의하지 않으면 안 되는 것은 ②의 침식으로서 이것은 펠톤 수차에서는 니들팁과 버킷, 프란시스 수차에서는 러너날개 출구의 이면, 프로펠러 수차에서는 날개 바깥, 주변 끝의 이면 및 노즐팁 등에 많이 발생하고 있다.

(2) 캐비테이션의 방지대책

캐비테이션의 발생은 수차의 비속도 N_s와 그 수차의 사용장소에서의 조건과의 관계에 의한 것이 많아, 일반적으로는 N_s의 값이 큰 형식의 수차 쪽에 더 많이 발생한다. 캐비테이션의 발생을 방지하기 위해서는 다음과 같은 대책을 취하고 있다.

① 수차의 비속도를 너무 크게 잡지 않을 것
② 흡출관의 높이(흡출수두)를 가능한 한 낮게 할 것
③ 침식에 강한 재료(예 스테인리스강)로 러너를 제작하든지 부분적으로 보강할 것
④ 러너표면을 미끄럽게 가공 정도를 높일 것
⑤ 과도한 부분 부하, 과부하 운전을 가능한 한 피할 것

캐비테이션 이외에 러너날개나 안내날개가 부식되는 원인으로는 유수 중에 포함되는 토사나 산에 의한 부식이 있다.

참고로 표 6.4에 2005년 말 현재 우리나라의 대표적인 수력 발전소의 현황을 정리해서 보인다.

표 6.4 수력 발전소 설비현황

발전소명	설 비		유효낙차[m]	수차형식
	용량[kW]	대수		
화 천	10,8000	27,000×4	74.5	프란시스
춘 천	57,600	28,800×2	28.8	카 플 란
청 평	79,600	19,800×2	26.0	카 플 란
		40,000×1	26.0	프로펠러
의 암	45,000	22,500×2	17.2	카 플 란
팔 당	100,000	20,000×2	11.8	원 통 형
		30,000×2	11.8	원 통 형
강 릉	82,000	41,000×2	626.7	펠 톤 형
소 양 강	200,000	100,000×2	110	프란시스
충 주	400,000	100,000×4	72.1	프란시스
대 청	90,000	45,000×2	38.7	프란시스
안 동	90,000	45,000×2	66.6	사 류 형
청평 양수	400,000	200,000×2	452.0	프란시스
삼랑진양수	600,000	300,000×2	343.0	프란시스
무주 양수	600,000	300,000×2	589.0	프란시스
산청 양수	700,000	350,000×2	427.5	프란시스
양양 양수	1,000,000	250,000×4	819.0	프란시스

6.4 흡출관

펠톤 수차에서는 노즐로부터 대기 중에 물을 분사해서 압력수두를 대부분 속도수두로 바

꾸어 주기 때문에 노즐출구로부터 방수 면까지의 낙차는 손실수두로 되어서 유효하게 이용되지 않는다(다만 펠톤 수차는 일반적으로 고 낙차로 사용되기 때문에 손실로 되는 낙차의 영향이 적어서 별도의 손실회수는 고려하지 않는 것이 보통이다).

한편 프란시스 수차 등의 반동수차에서는 낙차가 작아서 러너출구로부터 방수 면까지의 낙차를 헛되게 버린다는 것은 경제적이 못 되므로 어떻게 해서라도 이것을 유효하게 이용할 필요가 있다. 이러한 목적에서 러너출구로부터 방수 면까지의 사이를 관으로 연결하고 여기에 물을 충만시켜서 흘려줌으로써 낙차를 조금이라도 더 유효하게 이용하려고 사용되는 것이 **흡출관**이다.

즉, 흡출관은 반동수차의 러너출구로부터 방수 면까지의 접속관인데, 단순한 도수관으로서 사용할 뿐 아니라 관내에 충만하는 수주의 무게를 이용함으로써, 러너출구의 압력을 대기압 이하로 유지해서 러너와 방수면 사이의 낙차까지 유용하게 이용하고 아울러 러너로부터 방출된 물이 갖는 운동 에너지를 위치 에너지로서 회수하는 것이다.

흡출관으로서는 그림 6.22에 나타낸 바와 같은 각종 형식이 있다. 일반적으로 소 용량으로서 낙차가 비교적 높은 경우에는 원추형, 저 낙차로서 유량이 많은 경우에는 엘보 형이 많이 쓰이고 있다.

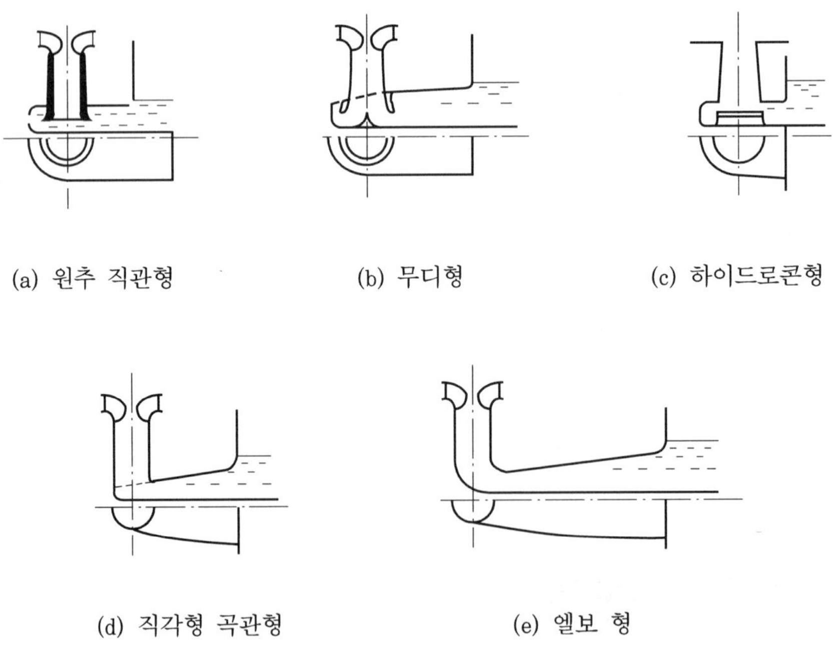

그림 6.22 흡출관의 각종 형식

6.5 조속기

6.5.1 조속기의 원리와 구조

수차 발전기가 정상상태로 운전 중, 사고 등으로 갑자기 출력이 감소하면 회전속도는 상승하고 반대로 갑자기 출력이 증가하면 회전속도는 감소한다.

출력의 증감에 관계없이 수차의 회전수를 일정하게 유지하기 위해서는 출력의 변화에 따라서 수차의 유량을 조정하지 않으면 안 된다. 이것을 자동적으로 할 수 있게 한 장치를 **조속기**라고 한다. 곧, 조속기는 수차의 회전속도 및 출력을 조정하기 위하여 회전속도의 변화에 따라서 자동적으로 수구(가이드 베인 또는 니들)의 개도를 조정하는 장치이다.

조속기는 그림 6.23에 보인 바와 같이 스피더(속도 검출부), 배압밸브, 서보모터, 복원기구, 압유장치 등으로 구성되고 있다.

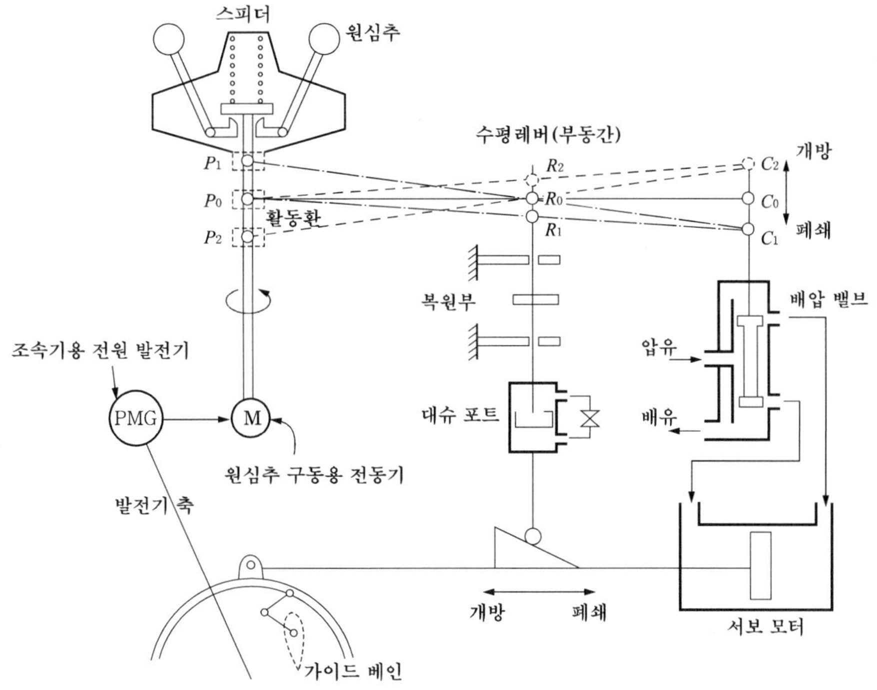

그림 6.23 기계식 조속기의 원리도

스피더는 수차의 회전속도의 변화를 검출하는 부분으로서 그 동작원리는 회전속도가 변화하면 원심추에 작동하는 원심력이 변화하여 용수철과의 평형이 파괴되고, 그 결과 활동링을 상하시켜서 회전속도 편차를 검출한다.

배압밸브는 스피더에 의해 검출된 속도변화를 부동레버를 통해서 서보모터에 공급하는 압유를 적당한 방향으로 전환한다.

서보모터는 배압밸브로부터 제어된 압유로 동작하여, 펠톤 수차일 경우에는 니들 밸브, 반동수차일 경우에는 안내날개를 개폐해서 수구개도를 바꾸게 된다.

복원기구는 부하가 변화하면 서보모터로 수구개도를 조정하지만 수차, 발전기 등에는 상당한 관성이 있기 때문에 그 동작에 시간적인 지연이 따르기 마련이다. 이 때문에 정규속도로 안정되기까지에 수구개도의 조정이 과도현상을 일으켜서 수차는 회전속도의 승강을 되풀이하여 이른바 난조를 초래하게 되는데, 이것을 방지하기 위한 기구가 곧 복원기구이다.

수차 발전기가 정규속도로 운전되고 있을 때에는 레버(부동간)는 P_0, R_0, C_0의 수평위치에 있어서 배압밸브를 중립위치에 유지하여 서보 모터에의 압유 통로는 닫혀져 있다.

만일 부하가 감소해서 수차, 발전기의 속도가 올라가면 스피더의 원심추에 작용하는 원심력이 증가해서 레버는 P_1, C_1으로 된다. 따라서 배압밸브의 피스톤은 아래로 내려가 압유는 서보모터의 폐쇄 측으로 보내져서 수구개도를 폐쇄방향으로 동작시키게 된다. 그러나 수차, 발전기는 앞에서 설명한 바와 같이 상당한 관성을 지니고 있기 때문에 정규속도로 될 때까지에는 시간 지연이 있다. 따라서 레버는 C_1에 내려 간 채로 그대로 있기 때문에 압유는 서보모터의 폐쇄 측에 계속해서 들어가게 되어 수구개도를 필요 이상으로 닫게 된다. 이 때문에 그 다음에는 수구개도를 열도록 스피더로부터 신호가 주어진다. 이후 이러한 과정이 되풀이되기 때문에 난조를 일으키게 된다. 이것을 방지하기 위해서 사용되는 것이 복원기구인데 레버의 지지점을 R_0로부터 R_1으로 이동시켜 배압밸브를 C_0로 되돌리면 정지위치로 되어 수구가 지나치게 닫히는 것을 막게 된다.

그 사이에 유입량이 감소해서 속도가 내려가면 P_1은 P_0에 복귀하고 레버는 수평 위치로 되돌아가서 평형상태로 되어 운전을 계속할 수 있게 된다. 이상이 기계식 조속기의 동작원리이다.

조속기는 회전속도의 검출방식에 따라 기계식과 전기식으로 나뉘어진다. 종래는 기계식이 많이 사용되었으나 그 후 전기식이 보급되기 시작하여 현재는 거의 모두가 전기식으로 되고 있다.

전기식 조속기는 회전속도의 변화를 전기적으로 검출하고 속도(부하) 조정장치, 복원부 및 증폭부에 전기신호를 사용한다. 그 후 전기적인 신호를 기계적인 동작으로 변환하는 변환부에 의해 배압밸브를 작동시킴으로써 기계식 조속기의 결점인 감도와 속응성을 크게 개선한 것이다. 배압밸브 이후의 구조는 기계식 조속기의 그것과 같다.

6.5.2 조속기의 성능

(1) 속도 조정률

동기 발전기가 병행운전하고 있을 경우 각 발전기의 유효전력의 분담은 원동기의 속도특성으로 결정된다. 즉, 그림 6.24에서와 같이 수차는 부하가 증가하면 회전수가 저하하는 특성을 지니고 있다. 이 때문에 특성곡선의 횡축에 대한 경사 각도가 큰 것일수록 회전수가 변동하였을 때의 부하의 변동은 작아진다.

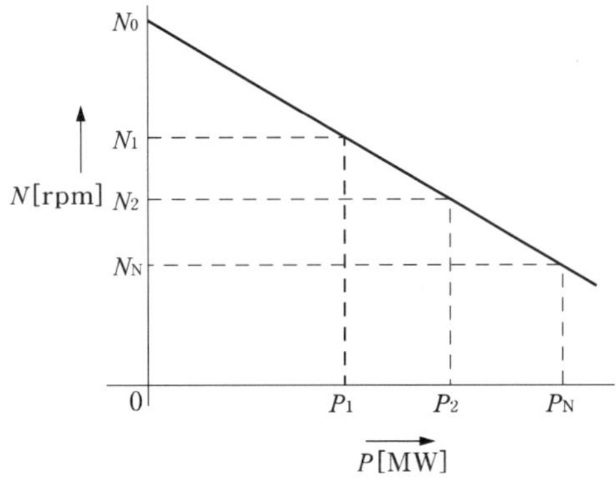

그림 6.24 조속기 특성

수차 발전기가 출력 P_2[kW]로 운전 중, 조속기의 각 조정부분을 일정하게 설정한 채로 수차 발전기의 부하를 P_1[kW]로 변화시켰을 때 정격 회전수 N_N[rpm]에 대한 회전수 변동량 $\triangle N$[rpm]의 비 $\triangle N/N_N$을, 정격 출력 P_N[kW]에 대한 출력 변화량 $\triangle P$[kW]의 비 $\triangle P/P_N$로 나눈 것을 100분률로 나타낸 값 δ[%]를 **속도조정률**이라 하고 다음 식으로 표시한다.

$$\delta = \frac{\frac{\triangle N}{N_N}}{\frac{\triangle P}{P_N}} \times 100\,[\%] = \frac{\triangle N}{N_N} \cdot \frac{P_N}{\triangle P} \times 100\,[\%] \qquad (6.29)$$

또는

$$\delta = \frac{\dfrac{N_1 - N_2}{N_N}}{\dfrac{P_2 - P_1}{P_N}} \times 100 \ [\%] \tag{6.30}$$

여기서 N_2 : 부하 변화 전(발전기 출력 P_2시)의 회전수[rpm]

N_1 : 부하 변화 후(발전기 출력 P_1시)의 회전수[rpm]

① 정격 부하로부터 무부하로 되었을 때의 속도조정률

식 (6.30)에서 $\Delta P = P_N$, $\Delta N = N_0 - N_N$라 하면

$$\delta = \frac{N_0 - N_N}{N_N} \times 100 \ [\%] \tag{6.31}$$

여기서, N_0 : 무부하시의 회전수[rpm]

② 주파수로 표현할 경우의 속도조정률

발전기의 정격 주파수를 F_N [Hz]라 하고 k를 정수라고 하면

$$F_N = kN_N, \ \Delta F = k\Delta N$$

로 표시되므로

$$\delta = \frac{\Delta F}{F_N} \cdot \frac{P_N}{\Delta P} \times 100 \tag{6.32}$$

속도조정률은 조속기의 특성을 나타낸 것으로서, 이 값이 작다는 것은 같은 부하 변화에 대해 주파수 변화가 작다는 것을 나타내어 결국 조속기의 동작이 민감하다는 것을 뜻한다. 보통 이 δ의 값은 수력 발전기에서는 3~5[%] 정도, 화력 발전기에서는 4~5[%] 정도로 되어 있다.

계통 주파수의 자동제어를 할 경우에는 일정한 부하를 분담해야 할 발전소 수차의 δ는 크게, 반대로 주파수 조정용 발전소처럼 발전력의 변동을 크게 해서 부하의 변동부분을 분담하지 않으면 안 되는 것은 이 δ를 작게 해 줄 필요가 있다.

(2) 속도 변동률

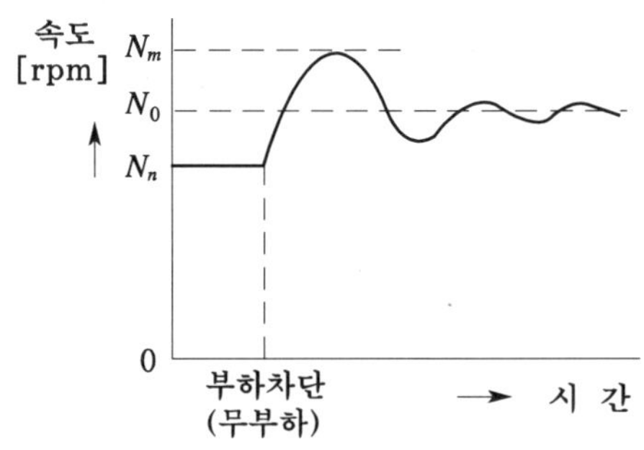

그림 6.25 부하 차단시의 속도특성

부하의 변동으로 수차의 속도가 조정되어 새로운 상태에 따른 속도에 안정될 때까지에 과도적으로 도달하게 될 최대속도는 관성, 변동부하의 크기, 조속기 특성, 그리고 부동시간과 폐쇄시간 등에 관계하게 된다.

일반적으로 수차가 임의의 부하로 운전 중, 부하가 급변하면 회전수가 변화하게 되고 조속기는 이 변화를 검출해서 변동 후의 부하에 대응하는 속도로 정착시키게 된다. 이때의 최대 회전속도 N_m과 부하 급변 전의 회전속도 N_1과의 차를 정격 회전속도 N_n로 나눈 것을 **속도변동률**(ϵ)이라 하고 다음 식으로 나타낸다.

$$\epsilon = \frac{N_m - N_1}{N_n} \times 100 \text{ [\%]} \tag{6.33}$$

여기서, N_m : 최대 회전속도 [rpm]

N_n : 정격 회전속도 [rpm]

N_1 : 부하 급변전의 회전속도[rpm]

속도 변동률이 크다는 것은 수차, 발전기의 원심력에 대한 기계적인 내력이라든지 발전기 전압의 상승에 대한 절연내력이라는 점에서 좋지 않기 때문에 통상 전 부하를 차단하였을 경우에도 이 ϵ의 값은 40[%] 이내, 30[%] 정도로 하고 있다.

예제 6.5 정격 회전수 375[rpm]의 프란시스 수차가 전 부하 운전을 하고 있을 때 갑자기 부하가 차단되었기 때문에 수차의 속도가 상승하였다. 이 때의 속도 변동률이 25[%]였다고 하면 수차의 속도 상승시의 회전수는 얼마 [rpm]이겠는가?

풀이 속도 변동률 ϵ의 정의식은

$$\epsilon = \frac{N_m - N_n}{N_n} \times 100 \ [\%] \ (\because 부하 \ 차단전에 \ 전부하로 \ 운전)$$

여기서, N_n : 정격 회전속도 [rpm]

N_m : 부하 차단시의 회전속도 [rpm]

따라서,

$$N_m = N_n(1+\epsilon) = 375(1+0.25) \fallingdotseq 469[\text{rpm}]$$

예제 6.6 정격출력 50,000[kW]의 수차 발전기가 60[Hz]의 전력계통에 접속되어 전 부하, 정격 주파수로 운전 중에 있다. 여기서 이 계통에 접속되어 있던 일부의 부하가 갑자기 차단되어 주파수가 60.3[Hz]로 상승하였다고 하면 발전기 출력 [kW]은 어떻게 되겠는가? 단, 수차 발전기의 속도 조정률은 4[%]라 하고 조속기 특성은 직선이라고 한다.

풀이 속도 조정률의 일반식은

$$\delta_0 = \frac{\dfrac{N_1 - N_2}{N_N}}{\dfrac{P_2 - P_1}{P_N}} \times 100$$

이다. 제의에 따라

$$\delta_0 = 4 \ [\%], \quad P_N = P_2 = 50{,}000 \ [\text{kW}]$$

회전수는 주파수와 비례하므로 k를 비례상수라고 하면

$$N_N = N_2 = 60k$$
$$N_1 = 60.3k$$

를 위 식에 대입하면

$$4 = \frac{\dfrac{60.3k - 60k}{60k}}{\dfrac{50{,}000 - P_1}{50{,}000}} \times 100 = \frac{50{,}000(60.3k - 60k)}{60k(50{,}000 - P_1)} \times 100 = \frac{25{,}000}{50{,}000 - P_1}$$

$$\therefore P_1 = 43{,}750\ [\text{kW}]$$

즉, 주파수가 60.3[Hz]로 올라간 후의 발전기 출력은 43,750[kW]로 된다.

예제 6.7 정격출력 100,000[kW], 속도 조정률 4[%]의 수차 발전기와 정격출력 50,000[kW], 속도 조정률 5[%]의 수차 발전기가 60[Hz]의 전력계통에 접속되어 양자 공히 80[%] 부하, 정격 주파수로 병렬운전 중에 일부부하의 탈락으로 양발전기의 합계출력이 85,000[kW]로 변화하였다고 하면 각각의 발전기 출력은 얼마로 되겠는가? 또, 이 때의 주파수는 얼마인가?

풀이 속도 조정률의 일반식은,

$$\delta_0 = \frac{\dfrac{N_1 - N_2}{N_N}}{\dfrac{P_2 - P_1}{P_N}} \times 100$$

이다. 주파수는 회전수에 비례하므로($N \propto f$) 먼저 정격출력 100,000 [kW]의 수차 발전기(P_2)에서는,

$$4 = \frac{\dfrac{f_2 - 60}{60}}{\dfrac{80{,}000 - P_2}{100{,}000}} \times 100$$

으로부터

$$P_2 = 2{,}580{,}000 - 41{,}667 f_2 \tag{1}$$

정격출력 50,000 [kW]의 수차 발전기(P_2')에서는,

$$5 = \frac{\dfrac{f_2 - 60}{60}}{\dfrac{40{,}000 - P_2'}{50{,}000}} \times 100$$

으로부터

$$P_2' = 1{,}040{,}000 - 16{,}667 f_2 \tag{2}$$

한편 부하 탈락 후 양 발전기의 합계 출력은,

$$P_2 + P_2' = 85{,}000 \qquad (3)$$

이므로 식 (1), (2), (3)을 연립시켜 풀면

$$f_2 = \frac{3{,}620{,}000 - 85{,}000}{58{,}332} = 60.6 \text{ [Hz]}$$

이 때의 각 발전기 분담전력은 앞에서 얻은 식 (1), (2)에 $f_2 = 60.6$을 대입해서

$$P_2 = 2{,}580{,}000 - 41{,}667 \times 60.6 \fallingdotseq 55{,}000 \text{ [kW]}$$
$$P_2' = 1{,}040{,}000 - 16{,}667 \times 60.6 \fallingdotseq 30{,}000 \text{ [kW]}$$

6.6 양수 발전소

6.6.1 양수 발전소의 개요

양수발전은 심야 또는 경부하시의 잉여전력을 사용하여 낮은 곳에 있는 물을 높은 곳으로 퍼 올려서 모아두었다가 첨두부하 시에 이 양수된 물을 사용해서 발전하는 것이다. 이것은 일반적으로 주간과 야간에서 수요전력의 크기에 상당한 차이가 있다는 것과 대용량 화력, 특히 그 중에서도 원자력 발전의 확대 등으로 심야 경부하시에 잉여전력이 많이 생기게 되었다는 것이 양수발전 채용의 주된 이유로 되고 있다.

이처럼 양수 발전소는 잉여전력의 유효한 활용과 피크대책을 위해 건설되고 있으며, 최근에 와서는 이것이 더욱더 대용량화, 고 낙차화의 방향으로 추진되고 있다.*

우리나라에서도 이미 청평에 20만 [kW]×2 대, 삼랑진 및 무주에 각각 30만 [kW]×2 대, 그리고 산청에 35만 [kW]×2대, 양양에 25만[kW]×4대의 양수 발전소가 운전 중에 있다.

* 최근 우리나라에서는 심야의 전기요금을 낮추어서 심야전력을 많이 개발하였기 때문에 심야의 잉여전력이 줄어들어서 이전처럼 양수발전을 많이 못하고 있는 실정에 있다.

그림 6.26은 이러한 양수 발전소의 개념도를 보인 것이다.

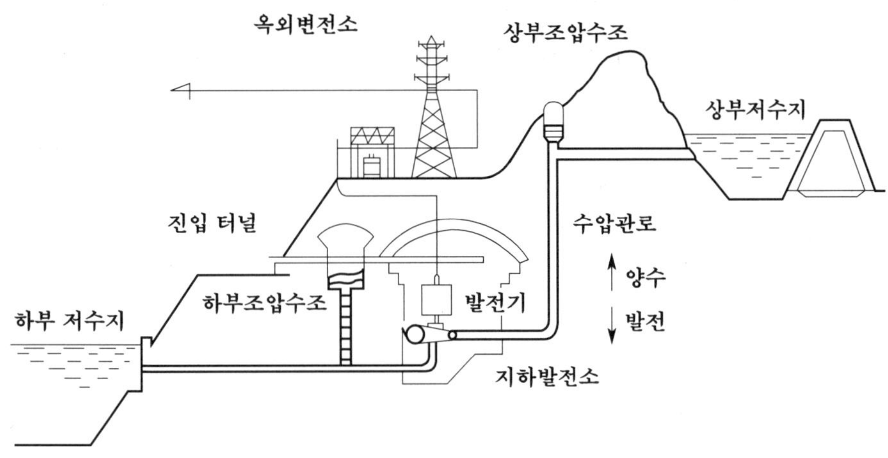

그림 6.26 양수 발전소의 개념도

6.6.2 양수 발전소의 종류

양수 발전소는 앞서 제2장에서 설명하였던 바와 같이 물의 이용방식 및 기계형식에 따라 다음과 같이 분류된다.

(1) 순 양수식

이 방식은 상부 조정지와 하부 조정지를 따로 건설해서, 경부하시에는 잉여전력으로 상부 조정지에 양수하고 중부하시에 이 저수량을 하부 조정지에 낙하시킴으로써 발전하는 것인데, 이 때 상부 조정지는 통상 하부 조정지 근방의 산꼭대기에 건설되기 때문에 이 상부 조정지에 유입되는 하천유량이 전혀 없고 저수량은 오로지 양수에만 의존하는 발전소이다. 우리나라의 양수 발전소는 모두가 이 방식으로서 양수용 전력은 주로 원자력의 잉여전력을 사용하고 있다.

(2) 혼합 양수식

이 방식은 하천 상류에 건설된 상부 조정지에 유입되는 자연 유하량과 하류의 하부 조정지에서 양수한 물을 합쳐서 중부하시에 발전하는 방식으로서 공급력의 증가라든지 첨두부하 담당시간의 연장이 어느 정도 가능한 것이다.

이밖에 양수 발전소는 수차, 발전기, 펌프 및 전동기를 구비하고 있는데 이들 기계 형식에 따라서는 그림 6.27에 나타낸 바와 같이 별치식, 탠덤식 및 펌프 수차식이 있다.

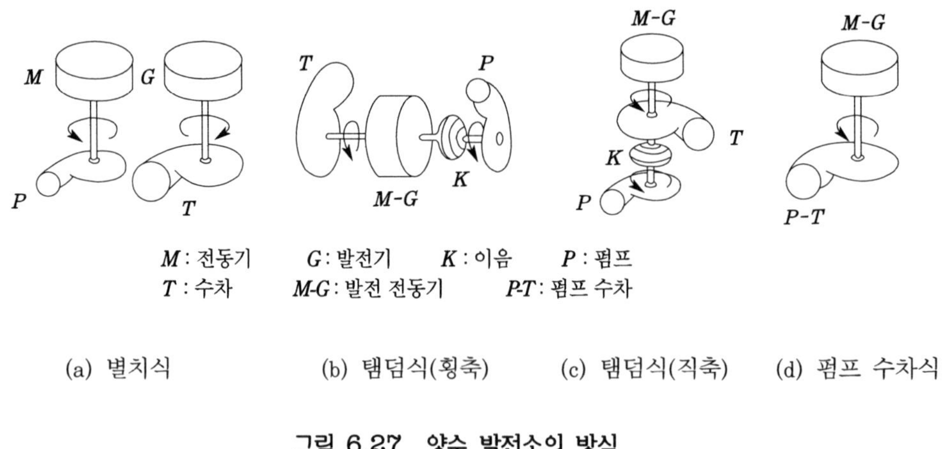

(a) 별치식 (b) 탠덤식(횡축) (c) 탠덤식(직축) (d) 펌프 수차식

그림 6.27 양수 발전소의 방식

① **별치식** : 양수용 설비(펌프, 전동기)와 발전용 설비(수차, 발전기)를 독립해서 설치, 운용하는 것이다. 펌프와 수차를 별개로 설계할 수 있다는 이점은 있으나 건설비가 비싸기 때문에 거의 쓰이지 않는다.

② **탠덤식** : 발전기와 전동기를 공용하고 발전 전동기, 수차, 펌프를 동일축(직축 또는 횡축)에 직결하는 것이다. 건설비는 별치식보다 싸진다.

③ **펌프 수차식** : 한 대의 기기로 발전 시에는 수차, 발전기로 사용하다가, 양수 시에는 수차를 역회전시켜서 전동기와 펌프로서 사용하는 것으로서 경제적으로 가장 유리한 것이다.

펌프수차의 종류는 낙차에 따라

50～700 [m] : 프란시스형

20～150 [m] : 사류형

20 [m] 이하 : 프로펠러형

등이 사용되는 데 대용량의 것은 거의 모두가 프란시스형이다.

최근에 건설되고 있는 양수 발전소는 대부분 펌프수차식을 채택하고 있는데, 우리나라의 양수 발전소는 아직까지는 모두 프란시스형 펌프수차식을 쓰고 있다.

6.6.3 양수 발전소의 효율계산

양수 발전소의 종합효율 η는 다음 식으로 표시된다.

$$\eta = \frac{H_0 - H_{lg}}{H_0 + H_{lp}} \eta_t \eta_g \eta_p \eta_m = \frac{H_g}{H_p} \eta_t \eta_g \eta_p \eta_m \tag{6.34}$$

여기서, η_t : 수차효율 η_g : 발전기 효율

η_p : 펌프효율 η_m : 전동기 효율

$H_g = H_0 - H_{lg}$: 유효낙차[m]

H_0 : 총 낙차 [m]

H_{lg} : 발전 시 손실낙차 [m]

$H_p = H_0 + H_{lp}$: 유효양정 [m] (전 양정이라고도 함)

H_{lp} : 양수 시 손실낙차 [m]

우리나라에서 운전 중인 양수 발전소의 운용은 모두가 일간 조정식으로서 상부 및 하부 조정지의 용량은 최대 발전력 환산으로 5~6시간 정도에 지나지 않는다.

이와 같이 정해진 저수용량 V[m³]를 양수하는 데 필요한 양수 전력량 W_p[kWh]는 양수 전력 P_p[kW]와 양수 계속 시간 T_p[h]의 곱으로 표현되므로 $W_p = P_p \cdot T_p$ 이다.

여기서,

$$P_p = \frac{9.8 Q_p H_p}{\eta_p \eta_m} [\mathrm{kW}] \tag{6.35}$$

로 계산되므로, 양수량을 Q_p[m³/s]라고 하면 양수전수량 곧, 저수량 V[m³]는

$$V = Q_p \times 3{,}600 \cdot T_p \ [\mathrm{m^3/s}] \tag{6.36}$$

로 된다. 따라서 구하고자 하는 양수 전력량 W_p[kWh]는

$$\begin{aligned} W_p = P_p \cdot T_p &= \frac{9.8 Q_p H_p}{\eta_p \eta_m} \cdot T_p \\ &= \frac{9.8 V (H_0 + H_{ep})}{3{,}600 \eta_p \eta_m} [\mathrm{kWh}] \end{aligned} \tag{6.37}$$

로 계산된다.

한편, 순양수식일 경우에는 양수량이 곧 저수량이 되는 것이므로($Q_p = V$), 이 때의 발전 전력량 W_g는

$$W_g = \frac{9.8\,V(H_0 - H_{eg})\,\eta_t\,\eta_g}{3{,}600}\ [\mathrm{kWh}] \tag{6.38}$$

로 된다.

이로부터 양수 발전소의 종합효율 η는

$$\eta = \frac{\text{발전 전력량}}{\text{양수 전력량}} = \frac{W_g}{W_p} = \eta_t\,\eta_g\,\eta_p\,\eta_m\,\frac{H_0 - H_{\mathrm{lg}}}{H_0 + H_{lp}} \tag{6.39}$$

로서 위에서 보인 식 (6.34)와 같이 나타낼 수 있다.

예제 6.8 양수 발전소가 있다. 상부지와 하부지의 수위차 450[m], 수압관 기타의 손실이 6[m], 수차효율 89[%], 발전기 효율 98[%], 펌프효율 88[%], 전동기 효율을 98[%]라고 하면 이 양수 발전소의 종합효율은 얼마인가?

풀이 양수 발전소(순양수식이라고 봄)의 종합효율 η는 제의에 따라

유효낙차 $H_g = H_0 - H_{lg} = 450 - 6 = 444$ [m]

유효양정 $H_p = H_0 + H_{lp} = 450 + 6 = 456$ [m]

이므로

$$\eta = \frac{H_g}{H_p}\eta_t\eta_g\eta_p\eta_m = \frac{444}{456}\times 0.89\times 0.98\times 0.88\times 0.98 \fallingdotseq 73\,[\%]$$

예제 6.9 유효양정 $H = 180$[m], 펌프효율 $\eta_p = 87$[%], 전동기 효율 $\eta_m = 98$[%]의 양수식 발전소가 있다. 양수에 의해서 유효양정 및 효율은 변하지 않는 것으로 하고 하부지로부터 4,000,000[m^3]의 물을 양수하는 데 필요한 전력량을 구하여라.

풀이 양수용 전동기의 입력 P[kW]는 다음 식으로 표시된다.

$$P = \frac{9.8QH}{\eta_p\eta_m}\ [\mathrm{kW}] \tag{1}$$

전양수량을 V[m^3], 양수시간을 T[h]라 하면 양수량 Q는

$$Q = \frac{V}{3{,}600\,T}\ [\mathrm{m^3/s}] \qquad (2)$$

이다. 이것을 식 (1)에 대입하면

$$P = \frac{9.8\,VH}{\eta_p \eta_m 3{,}600\,T} \qquad (3)$$

따라서 T시간에서 하부지의 물을 전부 양수하기 위해서 필요한 전력량 W[kWh]는

$$W = PT = \frac{9.8\,VH}{\eta_p \eta_m 3{,}600} = \frac{9.8 \times 4{,}000{,}000 \times 180}{0.87 \times 0.98 \times 3{,}600} \fallingdotseq 2.3 \times 10^6\,[\mathrm{kWh}]$$

예제 6.10 발전기 정격출력 350[MVA]의 양수식 발전소가 있다. 양수종합(펌프 및 전동기) 효율이 75[%], 발전종합(수차 및 발전기) 효율이 85[%]라고 할 때 1,100[MWh]의 전력량으로 양수한 저수를 사용해서 최대출력의 발전을 계속할 수 있는 시간은 얼마인가? 단, 발전기의 역률은 100[%]라고 한다.

풀이 양수 전력량 W_m[kWh]는 양수량을 $Q_p[\mathrm{m^3/s}]$, 유효양정을 H_p[m], 양수시간을 h_p[h]라고 하면

$$W_m = \frac{9.8\,Q_p H_p h_p}{\eta_m \eta_p} \qquad (1)$$

로 되고 발전 전력량 W_g[kWh]는 발전 사용수량을 $Q_g[\mathrm{m^3/s}]$, 유효낙차를 H_g [m], 발전시간을 h_g[h]라고 하면,

$$W_g = 9.8\,Q_g H_g \eta_t \eta_g h_g = P_g h_g \qquad (2)$$

로 된다. 순양수식인 경우에는,

$$Q_p h_p = Q_g h_g \qquad (3)$$

이상의 식 (1), (2), (3)으로부터

$$W_g = \frac{W_m \eta_m \eta_p}{H_p} H_g \eta_t \eta_g = P_g h_g \qquad (4)$$

를 얻는다. 식 (4)에서 양수식 및 발전시의 손실낙차를 무시하면 $H_p = H_g$, 따라서 발전시간 h_g는,

$$h_g = \frac{W_m \eta_m \eta_p \eta_t \eta_g}{P_g} = \frac{1,100 \times 0.75 \times 0.85}{350} \fallingdotseq 2[\text{시간}] \quad (5)$$

6.6.4 조정지 및 저수지의 운용계산

앞에서 설명한 바와 같이 조정지는 일간의 부하변동에 따라서 하천의 자연유량을 시간적으로 조정하는 것이며, 저수지는 계절간의 부하변동에 따라서 하천의 유량을 계절적으로 조정하는 것으로서, 양자의 차이는 조정용량의 크기에 따르고 있을 뿐이다.

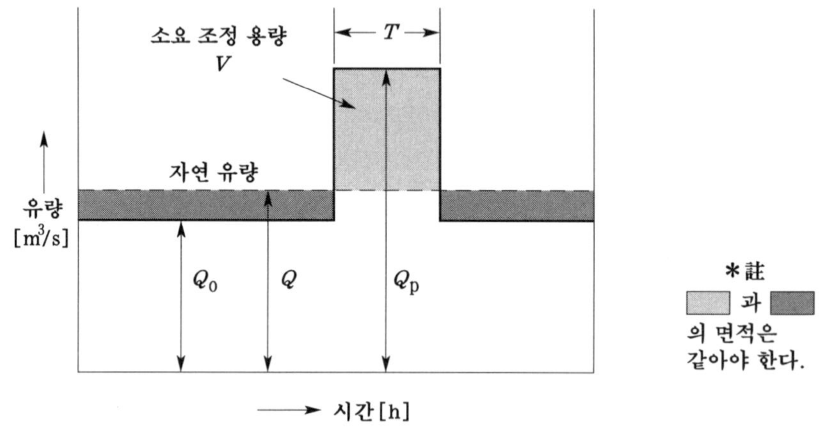

그림 6.28 조정지의 운용

그림 6.28과 같이 유입량(자연유량)을 $Q[\mathrm{m^3/s}]$, 첨두부하시의 사용수량 및 발전 계속 시간을 각각 $Q_p[\mathrm{m^3/s}]$, $T[\mathrm{h}]$라고 한다면 필요한 조정용량 $V[\mathrm{m^3}]$는

$$V = (Q_p - Q)T \times 3{,}600[\mathrm{m^3}] \quad (6.40)$$

로 계산할 수 있다.

한편, 저수는 첨두부하가 아닐 때 하게 되므로 이 때의 소요 저수량$[\mathrm{m^3}]$은 경 부하 출력시의 사용수량을 $Q_0[\mathrm{m^3/s}]$, 유입량을 $Q[\mathrm{m^3/s}]$라고 하면

$$(Q-Q_0)(24-T)\times 3,600 = V \tag{6.41}$$

로 된다. 이로부터 각각 첨두출력 시의 사용수량 $Q_p[\mathrm{m^3/s}]$ 및 경 부하출력 시의 사용수량 $Q_0[\mathrm{m^3/s}]$는

$$Q_p = Q+\frac{V}{3,600\cdot T}[\mathrm{m^3/s}] \tag{6.42}$$

$$Q_0 = Q-\frac{V}{3,600\cdot(24-T)}[\mathrm{m^3/s}] \tag{6.43}$$

로 쉽게 계산할 수 있다.

예제 6.11 상시 출력 8,000[kW], 상시 첨두출력 12,000[kW]로 8시간 계속 발전할 수 있는 조정지식 수력 발전소가 있다. 평균 유효낙차가 60[m]이고 수차, 발전기의 종합효율이 80[%]라고 할 때, 저수면적 80,000[m²]로 단면적이 일정한 이 조정지에서는 위와 같은 운전을 실시할 경우 수심 몇 [m]까지 사용하면 되겠는가? 단, 이 조정지에서는 낙차변동의 영향은 무시하는 것으로 한다.

풀이 첨두출력 시의 사용수량을 $Q_p[\mathrm{m^3/s}]$, 상시출력 시의 사용수량을 $Q_0[\mathrm{m^3/s}]$라고 한다면

$$Q=\frac{P}{9.8H\eta}$$

로부터

$$Q_p=\frac{12,000}{9.8\times 60\times 0.8}=25.51[\mathrm{m^3/s}]$$

$$Q_0=\frac{8,000}{9.8\times 60\times 0.8}=17.0[\mathrm{m^3/s}]$$

따라서 이 조정지는 $25.51-17.0=8.51[\mathrm{m^3/s}]$의 수량을 8시간 공급해 주어야 한다.
지금 조정지 용량을 $V[\mathrm{m^3}]$, 사용수심을 $h[\mathrm{m}]$라 하면

$V=8.51\times 8\times 3,600=245,088[\mathrm{m^3}]$

$h=245,088/80,000=3.06[\mathrm{m}]$

즉, 조정지의 이용 가능한 수심은 3.06 [m]이다.

예제 6.12 유효 저수용량 200×10^3[m^3]의 조정지를 갖는 유효낙차가 80 [m]인 수력 발전소가 있다. 자연유량이 25[m^3/s]일 때 그림 6.29와 같은 부하곡선으로 운전하였을 경우의 첨두부하 시 및 저수 시(곧 경부하시가 됨)의 출력을 구하여라. 단, 수차와 발전기의 종합효율은 86[%], 조정지는 최대한으로 이용해서 저수 시에도 물이 넘치지 않는 것으로 한다.

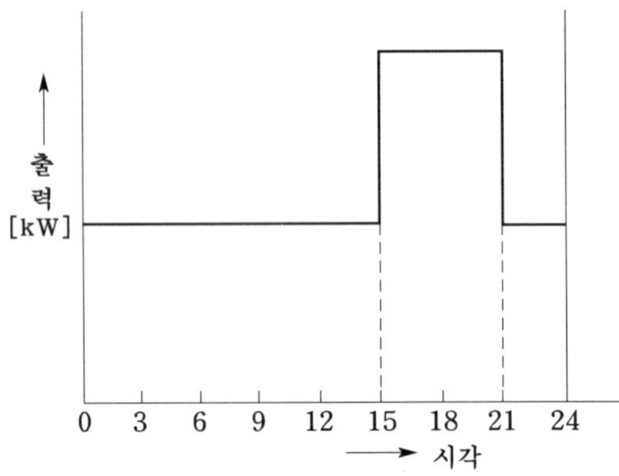

그림 6.29 부하곡선의 일례

풀이 첨두부하 시 및 경부하시의 사용수량을 각각 Q_p[m^3/s], Q_0[m^3/s]라고 하면 식 (6.42), (6.43)로부터

$$Q_p = Q + \frac{V}{3{,}600 \cdot T} = 25 + \frac{200 \times 10^3}{3{,}600 \times 6} = 34.26[\text{m}^3/\text{s}]$$

$$Q_0 = Q - \frac{V}{3{,}600 \cdot (24 - T)} = 25 - \frac{200 \times 10^3}{3{,}600 \times 18} = 21.9[\text{m}^3/\text{s}]$$

따라서 첨두부하 시 및 경부하시의 출력 P_p [kW] 및 P_0 [kW]는

$$P_p = 9.8\, Q_p \cdot H \cdot \eta = 9.8 \times 34.26 \times 80 \times 0.86 \fallingdotseq 23{,}100[\text{kW}]$$

$$P_0 = 9.8\, Q_0 \cdot H \cdot \eta = 9.8 \times 21.9 \times 80 \times 0.86 \fallingdotseq 14{,}770[\text{kW}]$$

연 습 문 제

1. 반동수차와 충동수차에 대해서 다음의 사항을 비교하여라.
   (1) 이용하는 수두
   (2) 사용낙차의 범위
   (3) 비속도
   (4) 출력-효율곡선

2. 펠톤 수차가 고 낙차에 적합한 이유를 설명하여라.

3. 원통수차와 사류수차에 대해서 설명하여라.

4. 수력 발전소에서 사용낙차에 따른 적당한 수차를 열거하고 각각의 특성을 설명하여라.

5. 중간 정도의 낙차를 가진 수력 발전소에서 유효낙차가 변화하였을 경우, 수차의 최대출력은 어떻게 변화하는가를 설명하여라. 단, 수차의 효율은 일정하다고 한다.

6. 캐비테이션의 현상을 설명하고 그 방지대책을 설명하여라.

7. 주어진 최대 사용수량 및 유효낙차의 수력 발전소를 설계함에 있어서 수차 발전기의 단기용량을 크게 해서 대수를 적게 하는 경우와 단기용량을 작게 해서 대수를 많게 하는 경우의 득실에 대하여 설명하여라.

8. 최근 양수식 발전소에서 채용되는 가역펌프 수차에 대해서 그 특징을 설명하고 또 펌프와 수차를 따로따로 설치할 경우와의 이해득실에 대해서 설명하여라.

9. 복류형 프란시스 수차가 있다. 회전수가 500[rpm], 유효낙차가 256[m], 출력이 45,000[kW]라고 할 때 이 수차의 비속도를 구하여라.

10. 어느 양수 발전소에서 40,000[MWh]의 전력량을 사용해서 60×10^6[m^3]의 물을 양수하였다고 한다면 이 때의 유효양정(전양정)은 몇 [m^3]인가? 단, 펌프 효율 $\eta_p = 86$[%], 전동기 효율 $\eta_m = 98$[%]라 하고 양수에 따른 유효양정에는 변화가 없는 것으로 한다.

11. 상부지와 하부지의 수위차가 250[m]인 양수 발전소가 있다. 수압관 기타의 손실이 4[m], 수차효율이 89[%], 발전기 효율이 98[%], 펌프효율이 88[%], 전동기 효율이 98[%]라고 하면 이 양수 발전소의 종합효율은 얼마인가?

12. 유효양정 90[m], 펌프효율 87[%], 전동기 효율 98[%]의 양수 발전소가 있다. 사용수량 50[m^3/s]로 4시간 발전하기 위한 양수량과 이 때의 전력량을 구하여라.

13. 600,000[kWh]의 전력량으로 유효양정 100[m]의 저수지에 양수할 경우의 가능 양수량[m^3]을 구하여라. 단, 펌프효율은 90[%], 전동기 효율은 98[%]라 하고 양수에 의한 유효양정은 변하지 않는다고 한다.

14. A, B 2대의 수차가 있다. A 수차의 수량은 B 수차의 수량의 2배인데, 낙차는 B 수차 쪽이 A 수차의 낙차보다 2배가 높다고 한다. 어느 쪽 수차의 회전수가 더 클 것인가? 단, 능률 및 출력은 A, B 수차 공히 같다고 한다.

15. 유효낙차 50[m]에서 출력 7,500[kW]의 수차가 있다. 유효낙차가 2.5[m]만큼 저하하였다고 하면, 출력은 몇 [kW]으로 떨어지겠는가? 단, 수차의 안내 날개의 개도는 일정하다고 하고, 또 낙차변화에 따른 효율의 변화는 무시하는 것으로 한다.

16. 유효낙차 81[m], 출력 10,000[kW], 주파수 60[c/s]의 수차 발전기의 회전수는 매분 몇 회전이 적당하겠는가? 단, 수차의 특유속도(비속도) N_s의 개략값은 유효낙차 H로부터 $N_s = \dfrac{13,000}{H+20} + 50$에 따라 구하는 것으로 한다. 또한, 계산된 특유속도의 값으로부터 수차의 형식은 어떤 것이 적당한가를 살펴보아라.

17. 최대출력 90,000[kW], 상시 첨두출력 70,000[kW], 상시출력 40,000[kW]의 수력 발전소가 있다. 여기에 화력 발전소를 병용해서 평균전력 65,000[kW], 부하율 60[%]의

수용(발전단 환산)을 공급할 경우 필요한 화력 발전소 출력은 몇 [kW]인가?

18. 500[m]의 높이에 양수하는 펌프수차를 가진 양수식 발전소에서 발전전력의 양수전력에 대한 비 [%]를 구하여라. 단, 발전사용수량 및 양수수량은 공히 100[m^3/s]라 하고, 수압관로의 손실낙차는 1[%], 수차 및 발전기의 합성효율은 90[%], 펌프 및 전동기의 합성효율은 85[%]라고 한다.

19. 400[m]의 위치에 양수하는 양수식 발전소에서 사용수량이 발전, 양수 공히 50[m^3/s], 수압관의 손실낙차를 2[%], 수차 및 발전기의 합성효율을 81[%], 펌프, 전동기의 합성효율을 70[%]라고 할 때 다음 각 항에 대해 계산하여라.

(1) 발전할 경우의 발전력 P_G[kW]

(2) 양수할 경우의 소요전력 P_p[kW]

(3) 발전과 양수를 위한 소요전력의 비 R

20. 정격출력 200[MW]의 수차 발전기가 80[MW]의 출력으로 60[Hz]의 전력계통에서 접속되어 운전하고 있다. 여기서 갑자기 계통의 주파수가 59.5[Hz]로 저하하였다면 이 발전기의 출력은 얼마로 되겠는가? 단, 수차 발전기의 속도 조정률은 4[%]이고 직선특성을 갖는다고 한다.

21. 속도 조정률 3[%]의 수차 발전기가 출력 60,000[kW], 정격 주파수 60[Hz]에서 운전하고 있을 때 갑자기 주파수가 60.3[Hz]로 상승하였다면 출력은 몇 [kW]로 되겠는가? 단, 발전기의 정격출력은 80,000[kW]라고 한다.

22. 총 낙차 150[m]의 양수 발전소에서 양수, 발전 공히 120[m^3/s]의 수량을 사용한다고 한다. 이 때 양수에 필요한 전력, 발전할 경우의 발전력, 양수 발전소의 종합효율을 구하여라. 단, 수압관의 손실낙차를 2[%], 펌프와 전동기의 종합효율을 84[%], 수차와 발전기의 종합효율을 87[%]라고 한다.

23. 유효양정 450[m], 펌프효율 87[%], 전동기 효율 98[%]의 양수 발전소가 있다. 발전시 사용수량 50[m^3/s]로 6시간 발전하는 데 소요될 양수량과 이 때의 전력량을 구하여라.

24. 수·화력 병용으로 수용단 최대전력 100,000 [kW], 연부하율 70[%]의 부하에 대해 공급하고자 한다. 하천의 유황곡선이 그림 6.30과 같이 수력 발전소의 최대 사용수량은 90[m^3/s], 유효낙차 100[m]로 하였을 때 1년간에 화력 발전소에서 보급해야 할 전력량은 몇 [kWh]인가? 단, 유량 변화에 대한 기기의 합성효율(90[%])의 변화는 무시하고 또한 송전손실도 무시하는 것으로 한다.

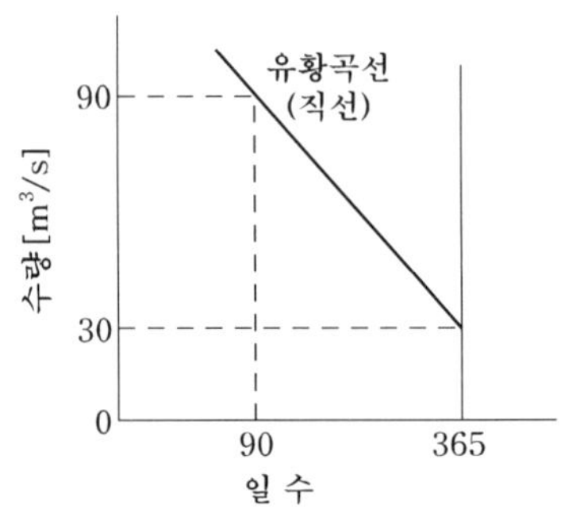

그림 6.30

25. 어느 양수 발전소에서 상부지의 최저수위가 표고 950 [m], 하부지의 최고수위가 표고 450[m]이다. 최저양정 시에 양수량을 50[m^3/s]로 하는 펌프입력은 얼마 [kW]인가? 단, 펌프효율은 85[%], 손실양정은 10[m]라고 한다.

26. 평균 유효낙차 45.5[m], 평균 사용수량 55.8[m^3/s]로 유효저수량 402,000[m^3]의 조정지를 갖는 수력 발전소가 있다. 그림 6.31과 같은 부하곡선에 따라 운전을 할 경우, 첨두부하 시에 낼 수 있는 최대출력 [kW]을 계산하여라. 단, 수차와 발전기의 종합효율은 77[%]라고 가정한다.

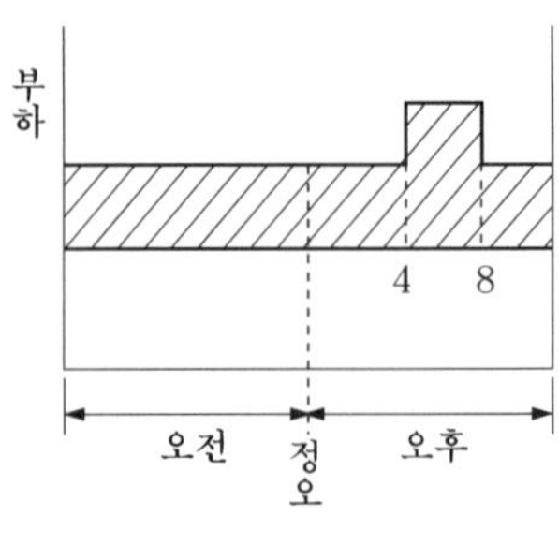

그림 6.31

27. 조정지 용량 540,000[m^3], 유효낙차 150[m]의 수력 발전소가 있다. 조정지의 전용량까지 사용함으로써 발생할 수 있는 전력량은 몇 [kWh]인가? 단, 수차 및 발전기의 효율은 각각 92[%], 97[%]라고 한다.

제 7 장

화력 발전의 개요

7.1 화력 발전의 개요

화력 발전이란 석탄, 석유, 가스 등의 연료가 갖는 열에너지를 원동기를 사용해서 기계에너지로 변환하고, 다시 이 기계 에너지를 발전기를 사용해서 전기 에너지(전력)로 변환하는 발전방식의 총칭이다. 일반적으로는 연료를 연소시켜서 발생한 열에너지로 물을 끓여서

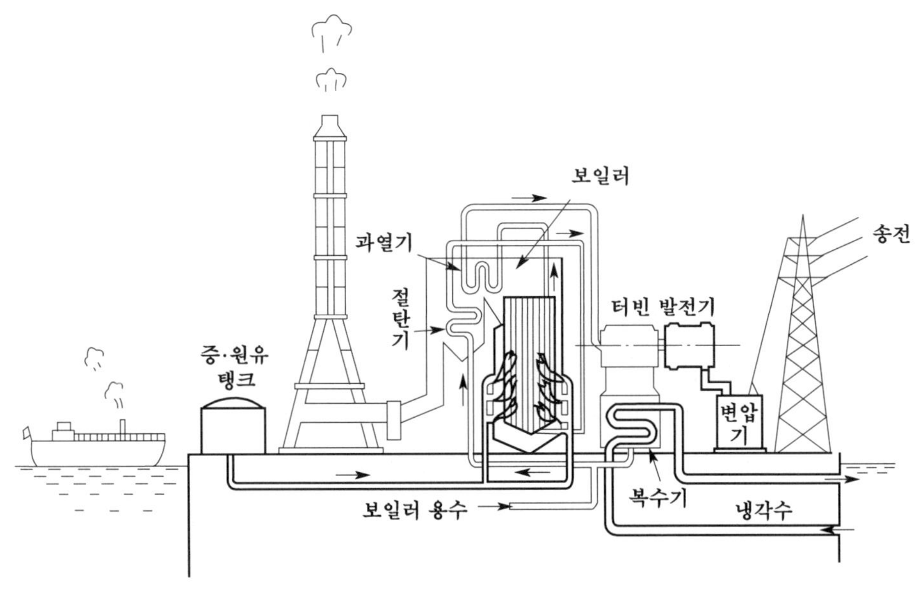

그림 7.1 기력 발전소의 개요도

고온고압의 증기로 바꾸고, 이 증기가 갖는 에너지로 증기터빈 발전기를 회전시켜서 전기를 만들고 있다. 특히 이 방식은 발전하는 데 증기터빈이라는 원동기를 사용하고 있으므로 이것을 따로 **기력 발전**이라고 부르기도 한다.

그림 7.1은 이들 기력 발전소의 주요 설비를 간추려서 나타낸 개요도이다.

기력 발전소에서는 연료의 연소로 발생하는 열에너지로 전기를 만들고 있는데, 이 에너지의 변환에는 수증기가 매체로서 사용되고 있다. 그림 7.2는 이 변환의 블록도로서 보일러 B에서 가열되어 발생한 증기는 보일러 내의 과열기 S에서 아주 힘 센 고압고온의 증기가 되어서 터빈 T로 보내진다.

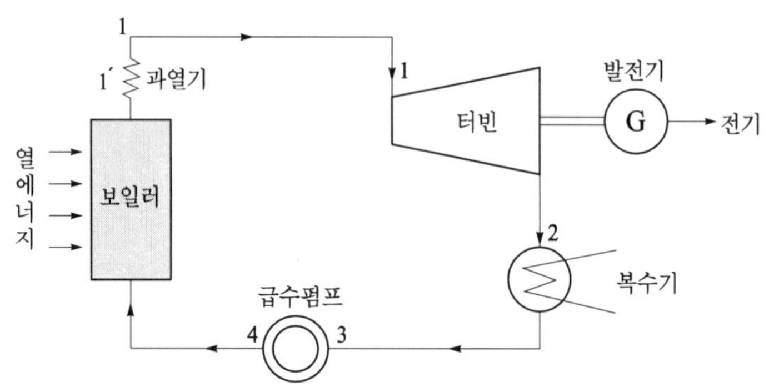

그림 7.2 열사이클의 기본구성

이 고온고압 증기가 터빈에서 팽창함으로써 날개차를 돌려서 기계적인 일을 하게 된다. 이 결과 저압저온으로 된 증기는 복수기 C에 보내져서 여기서 냉각(응축)되어 물로 된다(이것을 復水라고 한다). 이 복수는 급수펌프 P로 다시 보일러에 압입되고 여기서 연소열로 증기가 되어서 위의 과정을 되풀이하게 된다.

즉, 물은 **보일러 수 → 증발(보일러) → 고온화(과열기) → 팽창(터빈 구동) → 복수(냉각) → 가압 → 보일러 수** 라는 반복 과정을 취하게 되며, 그 사이에 열의 수열, 방출이 실행된다. 일반적으로 이 사이클을 **열 사이클**(heat cycle)이라고 부르고 있다.

이 과정에서 물 및 증기에 주어진 열에너지 가운데 몇 [%]가 증기터빈의 날개 차에 주는 기계 에너지로 바뀌어졌는가 하는 비율이 곧 **열사이클 효율**로 되는 것이다.

화력발전에서는 발생 전력량 1 [kWh]당 연료 소비량의 크기는 발전원가에 큰 영향을 미치게 된다. 따라서 화력 발전소의 경우에는 이 종합 열효율을 높인다는 것은 매우 중요한 문제이다.

발전소의 종합 열효율 η_P는 다음 식으로 주어진다.

$$\eta_P = \eta_B \eta_C \eta_T \eta_G \tag{7.1}$$

여기서, η_B : 보일러 효율
η_C : 열사이클 효율
η_T : 터빈 효율
η_G : 발전기 효율

오늘날 대용량 신예 화력 발전소는 이 η_P가 대략 40 [%] 전후에 이르고 있다.

이 화력발전에서 연료로서 무엇을 사용하는가에 따라서 각각 석탄화력, 석유화력, 가스화력 등으로 나누어진다.

과거 우리나라에서는 한 때, 석유화력이 주류를 이룬 적이 있었으나, 현재(2011년 1월 기준)에는 석탄화력 설비가 24,800[MW]로 총 발전설비 76,649[MW]의 32.4[%], 석유화력이 5,805[MW]로 7.6[%], 그리고 LNG 화력(내연력 포함)이 21,035[MW]로 27.4[%]의 비중을 차지하고 있다.

표 7.1 발전원별 설비현황(2011년 1월 말 기준)

구 분	수 력	화 력			원자력	집단/신·재생	합 계
		석 탄	유 류	LNG			
설비용량[MW]	5,430	24,800	5,805	21,035	17,716	1,864	76,649
구 성 비[%]	7.1	32.4	7.6	27.4	23.1	2.4	100

[자료] 2011년 3월「전력통계속보」(341호, 한국전력) 참조

7.2 화력 발전의 종류

화력 발전소의 종류는 원동기의 종류에 따라 다음과 같이 분류된다.

7.2.1 기력 발전

기력 발전은 과거로부터 현재에 이르기까지 화력발전의 주류를 이루고 있는 것인데, 보

일러에서 연료를 연소시켜서 고온·고압의 증기를 발생하고 이것으로 증기터빈·발전기를 구동해서 전력을 발생하는 발전방식이다.

우리나라에서는 지난 1970년대부터, 고도경제성장에 따른 전력수요의 급증에 대응하기 위해서, 특히 기력발전을 중심으로 한 화력 발전소의 건설이 추진되었다. 연료는 석탄, 석유, 액화 천연가스(LNG) 등이 사용된다. 당초는 석유가 차지하는 비율이 높았으나, 두 차례의 석유파동을 거치면서, 연료 다양화라는 면에서 현재는 LNG 기력발전으로의 전환과 석탄을 미분탄기로 미분탄화해서 보일러에서 연소시키는 석탄 기력발전이 많이 건설되고 있으며, 최대 단기용량도 80만[kW]에 달하고 있고 열효율도 41[%]에 이르고 있다.

7.2.2 가스터빈 발전

기력발전에서는 증기를 매체로 해서 발전하는데 대하여, 가스터빈 발전에서는 보일러에서 연소시킨 연소가스를 직접 터빈에 불어넣어서 구동하는 발전방식이다. 이것은 기력 발전소와 달리 증기발생 장치를 필요로 하지 않으므로 일반적으로 설비가 간단하다는 특징이 있다.

7.2.3 복합사이클 발전

복합사이클 발전은 가스터빈을 증기터빈에 결합시켜서 종합적인 발전소로서의 열효율 향상을 도모하는 발전방식이다. 가스터빈에 불어넣어지는 연소가스의 온도가 높아질수록 복합사이클 발전의 출력·열효율은 향상되는데, 최근에는 우리나라에도 단기출력이 20만[kW], 열효율도 최고 43[%]에 이르는 최 신예기가 도입 운전되고 있다. 이와 같이 기력발전과 비교해서 아주 높은 열효율을 달성할 수 있기 때문에 LNG를 사용한 화력발전설비로서는 이 복합사이클 발전이 주류를 이르게 되어서, 오늘날 우리나라에서 건설되는 화력발전은 석탄 기력발전과 이 복합사이클 발전의 두 가지 발전방식으로 양분되고 있을 정도이다.

7.2.4 내연력 발전

내연력 발전은 경유·중유 등을 연료로 하는 디젤기관이나, 가스를 연료로 하는 가스기관을 사용한 발전방식이다. 단기 출력은 아직까지 수천 kW에서 15,000[kW] 정도의 소형기이며, 열효율도 40[%] 내외의 것만이 개발되고 있기 때문에, 이들은 주로 도서용이나 비상용 전원으로서 이용되고 있을 뿐이다.

7.3 기력 발전설비의 구성

그림 7.3과 그림 7.4는 기력 발전소의 계통도 및 각 장치의 구성 예를 알기 쉽게 정리해서 나타낸 것이다.

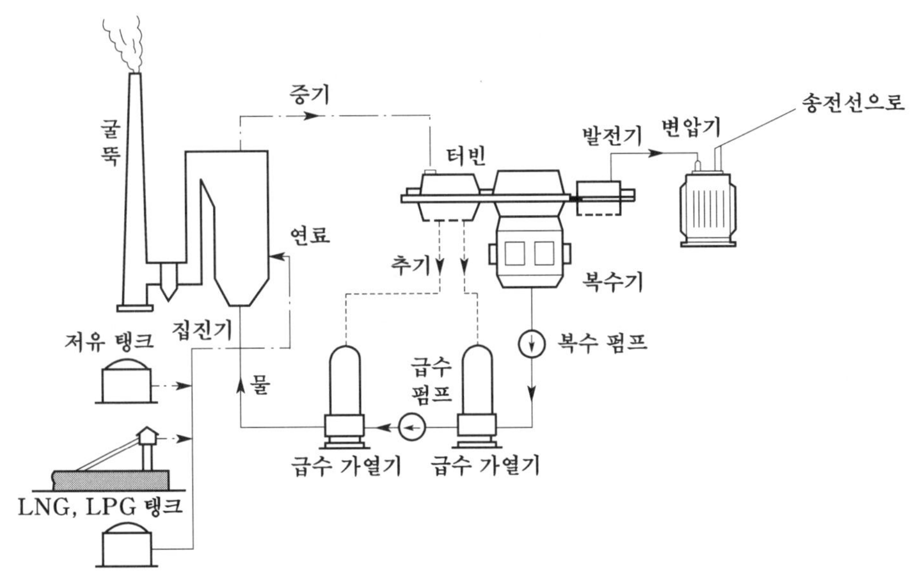

그림 7.3 기력 발전소의 구성도(계통도)

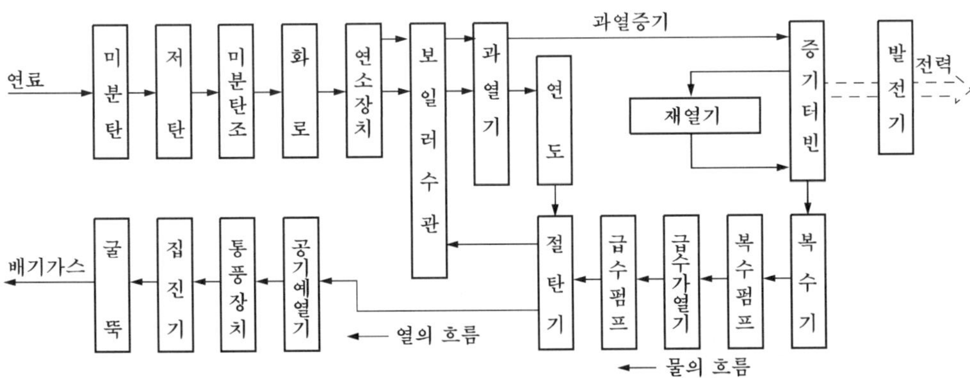

그림 7.4 석탄화력 발전소의 구성 예

이들 그림에서 알 수 있듯이 기력 발전소는 기본적으로는 다음과 같은 여러 가지 설비로 구성된다.

(1) 연료취급·저장설비

연료(석탄)는 주로 선박으로 운반되어 발전소 구내에 저장된다.

LNG에 대해서는 LNG 기지에서 수입·저장하고 기화기로 기화한 후, 파이프라인으로 발전소에 수송될 경우가 많다. 또 파이프라인으로 도시가스를 받아들이는 경우도 있다. 연료취급·저장설비는 석탄의 경우는 양탄기, 저탄장, 운탄기(벨트컨베어)등이, LNG의 경우에는 LNG 탱크, LNG 펌프, 기화기 등이, 석유의 경우에는 연료유탱크, 서비스탱크, 연료유펌프 등으로 구성된다.

(2) 보일러설비

보일러설비는 보일러 본체 외에 통풍기, 공기 예열기, 급수펌프, 버너 등으로 구성된다. 또한, 버너에 연료를 공급하기 위해서 석탄의 경우에는 미분탄기, 석유의 경우에는 중유펌프가 설치된다.

(3) 배연처리설비

배연처리설비는 탈초(脫硝)장치, 탈유(脫硫)장치, 전기집진기 등으로 구성된다.

연료로서 LNG를 사용할 경우에는 탈초(脫硝)장치만이 설치된다.

(4) 증기터빈설비

증기터빈설비는 증기터빈의 본체 외에 복수기, 복수펌프, 급수가열기, 탈기기, 윤활유·제어유장치 등으로 구성되다.

(5) 냉각수설비

냉각수설비는 취수로, 방수로, 복수기냉각수펌프 등으로 구성되는데, 냉각수로는 주로 해수(海水)가 사용된다.

(6) 발전기설비 및 송전설비

발전기설비는 발전기 본체 외에 여자장치, 수소 밀봉유 장치, 고정자 냉각수장치 등으로 구성되며, 발전된 전기를 송전하기 위해서는 변압기, 개폐기 등의 전기설비가 설치된다.

참고로 그림 7.5는 우리나라에서 운전 중인 55만 kW급 기력발전소의 설비 구성도를 보인 것이다.

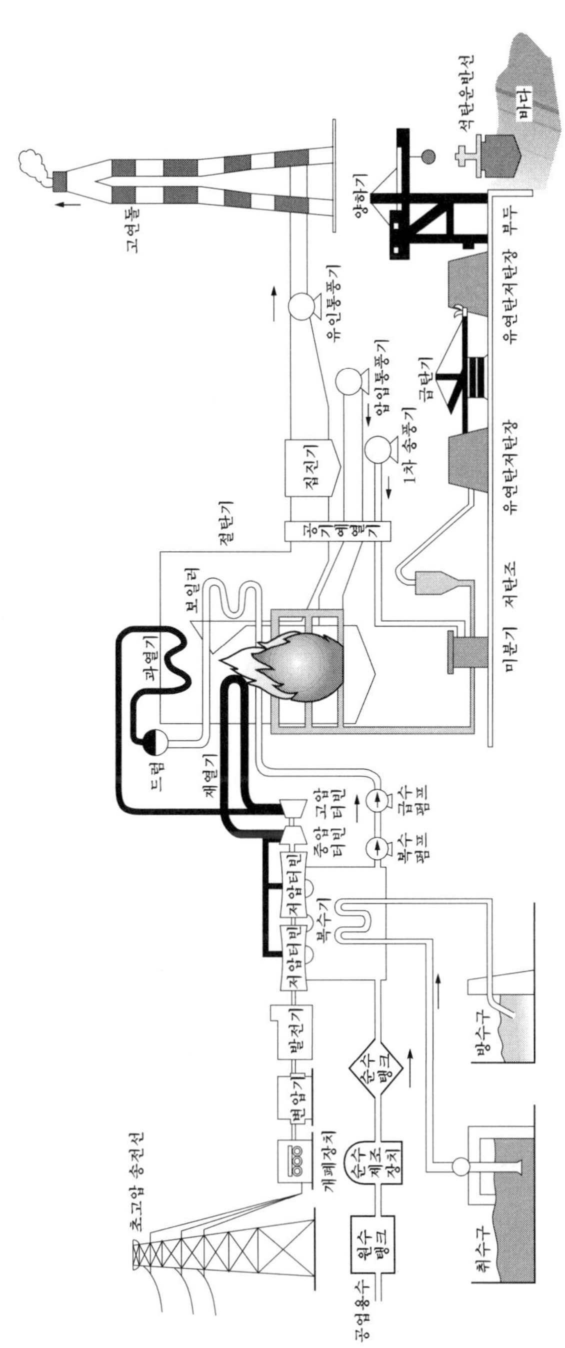

그림 7.5 우리나라의 대표적인 55만 [kW]급 기력 발전소의 구성도

7.4 계통 운용상에서 본 발전소의 운전

우리나라를 비롯한 선진국에서는 에너지에 차지하는 전기의 비율은 30[%]를 넘고 있으며, 생활수준의 향상과 경제활동의 성장에 따라 전력수요는 지속적으로 증대하고 있다. 또한 이 전력수요는 사회구조의 변화 및 사회활동의 변화를 반영해서 이의 계절변동과 일부하변동도 증가일로에 있다.

그림 7.6은 대표적인 일부하곡선의 1예를 보인 것이다. 특히 최근의 전력수요는 여름철의 냉방수요로 연간의 최대전력이 하절기에 나타나고 있으며, 매일 매일의 부하변동도 이 그림에 보인바와 같이 시간에 따라 크게 변화하고 있다.

이처럼 변동하는 부하에 대하여 공급력도 다음과 같은 세 가지로 분류해서, 이들을 각 시간대의 부하의 크기에 맞추어서 적당히 배분해서 운전하지 않으면 안 될 것이다.

① 항상 일정한 출력으로 운전하는 **기저부하 공급력**(또는 **베이스부하 공급력**)
② 전력수요의 변동에 따라 가동되는데, 주로 첨두부하 시에 필요한 전력공급을 담당하는 **첨두부하 공급력**(또는 **피이크 공급력**)
③ 양자의 중간 역할을 담당하는 **중간부하 공급력**(또는 **미들 공급력**)

베이스 공급력은 이용률이 높아지기 때문에, 장기적인 경제성 및 연료조달의 안정성이라는 양면에서 우수한 발전설비로 운전 되어야 하는데, 우리나라에서는 주로 원자력과 대용량 신예 화력발전이 이를 담당하고 있다.

부하곡선에서 단시간에 요구하는 첨두부하를 담당하게 될 발전소는, 이용률은 낮으면서 높은 부하추종성이 요구되기 때문에, 자본비가 싸고 운전의 융통성이 좋은 가스터빈이나 심야 경부하시에 원자력의 잉여전력 등으로 양수해 놓은 물을 이용하는 양수 발전소 등이 이를 분담하게 된다.

중간 부하대에서는 출력조절이 용이한 중간 용량의 석탄 발전소나 가스터빈(복합) 발전소, 그밖에 조정지식 수력발전소에게 이를 담당시켜서 계통 전체적으로는 언제나 효율적인 운용이 이루어지도록 하고 있다. 일간 운용에 있어서의 각 발전설비의 최적운전 패턴의 이미지를 그림 7.6에 함께 보인다.

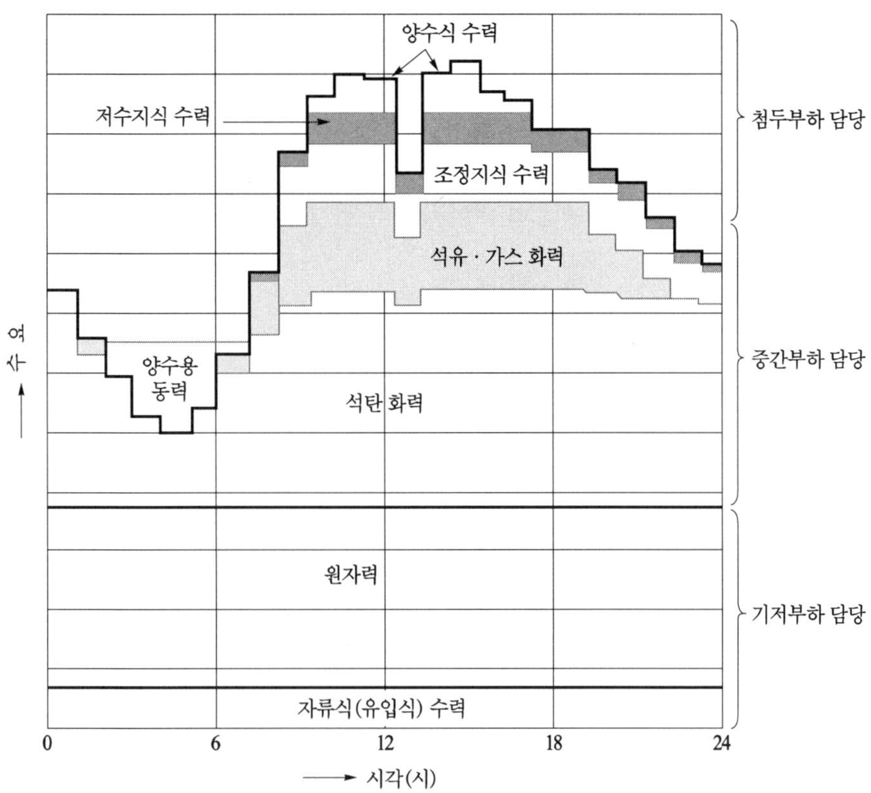

그림 7.6 계통 운용상의 분류(공급력 분담)

연 습 문 제

1. 수력발전과 화력발전의 우열을 비교하여라.

2. 기력발전에서의 열사이클을 설명하고 사이클 효율과 발전소 효율과의 관계를 설명하여라.

3. 우리나라에서의 화력발전의 발전과정을 용량면과 효율면에서 설명하여라.

4. 기력 발전소의 위치를 결정함에 있어서 고려하지 않으면 안 될 점을 설명하여라.

5. 화력발전소에서 생기는 공해문제를 설명하고 그의 대책을 열거하여라.

6. 우리나라의 발전설비가 수주화종에서 화주수종으로 바뀌게 된 이유를 들어라.

7. 우리나라의 화력 발전소의 출력이 점차 늘어나고 있는데 그 주된 이유를 들어라.

8. 화력발전에서의 환경오염 물질(CO_2, SOx, NOx)의 배출량을 줄이기 위한 공해대책에 대해 설명하여라.

9. 중간 부하용 화력발전소에서 계통운용상 요구될 조건을 들어라.

10. 기저부하용 기력발전소와 첨두부하용 기력발전소에 대해서 계통운용상 특히 유의하지 않으면 안 될 점에 대해서 설명하여라.

제 8 장

기력 발전소의 열 사이클

8.1 열역학

8.1.1 온도·압력 및 열량

현재 일상생활에서 가장 많이 사용되고 있는 **온도의 단위**로는 섭씨 도[℃]와 화씨 도[°F]가 있는데, 이 밖에도 열역학 이론을 근거로 한 **절대온도**[°K]가 있다. 이들 3자간의 관계는 다음과 같다.

$$\left.\begin{aligned} t[℃] &= \frac{5}{9}(t[°F]-32) = T[°K]-273 \\ t[°F] &= \frac{9}{5}t[℃]+32 \end{aligned}\right\} \tag{8.1}$$

압력은 단위면적당에 작용하는 힘을 말한다. **압력의 단위**로서는 통상 [kg/cm^2]가 사용되는데, 이것을 **기압**이라고 하고 [at]의 기호로 나타내고 있다.

압력 측정용 계기는 보통 대기압을 기준으로 한 압력을 지시한다. 이와 같이 측정점의 대기압을 영점눈금으로 해서 측정한 압력을 **게이지 압력**이라 하고 [kg/cm^2g] 또는 [atg]로 나타낸다. 이에 대하여 완전진공을 기준으로 측정한 압력을 **절대압**이라고 말하고 [kg/cm^2a] 또는 [ata]로 나타낸다. 따라서 절대압과 게이지압의 관계는

[절대압 = 대기압 + 게이지압]

으로 된다.

표준기압은 0 [℃]의 수은주 760 [mm]의 압력과 같고 [atm]이라는 기호로 나타내고 있다. 즉,

$$1\,[\mathrm{kg/cm^2}] = 1\,[\mathrm{at}](\text{기압}) = 735.6\,[\mathrm{mmHg}]$$
$$(1.033\,[\mathrm{kg/cm^2}]=760\,[\mathrm{mmHg}]) \tag{8.2}$$

또, 대기압보다 낮은 압력, 가령 뒤에 설명하는 복수기 내의 압력처럼 진공에 가까운 경우에는 **진공도**를 사용한다. 진공도와 절대압력과의 사이에는 가령 진공도를 P_0[mmHg], 대기압을 P_a [mmHg], 절대압을 P [kg/cm^2]라고 한다면,

$$P = 1.033 \times \frac{P_a - P_0}{760}\ [\mathrm{kg/cm^2a}] \tag{8.3}$$

의 관계식이 성립한다.

열은 에너지의 한 형태임으로 열의 이동에 따라서 에너지도 이동하게 된다.

에너지로서의 열을 열에너지라고 하며, 이 열에너지의 크기를 **열량** 이라고 한다.

열량의 단위로는 일반적으로 [kcal]를 사용한다. 1 [kcal]는 순수한 물 1 [kg]을 14.5[℃]로부터 15.5[℃]로 1[℃] 높이는 데 소요되는 열량이다. 영국식 열 단위인 1[Btu]는 1파운드[lb]의 순수를 61.5[°F]로부터 62.5[°F]까지 1[°F] 더 높이는 데 필요한 열량으로서 [Btu]와 [kcal]와의 사이에는 다음과 같은 관계가 있다.

$$1\,[\mathrm{Btu}] = 0.252\,[\mathrm{kcal}] \tag{8.4}$$

예제 8.1 어느 화력 발전소에서 과열기 출구의 증기기압이 174[kg/cm^2]라고 한다. 이것은 각각 몇 기압 [ata]과 몇 [psi]에 해당하는 것인가?

풀이 1기압[ata] = 1.033[kg/cm^2] 이므로

$$174/1.033 \fallingdotseq 168.5\,[\mathrm{ata}]$$

1[psi] = 0.0703[kg/cm^2] 이므로

$$174/0.0703 \fallingdotseq 2{,}475\,[\mathrm{psi}]$$

8.1.2 열역학의 기본법칙

열에너지는 물질분자의 운동 에너지이다. 열역학은 이 열에너지를 취급하는 학문이며, 8.1.1절에서 설명한 온도, 압력이나 열량 등과 같은 물리량을 사용해서 논의하고 있다. 이하 열역학을 지배하는 중요한 기본법칙을 살펴보기로 한다.

(1) 열역학 제 1 법칙

마찰에 의해 열이 발생하는 것처럼 기계적인 일이 열로 바뀐다는 현상은 일상생활에서 자주 경험하는 일이다. 한편, 화력발전소의 증기터빈이나 내연기관 등은 열을 기계적인 일로 바꾸고 있는 것이다. 이처럼 일과 열의 사이에는 밀접한 관계가 있는데, 이들을 해명하는 이론체계가 열역학인 것이다.

열역학 제 1 법칙은 절대법칙으로서 이제까지 인정되어온「에너지 보존법칙의 열역학적 표현」이다. 즉, 널리 알려진「위치 에너지와 운동 에너지와의 합은 일정하다」는 **역학적 에너지 보존법칙**만이 아니고, 기타의 에너지 형태인 열·화학·전자(電磁)·원자핵 에너지 등을 포함해서 물체가 운동할 때라든지 시스템이 일을 할 때「에너지의 형태는 바뀌지만 에너지의 양은 불변이다」라고 하는 것이다. 또한,「열과 일은 다같이 에너지의 일종이며 상호간에 변환이 가능하다」라고 표현할 수 있다.

이처럼 이 열역학 제1법칙은 열에너지의 변환에 에너지의 보존법칙을 확장한 것이라고 말할 수 있다. 이 법칙은 열에너지의 형태에 관한 법칙으로서 열을 일로 바꿀 수도 있고, 또 일을 열로도 바꿀 수 있다는 것을 가리키고 있다. 이 경우 1 [kcal]에 해당하는 일의 양을 **열의 일당량**이라고 부른다. 따라서,

$$\left.\begin{aligned} W &= JQ \\ Q &= \frac{1}{J}W = AW \end{aligned}\right\} \qquad (8.5)$$

여기서, W : 일 [kg·m]

Q : 열량 [kcal]

J : 열의 일당량= 427 [kg·m/kcal]

A : 일의 열당량= $\frac{1}{J} = \frac{1}{427}$ [kcal/kg·m]

한편 [kWh]와 [kcal] 사이에는 다음과 같은 관계가 있다.

$$1\,[\mathrm{kWh}] = 860\,[\mathrm{kcal}] \tag{8.6}$$

그림 8.1은 열과 일과의 관계를 개념적으로 나타낸 것이다.

이상에서 본 바와 같이 열역학 제 1 법칙은 열에너지와 일이라는 것은 등가적인 것으로서 열은 일로 또한 일은 열로 바꿀 수 있다는 것을 설명하는 것이다. 그러나 여기에는 그 어떤 제한이 있어서 일을 열로 바꾼다는 것은 쉽지만 그 반대는 곤란하다는 것을 설명하는 것이 곧 열역학의 제 2 법칙이다.

(2) 열역학 제 2 법칙

열역학 제 2 법칙은 에너지의 흐름이나 형태가 변화 할 때는 그 어떤 방향에 따라서만 변화 할 수 있다는 것을 가리키는 경험법칙이다. 가령, 「일은 쉽게 모두 열로 변하지만, 거꾸로 열은 모두 일로 바꿀 수 없다」 또는 「자연상태에서는 열은 고온의 물체로부터 저온의 물체에로는 이동하지만, 반대로 저온의 물체로부터 고온의 물체에로 이동하는 것은 불가능하다」는 것을 나타내고 있다.

일반적으로 고 열원으로부터 열량을 받아가지고 그 일부를 일로 변환하는 것을 **열기관**이라고 한다.

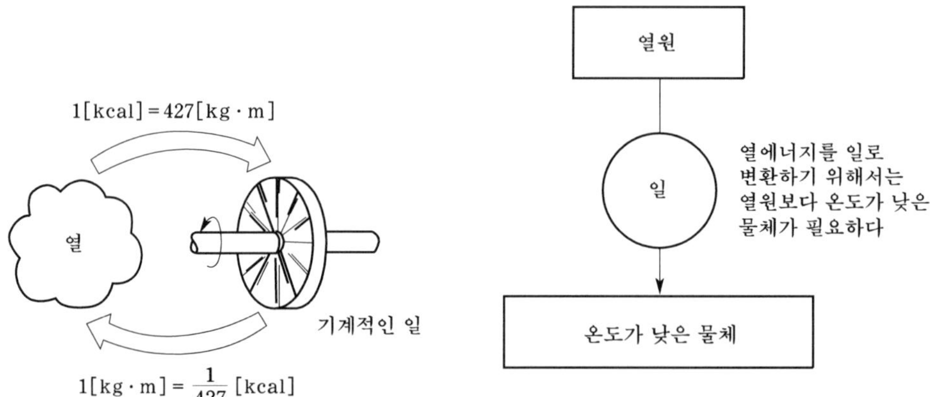

그림 8.1 열과 일의 관계

그림 8.2 열역학 제 2 법칙의 개념도

8.1.3 열과 일과의 관계

물질이 갖는 전 에너지 중 운동 에너지와 위치 에너지를 뺀 것을 **내부 에너지**라고 한다. 보통 정지하고 있는 물체에서의 운동 에너지는 0이다. 그리고 열적상태 변화 전후에 있어서의 위치 에너지의 변화는 무시할 수 있으므로 열 현상을 취급할 경우에는 주로 내부 에너지에 대해서만 고찰하게 된다.

어떤 물체에 열을 가하면 그 물체 내에 축적될 내부 에너지는 증가하게 되지만, 그와 동시에 외부에 대해서도 일을 하게 된다. 이 내부 에너지를 증가시킨 열량의 일부는 물체의 온도를 높여 주기 위해서 사용된다. 이 열을 **현열**이라고 부른다. 이때 다른 부분의 열은 융해, 증발 등의 상태변화를 일으키기 위해서 사용되는데, 이 열을 **잠열**이라고 한다.

가령 어떤 물체에 외부로부터 극히 적은 열량 dQ[kcal]를 주었을 때, 그 물체의 내부 에너지 U[kcal]는 dU만큼 증가하고 동시에 외부에 대해서도 dW[kg·m]의 일을 하게 되는데, 이것은 열역학 제1법칙으로부터

$$dQ = dU + A\,dW\,[\text{kcal}] \tag{8.7}$$

처럼 된다. 이것이 열역학 제1법칙의 수학적 표현이다.

이때 그 물체가 외부에 대하여 한 일이란 외력 P[kg/m^2]에 대항해서 용적 V를 dV만큼 증가시킨 것과 같으므로

$$dW = PdV \tag{8.8}$$

따라서,

$$dQ = dU + APdV\,[\text{kcal}] \tag{8.9}$$

로 된다.

기체 1[kg]에 대해서는 내부 에너지를 u[kcal/kg], 비용적을 v[m^3/kg], 기체 1[kg]당의 열량을 dQ[kcal/kg]라고 하면,

$$dQ = du + APdv\,[\text{kcal/kg}] \tag{8.10}$$

로 된다.

그런데 일반적인 수학 관계식에서

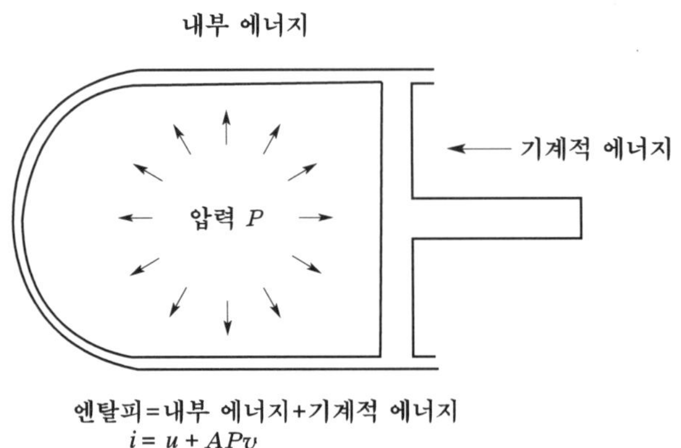

그림 8.3 엔탈피의 개념도

$$d(Pv) = Pdv + vdP$$

이므로 식 (8.10)은 다음과 같이 변형된다.

$$dQ = du + Ad(Pv) - AvdP = d(u + APv) - AvdP \tag{8.11}$$

이때,

$$i = u + APv \tag{8.12}$$

라고 둔다면 식 (8.11)은 다음과 같이 된다.

$$dQ = di - AvdP \tag{8.13}$$

여기서, i를 **엔탈피**(enthalpy)라고 부르고 있다.

엔탈피는 화력 발전소의 열 계산상 중요한 것으로서 APv는 기체 1 [kg]이 일정한 압력 P에 대해서 비체적 v를 차지하기 위해서 외부에 하는 일이라고 말할 수 있다. 즉, 압력일정이라는 조건 하에서 열을 가했을 경우에는 식 (8.13)에서 $dP = 0$이므로

$$dQ = di \tag{8.14}$$

로 되어 이로부터 가해 준 열량은 그 물체의 엔탈피 증가와 같다는 것을 알 수 있다.

일반적으로 기력발전소의 열 계산을 할 경우, 보일러나 급수가열기 등에서 물 및 증기가

받는 열량이 그 엔탈피의 증가와 같다고 계산하는 것은 실용상 위의 관계가 성립하는 것으로 보고 있기 때문이다.

8.1.4 기체의 상태변화

공기나 증기 등 기체의 상태변화를 간단한 식으로 나타낼 수는 없으나, 완전기체 일 경우에는 이것이 간단하게 되어 다음과 같은 상태 방정식이 성립한다.

$$Pv = RT \tag{8.15}$$

여기서, R : 기체상수

T : 기체의 절대온도

한편, 열역학에서 취급하는 상태변화 가운데에서 가장 관계가 깊은 것은 **등온변화**와 **단열변화**의 2 가지이다.

(1) 등온변화

온도가 일정한 상태에서 일정량의 기체는, 그 용적 v와 압력 P가 서로 반비례하는 성질을 가지고 있다. 즉, 등온변화에 있어서는 다음 식이 성립한다.

$$Pv = k \tag{8.16}$$

여기서, k는 상수이다.

그리고 압력이 일정하다면 일정량의 기체는 온도에 비례해서 용적이 변화하는 성질을 가지고 있다. 즉, 다음과 같은 식이 성립한다.

$$\frac{Pv}{T} = R \tag{8.17}$$

(2) 단열변화

이것은 팽창 또는 압축과정에서 외부와의 사이에 열의 출입을 완전히 차단하였을 때 생기는 기체의 변화를 말하는 것으로서 보통 다음의 식 (8.18)이 성립한다.

$$P v^{\gamma} = k \tag{8.18}$$

여기서, k : 상수

γ : C_p/C_v

즉, γ는 정압비열과 정용비열의 비로서 대략 1.3~1.4의 값을 가지며 특히 수증기에서는 1.3을 취하고 있다.

8.1.5 엔트로피

열역학에서 여러 가지 변화를 취급할 때에 압력, 용적, 온도, 내부 에너지, 엔탈피 외에 **엔트로피**(entropy)라고 불리는 특성을 다시 하나 추가하면 여러 가지 현상을 설명하는 데 편리한 경우가 많다. 엔트로피는 직접 측정할 수가 없는 것이므로 정확한 정의를 내릴 수는 없지만, 일반적으로 물질이 절대온도 T[°K]에서 얻은 열량 dQ[kcal]를 그 온도로 나눈 것을 엔트로피의 증가라 하고 이것을 ds라 하면

$$ds = \frac{dQ}{T} \text{ [kcal/kg·K]} \tag{8.19}$$

로 표시한다.

엔트로피는 측정할 수는 없지만, 물체에 열을 가하거나 또는 열을 빼앗을 경우에 증감하는 특성을 갖는 것이다. 따라서 단열변화에서는 열의 증감이 없기 때문에 엔트로피는 불변이지만, 등온변화에서는 엔트로피가 변한다. 이때의 변화는 절대온도에 반비례하고 일정 압력 하에서는 엔탈피의 변화에 비례한다는 것이다.

가령 상태 1로부터 상태 2로 변화하였을 경우에 엔트로피가 s_1으로부터 s_2로 되었다고 하면,

$$s_2 - s_1 = \int_1^2 \frac{dQ}{T} \tag{8.20}$$

로 된다. 이때 상태 1을 엔트로피의 기준점이라고 하면 상태 2의 엔트로피는,

$$s_2 = \int_1^2 \frac{dQ}{T} \tag{8.21}$$

로 된다.

엔트로피는 열역학의 계산상 물질의 상태를 나타내기 위해서 가상적으로 정한 것으로서 열사이클을 생각하는 데 매우 편리한 것이다.

예제 8.2 어느 물질 1[kg]이 압력 1[kg/cm^2], 부피 0.86[m^3]의 상태로부터 압력 5[kg/cm^2], 부피 0.2[m^3]의 상태로 변화하였다. 이 변화에서 내부 에너지 변화는 없었던 것으로 한다면 엔탈피의 증가는 얼마인가?

풀이 처음 상태에서의 엔탈피를 i_1, 최종상태에서의 엔탈피를 i_2라고 하면 상태 변화에 따른 엔탈피의 증가는

$$di = dU + AdW$$

로부터

$$i_2 - i_1 = (U_2 - U_1) + A(P_2V_2 - P_1V_1)$$

제의에 따라 $U_2 = U_1$이므로

$$i_2 - i_1 = A(P_2V_2 - P_1V_1)$$
$$= \frac{1}{427}(5 \times 0.2 - 1 \times 0.86) \times 10^4 = 3.28[\text{kcal}]$$

8.2 수증기의 일반특성

8.2.1 포화증기와 과열증기, 임계점

일정한 압력 하에서 물을 가열하면 물의 온도는 상승해 가는 데, 어느 일정한 온도에 이르게 되면 온도의 상승은 거기서 멈추고 가해진 열은 그 물을 증발하는 데에만 소비하게 된다. 가령 순수한 물을 표준기압 760[mmHg]에서 가열하면 물의 온도는 100[℃]까지 상승해서 정지한다. 이 온도를 그 압력에 대한 **포화온도**라 하고 포화온도에 있는 물을 **포화수**라고 한다. 포화수의 온도와 압력과의 사이에는 일정한 관계가 있는데 그 압력을 **포화압력**이라고 한다.

포화수를 다시 가열하면 점차 증기로 바뀌면서 체적은 크게 늘어난다. 이 현상을 **증발**이라고 하는데, 이때 가열을 급속하게 하면 내부에 기포가 발생해서 물을 약동시키게 된다.

이 현상을 **비등**이라고 한다. 물이 전부 증발할 때까지 가해진 열은 물을 증기로 바꾸는 데에만 소비되고 온도는 포화온도에서 머물게 된다. 이 상태에서는 수분과 증기가 공존해 있으므로 **습증기**라고 하며, 다시 이것을 가열해서 완전히 증발시키게 되면 수분이 전혀 없는 증기로 되는데 이것을 **건조 포화증기**라고 한다(이 양자를 합쳐 **포화증기**라고 부른다). 습증기 1[kg] 속에 x[kg]의 건조 포화증기가 포함되어 $(1-x)$[kg]이 물일 경우 x를 그 증기의 **건조도**, $(1-x)$를 **습도**라고 한다.

건조 포화증기를 다시 더 가열하면 온도는 포화온도를 넘어서 올라가게 된다. 포화온도 이상으로 가열된 증기를 **과열증기**라 하고 포화온도와 과열증기 온도와의 차를 **과열도**라고 한다.

1[kg]의 포화수를 압력 일정의 조건하에서 전부 증발시키는 데 소요될 열량을 증발열이라고 하는데, 이때의 증발과정에서는 압력과 일정한 관계를 지니게 된다.

8.2.2 $p-v$ 선도

이상 설명한 것을 압력 p[kg/cm^2]를 세로축으로, 가로축에 비용적 v[m^3/kg]를 취해 준 $p-v$ **선도**(일정한 압력으로 증발시킬 경우)로 나타내면 그림 8.4와 같이 된다.

1-2를 **포화수선**, 3-4를 **포화 증기선**이라 하고 양자를 합쳐서 **포화 한계선** 또는 **포화선**이라고 한다. 여기서 1-2의 선과 그 왼편이 물, 3-4 선이 건조포화 증기, 3-4의 오른편이 과열증기, 1-2와 3-4와의 사이가 습증기이다.

이때 2 개의 포화선 1-2와 3-4는 압력이 높아짐에 따라 점점 접근해서 드디어는 K점에서 일치하게 된다. 여기서는 물은 증발현상을 일으키지 않고 바로 증기로 되는데, 우리는

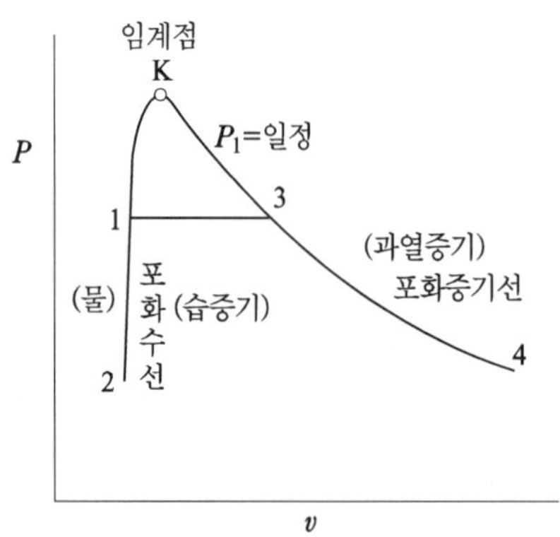

그림 8.4 증발과정의 $p-v$ 선도(일정한 압력하에서의 증발)

이 점을 **임계점**이라고 하며, 이때의 온도와 압력을 각각 **임계온도**, **임계압력**이라고 한다. 물의 임계점의 온도는 374.15[℃], 압력은 225.65[kg/cm^{2}a] 이다.

일반적으로 임계압력 이상을 **초임계압**이라고 부른다.

임계압 이상의 영역에서는 임계점을 지나는 등온선이 물과 증기와의 경계를 가리키고 가열로 임계점에 달한 물은 용적의 변화 없이, 곧 증발과정을 거치지 않고 바로 물로부터 증기로 바뀌게 된다.

8.2.3 $T-s$ 선도

$T-s$ 선도는 그림 8.5와 같이 절대 온도 T를 세로축으로 하고 엔트로피 s를 가로축으로 잡아 준 선도로서 K는 임계점이며 이 K를 정점으로 한 산 모양을 나타내고 있다. 엔트로피 $ds = dQ/T$의 식 으로부터 $dQ = T \cdot ds$로 되어 이로부터 $T-s$ 선도 내의 면적이 열량을 나타내고 있다는 것이 바로 이 선도의 특징이다.

또한, 단열변화는 엔트로피가 일정한 것이기 때문에 $T-s$ 선도에서는 단열변화는 수직선으로 표시된다.

지금 그림 8.5의 $T-s$ 선도에서 상태가 1인 물을 일정한 압력 하에서 가열하면 포화수 2로 되고 이어서 수평인 습증기의 선 2~3에 따라 증발해서 전부 증기로 되면 상태 3에 달하게 되며 일정한 압력 하에서 다시 가열해 주면 4의 과열증기로 된다.

보일러에서 상태 1의 물을 상태 4의 과열증기로까지 가열하는 데 필요한 열량은 면적 012344′로 표시되며 이중 면적 2′233′가 증발열을 나타내게 된다.

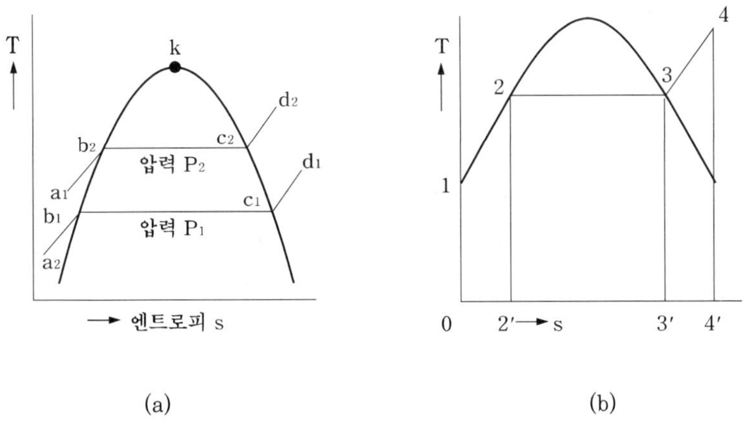

그림 8.5 증기의 $T-s$ 선도

포화선의 가로 간격 2~3을 등분한 점을 연결하면 건조도가 일정한 곡선을 얻게 되는데 일반적으로 이것을 **등 건조도선**이라고 한다.

8.2.4 $i-s$ 선도

그림 8.6에서와 같이 엔탈피 i를 세로축으로 하고 엔트로피 s를 가로축으로 하는 선도로서 창안자의 이름을 따서 **몰리에 선도**라고 부르기도 하는데, 이것은 증기 터빈의 효율계산 등에서 널리 사용되고 있다.

이 $i-s$ 선도의 특징은

① 단열변화가 수직선으로 표시된다는 것 (등 엔트로피 변화)

② 노즐의 드로틀링 팽창은 수평선으로 표시된다는 것 (등 엔탈피 변화)

등이다.

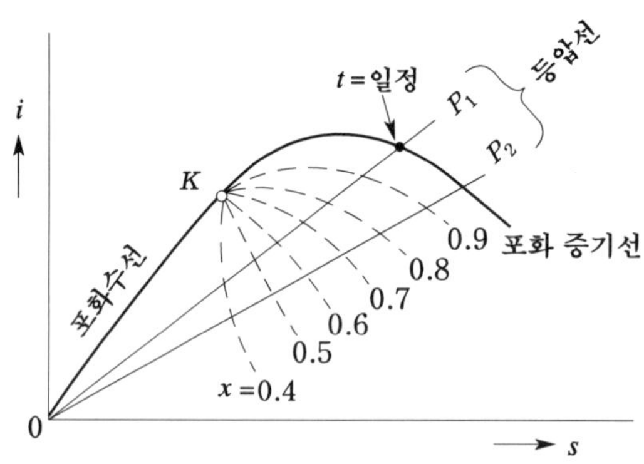

그림 8.6 $i-s$ 선도

예제 8.3 보일러 연소실을 나올 때 800[℃]인 연소가스의 온도가 굴뚝의 입구에서는 130[℃]까지 내려가 있다고 한다. 이 경우 가스의 체적은 어느 정도 감소되었겠는가?

풀이 절대온도 T_1에서 체적 V_1인 가스가 같은 압력 하에서 절대온도 T_2로 되었을 때의 체적을 V_2라고 하면

$$\frac{V_2}{V_1} = \frac{T_2}{T_1}$$

지금 연소실 출구의 연소가스의 체적을 V_1, 굴뚝 입구의 체적을 V_2라고 한다. 한편 제의에 따라

$$T_1 = 800 + 273 = 1{,}073[°K]$$

$$T_2 = 130 + 273 = 403[°K]$$

이므로

$$\frac{V_2}{V_1} = \frac{T_2}{T_1} = \frac{403}{1{,}073} \fallingdotseq 0.376$$

그러므로 체적은 원래의 체적보다 약 37.6[%]로 감소된다.

8.3 기력 발전소의 열 사이클

어떤 시스템이 하나의 상태로부터 출발해서 도중 여러 가지 상태변화를 거친 다음 다시 출발했던 최초의 상태로 되돌아갈 때, 이 상태를 나타내는 곡선은 폐쇄곡선(閉鎖曲線)으로 되는데, 이와 같은 연속적인 변화의 과정을 **사이클(cycle)**이라고 한다. 여기서 외계를 포함해서 모두를 원 상태로 되돌릴 수 있는 가역(可逆)변화를 하는 사이클을 **가역사이클**이라고 하고, 시스템(系)과 외계가 완전히 원 상태로 되돌아 갈 수 없는 불가역변화를 하는 사이클을 **불 가역사이클**이라고 한다. 사이클을 논할 때, 그것이 가역사이클인가, 불 가역사이클인가 하는 것을 명백히 하여야만 한다. 일반적으로 열역학적 사이클에는 카르노 사이클, 랭킨 사이클, 내연기관 사이클, 가스터빈 사이클 등이 있다.

8.3.1 카르노 사이클

지금 고온의 열원온도를 T_H (절대온도 [°K]로 나타내는 경우가 많다), 저온의 열원온도를 T_C라고 할 때, 이들 양 열원이 가리키는 고저온도의 온도차에 의해 유발될 열 이동을 이용해서 열을 일로 바꾸는 이상적인 열기관을 가정한다. 이와 같은 이상적인 열기관을 **카**

르노 열기관이라고 부르는데, 이때 얻을 수 있는 이 열기관의 열효율을 η_C(첨자 C는 Carnot의 약자임)라 하면 η_C는 모든 열기관 가운데에서 최대의 열효율을 나타내는 것으로서 그 값은 아래 식처럼 표현 된다(그림 8.7 참조).

일반의 열기관의 열효율

$$\eta = 1 - \frac{Q_C}{Q_H} \tag{8.22}$$

카르노 열기관의 열효율

$$\eta_C = 1 - \frac{T_C}{T_H} \tag{8.23}$$

로 표현되는데, 식 (8.22), (8.23)을 비교해서 알 수 있는 바와 같이 이상적인 카르노 열기관에서는 다음에 보이는 관계

$$\frac{Q_C}{Q_H} = \frac{T_C}{T_H}$$

또는

$$Q_H : Q_C = T_H : T_C \tag{8.24}$$

가 성립한다는 것을 카르노가 제시하였던 것이다.

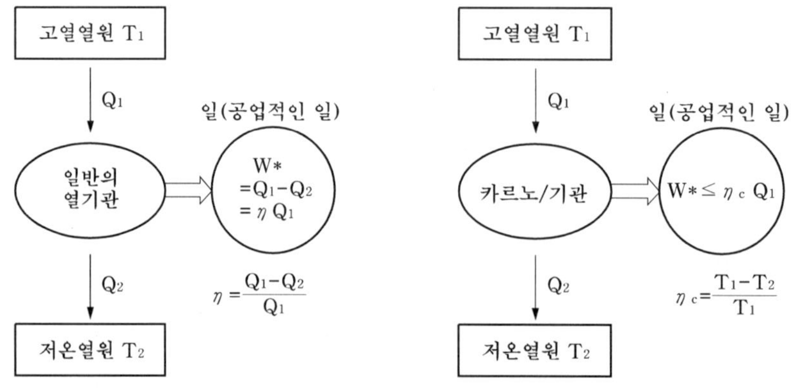

그림 8.7 일반 열기관과 카르노 열기관

또한, 다른 그 어떤 열기관의 열효율보다도 카르노가 제시한 열기관의 열효율이 가장 크다는 것이 증명되어 있다. 즉,

$$\eta_C > \eta \tag{8.25}$$

의 관계식이 언제나 성립하고 있다.

이처럼 **카르노 사이클**(Carnot cycle)은 열역학적 사이클 가운데에서 이상적인 **가역 (可逆)사이클**[1]로서 그림 8.8에서와 같은 2 개의 등온변화와 2 개의 단열변화로 이루어지고 있으며, 모든 사이클 중에서 최고의 열효율을 나타내는 사이클이다.

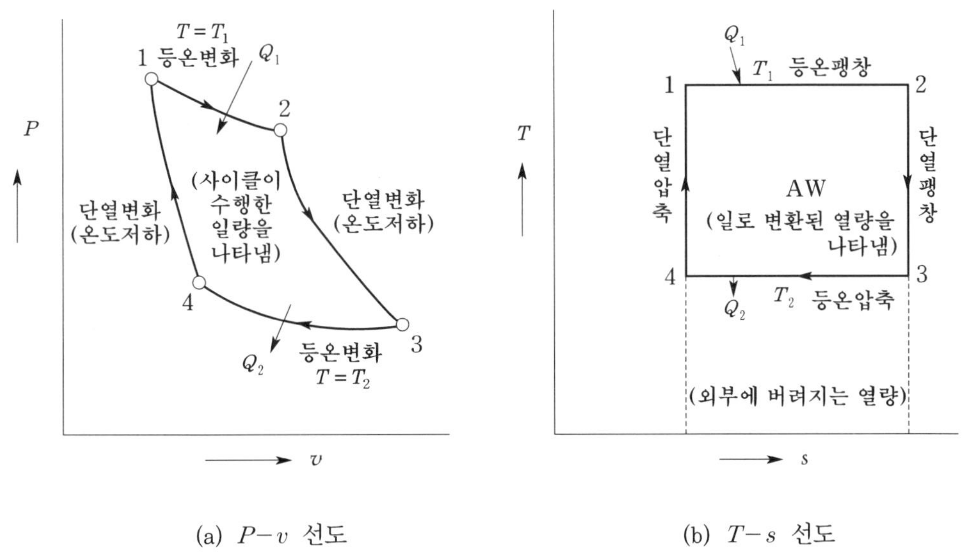

(a) $P-v$ 선도 (b) $T-s$ 선도

그림 8.8 카르노 사이클

즉, 이 그림에서

1→2, 등온팽창 : 온도 T_1의 고 열원으로부터 열량 Q_1을 얻어 온도 T_1을 유지하면서 팽창한다.

2→3, 단열팽창 : 열 절연된 상태에서의 팽창으로서 이 사이에 온도는 T_1으로부터 T_2로 내려간다.

3→4, 등온압축 : 온도 T_2의 저열원에 열량 Q_2를 방출하여 온도 T_2를 유지하면서 압축

1) 한 사이클 내에서의 그 어느 상태변화도 가역변화일 경우, 즉, 외부에 아무런 변화를 남기는 일 없이 처음의 출발상태로 되돌아갈 수가 있고, 또 그 반대방향으로도 나갈 수 있을 때 이 사이클을 **가역 사이클**이라고 한다.

된다.

4→1, 단열압축 : 단열상태에서 압축되어 온도는 T_2로부터 T_1으로 올라간다.

이와 같이 카르노 사이클은 2개의 등온변화와 2개의 단열변화로 성립된다. 이것을 $T-s$ 선도로 나타내면 그림 8.8 (b)처럼 되어 등온변화나 단열변화의 모습이 명확해진다. 즉, 등온변화는 온도의 미소한 변화량 dT의 크기가 0이라는 것이므로 $dT=0$, 따라서 등온변화는 T축에 수직으로 변화한다. 한편 단열변화는 열량의 미소한 변화량 dQ의 크기가 0이므로($dQ=0$), 엔트로피의 정의식인 $dS=\dfrac{dQ}{T}$로부터 $dS=0$이 된다.

이로부터 단열변화는 **등 엔트로피 변화**라고도 불려지고 있으며 s축에 수직으로 변화한다.

따라서 카르노 사이클은 $T-s$ 선도 상에서는 직사각형의 도형으로 되고 있다. 이것이 또한 카르노 사이클 특색의 하나인 것이며, $T-s$ 선도 상에서는 사이클 중 일로 변한 열량 Q_1-Q_2가 사이클을 둘러싼 직사각형의 면적으로서 표시되고 있다.

한편 $P-v$ 선도 상에서는 사이클을 둘러싼 면적이 1사이클이 수행한 일량의 크기를 나타내고 있다 (그림 8.8 (a) 참조)

이와 같은 순방향의 카르노 사이클에서는 고온의 열원으로부터 Q_1의 열량을 얻어가지고 $W=Q_1-Q_2$만큼의 일을 외부에 대해서 하고, 저온의 열원에 Q_2의 열량을 방출하고 있다. 따라서 이 경우의 **카르노 사이클의 효율** η_C는

$$\eta_C=\frac{W}{Q_1}=\frac{Q_1-Q_2}{Q_1} \tag{8.26}$$

로 표시된다. 이것을 앞에서 설명한 절대온도 T를 사용해서 표현하면

$$\eta_C=\frac{W}{Q_1}=\frac{Q_1-Q_2}{Q_1}=1-\frac{Q_2}{Q_1}=1-\frac{T_2}{T_1} \tag{8.27}$$

위 식으로부터 카르노 사이클의 효율은 고온열원과 저온열원과의 절대온도비로 결정된다는 것을 알 수 있다. 이에 의거해서 위의 식을 고쳐 쓰면

$$\frac{Q_1}{T_1}-\frac{Q_2}{T_2}=0 \tag{8.28}$$

로 되어 가역 사이클에 있어서는 식 (8.28)의 등식이 성립된다는 것을 알 수 있다.

한편, 현실의 사이클은 비가역 사이클이므로 그 열효율은 반드시 카르노 사이클의 효율보다 낮아져서

$$\frac{Q_1}{T_1} - \frac{Q_2}{T_2} < 0 \tag{8.29}$$

로 된다. 이것을 비가역 사이클에서의 **Clausius의 부등식**이라고 한다.

이처럼 카르노 사이클은 수열원과 방열원과의 온도차가 일정할 경우에는 많은 열 사이클 중 가장 열효율이 좋은 사이클이다. 그러나 이 열 사이클의 과정에 있는 등온 팽창과 단열 압축의 양 과정은 완전하게 실현하기 어려운 것이므로 이 열 사이클이 실용될 가능성은 없는 것이다. 한편 카르노 사이클은 실제의 열기관이 수행하는 사이클을 비교 연구하는 데 있어서의 이상적인 사이클로서 중요한 것이다.

우리는 이와 같은 이상적인 사이클을 가정함으로써, 일반적인 열기관의 열효율을 과연 얼마까지 가져갈 수 있는가를 알 수 있으며, 또한 이 기대값을 목표로 해서 열기관의 열효율을 조금이라도 더 높여 보고자 노력을 기울이고 있는 것이다.

예제 8.4 현재 가동하고 있는 기력 발전소의 대표적인 증기조건은 고온원 538[℃], 저온원은 32[℃]이다. 이 온도 간에서 움직이는 카르노 사이클의 이론 열효율을 구하여라.

풀이 카르노 사이클의 이론 열효율 η_c는 식 (8.27)처럼

$$\eta_c = 1 - \frac{Q_2}{Q_1} = 1 - \frac{T_2}{T_1}$$

로 표시되므로, 이 식에서 고온원 $T_1 = 538 + 273 = 811[°K]$

저온원 $T_2 = 32 + 273 = 305[°K]$

$$\eta_c = \left(1 - \frac{T_2}{T_1}\right) \times 100 = \left(1 - \frac{305}{811}\right) \times 100 = 62.4[\%]$$

8.3.2 랭킨 사이클

랭킨 사이클(Rankine cycle)은 카르노 사이클을 증기 원동기에 적합하게끔 개량한 것으로서, 증기를 작업유체로 사용하는 기력 발전소의 가장 기본적인 사이클이다. 즉, 이것은

증기를 동작물질로 사용해서 앞에서 설명한 카르노 사이클의 등온과정을 등압과정으로 바꾼 것이다.

랭킨 사이클을 사용하는 발전소의 장치선도는 그림 8.9 (a)와 같으며, 그림 8.9 (c)는 그 $T-s$ 선도를 나타낸 것이다. 그림 8.9에서와 같이 포화수 3은 급수펌프로 단열 압축되어 승압된다. 압축수 4는 보일러 내에서 수열하여 포화수 4′로 되고 다시 가열되어 포화증기 1′로 된다. 이 포화증기 1′가 과열기에 보내져서 과열증기 1로 되어 증기터빈에 들어간다. 터빈에 유입된 과열증기는 단열팽창해서 압력, 온도를 강하하여 습증기 2로 된다. 습증기는 복수기 내에서 냉각되어 다시 포화수 3으로 되면서 1사이클을 완료하게 된다.

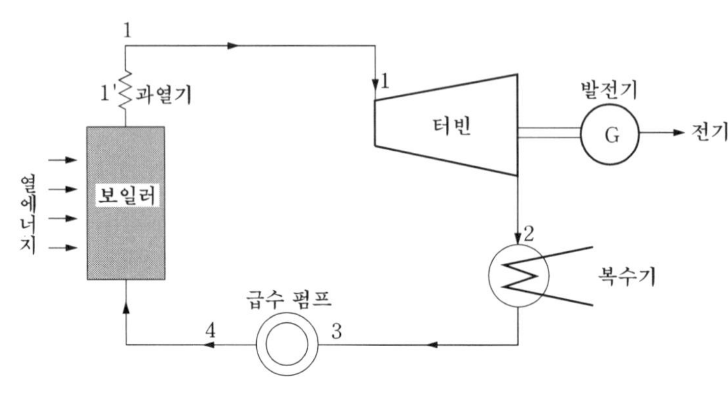

(a) 장치선도

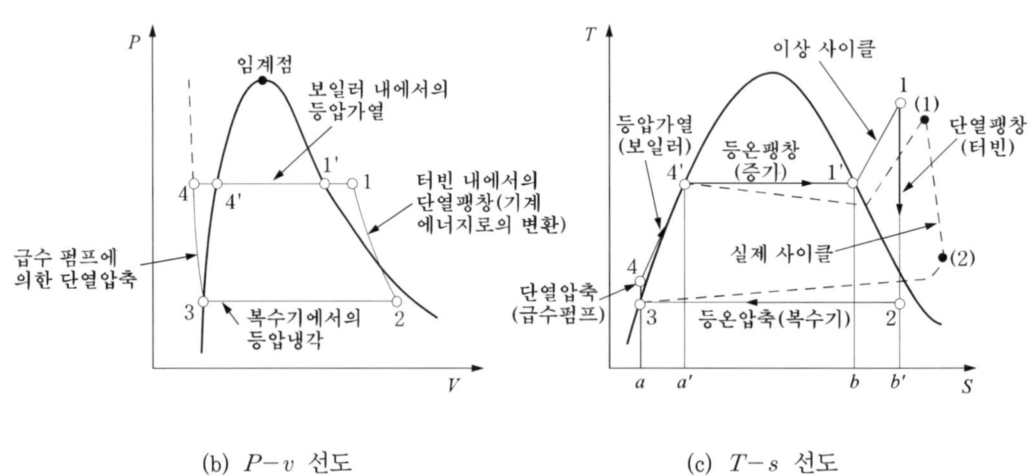

(b) $P-v$ 선도　　(c) $T-s$ 선도

그림 8.9 랭킨 사이클의 설명도

이 사이클 중 면적 12344′1′가 발생하는 일에 상당하는 열량 AW, 면적 $a44'1'1b$가 외부(보일러)로부터 공급하는 열량 Q_b, 면적 a32b가 복수기에서 버려지는 열량을 나타낸다.

이들은 어느 것이나 1사이클에 대해서 12344′1′로 둘러싸인 면적이 일에 이용된 부분으로 되기 때문에 가로축으로부터 위의 전체 면적에 대하여 이 12344′1′의 비율이 클수록 효율이 좋다는 것을 알 수 있다. 이 효율은 다음 식으로 표시된다.

$$\eta = \frac{Q_1}{Q_1 + Q_2} \tag{8.30}$$

지금 AW_t를 증기 1 [kg]에 의해서 증기터빈이 하는 일 [kcal/kg], AW_p를 물 1 [kg]에 대해서 급수 펌프가 필요로 하는 일 [kcal/kg]이라고 하면

$$\left.\begin{aligned} AW_t &= i_1 - i_2 \\ AW_p &= i_4 - i_3 \end{aligned}\right\} \tag{8.31}$$

따라서 이 사이클에서 발생하는 순수한 정미의 일 AW는,

$$AW = AW_t - AW_p = (i_1 - i_2) - (i_4 - i_3) \tag{8.32}$$

로 되고 보일러가 공급하는 열량 Q_b는,

$$Q_b = i_1 - i_4$$

로 되므로 이 랭킨 사이클의 이론 열효율 η_{rk}는 식 (8.33)으로 표시된다.

$$\eta_{rk} = \frac{AW}{Q_b} = \frac{AW_t - AW_p}{Q_b} = \frac{(i_1 - i_2) - (i_4 - i_3)}{i_1 - i_4} \tag{8.33}$$

한편, 증기압력이 너무 높지 않는 범위에서는 펌프가 하는 일$(i_4 - i_3)$이 터빈출력$(i_1 - i_2)$이나 보일러에서의 공급열량$(i_1 - i_4)$에 비해서 훨씬 적기 때문에 이것을 생략한다면 식 (8.33)의 η_{rk}는 다음과 같이 간단한 식으로 나타낼 수 있다.

$$\eta_{rk} = \frac{(i_1 - i_2) - (i_4 - i_3)}{(i_1 - i_3) - (i_4 - i_3)} \fallingdotseq \frac{(i_1 - i_2)}{(i_1 - i_3)} \tag{8.34}$$

여기서, i_1 : 터빈입구에서의 증기가 갖는 엔탈피

i_2 : 터빈출구에서의 증기가 갖는 엔탈피

i_3 : 보일러 입구에서의 물이 갖는 엔탈피

이 랭킨 사이클과 이제까지 배운 이상적인 열 사이클인 카르노 사이클과 비교하면 그림 8.10과 같이 된다.

즉, 그림 8.10에서 빗금을 친 부분이 실제의 사이클(랭킨 사이클)과 카르노 사이클과의 차를 나타내고 있다. 랭킨 사이클의 열효율을 향상시키기 위해서는 다음과 같은 방법을 들 수 있다.

① 터빈입구의 증기온도(초기온)를 높여 준다.

② 터빈입구의 증기압력(초기압)을 높여 준다.

③ 터빈출구의 배기 압력(배압)을 낮게 한다.

이중 ①의 초기온 상승은 고온 용 재료의 강도 면에서 제약을 받게 되며 ②의 초기압 만을 상승시키면 터빈출구 부근에서 압력이 내려갔을 때 증기 중의 습도가 높아져서 이것이 손실이나 부식을 낳는 원인으로 된다.

또, 초기압의 상승에 대해서는 어느 압력까지는 그 효과가 커지지만, 175[kg/cm^2] 정도부터는 초기압 상승의 효과가 포화하는 경향이 있다. 이 때문에 실제로는 초기압의 상승만을 단독으로 하지 않고 초기온의 상승과 병용해서 효율을 높여 줌과 동시에 배기 중의 습도를 낮추어 주는 복합적인 방법을 모색하고 있다. ③의 배기압을 낮추는 것은 터빈에서 일을 마친 증기를 복수기에 유도하여 여기서 냉각해서 물의 상태로 복귀(이것이 곧 복수) 시킴으

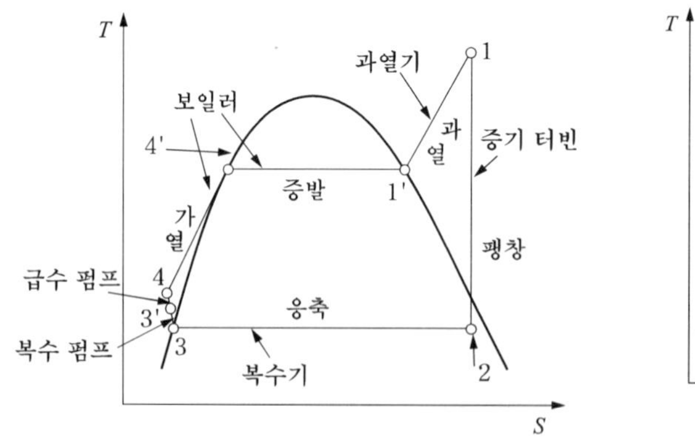

(a) 기본 랭킨 사이클

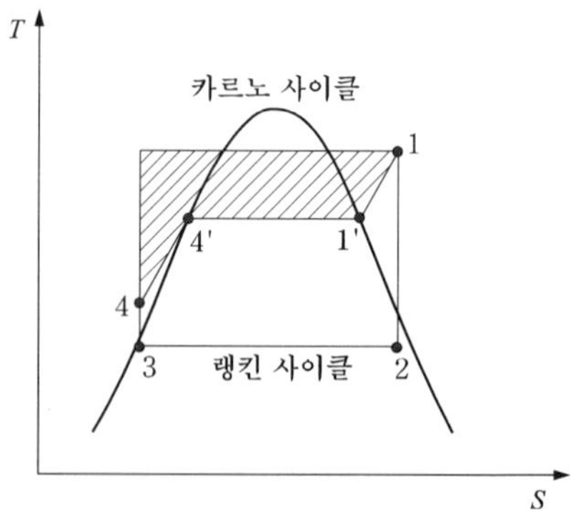

(b) 랭킨 사이클과 카르노사이클

그림 8.10 $T-s$ 선도에서의 카르노 사이클과 랭킨 사이클의 비교

로써 어느 정도 그 목적을 달성할 수 있겠지만, 역시 이때에도 냉각수로 사용하는 바닷물이나 하천수의 온도로 제한을 받게 된다.

예제 8.5 그림 8.11에서의 다음 각 면적은 무엇을 나타내는 것인가?

면적 : aA_1A_2Bba, $bBCcb$, $cCDdc$, aA_1A_2BCDda, aA_1Eda, $A_1A_2BCDEA_1$

또, 이때 열효율은 어떻게 표시되는가?

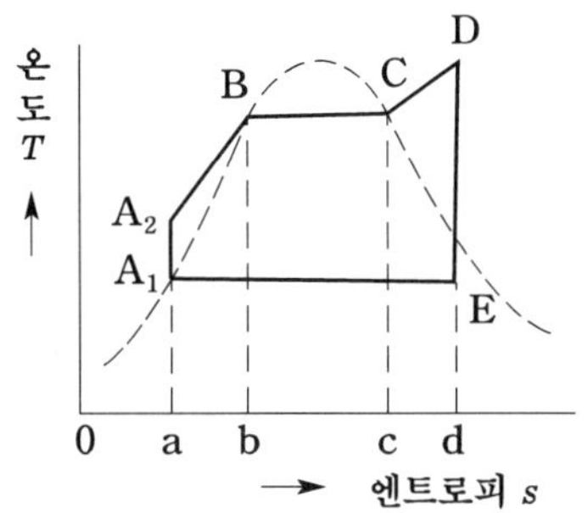

그림 8.11 랭킨 사이클

풀이 각 면적은 아래의 내용을 나타내는 것이다.

aA_1A_2Bba : 보일러 내에서 급수를 포화수의 온도까지 높이는 데 필요한 열량

$bBCcb$: 보일러 내에서 포화수를 증발시켜 건조포화 증기를 만드는 데 필요한 열량

$cCDdc$: 건조포화 증기를 과열증기로 하기 위해서 필요한 열량

aA_1A_2BCDda : 과열증기를 만들기 위해서 보일러에 공급된 전열량

aA_1Eda : 복수기에서 냉각수에 빼앗기는 열량

$A_1A_2BCDEA_1$: 터빈에서 발생하는 일의 양

따라서 이 랭킨 사이클의 열효율 η_R

$$\eta_R = \frac{A_1A_2BCDEA_1}{aA_1A_2BCDda}$$

로 표시된다.

예제 8.6 증기압력 80[kg/cm^2], 온도 500[℃]에서 엔탈피 812.2[kcal/kg]의 증기를 터빈에서 사용하여, 압력 0.05[kg/cm^2] (온도 32.5[℃] 엔탈피 492[kcal/kg])의 복수기에 배기하고 다시 32.55[kcal/kg]의 엔탈피를 갖는 물로 바꾸어서 보일러에 급수하였을 경우 이 랭킨 사이클의 열효율은 얼마인가? 또, 이것을 이때의 카르노 사이클에서의 열효율과 비교하여라.

풀이 랭킨 사이클의 열효율 η_{rk}는 식 (8.34)에 따르면,

$$\eta_{rk} \fallingdotseq \frac{i_1 - i_2}{i_1 - i_3} \times 100$$

이므로 여기서 $i_1 = 812.2$[kcal/kg], $i_2 = 492$[kcal/kg], $i_3 = 32.55$[kcal/kg]를 사용하면,

$$\eta_{rk} = \frac{812.2 - 492}{812.2 - 32.55} \times 100 = \frac{320.2}{779.65} = 41.07[\%]$$

한편 같은 온도 사이에서 움직이는 카르노 사이클의 열효율은 식 (8.27)을 사용해서,

$$\eta_c = \left(1 - \frac{T_2}{T_1}\right) \times 100 = \left(1 - \frac{305.5}{773}\right) \times 100 = 60.47[\%]$$

단,

$$T_1 = 500 + 273 = 773[°\mathrm{K}]$$
$$T_2 = 32.5 + 273 = 305.5[°\mathrm{K}]$$

8.3.3 재생 사이클

랭킨 사이클에서는 복수기에서 냉각수로 빼앗기는 열량이 많아서 손실이 크다. 그러므로 증기터빈에서 팽창 도중에 있는 증기를 일부 추기하여 그것이 갖는 열을 급수가열에 이용한다면 열효율을 어느 정도 더 올릴 수 있게 될 것이다.

이 추기증기에 의한 급수가열을 포함한 열 사이클을 **재생 사이클**이라고 부른다.

그림 8.12 (a)는 2단 추기의 재생 사이클을 사용한 발전소의 장치선도를, 그림 8.12 (b)는 그 $T-s$ 선도를 나타낸 것이다. 단, 여기서는 앞에서 설명한 바와 같이 급수 펌프가

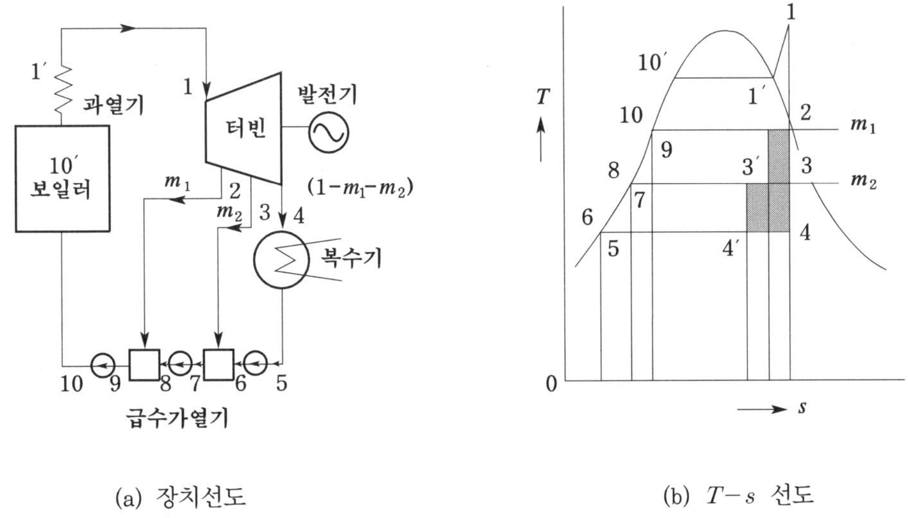

(a) 장치선도 (b) $T-s$ 선도

그림 8.12 재생 사이클

하는 일은 무시할 수 있다고 보아 $T-s$ 선도 중 5와 6, 7과 8, 9와 10을 같은 점으로 표시하였다.

터빈의 일은 점 1, 2, 3′, 4′, 6, 8, 10, 10′, 1′, 1로 둘러싸인 면적으로 표시된다. 터빈에서 팽창할 때 1–2 사이에서는 증기 1 [kg]이 흐르지만 2–3 사이에서는 m_1[kg]이 추기되므로 $(1-m_1)$[kg], 3–4 사이에서는 다시 m_2[kg]이 추기되므로 $(1-m_1-m_2)$[kg]이 흘러서 복수기로 들어간다.

따라서 이 2단 추기재생 사이클의 이론 열효율 η_{rg}는 다음과 같이 될 것이다.

$$\eta_{rg} = \frac{AW}{Q_b} = \frac{AW_t - AW_p}{Q_b}$$

$$= \frac{(i_1 - i_2) + (1-m_1)(i_2 - i_3) + (1 - m_1 - m_2)(i_3 - i_4) - AW_p}{i_1 - i_{10}}$$

$$\fallingdotseq \frac{(i_1 - i_4) - [m_1(i_2 - i_4) + m_2(i_3 - i_4)]}{i_1 - i_{10}} \tag{8.35}$$

추기단수를 늘려감에 따라 열효율이 증대하는 경향이 있지만, 이것도 어느 단수 이상에서는 포화현상을 나타내게 된다. 따라서 추기단수로서는 보통 4~6단의 것을 채택하고 있으며 일부 대용량의 터빈에서는 9단까지 추기한 예도 있다.

8.3.4 재열 사이클

랭킨 사이클의 열효율을 높여 주기 위해서는 증기압력 및 온도를 올려 줄 필요가 있다는 것은 앞에서 설명하였다.

그러나 증기압력을 올려 주면 터빈출구에서의 배기습도가 증가되어 터빈날개를 부식하거나 증기의 마찰손실이 커져서 터빈의 효율을 저하시키게 된다.

한편, 증기온도를 높여 주면 습도를 적게 할 수 있는 효과는 있지만 너무 고온으로 한다는 것은 내 고온 금속재료 면에서 여러 가지 문제가 생긴다. 따라서 실제로는 다음에 설명하는 바와 같은 재열방식을 채용하고 있다. 즉, 이것은 그림 8.13 (a)의 장치선도 또는 그림 8.13 (b)의 $T-s$ 선도에서 보는 바와 같이 어느 압력까지 터빈에서 팽창한 증기를 보일러에 되돌려가지고 재열기로 적당한 온도까지 재과열 시킨 다음 다시 터빈에 보내서 팽창시키도록 한다는 것이다. 이 재열방식에 의한 열 사이클을 **재열 사이클**이라고 한다. 이렇게 하면 재열증기는, 그 압력은 낮지만 온도가 비교적 높아지기 때문에 팽창종점에서의 습도가 낮아져서 어느 정도 열효율을 개선할 수 있게 되는 것이다.

즉, 열효율 향상을 위해서 대용량 화력 발전소에서는 이 재열 사이클을 채택하고 있다. 재열 사이클을 채택한 경우의 이점은 다음과 같다.

① 터빈효율이 4~5 [%] 상승한다.
② 터빈증기 소비량이 15~18 [%] 감소한다.
③ 복수기의 용량이 7~8 [%] 작아진다.
④ 터빈배기의 습도가 감소한다.

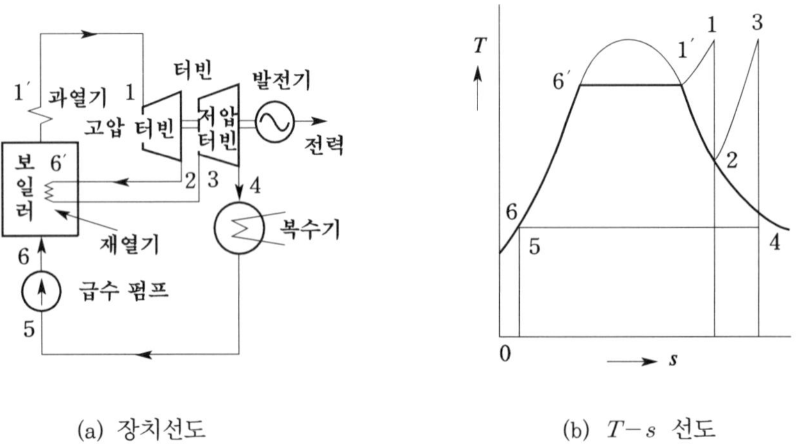

(a) 장치선도 (b) $T-s$ 선도

그림 8.13 재열 사이클

한편 결점으로서는

① 보일러의 재열기가 비싸지고 재열 증기관이 증가한다.

② 운전제어가 약간 복잡해진다.

③ 보조 조속기 등의 증가로 터빈이 비싸진다.

재열 사이클의 이론 열효율 η_{rh}는 급수펌프의 일을 무시할 경우 다음과 같이 된다.

$$\eta_{rh} = \frac{AW}{Q_b} = \frac{AW_t - AW_p}{Q_b} \fallingdotseq \frac{(i_1 - i_2) + (i_3 - i_4)}{(i_1 - i_6) + (i_3 - i_2)} \tag{8.36}$$

대용량 터빈에서는 2단 이상의 재열을 하고 있는 것도 있는데 이 재열단수에 의한 열효율의 개선은 그림 8.14와 같다.

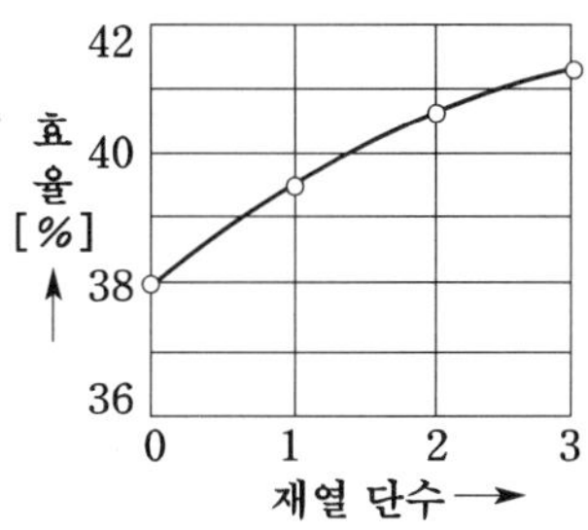

그림 8.14 다단재열 사이클의 효율

예제 8.7 재열식 기력 발전소에서 온도 538[℃], 기압 169[kg/cm^2], 엔탈피 815 [kcal/kg]의 증기를 터빈의 고압단에 사용하였더니 기압 25[kg/cm^2], 엔탈피 694 [kcal/kg]의 증기로 되었다.

이 증기 전부를 재열기에서 재열하여 온도 538[℃], 엔탈피 848[kcal/kg]의 증기를 만들어서 터빈의 중압 단 이하에 사용하여 기압 0.05[kg/cm^2](절대압력)의 복수기에 배기하였다(폐기의 엔탈피는 542[kcal/kg], 복수의 온도는 32[℃]였다).

이 경우 다음의 값을 구하여라.

(1) 재열 사이클 효율

(2) 발전소의 종합효율

단, 보일러 및 가열장치의 종합효율은 90[%], 발전기의 효율은 97[%]라 하고 이 밖에 소내 용 전력으로서 발생전력의 6[%]를 사용하는 것으로 가정한다.

풀이 (1) 재열 사이클 열효율 η_{rh}는 식 (8.36)에서와 같이,

$$\eta_{rh} = \frac{(i_1 - i_2) + (i_3 - i_4)}{(i_1 - i_6) + (i_3 - i_2)}$$

이다. 각 부분의 엔탈피는 제의에 따라,

$i_1 = 815[\text{kcal/kg}]$ $i_2 = 694[\text{kcal/kg}]$ $i_3 = 848[\text{kcal/kg}]$

$i_4 = 542[\text{kcal/kg}]$ $i_6 \fallingdotseq i_5 = 32[\text{kcal/kg}]$ (펌프의 일은 무시함)

따라서,

$$\eta_{rh} = \frac{(815 - 694) + (848 - 542)}{(815 - 32) + (848 - 694)} \times 100 = \frac{427}{937} \times 100 = 45.6[\%]$$

(2) 터빈효율 η_t가 주어져 있지 않으므로 여기서는 이것을 88[%]라고 가정한다. 발전소의 종합효율 η는,

$$\eta = \eta_b \eta_c \eta_t \eta_g (1 - l)$$

에서

$\eta_b = 0.9$ $\eta_g = 0.97$ $\eta_t = 0.88$ $l = 0.06$

재열 사이클 효율 η_c는 (1)에서 0.456으로 계산되었으므로

$$\eta = 0.9 \times 0.456 \times 0.88 \times 0.97(1 - 0.06) = 0.329 = 32.9[\%]$$

가령 이 발전소가 재생 사이클을 병용하고 있는 발전소이고, 이 재생 사이클 병용에 의한 효율 증가율이 12 [%]라고 하면, 발전소의 종합효율은

$$\eta = 0.329(1 + 0.12) = 0.368$$

즉, 36.8 [%]가 된다.

8.3.5 재열재생 사이클

재열 및 재생 사이클은 어느 것이나 열 사이클의 효율을 증가시키는 것을 그 목적으로 하고 있는 것에는 차이가 없으나 그 근본방침은 서로 다른 것이다. 즉, 전자의 재열 사이클

에서는 터빈의 내부손실을 경감시켜서 효율을 높이는 것이 그 주목적이며 후자의 재생 사이클은 열효율을 열역학적으로 증진시키는 것을 주목적으로 하고 있다. 따라서 이 양자는 서로 저촉되지 않으므로 각각의 특징을 잘 살리면 전 사이클 효율을 더 증진시킬 수 있다.

이처럼 재열 및 재생 사이클을 함께 조합한 사이클을 **재열재생 사이클**이라고 한다.

그림 8.15 (b)는 1단 재열, 2단 추기급수 가열의 재열재생 사이클 장치선도를, 그림 8.15 (c)는 그 $T-s$ 선도를 나타낸 것이다.

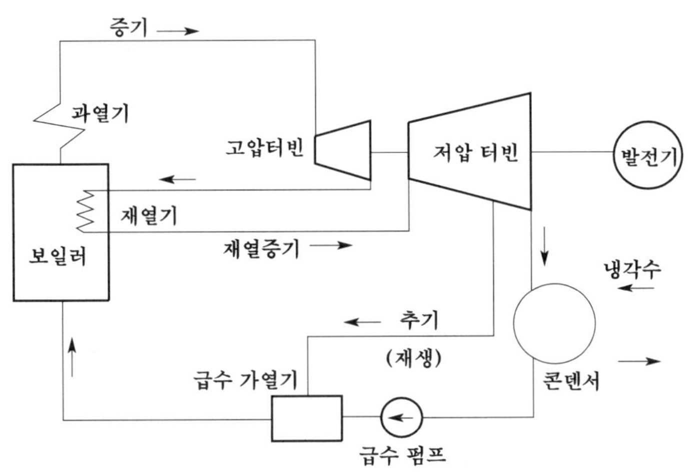

(a) 기본 구성도

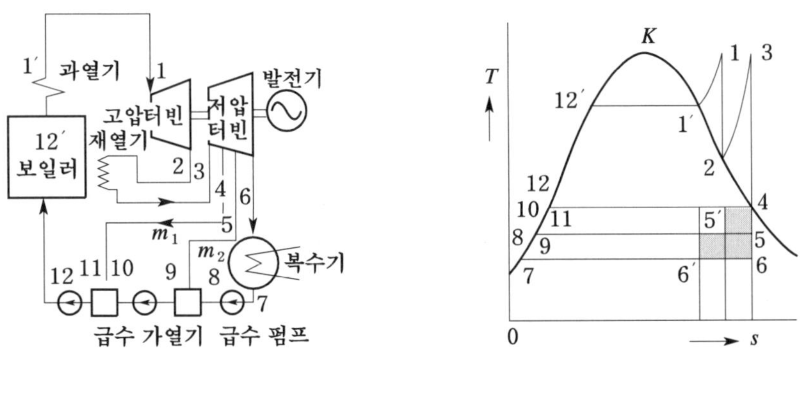

(b) 장치선도(1단 재열, 2단 재생)

(c) $T-s$ 선도

그림 8.15 재열 재생 사이클

이 경우 열효율 η_{rhg}는 그림의 $T-s$ 선도를 참조해서 다음과 같이 나타낼 수 있다.

$$\eta_{rhg} = \frac{(i_1 - i_2) + (i_3 - i_4) + (1 - m_1)(i_4 - i_5) + (1 - m_1 - m_2)(i_5 - i_6)}{(i_1 - i_{12}) + (i_3 - i_2)} \tag{8.37}$$

그림 8.16에 재열재생 사이클을 사용한 증기터빈 발전의 계통도를 보인다. 실용의 터빈 발전기에서는 터빈입구에서의 증기는 약 150[기압], 600[℃], 또 복수기의 압력은 진공에 가까운 값이 설정되고 있으며 재열재생을 합친 이 경우의 열 사이클 효율은 약 40[%] 이상으로 되고 있다.

연료로서는 중원유가 많고 다음으로 중유, 나프사, LNG 등을 쓰고 있다.

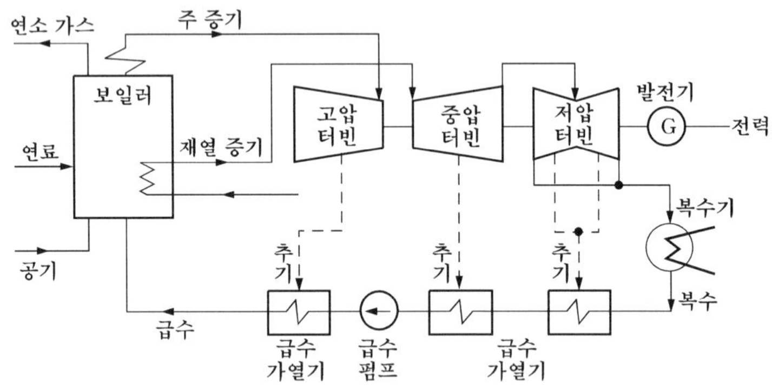

그림 8.16 실제의 증기 터빈 발전 계통도

참고로 그림 8.17은 102 [기압], 538 [℃]급 재열재생 발전소 내의 각 장치(열 사이클 기기)를 통과하는 물의 온도변화를 추려서 보인 것이다.

복수기에서 복수된 물은 급수 가열기, 절탄기를 통과한 후 보일러 내에서 과열증기(538[℃])로 되어 고압터빈으로 취입되고 터빈을 구동하면서 약간 그 온도가 저하된다.

이것을 빼내어서 재열기로 보내어 다시 여기서 과열증기(538[℃])를 만든 다음 저압터빈에 보내서 터빈을 구동하고 있다. 이 과정에서 증기온도는 재열기로 원래의 온도 수준(538[℃])까지 높여지지만, 압력은 당초의 고압(102[기압])보다 상당히 낮아진 저압으로 되기 때문에 제 2단에서는 중압 또는 저압터빈을 이용할 수밖에 없게 되어 있다.

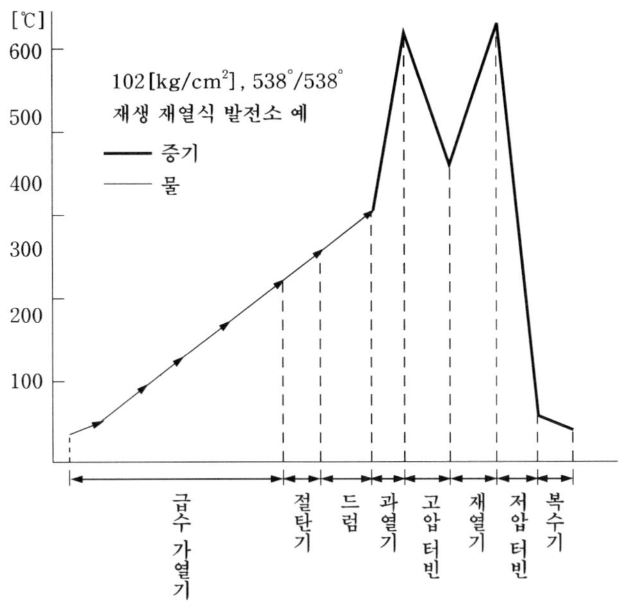

그림 8.17 물의 온도변화

8.3.6 각종 열 사이클에서의 열효율 비교

기력 발전소의 열 사이클은 초기의 랭킨 사이클로부터 시작해서 재생 사이클, 재열 사이클, 재열재생 사이클로 발전하면서 증기의 압력, 온도도 현저하게 상승하였으며, 최근의 대 용량의 발전기에로는 초 임계압 증기를 사용하는 것도 등장해서 열효율도 크게 향상되었다.

그림 8.18은 이러한 여러 가지 열 사이클 방식에서 압력 온도의 상승과 열 사이클의 개선으로 열효율이 어떻게 향상되고 있는가를 나타낸 것이다. 단, 그림 8.18 (b)~(d)에서 빗금을 친 부분은 재생 사이클에서의 추기에 의한 영향을 보인 것이며, 그림 8.18에서 AW 부분이 직선으로 되어 있는 것은 무한단수로 추기를 하는 것으로 가정하였기 때문이다. 열효율은 앞에서 설명한 바와 같이,

$$\eta = \frac{AW}{Q_r + AW} \tag{8.38}$$

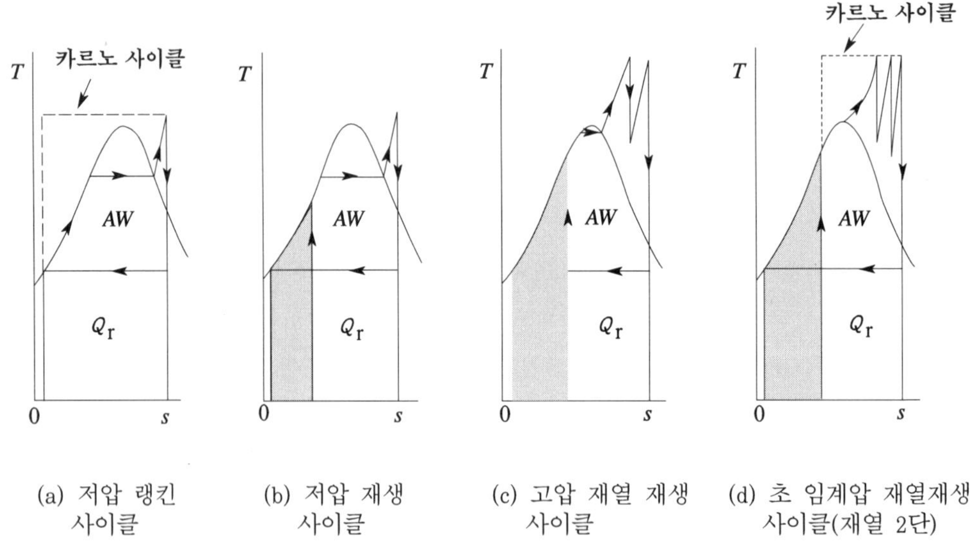

그림 8.18 각종 열 사이클의 열효율 비교

로 표시된다. 그림 8.18에서도 곧 알 수 있는 바와 같이 (a) → (d)로 변함에 따라 AW와 $(Q_r + AW)$와의 비가 점점 커지고 있다는 것을 알 수 있다.

또, 그림 (a)와 그림(d)의 선도에서 점선으로 표시한 부분은 카르노 사이클을 보인 것이다. 카르노 사이클의 사각형과 그 속에 포함된 사이클의 모양과를 비교하면 그림 (a)의 랭킨 사이클보다도 그림 (d)의 초 임계압 2단 재열재생 사이클의 모양 쪽이 사각형에 근접하고 있어서 그 열효율도 카르노 사이클의 그것에 접근해 가고 있음을 보여주고 있다. 이와 같이 오늘날의 최신예 발전소에서는 고압고온의 이용과 재열재생 사이클의 채용 등으로 그 열효율도 현저하게 향상되고 있다는 것을 알 수 있다.

8.4 기력 발전소의 효율계산

기력 발전소에서의 열효율 계산은 발전소 내의 동력으로서 소비하는 전력을 어떻게 취급하는가에 따라 다음의 2 가지로 나누어진다. 먼저 **발전단 열효율**은 전력을 발생하는 데 필요한 열량과 연료가 발생하는 총열량의 비를 말한다. 즉, 다음 식처럼 표현된다.

$$\textbf{발전단 열효율} = \frac{\text{발생 전력량} \times 860}{\text{연료 소비량} \times \text{연료 발열량}}$$
$$= \text{보일러 효율} \times \text{터빈 효율} \tag{8.39}$$

이에 대하여 **송전단 열효율**은 발전기의 발생 전력량으로부터 소내 동력으로서 소비한 전력량을 뺀 것으로서 다음 식처럼 표현된다.

$$\textbf{송전단 열효율} = \frac{(\text{발생 전력량} - \text{소내 소비 전력량}) \times 860}{\text{연료 소비량} \times \text{연료 발열량}}$$
$$= \text{발전단 열효율}(1 - \text{소내율}) \tag{8.40}$$

또한,

$$\textbf{발전단 소비율} = \frac{\text{연료 소비량} \times \text{연료 발열량}}{\text{발생 전력량}} \tag{8.41}$$

$$\textbf{터빈열 소비율} = \frac{\text{터빈 내 공급된 열량}}{\text{발생 전력량}} \tag{8.42}$$

으로 각각 나타낼 수 있다.

이들 식으로부터 알 수 있듯이 기력 발전소의 열효율 계산에서는 발생 전력량은 모두 열량으로 환산해서 취급하는 것을 기본으로 하고 있다.

이밖에 자주 쓰이는 계산식으로서는

$$\textbf{일부하율} = \frac{\text{평균전력}}{\text{최대전력}} = \frac{\text{발전 전력량}/24}{\text{최대 전력량}} \tag{8.43}$$

$$\textbf{일이용률} = \frac{\text{평균전력}}{\text{설비전력}} = \frac{\text{발전 전력량}/24}{\text{설비출력}} \tag{8.44}$$

따라서 이들 식으로부터 1일의 전력량은

$$\textbf{발전 전력량} = \text{최대전력} \times 24 \times \text{부하율}$$
$$= \text{설비출력} \times 24 \times \text{이용률} \tag{8.45}$$

로 구할 수 있다.

그림 8.19는 기력발전의 기본적인 블록도이다.

그림 8.19에서와 같이 기호를 정하면 열효율, 보일러 효율 등은 식 (8.46)~(8.56)처럼 표현된다.

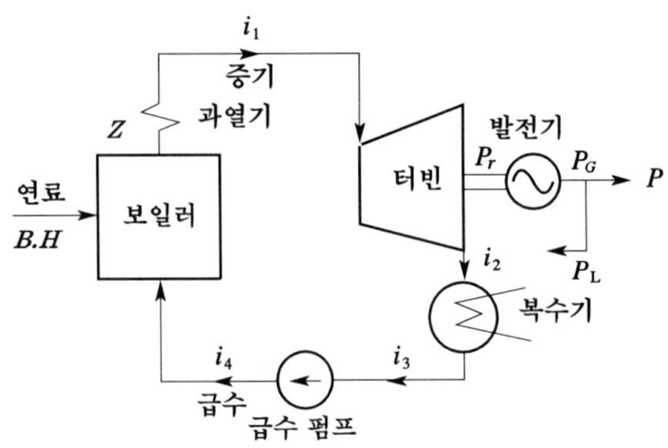

그림 8.19 기력 발전의 기본 장치선도

여기서, B : 연료의 소비량 [kg/h]

Z : 발생 증기량 [kg/h]

H : 연료의 발열량 [kcal/kg]

P_T : 증기터빈 출력 [kW]

$i_1 \sim i_4$: 각 부분을 흐르는 급수 또는 증기의 엔탈피 [kcal/kg]

P_G : 발전기 출력 [kW]

P : 발전기 출력으로부터 소내 용 전력을 뺀 정미공급 전력 [kW]

P_L : 소내 용 전력 [kW]

① **열효율** η

$$\eta = \frac{860P_G}{BH} \times 100[\%] \tag{8.46}$$

② **보일러 효율** η_b

$$\eta_b = \frac{(i_1 - i_4)Z}{BH} \times 100[\%] \tag{8.47}$$

③ **열 사이클 효율** η_c

$$\eta_c = \frac{i_1 - i_2}{i_1 - i_3} \times 100[\%] \tag{8.48}$$

④ **증기터빈 효율** η_t

$$\eta_t = \frac{860 P_T}{(i_1 - i_2)Z} \times 100 \tag{8.49}$$

⑤ **터빈실 효율** η_{tr}

$$\eta_{tr} = \frac{860 P_T}{(i_1 - i_3)Z} \times 100[\%] \tag{8.50}$$

⑥ **연료 소비율** f

$$f = \frac{B}{P_G} = \frac{860}{H\eta}[\text{kg/kWh}] \tag{8.51}$$

⑦ **열소비율** j

$$j = \frac{BH}{P_G} = \frac{860}{\eta}[\text{kcal/kWh}] \tag{8.52}$$

⑧ **증기 소비율** z

$$z = \frac{Z}{P_G} = \frac{Z}{P_T \eta_g}[\text{kg/kWh}] \tag{8.53}$$

⑨ **발전기 효율** η_g

$$\eta_g = \frac{P_G}{P_T} \times 100 = \frac{860 P_G}{BH} \times 100[\%] \tag{8.54}$$

⑩ **소내율** l

$$l = \frac{P_L}{P_G} \times 100[\%] \tag{8.55}$$

⑪ **송전단 효율** η_l

$$\eta_l = \frac{860 P_G}{BH}\left(1 - \frac{P_L}{P_G}\right) \times 100 = \eta(1 - l)[\%] \tag{8.56}$$

열효율 및 소내 소비율의 개략값을 표 8.1에 나타내었는데, 오늘날 최고 열효율이더라도 40[%] 정도밖에 되지 않는다는 것을 알 수 있다. 즉, 연료의 열량 중 60[%] 정도가 열손실로 되고 있는데, 이 열손실은 주로 보일러, 터빈 및 발전기의 손실로 크게 나누어진다.

표 8.1 단기용량과 열효율(예)

용량 [MW]	발전단 열효율 [%]	소내 소비율 [%]
175	39.2	5.0
265~350	39.8~40.0	2.8~3.3
600	40.3	2.5
1000	40.8	2.2

예제 8.8 출력 500,000[kW]로 운전 중인 화력 발전소가 발열량 10,000[kcal/l]의 중유를 매시간당 107 [kl] 사용하고 있다고 한다. 이 발전기의 열효율 η 및 송전단 열효율 η_l 을 구하여라. 단, 소내율은 3.5 [%]라고 한다.

풀이 먼저 열효율 η [%]는 발전기 출력의 열량과 보일러 입력의 열량과의 비이므로

$$\eta = \frac{860P_G}{BH} \times 100 = \frac{860 \times 5 \times 10^5 \times 10^2}{107 \times 10^3 \times 10^4} \fallingdotseq 40.2[\%]$$

다음 송전단 열효율 η_l [%]은 송전전력의 열량과 사용연료의 열량비이므로 식 (8.56)으로부터

$$\eta_l = \frac{860P_G(1-l/100)}{BH} \times 100$$
$$= \eta(1-l/100) = 40.2(1-0.035) \fallingdotseq 38.8[\%]$$

예제 8.9 최대출력 400[MW]의 화력 발전소가 일부하율 90[%]로 운전하고 있다. 중유의 발열량을 9,600[kcal/l], 발전소의 열효율을 39.2[%]라고 한다면 이 발전소의 하루 동안의 중유 소비량은 얼마 [kl]가 되겠는가?

풀이 먼저 하루(24시간)의 발생 전력량 W[kWh]는

$$W = 400 \times 10^3 \times 0.9 \times 24 = 8{,}640 \times 10^3 \text{ [kWh]}$$

이다. $\eta=39.2$[%], $H=9{,}600$[kcal/l]가 주어져 있으므로 연료의 소비량 B는 식 (8.51)로부터

$$B=\frac{860\times W}{\eta H}\times 100=\frac{860\times 8{,}640\times 10^3}{0.392\times 9{,}600}\times 100$$
$$\fallingdotseq 197.45\times 10^6[\text{kcal}]=197.45\times 10^3[\text{k}l]$$

예제 8.10 현재 우리나라의 주요 석탄화력 발전소의 발전기 최대출력은 500,000[kW]급이다. A발전소는 이러한 발전기를 6대 설치해서 일부하율 90[%]로 운전하고 있다. 이 발전소가 한달(30일) 동안에 소비할 석탄량을 구하여라. 단, 석탄의 발열량은 6,500[kcal/kg], 발전소의 열효율은 38[%]라고 한다.

풀이 일부하율 90[%]일 경우 발전기 1 대당의 P_g[kW]는

$$P_g=500{,}000\times 0.9=450{,}000[\text{kW}]$$

이 발전소에서의 1일 동안의 발생 전력량 W_d는

$$W_d=450{,}000\times 6\times 24=64.8\times 10^6[\text{kWh}]$$

지금 발생 전력량을 W_d[kWh], 1일 동안에 소비할 석탄의 소비량을 X_d[kg], 석탄의 발열량을 g[kcal/kg], 발전소 효율을 η라 하면

$$860\times W_d=X_d\cdot g\cdot \eta$$

가 성립한다.
여기에, $\eta=0.38$, $g=6{,}500$[kcal/kg], $W_d=64.8\times 10^6$[kWh]를 대입하면

$$X_d=\frac{860\times 64.8\times 10^6}{6{,}500\times 0.38}\fallingdotseq 22.562\times 10^6[\text{kg}]=22{,}562[\text{t}]$$

따라서, 한 달 동안에 소비할 석탄량 X_m는

$$X_m=30\times X_d=676{,}860[\text{t}]$$

약 68만[t]을 매달 소비하게 된다.

연 습 문 제

1. 우리나라에서의 화력발전의 발전과정을 용량면과 효율면에서 설명하여라.

2. 기력발전에서의 열 사이클을 설명하고 사이클 효율과 발전소 효율과의 관계를 설명하여라.

3. 다음 사항에 대해서 이들이 기력 발전소의 열효율에 미치는 영향을 설명하고 아울러 그 이유도 설명하여라.
   (1) 증기압력
   (2) 증기온도
   (3) 추기에 의한 급수가열
   (4) 증기의 재열

4. 재열 사이클을 채용하였을 경우 열효율이 좋아진다는 것을 $T-s$ 선도를 사용해서 설명하여라. 또, 대용량 화력 발전소에서 이것을 채용하는 이유 및 그 이해득실에 대해서도 간단히 설명하여라.

5. 기력 발전소에서 열 사이클의 효율향상을 위하여 채용하고 있는 방법 4 가지를 들고 이것을 간단히 설명하여라.

6. 고열원의 온도가 550[℃], 저열원의 온도가 30[℃]인 카르노 사이클의 열효율을 구하여라. 또, 이 사이클을 사용해서 5,000[kg·m]의 일을 하기 위해서는 고 열원으로부터 얼마의 열량을 가해 줄 필요가 있는가?

7. 화력 발전소에서 재료의 관계상 안전하게 사용할 수 있는 증기의 최고사용 온도는 650[℃], 최저온도는 20[℃] 정도이다. 그렇다면 현재의 화력 발전소에서 도달할 수 있는 이론 최고효율은 얼마인가?

8. 물이 195[kcal/kg]의 엔탈피로 보일러에 들어가 증기로서 670[kcal/kg]의 엔탈피로 나온다고 할 경우, 1 [kg]의 증기가 얻은 열은 얼마인가? 단, 운동 에너지는 무시하는 것으로 한다.

9. 초압 120[kg/cm^2], 초온 773 [K]의 증기 터빈 내에서 열팽창 할 경우, 그 팽창도중의 4[kg/cm^2]에서 1단 추기를 할 때 이 재생 사이클의 열효율을 구하여라. 또, 이때의 추기증기의 비율도 구하여라. 단, 복수기 내의 압력은 0.04[kg/cm^2]라 하고, 급수 가열기는 표면식이라고 한다.

10. 66,000[kW]의 화력 발전소에서 6,000[kcal/kg]의 석탄을 사용하고 있는데 열효율은 30[%]라고 한다. 이 경우의 1[kWh]당의 석탄 소비량 및 1 [kg]이 부담한 출력을 구하여라.

11. 5,000[kcal/kg]의 석탄을 사용해서 석탄 1[t]당, 1,500[kWh]를 발전하고 있는 기력 발전소의 종합효율을 구하여라.

12. 최대출력 500[MW]의 기력 발전소가 부하율 75[%]로 1 개월(30일간) 연속 운전하였을 때 64,000[kl]의 연료를 소비하였다. 발열량을 9,500 [kcal/l]라고 한다면 이 발전소의 발전단 열효율은 얼마인가?

13. 보일러 입구 급수의 엔탈피가 30[kcal/kg], 보일러 출구의 과열증기의 엔탈피가 850 [kcal/kg]였다고 한다. 보일러 효율이 80[%], 터빈 발전기의 합성효율이 93[%]일 때 랭킨 사이클의 효율 및 종합효율은 얼마인가?

14. 출력 30,000[kW]의 화력 발전소에서 6,000[kcal/kg]의 석탄을 매시간 15[t]의 비율로 소비하고 있을 때, 소내 동력을 2,000[kW]라고 한다면 소내비율 및 송전단 효율을 구하여라.

15. 어느 기력 발전소에서 다음과 같은 값을 얻었다.

보일러 증기배관 장치의 효율 η_b : 81.5[%]

증기터빈의 열 사이클 효율 η_c : 36.2[%]

증기터빈의 발전기 효율 η_{tg} : 76.0[%]

사용석탄의 발열량 : 6,000[kcal/kg]

사용증기의 보유열량 : 772[kcal/kg]

배기의 보유열량 : 504[kcal/kg]

이 발전소에서의

(1) 발전소 종합효율

(2) 발전 전력량 1[kWh]당의 석탄 사용량

(3) 발전 전력량 1[kWh]당의 증기 소비량

을 구하여라.

16. 최대출력 5,000[kW]의 자가용 화력 발전소가 있다. 설비 이용률 60[%]로 50일간 연속 운전해서 발열량 10,500[kcal/l]의 중유 950[t]을 소비하였다고 하면 이 발전소의 발전단에서의 열효율은 몇 [%]로 되겠는가?

17. 출력 500[MW], 발전단 열효율 38[%], 소내비율 4[%]의 화력 발전소가 발열량 9,600 [kcal/l]의 중유를 사용해서 연 이용률 60[%]로 운전한다고 한다. 이 경우 평년의 연간 송전 전력량 W[MWh]와 연간 중유 소비량 Q[kl]는 얼마인가?

18. 최대출력 500[MW], 부하율 70[%]로 발열량 9,800[kcal/l]의 중유를 연소하면서 운전하는 화력 발전소가 있다. 이 발전소의 열효율이 39[%]라고 할 때

(1) 1일간의 중유 소요량

(2) 1[kWh]당의 발전원가

를 구하여라.

단, 이 발전소의 1일당의 고정비(자본금), 일반경비는 88.6×10^6[원], 중유의 가격은 140,000[원/kl]라고 한다.

제 9 장

보일러 및 연소장치

9.1 보일러의 개요

보일러는 증기 발생장치라고도 불려지는데, 이것은 연료를 연소시켜서 그 열을 복사, 전도 및 대류로 수관 내의 물에 전달해서 고압의 물을 증기로 바꾸는 장치로서, 그 기능은 규정된 압력과 온도의 증기를 만들어 내는 것이다.

보일러 내의 물은 일반적으로 등압변화의 과정을 거치게 되는데, 열효율을 올리기 위해서는 증기온도를 높여 줄 필요가 있다. 물은 1,600[℃] 내외의 연소가스에 의해서 최종적으로 570~600[℃] 정도의 과열증기로 되어 터빈에 보내진다. 한편, 연소 가스는 최종적으로는 130~150[℃]의 배기로 낮추어져서 굴뚝을 통해 배출된다.

보일러에는 연료를 연소시키기 위한 연소설비, 증기를 발생시키는 보일러 본체, 보일러에 급수하기 위한 급수설비, 연소에 필요한 공기를 들여보내고 발생한 연소가스를 배기하기 위한 통풍설비 등을 비롯하여 운탄설비, 자동 제어장치, 기타 보안장치 등으로 구성되어 있다. 그림 9.1 (a)는 보일러 구성 부분의 개요를, 그리고 그림 9.1 (b)는 대용량 재열 보일러의 대표적인 배치도의 일례를 보인 것이다.

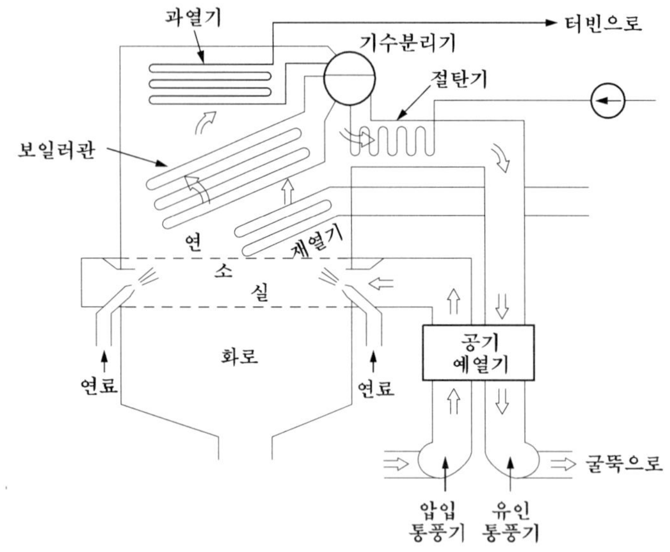

(a) 보일러의 개요

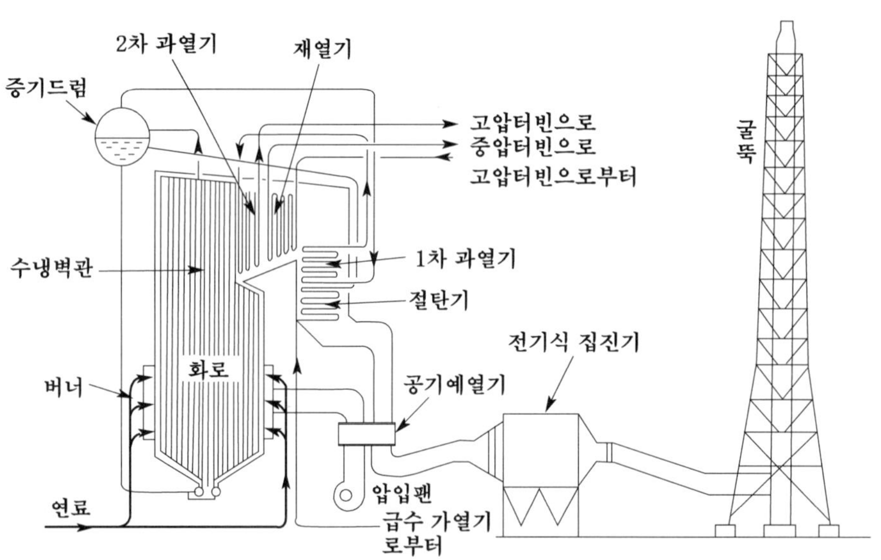

(b) 보일러의 구성부분

그림 9.1 보일러의 구성도

9.2 보일러의 종류

보일러를 크게 나누면 가열 유체가 관로 속을 통과하는 **연관식**과 물이 관로 속을 통과하는 **수관식**의 2 가지로 되는데, 오늘날 화력 발전용으로서 많이 사용되고 있는 것은 후자의 **수관식 보일러**이다. 이 수관식 보일러는 급수의 순환방법이라든가, 사용하는 연료, 그밖에 사용하는 증기조건(압력・온도) 등에 의해 다음과 같이 여러 가지로 분류된다.

(1) 급수의 순환방법에 의한 분류

① 자연 순환식 보일러
② 강제 순환식 보일러
③ 관류식 보일러
④ 복합 순환식 보일러

(2) 사용연료에 의한 분류

① 석탄연소 보일러
② 중유(원유) 연소 보일러
③ 석탄, 중유 혼소 보일러
④ 가스연소 보일러(주로 LNG 사용)

(3) 사용 증기압에 의한 분류

① 아 임계압 보일러(물의 임계점 225[kg/cm^2 abs] 이하에서 운전)
② 초 임계압 보일러(물의 임계점 225[kg/cm^2 abs] 이상에서 운전)

여기서는 먼저 급수의 순환방법에 따른 분류에 대해서 설명한다.

(1) 자연 순환식 보일러

앞서 설명한 바와 같이 오늘날 대 용량 기력발전소의 보일러는 수관식이 이용되고 있다. 이 수관 보일러는 연소가스의 통로나 화로의 주위 벽에 설치한 다수의 수관으로 열을 흡수하도록 하고 있는데, 그 순환회로는 드럼(기수 분리기)과 다수의 증발관으로 구성되고 있다. 그림 9.2와 같이 급수펌프로 압입된 급수는 급수 가열기, 절탄기에서 예열된 다음 드럼으로 보내진다. 드럼으로부터 하강관을 통해서 증발관으로 들어간 급수(포화수)는 여기서 가열되어 기수 혼합물로 되어서 드럼으로 되돌려지는데, **자연 순환 보일러**는 이때의 순환력을 급수와 기수 혼합물의 밀도차 만을 이용해서 얻는 방식이다. 사용압력이 높아지면 포화수와 포화증기와의 밀도차가 작아지므로 이 방식만으로는 필요한 순환력을 얻기가 힘들게 된다. 이 방식은 대략 150∼170[kg/cm^2] 이하의 아 임계압 보일러에 사용되고 있다.

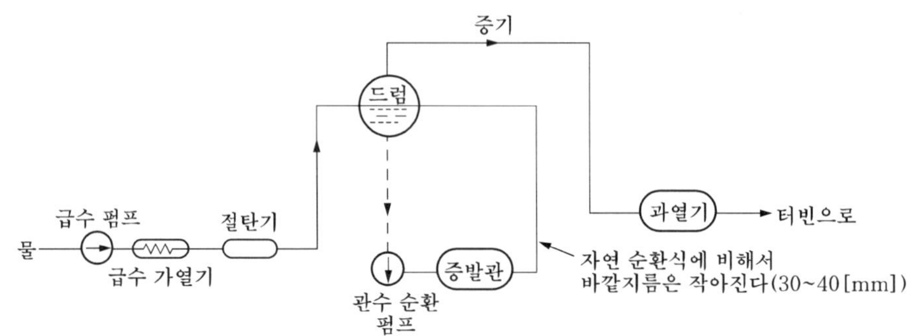

(a) 개념도

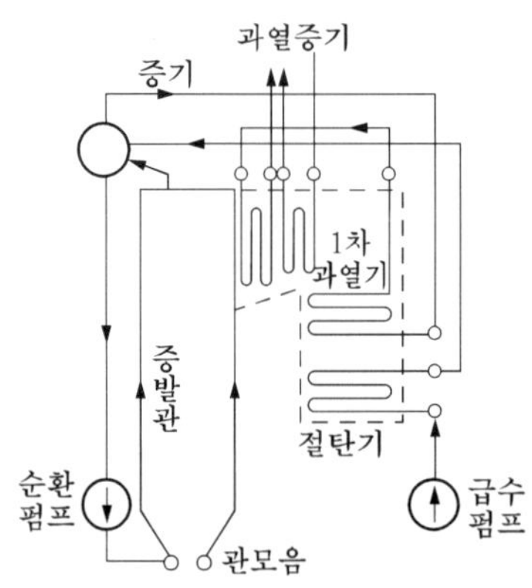

(b) 구조도

그림 9.2 자연 순환식 보일러

(2) 강제 순환식 보일러

고압 보일러에서는 포화수와 포화증기와의 밀도차가 줄어들어서 필요한 순환력을 얻을 수 없게 된다. 따라서 이 **강제 순환 보일러**에서는 순환력의 부족을 돕기 위해서 그림 9.3에서와 같이 보일러수의 순환경로 도중에 관수 순환펌프를 설치해서 강제적으로 물을 순환할 수 있게 하고 있다.

이 방식은 자연 순환식보다 물의 순환을 확실히 할 수 있고 유량의 분포도 균일하게 제어할 수 있다는 것 외에 급속한 기동, 정지도 할 수 있다는 특징이 있다. 현재 이 방식은 대략 170[kg/cm^2], 150~375 [MW]급 보일러에서 많이 사용되고 있다.

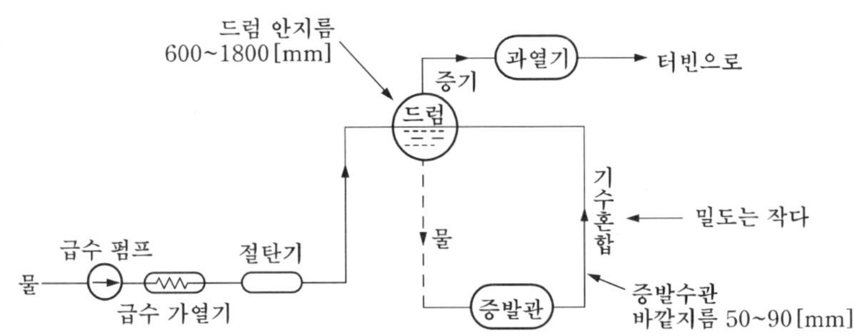

(a) 개념도

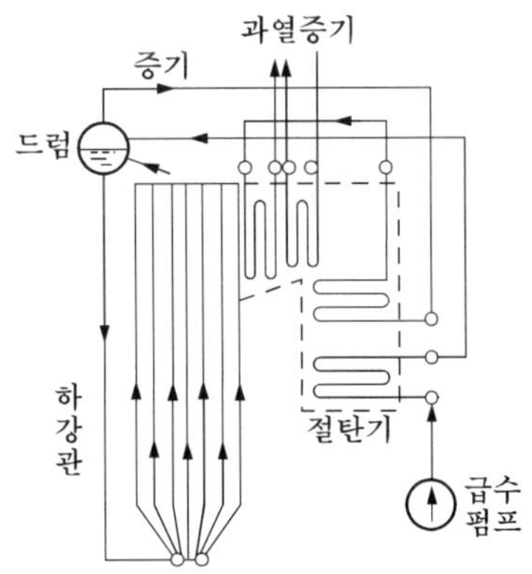

(b) 구조도

그림 9.3 강제 순환식 보일러

(3) 관류식 보일러

증기압력이 임계압력 이상으로 되면 물과 증기가 혼합된 비등현상은 없어지고 포화수가 곧바로 증기로 되어 버린다.

관류 보일러는 급수펌프로 유입된 급수가 절탄기, 증발관, 과열관을 통과하는 사이에 열을 흡수해서 직접 과열증기를 만들 수 있는 형식을 말한다. 따라서 이 관류 보일러에서는 보일러에 보내진 물이 순환하지 않고 모두 증기로 바뀌고 그것이 그대로 터빈에 보내지고 있는 것이다.

이 관류 보일러의 특징은 다음과 같다.

먼저 이 보일러의 장점으로서는

① 드럼이 없으며 또 수관이 가늘어서 중량이 가볍다.
② 보일러 보유수량이 적기 때문에 시동·정지 시간이 짧아서 급속한 시동에 적합하다.
③ 열용량이 작으므로 부하변동에 대해 신속한 대응이 가능하다.

한편, 이 보일러가 갖는 단점은

① 급수 중의 불순물이 터빈에 들어가지 않도록 급수처리를 충분히 해 주어야 한다.
② 과열부와 증발부의 구분이 명확하지 않고 보일러 내에 포화수가 적기 때문에 제어방식이 복잡해져서 고 정도의 자동제어 장치를 필요로 한다.

최근에는 관류 보일러의 부하변동에 대한 속응성과 급속시동이 가능하다는 특징을 살려서 부하에 따라 증기압력을 바꾸어서 운전하는 변압 운전방식을 채용하는 경우도 있다. 이 결과 상당히 큰 대용량기도 부하 조정용으로 쓸 수 있다는 특징이 있다.

이 형식에 속하는 것으로는 벤슨형(UP형), 즐쓰어형, 컨바인드 서큐레이션형 등이 있다.

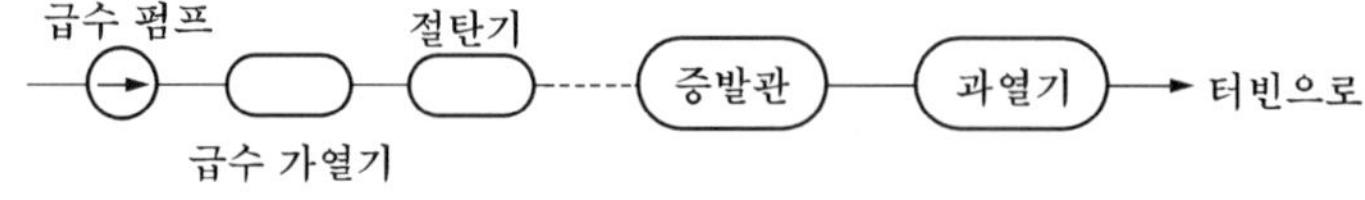

(a) 개념도

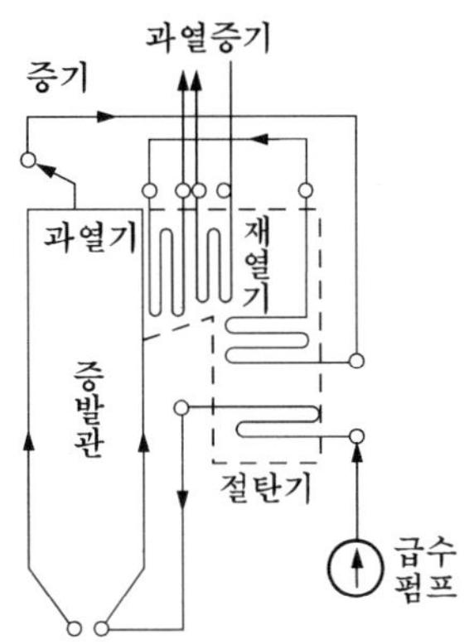

(b) 구조도

그림 9.4 관류식 보일러

(4) 복합 순환식 보일러

이 방식은 강제 순환식과 강제 관류식을 조합한 것으로서 저 부하 시에는 순환펌프로 재순환시켜서 관내 증기류의 속도를 높여 주는 역할을 하지만, 중 부하로 되면 급수펌프의 부스터의 역할을 하게 된다. 최근에 이 형식의 것이 많이 실용화되고 있다.

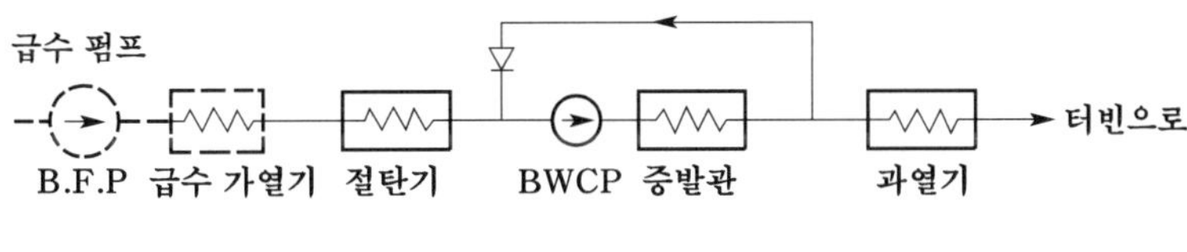

(a) 개념도

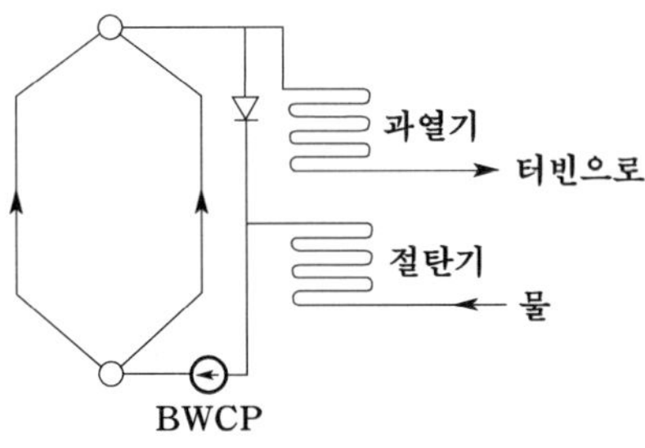

(b) 구조도

그림 9.5 복합 순환식 보일러

9.3 보일러의 특성

9.3.1 전열

보일러의 화로에서 생기게 된 연소가스는 부분적으로는 1,500~1,600[℃]의 고온으로 되지만, 그 보유열은 화로를 둘러싸고 있는 증발수관 및 과열기, 절탄기, 공기 예열기 등에 전달되어서 그 온도는 점차적으로 저하되어 최종적으로는 130~150[℃]의 배기가스로 되어 굴뚝으로 방출된다.

열은 복사 또는 연소가스의 접촉에 의해서 먼저 전열 면에 전달되고 이어서 전도와 대류에 의해서 수증기 또는 공기에 전해진다. 따라서 보일러의 전열 면에는 복사 전열 면과 접촉 전열 면이 있다.

복사 전열 면은 화로를 둘러싸고 있는 수관군과 화로에 설치된 과열기관으로 이루어지며 화염으로부터의 직접 복사에 의해서 열을 흡수하고 있다.

일반적으로 대형 보일러로 되면 복사 전열 면에서의 흡수열량은 전체열량의 50~80[%] 정도에까지 달하며 대부분의 증발은 여기서 이루어지게 된다.

9.3.2 보일러 용량

일반적으로 사용되고 있는 보일러의 용량은 다음과 같다.

(1) 정격용량

보일러의 증기 발생능력, 곧, 보일러의 용량은 규정의 증기조건(압력・온도) 하에서 1시간당의 연속 최대 증발량을 말하며, 그 단위로서는 [t/h] 또는 [kg/h]를 사용한다.
이것을 **정격용량**이라고 부르기도 한다.

보일러 출구의 증기 엔탈피를 i[kcal/kg], 보일러 입구의 급수 엔탈피를 i_1[kcal/kg], 연속 최대 증발량(또는 증발력이라고도 함)을 W[t/h]라 하면 이 보일러가 급수에 주는 열에너지 Q는 다음과 같이 된다.

$$Q=(i-i_1)W\times 10^3[\text{kcal/h}] \tag{9.1}$$

재열기를 설치한 보일러에서는 재열 때문에 사용된 에너지가 다시 이 Q에 가산된다.

(2) 등가 증발량

100[℃]의 포화수를 100[℃]의 건조 포화증기로 증발시키는 것을 기준으로 환산한 용량으로서 주로 기압, 기온이 다른 보일러의 증발력을 비교하기 위해서 사용된다.

이때의 **등가 증발량** W_e는

$$W_e = \frac{W(i - i_1)}{538.8} \text{ [t/h]} \tag{9.2}$$

윗 식은 증기를 재열하지 않는 경우에 대한 것이다.

여기서, W_e : 연속 최대 증발량(또는 증발력이라고도 함) [t/h]

i : 보일러 출구의 증기 엔탈피 [kcal/kg]

i_1 : 보일러 입구의 급수 엔탈피 [kcal/kg]

9.3.3 보일러 효율

보일러의 효율은 공급된 연료의 발열량에 대한 발생증기의 흡수열량의 비율로 나타낸다. 이때 연료의 발열량으로서는 **저위 발열량**을 취하는 것이 보통이다. 여기서 저위 발열량이란 연소의 결과 생긴 연소가스 내에 존재하는 수증기에 대해서 이의 증발잠열을 고려하지 않는 경우의 발열량을 말한다.

일반적으로 보일러 효율 η_b는 식 (9.3)과 같이 표현된다.

$$\eta_b = \frac{G_e i_2 - G_w i_1}{G_F H_l} \times 100 \text{ [\%]} \tag{9.3}$$

여기서, G_e : 증발량 [kg/h]

G_w : 급수량 [kg/h]

i_2 : 발생증기의 엔탈피 [kcal/kg]

i_1 : 급수의 엔탈피 [kcal/kg]

G_F : 연료 소비량 [kg/h]

H_l : 저위 발열량 [kcal/h]

보일러 효율은 연소효율 η_c와 전열 면 효율 η_h로 나뉘어진다. 연소효율은 노에 공급한 발열량 중 노 내에서 실제로 발생한 열량이 어느 정도인가를 가리키는 것이며, 전열 면 효율은 실제로 노 내에서 발생한 열량 가운데에서 증기에 전달된 열량이 어느 정도인가를 나타내는 것이다.

$$\therefore \eta_b = \eta_c \cdot \eta_h \tag{9.4}$$

여기서, η_c는 88~98[%], η_h는 60~90[%] 정도이므로 보일러 효율 η_b는 80~90[%] 정도이다.

9.3.4 증발률

보일러 본체의 증발성능을 가리키는 것으로서 단위전열 면적당 단위시간에 발생하는 증발량을 **증발률**이라고 하며 식 (9.5)로 나타낸다.

$$\epsilon = \frac{G}{F}\ [\mathrm{kg/m^2 \cdot h}] \tag{9.5}$$

여기서, ϵ : 증발률
G : 보일러 증발량 [kg/h]
F : 전열면적 [$\mathrm{m^2}$]

증발률은 보일러의 종류나 증발량, 연소방식 등에 따라서 달라지지만 대형수관 보일러에서는 대략 50~300[$\mathrm{kg/m^2 \cdot h}$] 정도이다.

예제 9.1 급수의 엔탈피 15.04[kcal/kg], 압력 16[$\mathrm{kg/cm^2}$], 보일러 출구의 증기 엔탈피 703.2[kcal/kg]를 30[t] 발생하는 보일러가 있다. 저위 발열량 5,500 [kcal/kg]인 석탄을 시간당 4,690[kg] 소비한다고 할 경우 이 보일러의 효율은 얼마인가?

풀이 제의에 따라 $G_e = G_w$ (증발량과 급수량은 같다.)

$i_1 = 15.04$ [kcal/kg]

$i_2 = 703.2$ [kcal/kg]

이것을 보일러 효율의 계산식 (9.3)에 대입하면

$$\eta_B = \frac{(703.2 - 15.04) \times 30 \times 10^3}{4,690 \times 5,500} \fallingdotseq 0.8$$

즉, 이 보일러의 효율은 80[%]이다.

9.4 연소와 연소장치

9.4.1 발전용 연료

우리나라의 에너지 정세는 2번에 걸친 석유파동을 거치면서 에너지 이용의 효율화, 에너지원의 안정적인 확보를 위한 여러 가지 정책이 추진되었으나, 오늘날 전 세계적으로 문제가 되고 있는 지구 온난화의 원인인 온실효과 가스의 삭감을 위해서는 보다 적극적인 에너지 이용의 효율화가 추진되지 않으면 안 될 것이다. 따라서 전력 공급 면에서는 수요의 변동을 지탱하는 화력발전의 효율적인 이용이라든가 환경특성, 연료의 안정적인 확보를 위한 종합적인 관점에서 전원구성의 최적화가 강력히 추진되어야 할 것이다.

화력발전에서 사용되는 연료로서는 고체, 액체 및 가스체 등의 여러 가지가 있으나, 이 중 발전용으로 많이 사용되고 있는 것은 석탄과 LNG 이며, 이어서 저유황 중유, 원유 등의 액체연료가 사용되고 있다.

(1) 석 탄

석탄은 탄화의 정도에 따라 무연탄, 역청탄, 갈탄, 니탄으로 나누어지는데, 일반적으로 발전용으로 많이 사용되는 것은 취급이 용이하고 보일러의 건설비가 가장 싸게 드는 역청탄의 미분탄이다.

우리나라에서는 무연탄이 일부 국산으로 생산될 뿐 나머지 전량은 해외로부터 수입해야 할 처지에 있다. 표 9.1은 석탄의 성분과 발열량의 일례를 보인 것이다.

석탄의 성분은 탄소, 수소가 주이고 산소와 유황이 약간 섞여 있다. 또, 석탄은 고정 탄소분과 휘발분 및 기타 성분의 비율에 따라 품질이 나누어진다.

표 9.1 석탄의 성질과 발열량의 개략값

종 류	성 질	비 중	발열량[kcal/kg]	
			고	저
갈 탄	수분이 많고(약 15~17[%]) 탄화도는 약간 진행 중인 편이다. 발열량은 낮다.	0.7~1.5	5,200	5,000
역 청 탄	수분이 적고 탄화도는 상당히 진행되고 있다. 발열량은 높다.	1.3~1.5	6,200	5,900
무 연 탄	탄화도가 가장 많이 진행되고 발열량도 높다. 휘발분이 적어서 연소하기 어렵다.	1.3~1.8	6,900	6,800

일반적으로는 고정탄소가 많고 회분이 적은 것이 발열량이 높고 질도 좋은 편이다. 회의 용융 온도가 낮은 것은 화로 내에서 화로 벽에 부착해서 클링커로 되기 때문에 연소장치의 운전에 지장을 주거나, 미분탄 연소장치에서는 연소가스 중에 떠다니면서 수관에 부착해서 운전에 지장을 준다.

석탄의 발열량을 나타내는 데에는 고위 발열량과 저위 발열량이 있다. 전자의 **고위 발열량**은 연료 중에 처음부터 포함되어 있는 수분과 연소에 의해서 생긴 수분이 수증기로 되어 있을 경우 수증기의 증발열을 포함시킨 발열량을 말하고, **저위 발열량**은 전자로부터 증기의 증발열을 빼 준 열량을 말한다. 보일러에서 이용할 수 있는 것은 후자의 저위 발열량이다.

(2) 중유, 원유

지하의 유정으로부터 캐낸 것을 원유라고 한다. 이 원유를 가열, 정제, 가공해 나가면 휘발유, 등유, 경유 등으로 분류되며 최후에 300[℃] 이상으로 유출되어서 흑갈색의 중유로 된다. 중유의 발열량은 약 10,000[kcal/kg]로서 약간의 회분(0.03~0.04[%])을 포함하고 있다.

발전용 연료로서 사용되는 중유는 보일러의 연소장치가 간단할 뿐 아니라 열효율이 좋고, 부하의 변동에 대한 속응성도 좋다. 또한, 석탄에 비하면 발열량이 약 2배 정도로 높으며 회 처리가 간단하다는 이점이 있다.

종래는 주로 벙커 C 중유가 많이 사용되었으나, 최근에는 공해문제와 관련해서 발생 열량당의 유황분을 줄이기 위하여 원유를 직접 사용하는 경우가 많으며, 또 일부에서는 나프타도 사용하고 있다.

(3) 가스체 연료

가스체 또는 기체연료로서 가장 많이 사용되는 것은 가연성 천연가스인 LNG이다. LNG는 천연 가스의 주 성분인 메탄을 −162[℃]까지 낮추어서 액화한 것이다. 액화함에 따라 그 부피가 1/580으로 감소되기 때문에 대량수송, 대량저장이 가능해 지고 있다. 또, 액화하는 과정에서 유황 등의 불순물을 제거할 수 있음으로, 대기오염 방지대책용의 깨끗한 에너지로서 주목되어 대 용량 기력발전이나 높은 열효율을 실현한 복합 사이클 발전에 사용되어 그 소비량은 증가 일로에 있다.

우리나라에서도 석유, 석탄과 함께 에너지 발전용 연료의 다원화라는 관점에서 이 LNG를 적극적으로 늘려서 사용할 계획이 추진 중에 있으며, 일부 화력 발전소(평택화력 등)에서는 종래의 석유화력을 이 LNG 화력으로 개조해서 운전 중에 있다.

참고로 그림 9.6에 LNG 기력 발전소의 개요를, 그리고 그림 9.7에 LNG의 기화방식의 개념도를 나타낸다.

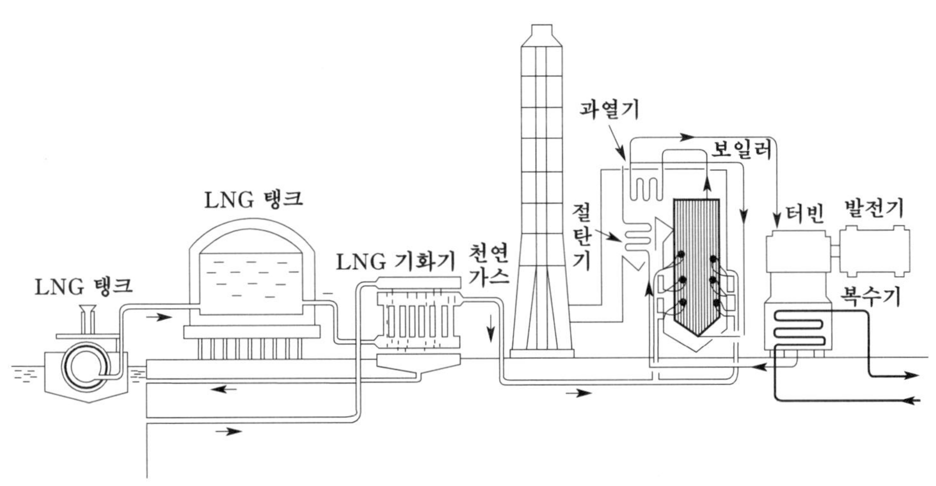

그림 9.6 LNG 기력 발전소의 개요

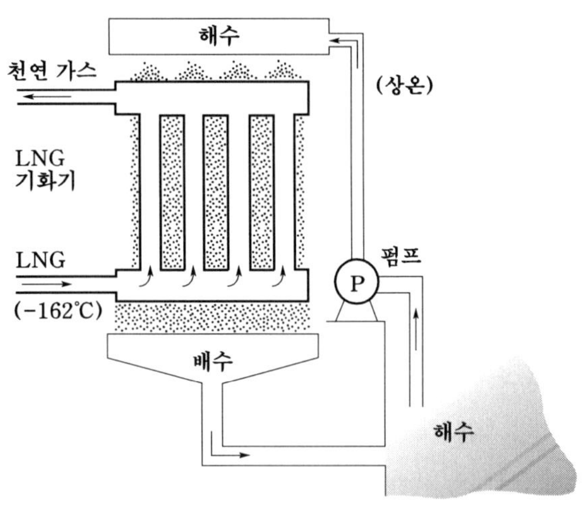

그림 9.7 LNG의 기화방식(개념도)

표 9.2는 LNG의 성분, 발열량 등의 일례를 나타낸 것이다.

표 9.2 LNG의 성분과 발열량

종 류	메탄 [%] CH_4	비등점 [℃]	액비중	발열량 [kcal/kg]
액화천연가스 (LNG)	99.7	−161.5	0.415	13,000~13,240

연료를 완전히 연소시키기 위해서는 외부로부터 필요한 공기량을 공급해 주어야 하는데, 이 경우 완전연소를 시키기 위해서는 이론적으로 계산된 이론 공기량보다도 더 많은 공기를 필요로 하게 된다. 이 공기를 **과잉공기**라고 하는데 이론 공기량 A_0에 대하여 실제의 소요 공기량 A와의 비율 즉,

$$\mu = \frac{A}{A_0} \tag{9.6}$$

여기서, $\mu > 1$
를 **공기 과잉률** 또는 **공기비** 라고 부르고 있다.

공기 과잉률은 연료의 종류, 연소법 등에 따라서 달라지지만 대략 발전용의 미분탄 연소의 경우에는 1.2~1.4 정도가 적당하다고 보고 있다. 중유연소일 경우에는 이 값이 더 작아져서 대략 1.05 정도를 목표로 하고 있다. 공기량이 너무 많으면 연료는 완전히 연소되지만 연도로 빠져나가는 열량이 많아지기 때문에 발전소에서는 완전연소에 필요한 공기 이외는

공급되지 않게끔 감시장치로 제어하고 있다.

연료의 연소가 유효하게 이루어지기 위해서는 다음과 같은 조건이 필요하다.

① 과잉공기를 될 수 있는 대로 적게 하고 또한 가연물이 공기와 충분하게 접촉할 수 있도록 할 것

② 고정탄소는 연소에 앞서 휘발분을 충분히 휘발시켜 연소하도록 할 것

③ 연소에 충분한 시간을 줄 것

④ 연소온도를 높게 할 것

예제 9.2 LNG와 LPG에 대해 설명하여라.

풀이 먼저 LNG는 액화 천연가스(Liquified Natural Gas)의 약자로서 이것은 가스전이나 유전에서 산출하는 천연가스 중 메탄(CH_4)을 주성분으로 하고 소량의 에탄(C_2H_2) 등을 포함하는 가연성 가스를 −162[℃]의 초저온으로 냉각해서 액화한 것이다. 환경면에서 문제가 되고 있는 유황분이나 질소분을 거의 포함하지 않기 때문에 공해대책상 양질의 연료로서 사용할 수 있다는 장점이 있는 반면 초저온에서의 수송이라든지 저장을 필요로 하기 때문에 전용의 탱커 및 탱크 등 특수한 고가의 설비를 요한다는 단점이 있다.

다음 LPG는 액화 석유가스(Liquified Petroleum Gas)의 약자이다. 이것은 LNG와 같은 천연 가스뿐만 아니라 석유 정제과정에서 나오는 가스를 가압하거나 또는 −40[℃]로 냉각해서 액화시킨 것이다. 주성분은 프로판(C_3H_8)과 부탄(C_4H_8)으로 되어 있다.

LNG와 마찬가지로 유황분과 질소분이 적은 양질의 연료이나 이것 역시 특수 탱커라든지 저장장치를 필요로 하고 있다.

결국 LNG와 LPG 양자의 차이는 주성분(전자는 메탄, 후자는 프로판)과 액화에 요하는 저온(−162[℃]와 −40[℃])의 온도차에 있다고 하겠다.

9.4.2 연소장치

연소설비는 사용하는 연료를 먼저 연소에 적합한 상태로 바꾸고 난 다음 이것을 화로에 들여보내서 연소시키는 설비를 말하는데, 사용하는 연료에 따라 석탄 연소장치, 액체(중유) 연소장치 및 가스체(LNG) 연소장치로 대별된다.

(1) 석탄 연소장치

석탄 연소장치에는 고체 그대로 화격자 위에서 연소시키는 **스토커 연소방식**과 석탄을 일단 분말로 해서 버너로 연소시키는 **미분탄 연소방식**이 있는데, 현재 발전용으로는 후자의 미분탄 연소방식만이 사용되고 있기 때문에 여기서는 미분탄 연소장치를 중심으로 설명한다.

미분탄 연소장치에서는 먼저 급탄기로 보일러 부하에 알맞은 석탄을 석탄 뱅크로부터 **미분탄기**(mill)에 보낸다. 다음에 이 미분탄기로 석탄을 아주 작은 미분으로 분쇄하고 공기 예열기로 예열된 연소용 공기(**1차 공기**)로 버너에 반송한다. 버너 근방에서 마찬가지로 공기 예열기로 예열된 연소용 공기(**2차 공기**)와 혼합된 후, 화로 내에 들여보내져서 연소하게 된다. 화로 내에서 이들 미분탄이 잘 연소되도록 하기 위해서는 항상 균일한 미분도를 유지할 필요가 있다. 이 미분도는 일반적으로 세도가 높을수록 연소가 용이해서 연소효율이 좋아지지만, 그 반면 분쇄에 요하는 동력 및 유지비가 증가하므로, 미분도는 어디까지나 종합적으로 그 경제성을 검토해서 결정하여야 한다.

표 9.3은 미분도의 일례를, 그리고 표 9.4는 탄종 별 개략값을 나타내 보인 것이다.

표 9.3 미분탄기의 미분도의 예

구 분	볼밀(ball mill)
200 메시체 통과량	65 [%] 이상
100 메시체 통과량	90 [%] 이상
50 메시체 통과량	98.5 [%] 이상

표 9.4 탄종별 경제적 미분도

탄 종	200 메시 통과량 [%]
무 연 탄	80～85
고 도 역 청 탄	65～75
저 도 역 청 탄	55～65
갈 탄	40～45

가령 표 9.3 중의 200 메시체 통과량 [%]이라 함은 1평방 인치에 200×200개의 눈(目)을 가진 체(篩)를 통과하는 미분탄의 양 [%]을 표시한다. 미분탄 연소 화력 발전소에서는 대개 200 메시로 85 [%] 이상이 통과되도록 석탄을 분쇄하고 있다.

미분탄 연소방식의 장점을 들면 다음과 같다.

① 미분탄이기 때문에 연료와 공기와의 접촉면적이 커서 연소성이 좋다(보일러의 열효율이 좋다). 따라서 적은 양의 과잉공기로서도 완전연소를 할 수 있고 회에 함유된 미연소물도 적다.

② 점화 및 소화가 신속하고 간단해서 급격한 부하변동에도 신속하게 응할 수 있다.

③ 각종 석탄을 완전히 혼합할 수 있으므로 저질탄이나 휘발 무연탄도 쉽게 연소시킬 수 있다.
④ 고온의 연소공기를 사용할 수 있기 때문에 연소효율이 좋고 복사, 흡수열량도 크다.
⑤ 가스 또는 액체연료와의 혼소도 가능하다.
⑥ 자동 연소제어를 용이하게 적용할 수 있다.

한편 이 방식은 다음과 같은 단점도 있다.

① 미분탄기, 배탄기 등의 소비전력이 크다(보통 석탄 1[t]당 15[kWh] 정도가 소요됨).
② 회전 부분이 많으므로 마모나 고장의 가능성이 크다. 따라서 설비 비 및 보수 유지비가 많이 소요된다.
③ 큰 연소실을 필요로 하며, 또한 노벽에 냉각을 위한 특별한 장치가 필요하다.
④ 굴뚝으로부터 나가는 배기에 미진이 포함되므로 이를 제거하기 위한 집진장치가 필요하다(전기 집진장치를 사용할 경우 90[%] 정도 집진이 가능하다).
⑤ 소음이나 진동을 발생하는 경향이 있다.

이상과 같은 장·단점이 있으나 이 방식을 취하면 대용량 보일러의 제작이 가능해지므로 현재 이것이 널리 채택되고 있다.

미분탄 연소방식은 미분탄을 버너에 분배하는 방법에 따라 각각 직접식(유닛식)과 저장식으로 나뉘어진다.

① **직접식** 미분탄기에서 분쇄된 미분탄을 직접 버너에 보내는 방식으로서 그림 9.9는 그 일례를 보인 것이다.

석탄의 경로는 석탄조로부터 계량기, 급탄기를 거쳐 미분탄기로 보내지고 여기서 분쇄된 다음 분리기에서 직접 배탄기를 거쳐 화로 내로 들어가 연소하게 되어 있다.

한편, 공기 예열기에서 예열된 연소용 공기의 일부는 미분탄기에 보내져서 석탄의 건조와 미분탄을 버너에 보내는 역할을 하고 대부분은 버너로 미분탄과 함께 화로에 흡입되어 연소를 돕게 된다. 보통 전자를 **1차 공기**, 후자를 **2차 공기**라고 한다.

이 직접 연소방식의 장점은 다음과 같다.

㉠ 설비가 간단하고 취급이 용이하며 설비비가 저렴하다.
㉡ 미분탄 저장에 의한 발화의 우려가 없다.
㉢ 예열공기에 의하여 미분탄기 내에서 석탄이 건조되므로 석탄 건조기를 생략할 수 있다.

최근의 발전용 보일러에서는 대부분 이 직접식을 많이 채택하고 있다.

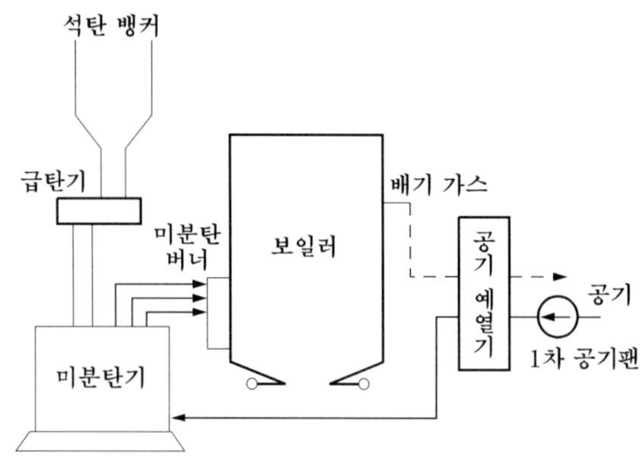

(a) 개념도

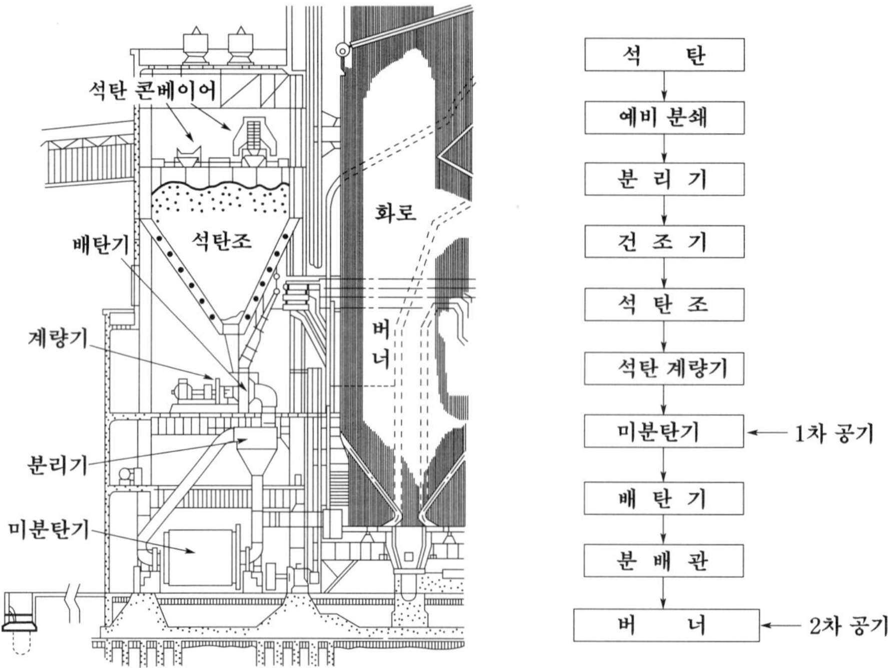

(b) 장치도 (c) 석탄 유동 경로

그림 9.8 직접 연소 방식

② **저장식** 미분탄기로 분쇄된 미분탄을 사이클론 분리기로 미분과 조분을 분리하고 미분을 일단 저장조에 저장한 후 급탄기로 버너에 필요한 양만큼 분배하는 방식인데 이것은 직접식에 비해서 구조, 설비가 약간 복잡한 편이다.

저장식에는 미분탄 장치를 한 곳에 집중해서 여기서 각 보일러의 저장조에 미분탄을 공급하는 **중앙 저장식**과 보일러마다에 미분탄 장치와 저장조를 설비하는 **반 저장식**(또는 **단위 저장식**이라고도 함)이 있다.

저장식의 특징은 다음과 같다.

㉠ 보일러와 관계없이 미분탄기는 항상 최대의 효율로 운전할 수 있다.

㉡ 각종 석탄을 포함해서 연소시킬 수 있으며 미분탄기가 고장이 나더라도 저장조의 미분탄을 사용할 수 있기 때문에 보일러 운전에 큰 지장을 주지 않는다.

㉢ 미분탄 연소율이 분쇄기의 용량에 따라 직접 제한을 받지 않기 때문에 보일러의 부하변동에 대한 속응성이 좋다.

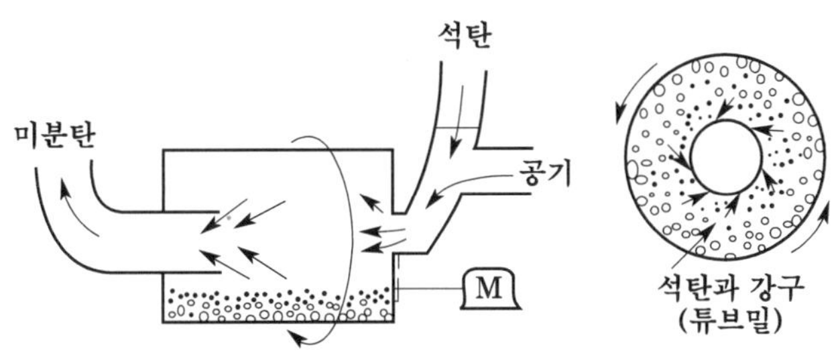

(a) 튜브 밀(중력식)

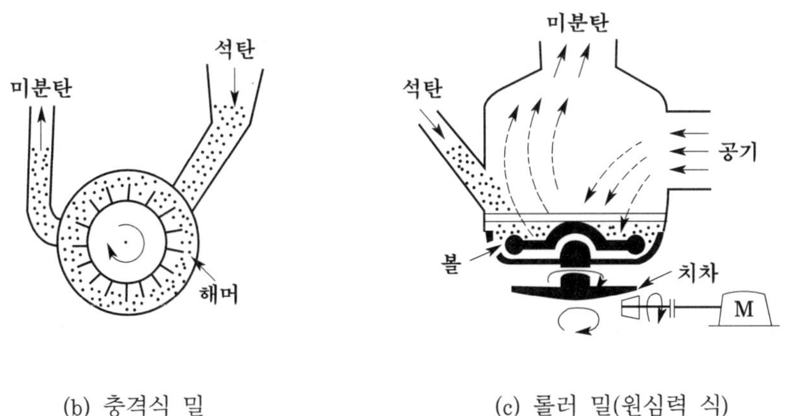

(b) 충격식 밀

(c) 롤러 밀(원심력 식)

그림 9.9 미분탄기의 종류

한편, 미분탄기의 형식은 여러 가지가 있는데 어느 것이나 충격, 마찰 및 압쇄의 3 가지 작용으로 석탄을 분쇄, 미분화하고 있다.

이중 어느 작용을 이용하느냐에 따라 미분탄기는 튜브 밀(중력식), 충격식 밀(분쇄식), 롤러 밀(원심력식) 등으로 나누어진다.

미분탄 버너는 미분탄을 화로에 불어넣어 주는 장치로서 이때 미분탄을 어떻게 불어넣어 주느냐에 따라, 다음과 같은 방식으로 나뉘어진다.

㉠ **분사식 버너** 2차 공기를 미분탄류의 흐름과 평행으로 취입해 주는 것

㉡ **교류식 버너** 2차 공기를 미분탄류와 교차하도록 취입하는 것

㉢ **선회식 버너** 미분탄과 공기의 혼합류에 선회운동을 일으키게 해서 잘 혼합되도록 하는 것

이상의 어느 방식이건 미분탄과 공기를 잘 혼합시켜 주면 화염이 짧아져서 연소 시간도 짧게 되어 안정된 연소를 할 수 있게 된다.

분사식 버너는 분사방향에 따라, 다음과 같이 구별된다.

㉠ **수평형 버너** 화로의 한쪽 또는 양쪽 벽으로부터 연료를 수평으로 분사하는 것으로서 화염이 짧은 유연탄용으로 사용된다. 이 경우 화로 내 화염의 모양은 L자형으로 된다.

㉡ **수직형 버너** 화로 전방에서 아래쪽을 향하여 미분탄류를 분사하는 것으로서 무연탄이나 저질탄처럼 연소속도가 느려서 화염통로를 길게 해야 하는 것에 사용된다. 이때 화염의 모양은 U자형으로 된다.

㉢ **탄젠셜 버너** 화로의 네 구석에 같은 높이에 있는 편평 버너를 사용해서 화로 한 변의 $\frac{1}{4} \sim \frac{1}{2}$반지름의 가상원에 대하여 접선방향으로 미분탄류를 분사하여 노 내에서 소용돌이 운동을 일으켜 공기와의 혼합을 원활하게 한다. 그림 9.10은 이들의 개요를 나타낸 것이다.

(a) 수평형 버너 (b) 수직형 버너 (c) 탄젠셜 버너

그림 9.10 분사식 버너의 개요

분사식은 미분탄과 연소공기를 평행류 또는 교류로 해서 분사시켜 선회식과는 달리 층류를 이루기 때문에 화염의 길이도 길고 연소시간도 길어진다는 장점이 있다. 이 때문에 각 발전소에서는 분사식 버너를, 그 중에서도 특히 수직형의 것을 많이 사용하고 있다.

(2) 중유 연소장치

보일러에서 중유를 사용할 경우에는 ① 석탄 등 다른 연료를 전혀 사용하지 않는 중유전소의 것과 ② 중유와 석탄의 어느 쪽이라도 사용할 수 있게 한 혼소방식의 것과 ③ 중유의 연소량을 보일러 용량의 30~50 [%] 정도로 해서 석탄의 보조적인 역할을 맡게 하는 것의 3 가지가 있다.

우리나라에서는 발전소의 입지조건, 연료공급 상황 등에 따라 혼소방식 및 전소 방식이 채택되고 있는데, 여기서는 중유전소 방식만을 설명하기로 한다.

중유를 연소시킬 경우에는 연소성을 좋게 하기 위해서 버너는 중유를 분무상태로 해서 분사 시키도록 하고 있다. 버너의 분사기구는 ① 압축공기를 사용하는 **공기 분사버너** ② 증기를 사용하는 **증기 분사버너** ③ 중유 자체를 높은 압력으로 분사하는 **압력 분사버너**의 3 가지로 나뉘어지는데, 일반적인 발전용으로서는 ②, ③의 것이 많이 사용되고 있다.

기체연료로서는 천연가스(LNG)를 들 수 있다. 최근에 건설되고 있는 LNG 용 가스버너는 가스압력을 0.5~2.0[kg/cm^2]로 해서 버너의 끝으로부터 가스를 고속분사 시키고 있다.

9.5 화 로

화로는 연소장치로부터 들여보내진 연료를 연소용 공기와 잘 혼합해서 완전연소 시킴으로써 연료가 갖는 화학 에너지를 열 에너지로 변환하기 위한 설비로서 보일러 설비에서도 가장 중요한 부분이다. 이 화로의 구조가 곧 보일러 효율을 좌우하기 때문에 최소의 과잉공기로 연료를 완전연소 시킬 수 있어야 한다.

화로의 크기는 노벽의 구조, 사용연료의 종류에 따라서 상당히 달라진다. 연소실로서의 화로는 다음의 2 가지 기능을 가지고 있어야 한다.

① 연료를 공기와 잘 혼합하고 또한 연소실의 온도를 적당히 유지해서 완전연소를 할 수 있을 것

② 발생한 고온의 연소가스를 적당한 온도까지 낮출 것

이것은 너무 고온의 가스가 화로를 나와서 가열 수관군에 들어가면 가스와 함께 운반된 회가 연화 또는 용융해서 관에 부착하여 관을 부식하거나 통풍을 방해하기 때문이다. 한편 화로 내의 온도가 너무 낮으면 불완전 연소의 원인이 된다.

9.6 과열기, 절탄기 및 공기 예열기

9.6.1 과열기, 재열기

보일러 본체에서 발생한 증기는 수분을 약간 포함한 습증기이다. 이 수분을 증발시키고 다시 온도를 더 높여서 이른바 과열증기를 만드는 장치가 **과열기**이다. 여기서 과열증기를 사용하는 이유를 들면 다음과 같다.

① 터빈의 이론적 열효율은 증기의 압력과 과열온도가 높을수록 높아진다(현재는 650[℃]까지 과열시키고 있다).

② 고온이 됨에 따라 원동기에서의 열 낙차가 증가해서 증기 소비량을 감소시킬 수 있으므로 원동기의 크기를 작게 할 수 있다.

③ 증기배관 및 터빈 내에서의 마찰손실을 적게 하고 터빈의 내부효율을 높여준다.

④ 증기 중에 함유된 수분에 의한 부식을 경감시킬 수 있다.

과열기는 전열방식에 따라 다음의 3 가지로 나눌 수 있다.

- **접촉형 과열기** : 주로 열가스의 대류전열로 가열하는 것
- **복사형 과열기** : 복사전열로 가열하는 것
- **혼합형 과열기** : 위의 대류 및 복사전열을 조합해서 가열하는 것

현재 대형 보일러에서는 이 혼합형을 많이 사용하고 있다.

한편, 증기터빈 발전소의 대용량화로 사용증기가 고압으로 됨에 따라 터빈 배기단에서 습도가 증가하여 터빈날개를 부식시키고 마찰손실을 증가시킬 우려가 많다. 이것을 방지하기 위하여 고압터빈 내에서 팽창해서 포화온도 가까이 된 증기를 도중 과정에서 일부 추출, 보일러에서 재가열 함으로써 건조도를 높여 적당한 과열도를 갖도록 하는 과열기를 설치하고 있는데 보통 이것을 **재열기**라고 한다.

재열기에는 가열원에 따라 열 가스 재열기와 증기 재열기가 있는데, 현재 모든 발전소는 전자의 열 가스 재열기를 쓰고 있다. 열 가스의 전열방식에 따라 대류형(접촉형), 복사형

및 복사 대류형의 3 가지로 분류된다는 것은 과열기의 경우와 동일하며, 그 구조 및 성능도 과열기의 그것과 거의 같다. 다만 재열기는 과열기에 비해 압력이 낮다는 것이 약간 다른 점이라고 할 수 있다.

9.6.2 절탄기, 공기 예열기

화로에 공급된 연료의 연소가스는 연도를 빠져나갈 때에도 아직 상당한 여열을 지니고 있다. 따라서 이와 같은 고온의 배기가스의 보유열을 그냥 배출하지 않고 그 배출과정에서 일부나마 흡수할 수 있다면 연료의 소비율을 어느 정도 낮출 수 있다. **절탄기**는 보일러 본체, 과열기를 통과한 배기가스의 여열을 이용해서 보일러에 공급되는 급수를 예열함으로써 연료 소비량을 줄이거나 증발량을 증가시키기 위해서 설치하는 여열회수 장치이다. 이것은 주로 강관을 사용하고 관내에는 급수를, 관의 직각방향으로는 연소가스를 통과시켜 주도록 하고 있다(연료절약은 4~11 [%] 정도이다).

예제 9.3 석탄화력 발전소에서 매일 최대출력 80,000[kW], 부하율 90[%]로 30일간 연속운전할 경우 필요한 석탄량은 몇 [t]인가? 단, 열효율은 35[%], 보일러 효율은 85[%], 터빈 효율은 85[%], 발전기 효율은 98[%]라 하고 석탄의 발열량은 5,500[kcal/kg]라고 한다.

풀이 먼저 30일간의 전력 발생량 E는,

$$E = 80{,}000 \times 0.9 \times 24 \times 30 = 51.84 \times 10^6 \text{ [kWh]}$$

이 E에 상당하는 열량 Q는 1 [kWh] = 860 [kcal]이므로,

$$Q = 860 \times 51.84 \times 10^6 \text{[kcal]}$$

한편 제의에 따라 이 발전소의 종합효율 η는,

$$\eta = 0.35 \times 0.85 \times 0.85 \times 0.98 \fallingdotseq 0.248$$

따라서, 이 발전소에서 30일간 필요로 하는 석탄량 W는

$$W = \frac{860 \times 51.84 \times 10^6}{5{,}500 \times 10^3 \times 0.248} = 32{,}685 \text{ [t]}$$

예제 9.4 최대출력 600[MW], 소내 전력 18[MW]의 화력 발전소에서 발열량 9,000 [kcal/l]의 중유를 사용해서 운전하고 있다. 발전단 열효율이 40[%]였다고 할 때 이 발전소의 열소비율[kcal/kWh]과 최대출력으로 발전할 경우의 시간당 중유 소비량[kg/h] 및 송전단 효율[%]을 구하여라. 단, 주변압기의 손실은 무시하는 것으로 한다.

풀이 제의에 따라

열소비율$=860/0.4=2{,}150$[kcal/kWh]

600[MW]로 발전할 경우의 1시간당의 소비 열량은

$$600\times10^3\times2{,}150=1.290\times10^9\text{[kcal]}$$

중유의 발열량은 9,000[kcal/l]이므로 1시간당의 중유 사용량은

$$\frac{1.29\times10^9}{9{,}000}=143.3\times10^3\text{[kg/h]}$$

한편, 소내율은 $\frac{18}{600}=0.03=3$[%]

따라서,

송전단 열효율$=(1-0.03)\times40=38.8$[%]

9.7 통풍장치

연료의 연소에 필요한 공기를 화로에 공급하고 연소에 의해 발생한 연소가스를 굴뚝으로부터 배출하는 작용을 **통풍**이라고 한다. 통풍을 원활히 시키기 위해서는 풍도, 미분탄 연소장치, 증발수관군, 과열기, 재열기, 연도, 집진장치 등의 전 통풍저항을 이겨내고 필요한 양의 공기 또는 연소가스를 유통시킬 수 있을 정도의 충분한 통풍력을 가지고 있어야 한다. 이 통풍력을 주기 위한 설비가 곧 **통풍장치**이다.

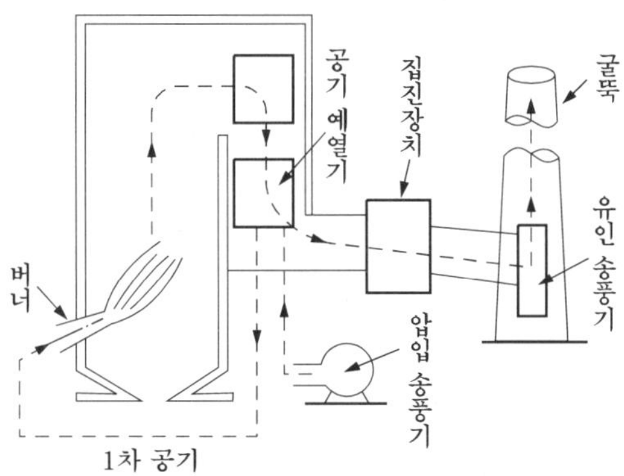

그림 9.11 통풍장치

통풍력은 노의 입구와 연도의 종단과의 사이의 압력차에 의해서 발생하게 되는 것인데 보통 이것을 수은주 높이 [mmAg]로 표시하고 있다.

일반적으로 통풍력을 주는 통풍방식으로서는 다음과 같은 2 가지가 있다.

① 자연통풍 방식

② 강제통풍 방식

자연통풍 방식은 적당한 높이의 굴뚝만을 이용해서 굴뚝 내의 연소가스와 외부공기와의 온도차에 의해서 생기는 밀도차로 통풍력을 얻는 것이다. 자연 통풍장치는 간단하지만 통풍력에는 한도가 있으므로 실제의 대용량 보일러에서는 거의 쓰이지 않는다.

강제통풍 방식은 압입통풍기로 공기를 화로에 들여보내거나 또는 유인통풍기로 화로 내의 연소가스를 빨아내는 방식이다.

이 강제통풍 방식에는 압입통풍 방식 및 평형통풍 방식이 있다. 압입통풍 방식은 보일러의 상류 측(공기 취입구)에 배치한 압입통풍기로 화로 내에 공기를 들여보내서 이 압입통풍기 만의 힘으로 화로 내의 압력을 대기압 이상으로 유지하고자 하는 것으로서 **압력통풍 방식**이라고도 한다.

이 방식의 장점을 들어보면 다음과 같다.

① 유인통풍기가 없으므로 그만큼 소내 동력이 작아도 된다.

② 공기량 제어는 보일러 부하 또는 연료량에 따라서 공급되는 공기량을 제어해 주면 되므로 제어기구가 비교적 간단하다.

③ 낮은 공기 과잉률 운전에 적합하다.

이처럼 노 내의 압력을 높게 해서 연소율을 높이는 방식을 **가압연소 방식** 이라고 한다.

이에 대하여 **평형통풍 방식**은 보일러의 상류측(공기 취입구)에 배치한 압입통풍기와 보일러 하류의 연도에 배치한 유인통풍기로 화로 내의 압력을 거의 대기압과 같거나 약간 낮게 유지하면서 운전하는 방식으로서, 동력비는 비싸지만 통풍력이 크기 때문에 대형 보일러에서는 이 평형통풍 방식을 많이 사용하고 있다. 그림 9.12는 이 평형통풍 방식의 일례를 보인 것으로서 이로부터 보일러 각 부분의 압력분포를 알 수 있다.

이 경우 풍량의 조정은 압입통풍기의 출구 및 유인통풍기의 입구에 설치한 댐퍼 제어에 의하든지 아니면 따로 설치한 통풍기 용 전동기의 속도제어 등으로 조절하고 있다.

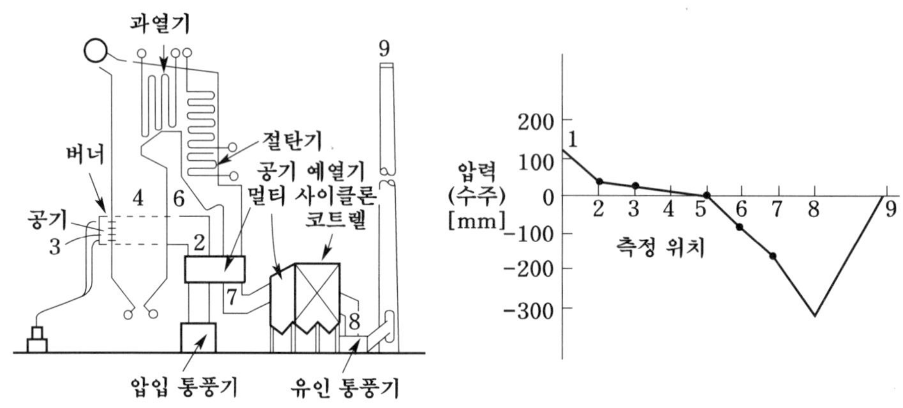

그림 9.12 평형 통풍방식

중유전소 보일러에서는 찬 공기의 누입을 막고 공기 과잉률을 작게 함으로서 중유에 포함된 불순물에 의한 부식을 적게 한다는 관점에서, 대부분이 압입통풍기만을 사용하는 가압 연소방식을 채택하고 있다.

한편, 미분탄 연소 보일러의 경우는 특별한 경우를 제외하고는 미분탄이 외부로 날라가는 것을 막기 위해서 압입, 유인 양 통풍기에 의한 평형 통풍방식을 쓰고 있다.

굴뚝은 단순히 연소에 필요한 통풍력을 얻기 위한 수단뿐만이 아니고, 연소가스에 포함되는 회분이라든지 아황산가스 등의 유해물질을 될 수 있는 대로 멀리 넓은 범위로 날려 버린다는 역할을 하고 있다. 굴뚝에 의한 통풍력은 굴뚝 내의 열가스의 밀도와 외기밀도의 차로 발생되는 것이다.

9.8 환경보전대책

오늘날 화력발전에서는 공해문제가 중대한 사회문제로 되고 있다. 화력발전에서의 공해란 주로 발전소에서 배출되는 매진, 유황산화물(SO_{+}), 질소산화물(NO_{+}) 등이 대기를 오염시킨다는 것인데, 최근에는 화력발전소에서 배출되는 탄산가스(CO_2)가 이른바, 지구 온난화의 원흉이라고 해서 이의 규제문제가 전 세계적인 문제로 되고 있다.

화력발전소에서는 이러한 환경오염문제의 해결을 위해 많은 노력을 기울이고 있는데, 그림 9.13은 그 일예로서 화력발전소에서의 환경보전대책설비를 보인 것이다.

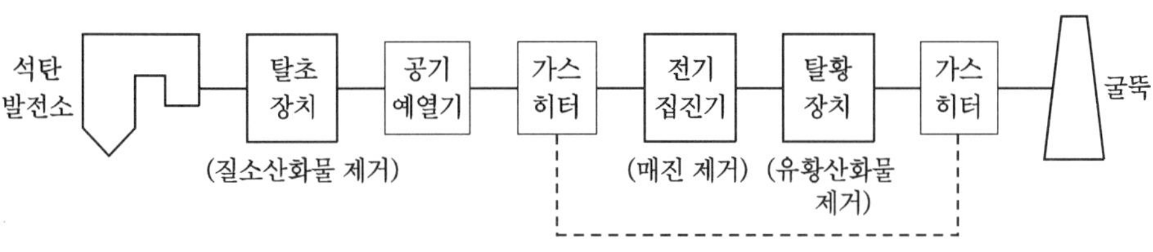

그림 9.13 화력발전소에서의 배연처리장치

9.8.1 매진대책

연료 중에 함유되어 있는 회분은 연소되지 않고 보일러 밖으로 배출된다. 석탄을 미분탄으로해서 연소시킬 경우에는 극히 작은 입자를 부유상태로 해서 연소시키기 때문에 연도를 통해서 나가게 되는 회의 양은 수십 [%]에 달하며, 그것을 그냥 굴뚝으로 방출할 경우에는 회분에 의한 공해문제를 야기하게 된다. 한편, 석유를 연료로 할 경우에는 배출될 아황산가스(SO_2), 질소산화물(NO_2)이 문제가 된다. 일반적으로 화력 발전소가 환경에 미치는 공해로서는 이처럼 굴뚝으로부터 배출하는 회(비산회), 유해가스, 복수기로부터의 온배수, 석유에 의한 해수의 오염, 발전소 운전시의 소음 등을 들 수 있다.

배기가스로부터 그을음, 분진 등을 회수하기 위한 분리 포집장치로서 현재 가장 많이 사용되고 있는 것은 전기식 집진방식인 **코트렐식 집진장치**이다.

그림 9.14는 이 코트렐 집진장치의 원리도를 나타낸 것이다.

이것은 평판, 파형판, 쇠그물 등을 접지한 집진극을 양극으로 하고, 중앙에 절연시킨 피아노선을 쳐서 이것을 음극으로 한다. 이들 사이에 30,000～60,000[V]의 직류전압을 인가하고 여기에 연소가스를 통과시키면 코로나방전으로 배기가스 중의 매진이 하전(荷電)해서 집진극에 흡착됨으로써 이들 매진을 분리 · 포집하는 것이다.

최근에는 이 **비산회**를 시멘트에 섞어 쓰면 콘크리트의 강도를 증가시킬 수 있다고 해서 적극적으로 집진장치를 사용해서 이것을 채집하는 경우가 늘어나고 있다.

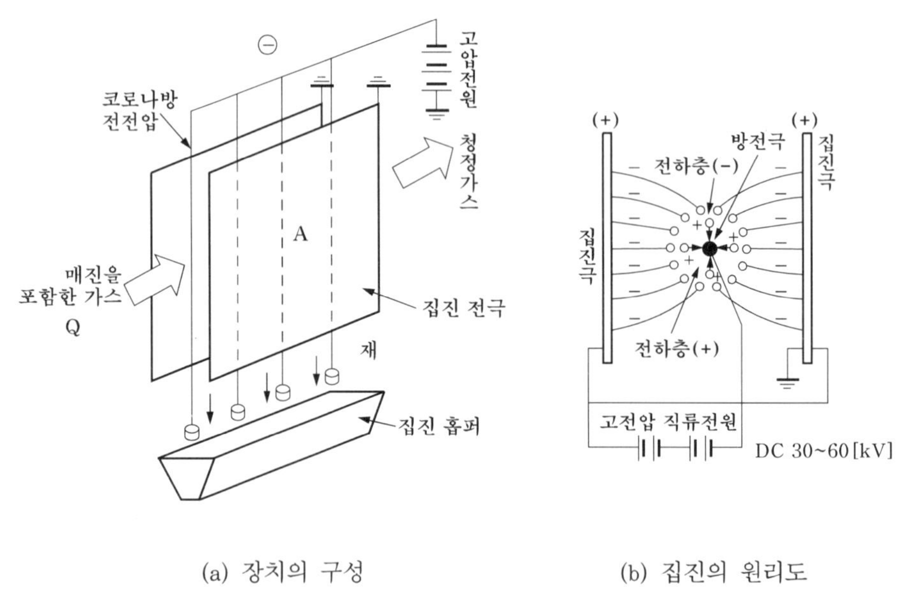

(a) 장치의 구성　　　(b) 집진의 원리도

그림 9.14 전기 집진기의 원리 설명도

9.8.2 유황산화물 대책

SO_2는 연료중에 포함된 유황분이 연소함으로써 발생하는 것이다. 따라서 연료에 포함되는 유황분이 적은 연료일수록 SO_2는 적으며, LNG 등 유황분을 포함하지 않는 연료에서는 전혀 생기지 않는다.

이 SO_2를 제거하기 위한 탈유장치에는 여러 가지 방법이 있으나, 현재로서는 석회석을 흡수제로 한 **석회석 · 석고법**이 일반적으로 널리 사용되고 있다.

9.8.3 질소산화물 대책

NO 대책으로는 우선 연소방법의 개선(연소온도의 저하, 산소농도의 저하 등)으로 그 발생을 줄일 수 있으나, 일반적으로는 **암모니아 접촉환원법**을 이용한 탈초장치를 많이 사용하고 있다. 이것은 암모니아를 주입하고 그 촉매작용으로 배기가스 중의 NO_+를 아무 해를 주지 않는 질소와 물로 분해하는 방법을 채택한 것으로서 그 반응식은 다음과 같다.

$$4NO + 4NH_3 + O_2 \rightarrow 4N_2 + 6H_2O$$

예제 9.5 회분 30[%]를 포함한 석탄을 매시간마다 40[t]의 비율로 태우는 미분탄 연소 보일러가 있다. 연소시에 생기는 재의 약 20[%]가 화로의 바닥에 떨어지고 나머지 80[%]는 연소가스와 함께 연도로 운반된다고 한다. 연도에 집진장치를 설치해서 이 비산회(flyash)를 채취한다면 하루에 몇 [t]의 재가 채취되겠는가? 단, 집진효율은 90[%]라고 한다.

풀이 1일의 전체 회분량은

$$40 \times 0.3 \times 24 = 288[t]$$

이중 80[%]가 연도로 가고 그 중 90[%]가 집진장치에 의해 집진되기 때문에

$$288 \times 0.8 \times 0.9 \fallingdotseq 207.4[t]$$

그러므로 하루에 207.4[t]의 회를 채취할 수 있다.

9.9 보일러 급수 및 급수처리

9.9.1 보일러 급수

보일러 급수는 지하수, 하천수 또는 상수도 물을 원수로 해서 사용하고 있다.

이 원수에는 여러 가지 불순물이 함유되어 있기 때문에 직접 급수로 사용하면 운전 시간이 경과함에 따라서 이들 불순물이 농축되어 보일러에 여러 가지 장해를 일으키게 된다. 특히 최근의 대형 보일러는 고온고압의 증기를 사용하고 있기 때문에 한층 더 순도가 높은 급수가 요구되고 있다.

원수에는 탄산염, 황산염, 실리카, 중탄산염 등 그 밖에 공기, 아황산가스, 탄산가스 등의 용존가스, 유기물, 유지 등이 포함되어 있다. 이와 같은 불순물의 양은 보통 물 1 [kg] 또는 1 [l] 중에 함유되는 양 [mg]으로 표시되며, 보통 이것을 [ppm](100만 분의 1의 양) 또는 [mg/l] 단위로 나타내고 있다. 그밖에 순도가 한층 더 높은 것에 대해서는 [ppb](ppm의 1,000분의 1) 단위를 사용하고 있다.

앞에서 설명한 불순물을 포함한 원수를 그대로 보일러 내에서 증발시키면 다음과 같은 여러 가지 장해를 일으키게 된다.

(1) 스케일의 생성 및 슬러지의 발생

스케일은 고형물질이 석출되어 보일러 내면에 부착된 것을 말한다. 이것은 주로 보일러 용수 중에 함유된 칼슘(Ca)이나 마그네슘(Mg)의 중탄산 염류, 유지류, 기타 부식 생성물 등이 농축되거나 또는 가열되어서, 용해도가 적은 것부터 침전 내지 석출되어 보일러 내의 관벽 등에 생성된 것이다. 이에 대하여 **슬러지**는 위의 석출물 등이 생성되지 않고 내부에 퇴적하는 침전물을 말한다.

이러한 스케일이 생성됨으로써 일어나는 장해는 다음과 같다.

① 열효율의 저하
② 전열면의 열전도 저해
③ 수관 내 물의 순환 방해
④ 과열에 의한 관벽 파열

(2) 관벽의 부식

가스, 특히 산소, 탄산가스 그 밖에 보일러수의 수소이온 농도가 적당하지 않을 경우에는 관벽 철의 부식을 촉진하게 된다. 일반적으로 보일러 부식의 대부분은 산소에 의한 부식이라고 할 수 있다.

(3) 증기에의 불순물 혼입

보일러 용수 중의 불순물은 자연히 증기 중에도 혼입되어 과열기나 터빈날개에 부착해서 터빈의 효율을 저하시키거나 사고를 일으키는 수가 있다. 불순물이 증기 속으로 이행하는 것은 첫째 이것이 증기에 녹기 때문이며, 둘째는 드럼 내에서 물과 증기가 분리될 때에 물이 그 불순물을 가진 채로 증기에 혼입되기 때문이다. 이처럼 물속에 있던 불순물이 고온고압 하에서 증기에 약간의 양이 용해되어 증기와 함께 관벽 밖으로 운반되는 현상을 **캐리오버**라고 부른다. 캐리 오버가 생기면 과열기에서의 열효율 저하, 관벽 파열 그리고 터빈에서의 효율저하 및 진동 초래 등 여러 가지 부작용을 일으키게 된다.

(4) 가성취화

보일러 용수가 산성으로 되면 보일러의 부식을 일으키므로 보일러 용수는 언제나 알칼리성(苛性)으로 유지해 주어야 한다. 한편 알칼리성이 너무 과도해도 보일러재의 응력이 집중되는 각종 접합부에 농축된 가성소다가 침투해서 관벽을 부식시키거나 결정조직에 균열을 일으키는 수가 있다. 이러한 장해를 피하기 위해서는 보일러 용수 중에 불순물의 농도가 현저하게 증가하지 않도록 보일러 밑바닥으로부터 이따금씩 추기하여 농축도를 저하시키도록 하여야 한다.

이상으로 보일러 용수 중의 불순물에 기인하는 장해를 몇 가지 들었는데, 이러한 장해는 증기의 압력이나 온도가 높을수록 염류의 용해도가 나빠지고, 또한 증발률이 커져서 불순물의 농축도가 증대되기 때문에 고압고온의 대용량 보일러에서는 이러한 불순물의 제거처리에 특히 주의할 필요가 있다.

9.9.2 급수처리

급수는 보일러에 보내지기 전에 물리적 또는 화학적 처리를 하고, 또한 보일러 내에서도 수질을 적당히 유지하기 위해서 화학적인 처리를 해 주어야 한다.

일반적으로 보일러 용수 중의 불순물에 의한 장해는 보일러의 압력, 온도가 높아질수록 심해지므로 특히 고압고온 보일러에서는 이러한 불순물이나 유해가스의 함유율을 일정한 값 이하로 저하시키는 데 최선을 다하여야 할 것이다. 보통 이와 같은 처리를 **급수처리**라고 한다. 이 급수처리는 급수가 보일러, 터빈 등의 순환계통에 들어가기 전에 하는 **급수의 외부처리(1차 처리)**와 급수가 순환계통 내에 들어간 후에 하게 되는 **급수의 내부처리**(2차 처리)의 2가지로 크게 나뉘어진다.

(1) 급수의 외부처리(1차 처리)

급수의 외부처리는 원수 중의 불순물을 제거하는 것인데, 최종목적은 보일러 용수로서 순수를 제조하는 것이며, 여기에는 여러 가지 전처리가 필요하다. 일반적으로 자연침전, 응집, 순수제조의 각 과정이 이에 속한다.

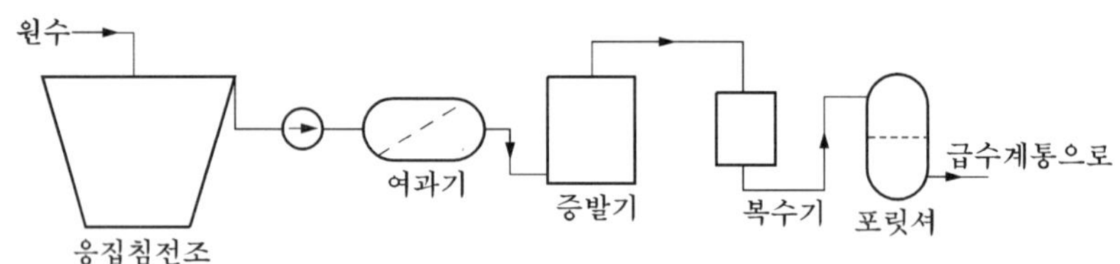

(a) 증발기 방식

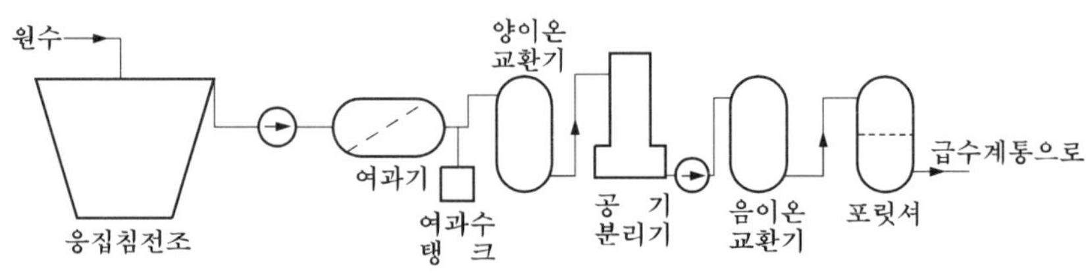

(b) 이온교환 수지방식

그림 9.15 급수의 외부 처리(1차 처리)

최근의 고압고온 발전용 보일러의 급수처리는 그림 9.15에서와 같이 여러 가지 단계를 거쳐 실시하고 있다. 즉, 보일러용의 원수(생수라고도 함)로서 천연수가 사용될 경우에는 우선 원수탱크의 원수를 **응집장치**(제탁기라고도 함)에 보내고 여기에 명반, 점토 등을 넣어서 부유물을 침전시키는데, 입자가 작은 것은 여과할 수 없으므로 황산 알루미늄과 같은 응고재를 사용해서 흡착 침강시킨다. 다음에 여과기를 통과시켜서 투명하게 된 물을 **연화탱크**로 유도해서 Ca이나 Mg의 염류를 제거해서 연화(軟化)한다. 수도물을 원수로 할 경우에도 최근의 발전용 보일러에서는 연화를 실시하고 있다.

일반적으로 이때의 연화방법으로서는 석회와 소다회를 가해서 화학변화를 일으키고 있는데 보통 이 방법을 **석회 소다법**이라고 한다.

최근의 고압고온 보일러에서는 필요로 하는 수준까지 정제연화한 원수를 **증발기**에서 증류하여 순수를 만들고 이것을 순수탱크에 저장하고 있다.

이온교환 수지법은 물 속에 들어 있는 불순물의 양이온 또는 음이온을 이온교환 수지로 제거하는 방법으로서, 이온 교환제에는 양이온 교환제와 음이온 교환제가 있다. 양이온 교환제에는 Na형과 H형이 있으며, 이들이 Ca이나 Mg과 치환된다.

이온 교환제에 의한 순수의 제조는 증발기에 의한 방법보다 유리해서 최근 신예 화력 발전소에서는 이 방법을 많이 사용하고 있다.

(2) 급수의 내부처리(2차 처리)

급수의 내부처리는 급수 또는 직접 보일러 용수에 약액을 주입해서 보일러 내에서 유해물질을 제거하고 적극적으로 보일러 용수를 장해방지에 적합한 수질로 조절, 유지하는 급수처리를 말한다.

9.9.3 급수설비

(1) 급수펌프

보일러 운전 중에는 끊임없이 그 증발량에 해당하는 급수를 보일러에 공급해서 드럼의 수위를 일정하게 유지하지 않으면 안 된다. 보일러 급수의 정지는 발전소를 정지시킬 뿐만 아니라 빈 드럼을 가열시킴으로써 중대한 사고를 일으키는 원인이 되기 때문에 급수펌프는 특히 신뢰도가 높은 것을 사용하여야 한다.

종래에는 급수펌프의 구동에 유도 전동기를 사용해 왔으나 최근에는 보일러의 고압고온, 대용량화에 따라서 독립된 증기터빈에 의한 구동 및 주 터빈 발전기로 직접 구동하는 방법이 일반적인 방법으로서 많이 채택되고 있다.

(2) 급수 가열기

터빈 발전기의 효율이 아무리 좋더라도 단순 복수식 사이클(랭킨 사이클)에서는 사이클 열효율이 낮다. 이 때문에 열효율 향상을 위한 수단으로서 터빈의 중간 단락으로부터 증기를 빼내어 급수를 가열하는 재생 사이클이 많이 채택되고 있는데, 이 급수를 가열하는 장치를 **급수 가열기**라고 말하며, 이들을 배열한 것을 **급수가열 장치**라고 한다.

이것은 압력의 차에 따라 고압급수 가열기와 저압급수 가열기로 나뉘어지는데, 일반적으로 급수펌프보다 보일러 쪽에 설치되는 것을 고압 가열기, 복수기 쪽에 설치되는 것을 저압 가열기라고 한다. 대용량 터빈에서의 추기단수는 7~9 단이며 급수의 가열온도는 280[℃]

전후이다. 가열방법으로서는 표면 가열식과 혼합식이 있는데 대체로 표면 가열식을 많이 쓰고 있다. 이상과 같은 급수계통의 일례를 그림 9.16에 보인다.

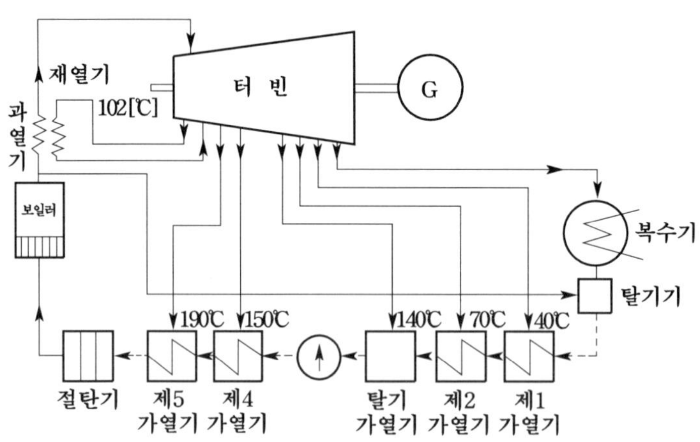

그림 9.16 급수계통의 일례

(3) 탈기기

보일러로부터의 증기는 터빈에서 팽창하여 복수기에서 냉각, 응축(복수)된 후에 급수 가열장치에서 가열되어 보일러에 되돌려져서 다시 증기로 되기 때문에 그 경로는 대기와 직접 접촉되지 않는 이른바 **밀폐 사이클**이다. 그러나 복수기에서 완전히 제거되지 못하고 급수 중에 산소, 탄산가스 등의 비 응축성 가스가 존재할 경우, 이것이 보일러와 배관 등의 부속장치에 전기적 및 화학적 부식을 일으키는 원인이 되므로 이것을 완전히 제거해 주지 않으면 안 된다. 이를 위해서 급수의 탈기를 맡아 하도록 한 것을 **탈기기**라고 한다.

일반적으로 탈기기는 터빈의 추기에 의해서 급수를 직접 가열하고 급수 중의 비응축성가스를 분리, 제거하고 있는데, 보일러가 고압고온화됨에 따라 아황산소다, 하이드라진, 기타를 급수 중에 주입해서 화학적 탈기와 병용하는 일이 많아지고 있다.

(4) 증발기

증발기는 보급수를 얻기 위한 장치의 하나로서 급수 가열기의 특수한 설비이다. 앞에서 설명했던 이온교환 수지법도 보급수를 얻기 위한 유력한 수단이지만, 이것은 급수의 소요량이 많을 때(발전소의 기동 시 등)에 사용되는 것이며, 발전소의 정상운전시의 보급수처럼 소량을 필요로 할 경우에는 이 증발기를 사용하는 쪽이 유리하다.

특히 발전기의 단기용량이 커지면 터빈으로부터 추기된 저압증기를 사용하는 증발기가 더 유리해진다. 이것은 증발기에 사용한 열의 대부분이 급수에 다시 회수되어서 경제적으로 되기 때문이다.

예제 9.6 증발량 400[t/h], 압력 120[kg/cm^2]의 보일러에 급수펌프 2 대로 급수하고 있다. 급수펌프의 평균효율을 75[%]라고 하면 이것을 운전하는 전동기의 용량은 몇 [kW]면 적당하겠는가?

풀이 펌프의 소요동력을 P[kW], 소요수위를 H[m], 급수량을 Q[m^3/s], 펌프 효율을 η_p 라고 하면

$$P=\frac{9.8QH}{\eta_p}$$

일반적으로 급수 펌프일 경우에는 H는 1.3배, Q는 1.5배 정도로 설계하는 것이 보통이다. 따라서

$$Q=\frac{1}{60\times 60}\times 400\times\frac{1}{2}\times 1.5=0.0833[\mathrm{m}^3/\mathrm{s}]$$

1 [kg/cm^2]은 약 10 [m]의 수위에 상당하므로 소요수위는

$$H=120\times 10\times 1.3=1{,}560[\mathrm{m}]$$

따라서

$$P=\frac{9.8QH}{\eta_p}=\frac{9.8\times 0.0833\times 1{,}560}{0.75}\fallingdotseq 1{,}700[\mathrm{kW}]$$

연 습 문 제

1. 보일러의 구조에 대해서 이것을 연료계통과 압력 부분으로 나누어서 설명하여라.

2. 미분탄 연소장치의 장·단점을 설명하여라.

3. 최근 연료로서 LNG를 사용하는 화력발전소가 늘고 있는데 그 증가 이유를 설명하여라.

4. 최근의 대용량 강제순환 보일러에 대해서 그 특징을 설명하고 이것과 자연 순환식을 비교하여라.

5. 기력 발전소에서 관류 보일러를 채용할 경우 그 득실에 대해서 설명하여라.

6. 미분탄 연소방식에 직접식과 저장식이 있다. 이 2 가지를 비교하고 현재 우리나라에서 채택되고 있는 방식에 대해서 설명하여라.

7. 절탄기, 공기 예열기를 보일러에 설치하였을 경우 보일러 효율은 어떻게 달라지는가?

8. 다음 용어를 설명하여라.
(1) 고위 발열량
(2) 저위 발열량

9. 화력 발전소의 연료로서 중유만을 사용하는 중유전소 방식의 화력 발전소가 있는데, 이것을 미분탄 연소방식에 의한 것과 비교해서 유리한 점을 들어라.

10. 화력 발전소에서 공기 예열기, 절탄기를 설치하는 목적에 대해 설명하여라.

11. 화력 발전소에서의 중유전소 보일러는 주로 가압연소(압입통풍) 방식이 채용되고 있는데, 이것을 평형통풍 방식과 비교해서 그 득실을 설명하여라.

12. 화력 발전소가 고온고압으로 됨에 따라서 급수처리를 철저하게 하지 않으면 안 될 이유에 대해서 설명하여라.

13. 급수 중의 각종 불순물이 보일러에 미치는 영향(장해)에 대해서 설명하여라.

14. 화력 발전소의 공해대책을 논하여라.

15. 압력 16[kg/cm^2], 온도 300[℃]의 증기를 매시간 4,800[kg] 발생하는 보일러의 등가 증발량을 계산하여라. 단, 급수온도는 25[℃]라 하고 그 엔탈피 $i_1 = 25.02$[kcal/kg], 300 [℃], 16[kg/cm^2]의 증기 엔탈피 $i = 725.1$ [kcal/kg]라고 한다.

16. 탄소 86[%], 수소 12[%], 유황 2[%]의 성분으로 구성된 중유 1 [kg]의 발열량, 연소에 필요한 공기량, 연소 가스량을 구하여라.

17. 발열량 6,000[kcal/kg]의 석탄 1 [t]으로 발생할 수 있는 전력량을 구하여라. 단, 화력 발전소의 효율은 38 [%]라고 한다.

18. 화력 발전소의 보일러에서 시간당 50 [t]의 중유를 사용하고 있다. 중유의 화학성분을 탄소 85 [%], 수소 15 [%]라 하면 연소에 필요한 이론 공기량 [Nm^3/h]는 얼마인가? 단, 탄소의 원자량은 12로 하고 공기의 산소농도는 21[%]라고 한다.

19. 시간당 15[t]의 중유를 사용해서 압력 90[kg/cm^2], 온도 500[℃]의 증기를 시간당 200 [t] 발생하는 보일러의 효율을 구하여라. 단, 중유의 발열량은 10,500[kcal/kg], 급수온도는 120[℃](엔탈피 120.25[kcal/kg]), 이 조건의 증기 엔탈피는 809.9[kcal/kg]라고 한다.

20. 화력 발전소에서 최대출력 250,000[kW], 일부하율 90[%]로 1일 주야간 연속 운전할 경우에 필요한 석탄의 양은 몇 [t]인가? 단, 발전소의 열효율은 0.37, 석탄의 발열량은 5,500[kcal/kg]이라고 한다.

21. 출력 550[MW], 발전단 열효율 38[%], 소내비율 4[%]의 화력 발전소가 발열량 10,600 [kcal/l]의 중유를 사용해서 연이용률 60[%]로 운전하고 있다. 이 경우 연간송전 전력량 W[MWh]와 연간중유 소비량 V[kl]은 얼마로 되겠는가?

22. 증발량 200[t/h], 압력 80[kg/cm^2]의 보일러에 급수펌프 2 대로 급수하고 있다. 급수펌프의 평균효율은 75[%]라 하면 이 급수펌프에 직결된 전동기의 용량은 얼마면 되겠는가?

23. 급수처리에서 사용되는 이온교환 수지에 대해 설명하여라.

24. 우리나라의 기력 발전소에서는 관류 보일러를 많이 쓰고 있다. 관류 보일러의 급수처리에서 특히 유의하여야 할 점에 대해 설명하여라.

제 10 장

증기터빈

10.1 증기터빈의 개요

증기터빈은 보일러에서 발생한 고압고온의 증기가 갖는 열에너지를 이용해서 노즐로 고속분류를 만들고 이것을 회전날개(動翼)에 작용시킴으로써(곧, 팽창) 그 기계 에너지로 발전기를 회전시켜서 전기를 만드는 원동기이다. 그 동작원리는 고온고압의 증기를 보다 낮은 압력으로 팽창시켜서 증기가 갖는 열에너지를 기계(회전)에너지로 변환하는 것이며, 여기서 사용되는 증기터빈은 앞서 수차에서 설명한 바와 같이 충동력과 반동력을 이용한 2가지로 나눌 수 있다.

근년 대용량 기력 발전소의 건설이 계속되고 제작기술이 진보됨에 따라 이미 우리나라에서도 50~80만 [kW]급의 것이 건설 · 운전 중에 있다.

외국에서는 100만 [kW]급이 운전되고 있으며, 계획 중인 것으로는 150만 [kW]에 달하는 것도 있다. 대용량 기력 발전소의 설비는 열효율의 향상을 위해서 여러 가지 보조설비를 갖추고 있으며 증기터빈의 구조도 매우 복잡화되고 있는데, 본 절에서는 이들 증기터빈의 동작원리 및 종류와 그 구조, 그리고 이들의 운전특성 등을 간단히 설명하기로 한다.

10.2 증기터빈의 종류

10.2.1 증기의 작용에 의한 분류

보일러에서 발생한 고온고압의 증기는 노즐을 사용해서 저압까지 자유로이 팽창시키고 있는데, 이때 증기가 작용하는 동작원리에 따라 **충동터빈**과 **반동터빈**의 2 가지로 나뉘어진다. 이것은 수차의 경우와 마찬가지이다.

(1) 충동터빈

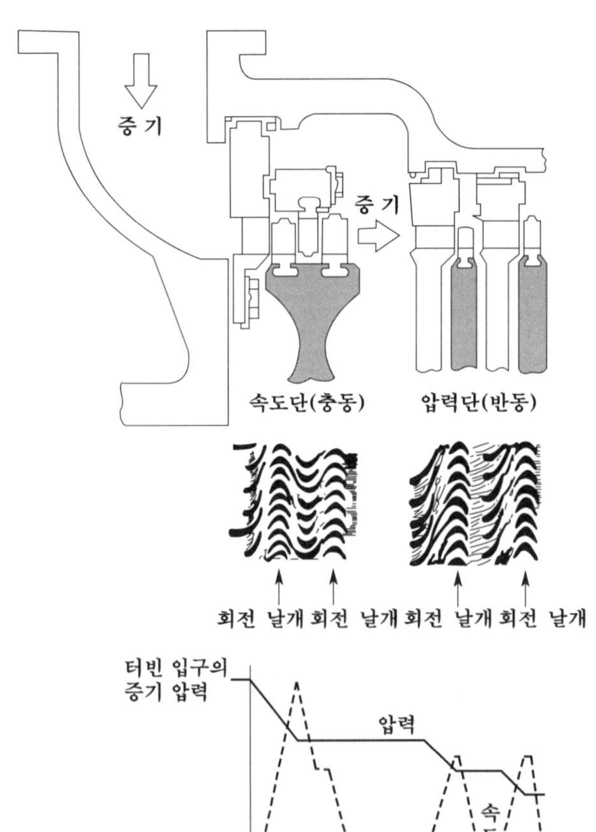

그림 10.1 충동형 터빈의 개요

충동터빈이란 보일러에서 발생한 고압의 증기가 터빈의 노즐을 통과하는 사이에 압력을 떨어뜨림으로써(즉, 팽창하면서) 얻어진 고속도의 증기분출 제트에 의한 충동력으로 회전날개를 회전시켜서 동력을 발생하는 장치이다.

터빈계의 초단에 이것을 설치하면 맨 처음 단계에서 큰 압력강하를 취할 수가 있어서 터빈의 길이를 짧게 할 수 있기 때문에 고온고압에 노출될 부분을 감소시킬 수 있다. 따라서 충동터빈은 고압증기에 적합한 것이라고 말할 수 있다.

이에는 단식 충동터빈과 속도복식 충동터빈의 2가지가 있다.

먼저 그림 10.1은 충동터빈의 개요를 나타낸 것인데, 가령 **단식 충동터빈**의 경우에는 그림 10.2에서와 같이 1단의 노즐로 증기압력을 전부 떨어뜨리고 그 압력 에너지를 속도 에너지로 바꾸어서 그것을 1열의 회전날개에 충돌시켜서 동력을 얻고 있다. 따라서 회전날개 내에서는, 압력의 변화는 없고 증기는 날개를 통과하는 사이에 속도를 잃게 되는 것이다.

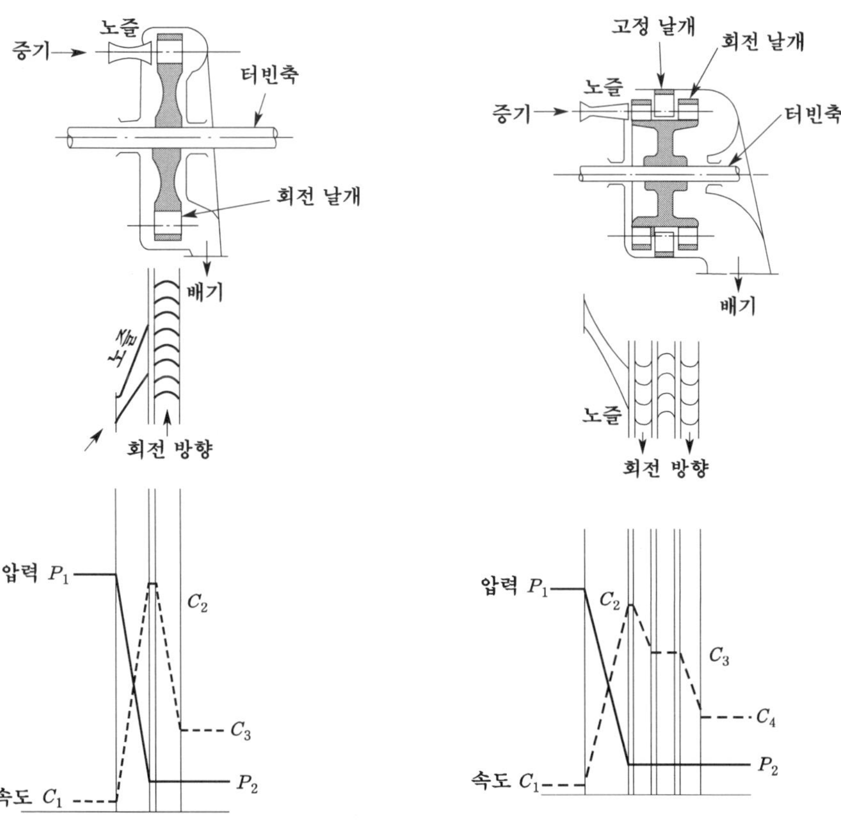

그림 10.2 단식충동 터빈에서의 증기압력과 속도와의 관계

그림 10.3 속도복식 터빈에서의 증기압력과 속도와의 관계

이에 대해 **속도복식 충동터빈**(또는 커티스 터빈이라고 함)은 그림 10.3에서와 같이 1조의 노즐에 2~3 열의 회전날개와 그 사이에 고정된 안내날개를 설치해서 노즐로부터 분출된 증기의 속도 에너지를 앞에서 설명한 수열의 날개에 충돌시켜서 동력으로 변환하는 것이다.

여기서 안내날개는 증기가 흘러가는 방향을 조정해 주기 위해서 설치되는 것이며, 증기는 노즐 내에서 일단 팽창($p_1 \rightarrow p_2$)하고 나면 그 이후의 회전날개와 안내날개 내에서는 압력의 변화는 없다.

(2) 반동터빈

반동터빈은 노즐 대신에 고정날개를 설치해서 증기의 팽창으로 고속도의 분류를 만들지만 회전날개 속에서도 팽창하도록 해서 증기의 충동력뿐만 아니라 회전날개를 거쳐서 나가는 증기의 반동력까지도 이용하고 있다.

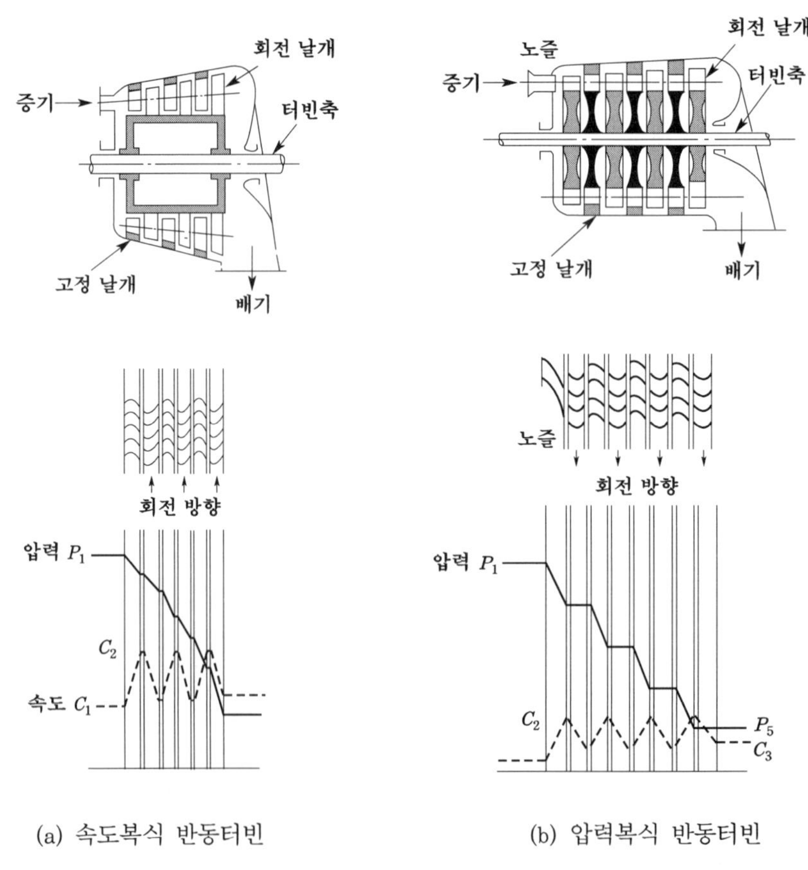

(a) 속도복식 반동터빈 (b) 압력복식 반동터빈

그림 10.4 반동 터빈에서의 증기압력과 속도와의 관계

이 때문에 처음부터 전주분사가 이루어져서 증기의 팽창이 연속적으로 되어 각 단의 잔류 에너지의 이용효율이 좋아진다는 이점은 있으나, 단과 단 사이에 압력차가 존재하기 때문에 증기가 누출되기 쉽다는 결점도 있다.

충동터빈과 달리 이것은 회전날개의 입구압력을 출구압력보다도 높게 하고 있다. 그림 10.4는 이 경우의 증기압력과 속도와의 관계를 보인 것이다.

충동식이나 반동식, 어느 경우이건 간에 증기가 팽창하는 범위가 넓을 경우에는 단지 1단의 팽창만으로 진공까지 가져간다는 것은 회전수, 효율, 구조 등의 면에서 여러 가지로 어려운 점이 많으므로 적당한 수의 단계로 나누어 압력을 강하시키도록 하고 있다. 이와 같은 압력강하의 단계를 **증기터빈의 단** 또는 **단락**이라 부르며 일반적으로 대용량의 증기터빈에서는 다수의 단을 갖는 구조(다단 터빈)로 되어 있다.

다단 터빈은 단의 내용에 따라 다음의 2가지로 분류된다.

① **속도복식 터빈** 노즐에서 분출한 증기의 속도 에너지를 수열의 날개를 써서 다단으로 떨어뜨리는 형식의 것

② **압력복식 터빈** 이것은 **다단압식 터빈**이라고도 불려지고 있는데, 다수의 압력단을 설치하고 각 단의 노즐과 날개를 1조로 해서 증기의 압력을 단계적으로 강하시키고 있다. 충동터빈으로서 발전용에 사용되는 것은 거의 대부분이 이 압력복식 터빈이다.

반동터빈에서는 충동과 반동의 양 작용으로 기계 에너지를 얻고 있는데, 가령 회전 날개의 입구압력 p_1과 출구압력 p_2와의 압력차에 의해서 얻어지는 단열 열 낙차와 고정 날개의 입구압력 p_0로부터 회전날개의 출구압력 p_2까지의 전 압력에 의해서 얻어지는 전 단열 열 낙차와의 비를 **반동도** 라고 한다.

일반적으로 반동도 50 [%]의 것이 많이 쓰이고 있는데, 이것은 고정날개의 도중에서 전 단열 열 낙차의 1/2을, 나머지 1/2은 회전날개 속에서 팽창시킨다는 뜻이다.

10.2.2 증기유로의 방향에 의한 분류

(1) 축류터빈

증기가 회전날개를 통과할 때의 방향이 터빈 축과 평행으로 되고 있는 터빈을 말하는데, 현재 우리나라의 각 발전소에서 사용되고 있는 터빈은 모두 이 축류터빈이다. 축의 방향으로서는 횡축과 직축이 있으나, 현재 우리나라에서 사용되고 있는 것은 거의 대부분이 횡축이다.

(2) 폭류터빈

증기를 터빈 축과 직각으로 되는 평면 내에서 반지름 방향으로 통과시켜서 밖으로 배출하는 터빈을 말하는데, 현재 사용되고 있는 것에 **융그스트롬 터빈**이 있다.

10.2.3 차실과 축차 수에 의한 분류

터빈의 차실 또는 케이싱이란 흔히 기통이라고 부르고 있는데, 이것은 터빈의 날개차나 안내날개, 기타의 구성부분을 수용하고 있는 기밀실을 말한다.

(1) 단실 터빈

단실 터빈은 1개의 케이싱에 1개의 축차를 수용한 것으로서 소·중 용량 터빈에 사용되고 있다.

(2) 다실 터빈

대용량의 터빈에서는 케이싱 하나만으로 터빈의 날개차나 안내날개 등을 수용하기가 어려우므로 케이싱을 2개 이상으로 분할해서 증기를 차례로 이곳으로 통과시키고 있다. 이와 같은 경우 각각의 케이싱은 입구압력의 크기에 따라 **고압터빈**, **중압터빈**, **저압터빈**으로 분류되는데, 이와 같은 터빈에서는 차실수와 차실 상호의 연결 방법에 따라 다시 여러 가지로 분류되고 있다.

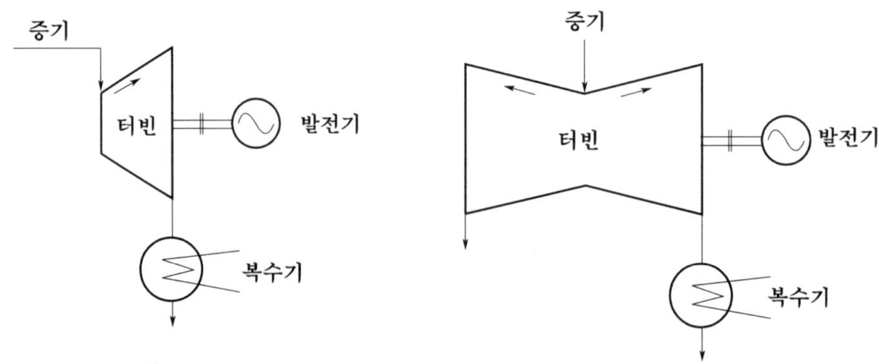

(a) 단실터빈

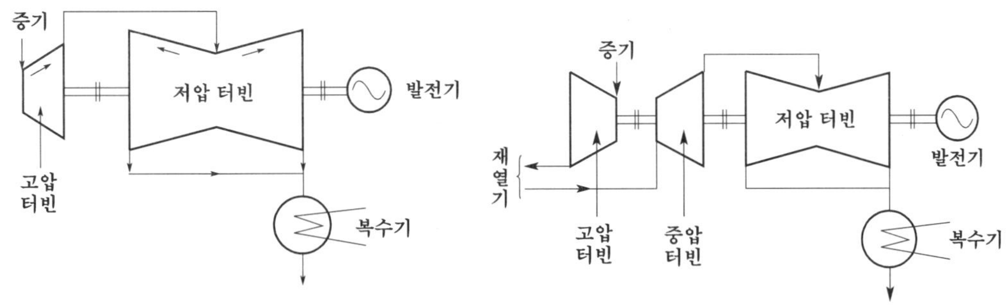

(b) 다실터빈(2실 및 3실의 예)

그림 10.5 차실의 배열에 따른 터빈의 종류(I)

먼저 연결방법으로 구별하면 다음과 같다.

① 탠덤형 터빈

각 케이싱을 같은 주축상에 1열로 연결한 것이다.

② 크로스형 터빈

케이싱을 2 조 이상으로 나누어 각 조를 별개의 주축으로 연결한 것이다.

③ 탑형 터빈

고압 케이싱을 저압 케이싱 위에 중첩시켜서 배치한 것이다.

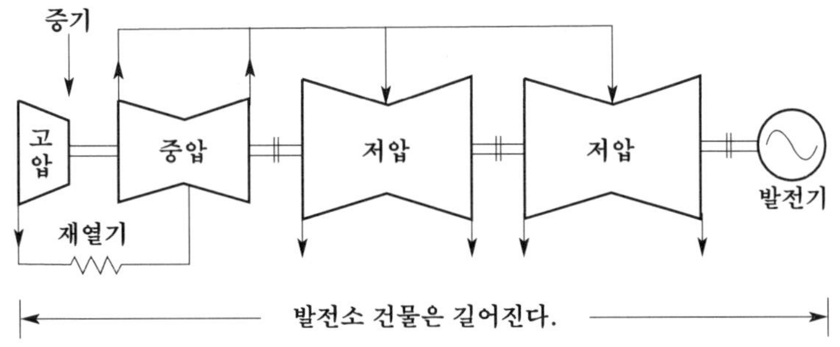

(a) 탠덤형 터빈의 예

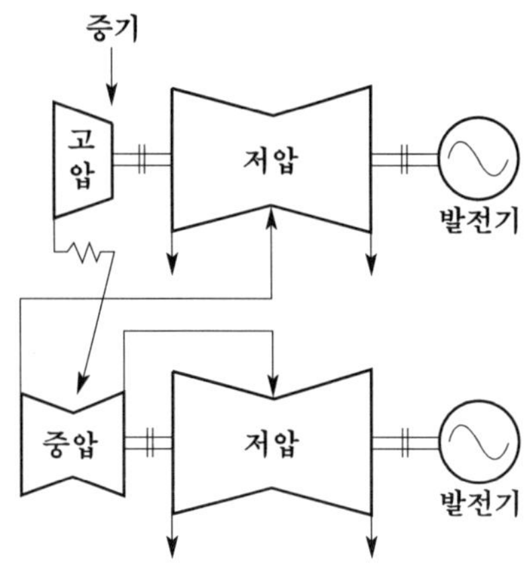

(b) 크로스형 터빈의 예

그림 10.6 차실의 배열에 따른 터빈의 종류 (Ⅱ)

다음은 증기의 분류방법에 따라 구별한 것이다.

① **단류식 터빈** 증기의 흐름이 1차실 내에서 단일방향인 것

② **복류식 터빈** 터빈 내의 증기는 팽창함에 따라서 비용적이 증가하게 된다. 이 때문에 케이싱이 대형으로 되어 제작도 어려워지므로 압력이 낮을수록 케이싱의 수를 늘리지 않으면 안 된다. 이러한 경우 증기의 입구를 터빈의 중앙에 설치해서 증기가 양단의 출구로 배출하도록 한 것을 복류식 또는 양방향 분류식 터빈이라고 한다.

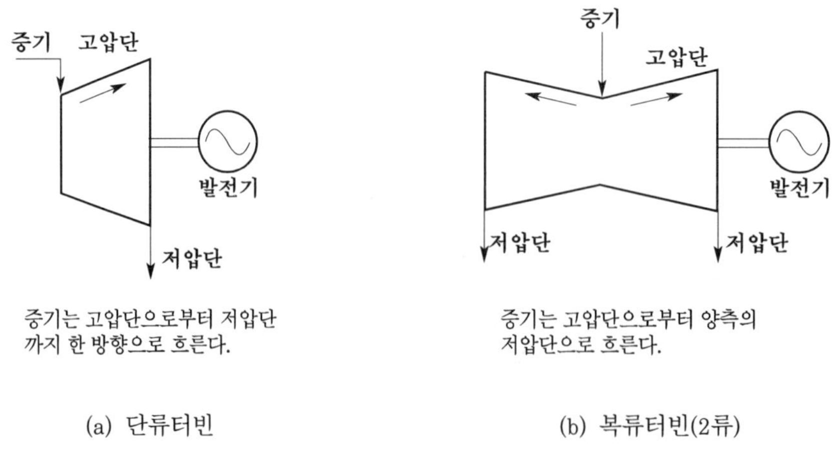

(a) 단류터빈 (b) 복류터빈(2류)

그림 10.7 분류 방법에 따른 터빈의 종류 (Ⅲ)

이외에도 저압터빈에서의 배기 흐름을 3개 또는 4개로 나눈 3분류식, 4분류식 터빈, 다시 그 이상으로 하는 다분류식 터빈이 있다.

그림 10.8은 케이싱의 조합과 연결방법에 따른 여러 가지 구성 예를 보인 것이다.

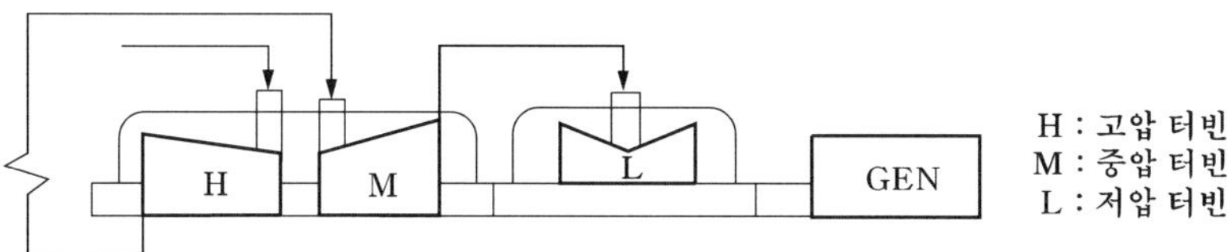

(a) 2 실 탠덤 복류형(75~125 [MW]급)

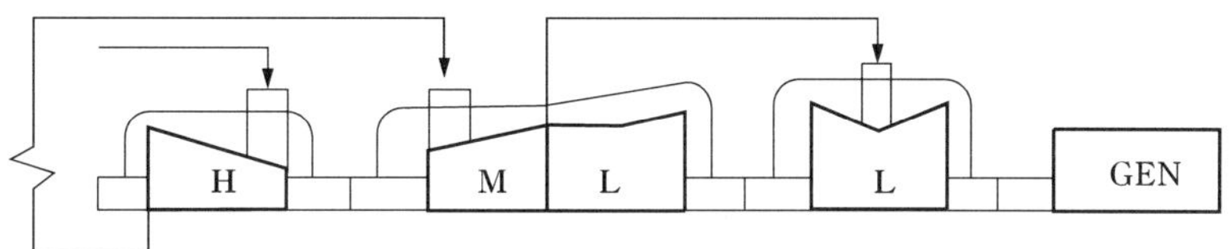

(b) 3 실 탠덤 복류형(175 [MW]급)

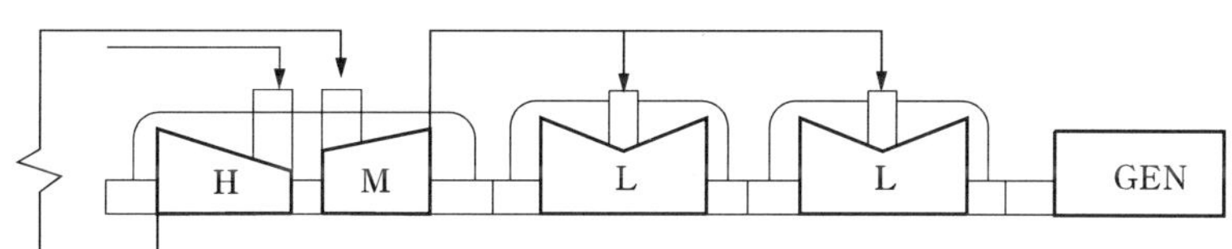

(c) 3 실 탠덤 4 분류형(220~375 [MW]급)

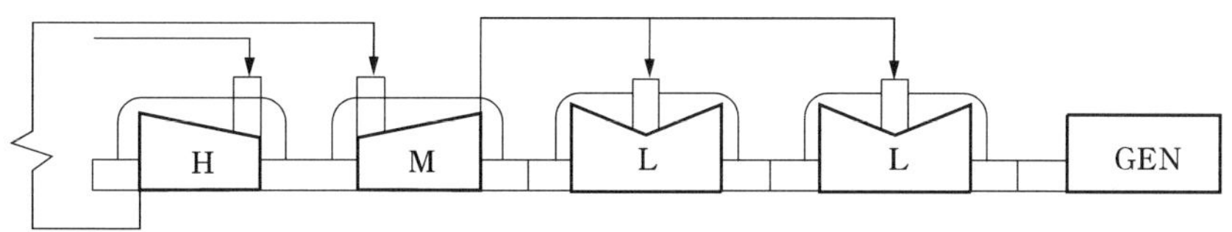

(d) 4 실 탠덤 4 분류형(250~600 [MW]급)

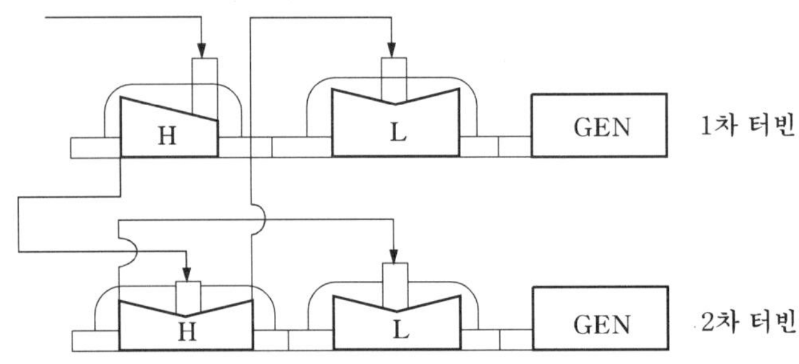

(e) 4 실 크로스 4 분류형(250~1,000 [MW]급)

그림 10.8 차실의 배열에 따른 터빈의 형식

10.2.4 증기의 사용조건에 의한 분류

증기의 사용조건, 즉 증기의 열 사이클에 따라 터빈을 분류하면 다음과 같다.

(1) 복수터빈

복수터빈은 배기를 복수기에 유도해서 복수시킴으로써 기내를 고진공으로 하고 열 낙차를 크게 해서 보다 많은 출력을 발생할 수 있게 한 동력 발생용의 터빈이다. 이때 응축된 복수는 다시 보일러 급수로 쓰이게 되는데, 일반적으로 기력 발전소의 터빈은 거의 모두가 이 형식을 채택하고 있다.

복수식 터빈은 열 사이클에 따라 다시 다음과 같은 여러 가지 형식으로 나뉘어진다.

① 단순 복수식

② 재생식

③ 재열식

④ 재열 재생식

그림 10.9는 이것을 도시한 것으로서 단순 복수식은 주로 제철소나 시멘트 공장 등의 자가 발전설비에 사용된다.

한편 일반 기력 발전소용으로는 재생식과 재열식을 병용한 재열재생식이 사용되며, 출력에 따라 사용압력, 온도, 증기량이 다르기 때문에 차실 수나 연결방법을 적당히 바꾸어서 이에 대응시키고 있다.

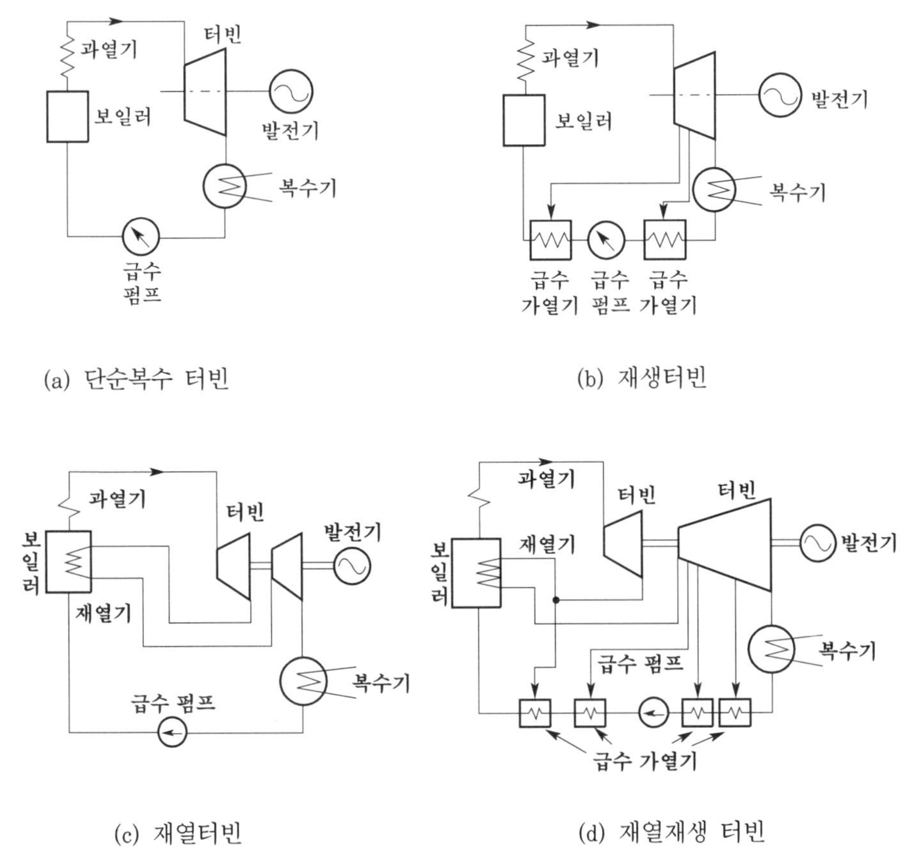

그림 10.9 열사이클에 따른 터빈의 종류

(2) 배압식 터빈

배압식 터빈은 복수기가 없는 터빈이다. 이 터빈은 증기를 대기압 이하로 팽창시키지 않고 일정한 압력까지만 떨어뜨려서 발전에 이용한 다음, 아직도 여력이 남은 이 증기를 다른 목적의 작용증기로 이용한다. 가령 각종 생산공장에서 동력 외에 작업용 증기를 필요로 할 경우 등에 사용되는데, 동력용과 작업용으로 나누어 따로 증기를 만들어서 공급하는 것보다도 배압식 터빈을 설치해서 동력을 발생시킴과 동시에 그 배기를 작업용 증기로 이용한다면 근소한 연료증가로 동력과 작업용 증기를 동시에 얻을 수 있게 되어 경제적으로 매우 유리해진다. 최근 제철소 같은 데에서는 에너지 절약의 일환으로 이 배압식 터빈을 많이 사용하고 있다.

한편, 이 배압식 터빈에서는 복수기가 없으므로 보일러 급수는 따로 계속해서 전량을 보충해야 하기 때문에 물 처리량이 많아진다는 문제점이 있다.

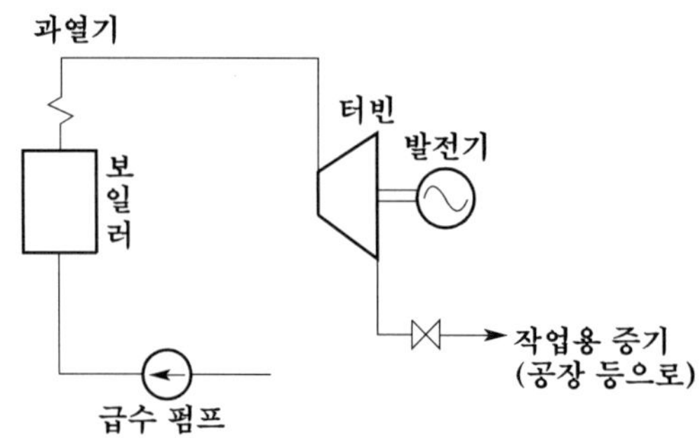

그림 10.10 배압식 터빈

(3) 추기터빈

추기터빈은 터빈에서 증기가 팽창하는 도중 그 일부를 빼내어서(즉, 이것을 **추기**라고 한다) 다른 목적에 사용하는 터빈을 말한다. 추기식에는 **추기 복수터빈**과 **추기 배압터빈**이 있다.

추기 복수식은 터빈에서 팽창 도중의 증기 일부를 일정한 압력에서 추출하여 작업용으로 사용하고, 나머지의 증기는 복수기 내에서 팽창시켜 동력을 얻도록 한 것이다. 이에 대하여 후자의 추기 배압식은 필요에 따라 추기한 후의 나머지 증기를 복수기에 유도하지 않고 대기압 이상의 압력으로 배기시켜 이것 역시 다른 압력의 작업용 증기로서 사용하는 것이다.

최근 우리나라에서도 관심을 끌고 있는 열병합 발전은 바로 이러한 추기터빈을 이용하는 시스템으로서 필요로 하는 전기 에너지와 증기(열)를 동시에 얻고 있는 것이다.

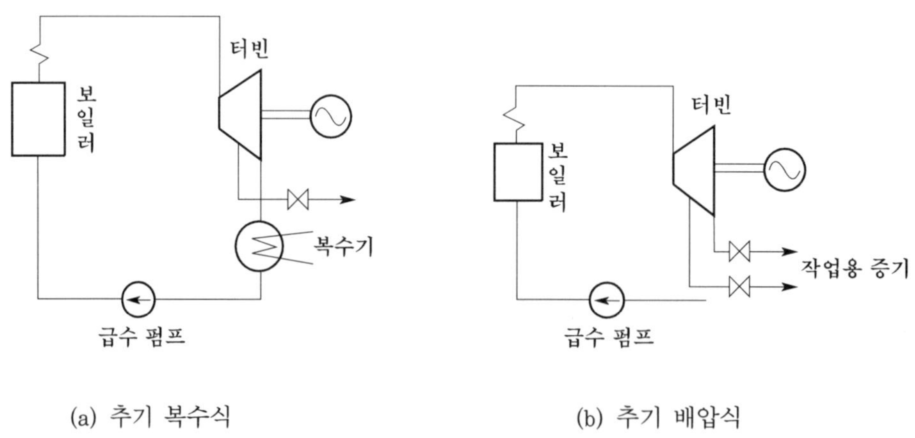

(a) 추기 복수식　　(b) 추기 배압식

그림 10.11 추기터빈

예제 10.1 전열량 736[kcal/kg](14 기압, 330[℃])의 증기를 발전소 배압터빈에서 사용하고 전열량 650[kcal/kg](2.5 기압)을 갖는 일부 증기를 공장 작업용으로 사용하고자 한다. 지금 터빈 내의 열량의 변화는 이것의 80[%]가 전력으로 되는 것으로 가정하면, 1[kWh] 발전하는 데 필요한 증기량은 몇 [kg]으로 되겠는가?

풀이 터빈 내에서 일을 하는 열량은

$$736 - 650 = 86\,[\mathrm{kcal/kg}]$$

이다.

$$1\,[\mathrm{kWh}] = 860\,[\mathrm{kcal}]$$

이므로 제의에 따라 이중 80[%]가 전력으로 되기 때문에 증기량은

$$\frac{860}{86 \times 0.8} = 12.5\,[\mathrm{kg}]$$

10.3 열병합 발전

10.3.1 열병합 발전의 개요

화력발전은 투입된 연료로부터 발생시킨 연소열의 상당부분을 동력으로 변환하고 있지만, 나머지 열은 이용하지 못한 채 배 가스나 냉각수의 형식으로 방출하고 있다. 여기서 그냥 버려지는 열에너지를 난방이나 급탕 등에 이용할 수 있다면 연료가 갖는 에너지의 유효이용을 도모할 수가 있을 것이다.

열병합 발전(cogeneration)이란 하나의 에너지원으로부터 열과 전기 등 두 가지 이상의 유효한 에너지를 얻어서 이용하는 시스템이다. 가령 석유나 천연가스(LNG) 등의 연료를 연소시켜서 얻은 열을 가스터빈 등을 사용해서 동력이나 전력으로 변환하고, 그 배열(미사용열)을 공장에서의 프로세스 증기라든지 냉난방, 급탕 등의 열원으로서 이용하는 시스템을 말한다.

시산에 의하면 열병합 발전 시스템에서 얻어진 전력과 열을 각각 발전기와 보일러에서 따로 공급할 경우와를 비교하면, 1차 에너지 베이스에서 열병합 발전 시스템 쪽이 25% 정도 에너지를 절약할 수 있다고 한다. 그러나 이들의 시산은 이 열병합 발전기에 인접해서 배열을 이용하는 설비가 있고, 동시에 그 설비는 발전기가 운전되고 있는 동안 발전기의 배열을 전량 이용한다는 전제에 의거한 것이다. 곧, 열병합 발전의 열효율은 우선 배열을 이용할 만한 열수요가 충분히 있는가 하는 것과, 그 배열을 어떻게 유효하게 이용하는 가라고 하는 운전조건에 좌우된다는 것이다.

그 동안 수용가 측에서도 전기에너지의 절감대책의 하나로 전동 히트펌프의 도입을 전개하고 있는데, 특히 최근에는 이 전동 히트펌프가 고 효율화 되고 있어서, 종래의 발전시스템에 대한 열병합발전의 경제성 우위도 장담할 수 없는 단계에 와 있다.

따라서 보다 에너지 절감성이 높은 열병합발전을 실현하기 위해서는, 기기본체라든가 배열회수장치 등 주변기기의 고 효율화, 고 성능화가 과제로 되고 있다.

그림 10.12는 디젤・가스 엔진을 사용한 열병합 발전의 기본 시스템을 나타낸 것이다. 먼저 등유나 LP가스를 연료로 하는 원동기에서 발전을 하고 이때 방출된 배열가스(상당한 고온으로 아직 여력이 남아 있음)를 열교환기에 보내서 급수를 가열하여 적당한 온도의 급탕이나 난방용으로 사용한다는 것이다. 또한, 이 경우에는 여기에 온수 흡수식 냉동기를 병용해서 냉방도 할 수 있게 하고 있다. 현재 설비용량은 가스엔진 시스템에서 1,500[kW]급 정도, 디젤엔진 시스템에서는 2.5~10,000[kW]급의 것이 실용화되고 있다.

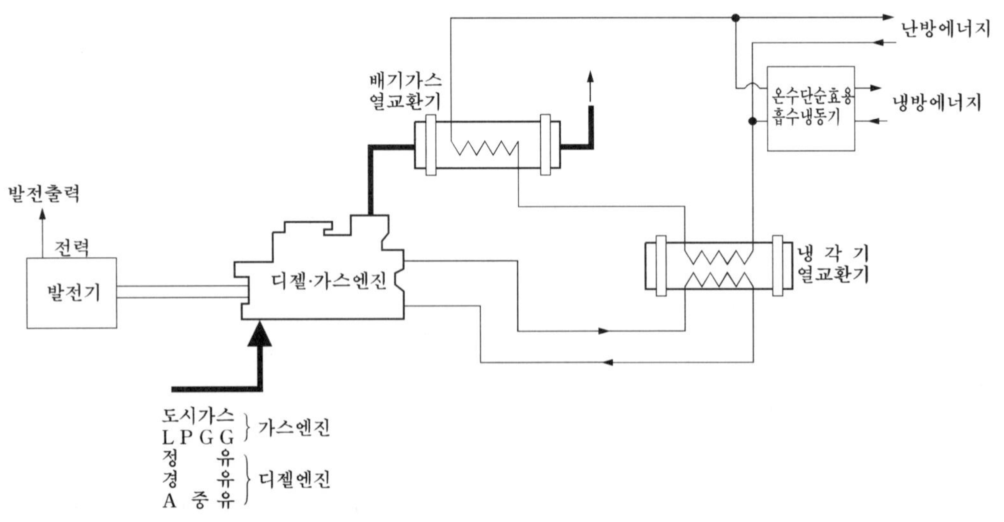

그림 10.12 디젤・가스엔진에 의한 열병합 발전 시스템

마찬가지로 그림 10.13은 가스터빈을 원동기로 하는 열병합 발전 시스템을 나타낸 것이다. 여기서의 배열회수는 배기가스(500[℃] 정도)로부터의 회수인데, 배열 보일러를설치함으로써, 고압증기(8[kg/cm^{2}G], 180[℃] 정도)를 얻을 수 있다. 냉열을 얻기 위해서는 냉동기를 설치하게 되는데, 고압증기가 얻어지기 때문에 효율이 좋은 증기 2중 효용의 흡수식 냉동기를 사용할 수 있다.

설비용량으로서는 원동기의 소형화가 곤란하기 때문에 500[kW] 정도 이상의 것이 실용화되고 있다.

특히 이 가스터빈 시스템에서는 2중 연료방식의 것이 개발되고 있어서, 가령 도시가스(LNG)와 석유계 연료를 필요에 따라 바꾸어가면서 사용할 수 있다는 특징이 있다.

이들 시스템에서는 종합 열효율이 70~80[%]로 되어 열 및 전력 등을 동시에 필요로 하는 수용가에 대해서는 새로운 에너지 절감 시스템의 선두주자로서 기대되고 있다.

참고로 그림 10.14에 각종 원동기의 열효율에 관한 현황을 보인다.

표 10.1은 원동기별 석유 열병합 발전 시스템의 비교 예를 나타낸 것이다.

열병합 발전은 구미 각국에서는 이미 상당한 규모로 도입되고 있으며, 미국에서도 4,000만 [kW] 가까운 설비가 운전 중에 있다고 한다. 또한, 독일에서는 산업계의 자가발전은 그 반 이상이 열 공급 형으로서 열 공급 사업자의 발생열량의 약 18[%]를 이 열병합 시스템이 공급하고 있다고 한다.

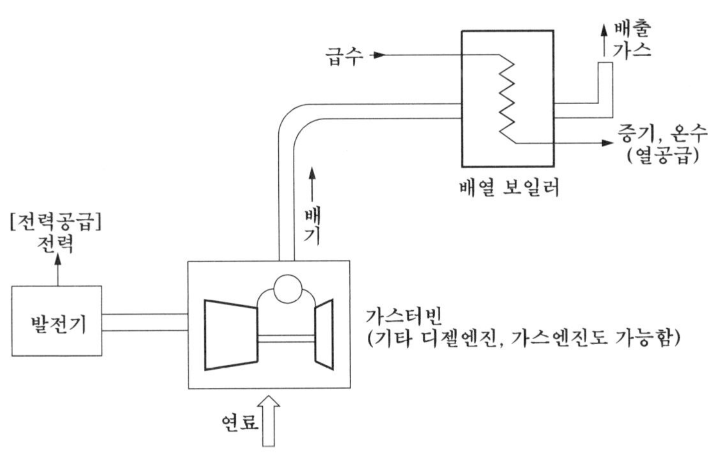

그림 10.13 가스터빈에 의한 열병합 발전 시스템

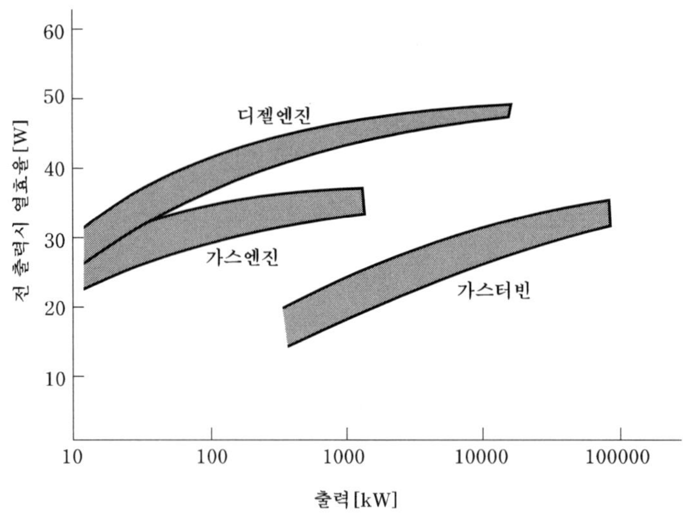

그림 10.14 원동기의 열효율(기계 출력/입력)

표 10.1 각종 열병합 발전 시스템의 비교

	디젤엔진	가스엔진	가스터빈
적용규모	15~10,000 [kW] 소중규모(~1,000 [kW])	15~10,000 [kW] 소중규모(~1,000 [kW])	500~100,000 [kW] 중규모(~5,000 [kW])
발전효율	30~38 [%]	25~35 [%]	20~30 [%]
종합효율	약 80 [%]	약 80 [%]	약 80 [%]
연　　료	정유·경유·A중유	LP 가스	정유·경유·A중유·LP 가스
시동시간	10초 이내	15초 이내	40초 이내
배열온도	배기가스 450 [℃] 전후 냉각수 70~75 [℃]	배기가스 500~600 [℃] 냉각수 85 [℃] 전후	배기가스 450~550 [℃]
가　　격	싸다	약간 싸다.	비교적 비싸다.
소　　음	(소형)~(대형) 95~105 [dB](A)	디젤보다 약간 작다.	고조파역에서 높다. 방음커버가 필요함
진　　동	대	대	중
배출가스	1,000~1,300 [ppm]	1,000~2,200 [ppm]	150~300 [ppm]
특　　징	발전효율이 높다. 연료단가가 싸다. 실적이 풍부 배가스 처리가 필요 소음, 진동이 심한 편이다. 냉각수 온도가 낮다.	배가스가 깨끗하므로 열회수가 용이함 보수가 용이함 저소음, 저진동 가격이 비싸다.	소형경량 콤팩트 냉각수가 필요없음 저소음, 저진동 발전효율이 낮다.

10.3.2 열병합 발전 시스템의 각종 방식

열병합 발전 시스템에는 여러 가지 방식이 있으며, 그 분류방법도 주요 구성기기의 기종, 플랜트 기기의 구성법, 용도, 연료 등에 따라서 여러 가지로 구분할 수 있다. 여기서는 시스템을 구성하는 주요 기기에 따라 다음과 같이 분류해 보기로 한다.

(1) 가스터빈
(2) 증기터빈
(3) 가스엔진
(4) 디젤엔진
(5) 연료전지
(6) 하이브릿·솔라 시스템
(7) 기타

(1)의 가스터빈은 근래 동력구동 기기라든지 비교적 대규모의 열병합 발전 시스템에서의 주요기기로서 사용실적이 착실하게 늘고 있으며, 그 신뢰성이 실증되고 있다.

가스터빈을 사용한 시스템은 ① 가스터빈·폐열 보일러 방식과 ② 증기터빈과 결합한 복합사이클 방식으로 대별된다. 이것은 가스터빈에서 발전한 후의 배열을 이용해서 증기터빈 발전을 하며 더 나아가서는 추기 등에 의한 배열을 이용하는 방식이다.

(2)의 증기터빈에 의한 열병합 발전의 예로서는 앞서 10.2.4에서 설명한 배압터빈 방식에 의한 증기이용을 들 수 있다.

(3) 및 (4)의 방식은 (1)과 (2)의 방식과 비교해서 단독빌딩 등 상대적으로 규모가 작은 시설에 적용되고 있다. 가스엔진은 점화방식의 차이에 따라 불꽃 점화방식과 압축점화 방식으로 나누어진다.

열병합 발전 시스템에서의 이들 엔진의 이용형태는 여러 가지이지만 주로 발전기나 냉방용·급탕용 히트펌프의 구동용으로 쓰이고 있다. 다만 이러한 엔진이 열병합 발전 시스템으로서의 장시간 가동에 견딜만한 신뢰성을 어느 정도 유지할 수 있느냐 하는 것이 문제점으로 남아 있다.

(5)의 연료전지에는 연료와 전해질의 종류, 작동온도 등에 따라 인산형, 용융 탄산염형, 고체 전해질형 등의 여러 형식이 있다. 연료전지의 특징으로서는 발전규모를 자유롭게 선정할 수 있으며, 소형의 것이라도 발전효율이 40~60 [%]로 높고, 배열을 다시 잘 이용한다면 종합 열효율을 80 [%]까지 높일 수 있다는 것과 환경오염이나 소음, 진동이 거의 없다는 것, 그 밖에 다양한 연료를 이용할 수 있다는 장점이 있다.

(6)의 하이브릿·솔라시스템은 태양광 발전과 태양집열을 동시에 하는 것으로서 태양이라는 자연 에너지를 이용할 수 있다는 장점은 있으나 여기에서는 더 많은 기술개발과 설비비용 저감이라는 과제가 남아 있다.

우리나라에서도 지난 1985년부터 지역난방 공사가 설립되면서 여의도, 반포 등 대단위 아파트 단지라든지 분당, 일산 등 신도시 지역에서의 난방열을 이 열병합 발전 시스템으로 공급하고 있으며 앞으로도 그 규모가 더욱더 확대될 전망이다. 참고로 그림 10.15는 종래의 시스템과 열병합 발전 시스템에서의 열 정산도를 중심으로 양자를 비교해 보인 것이다. 열병합 발전 시스템을 도입해서 경제적인 이득을 걷을 수 있게 하려면

- 열수요가 커서 열전비가 일정값(적어도 0.6) 이상일 것
- 부하열이 높을 것
- 수요의 규모가 클 것

등의 조건이 만족되어야만 한다.

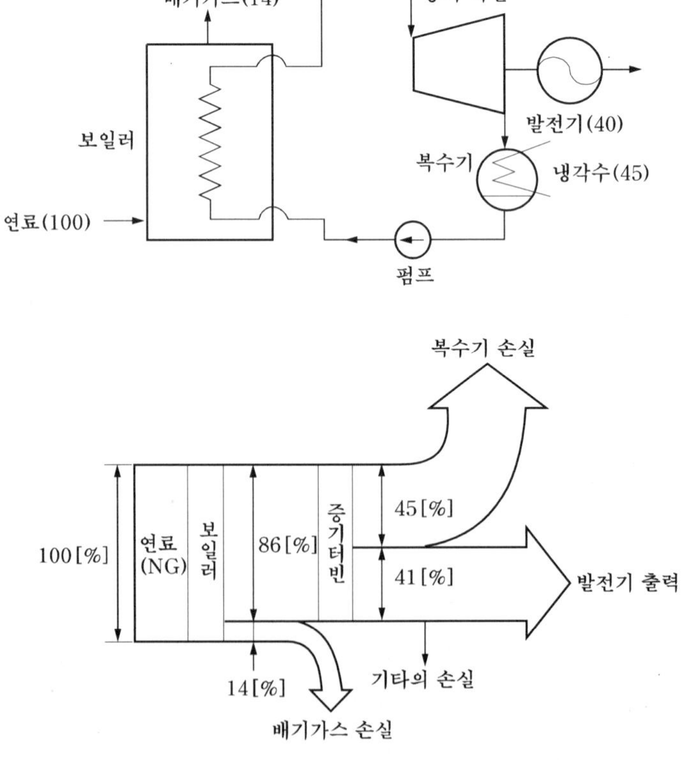

(a) 종래의 발전 시스템

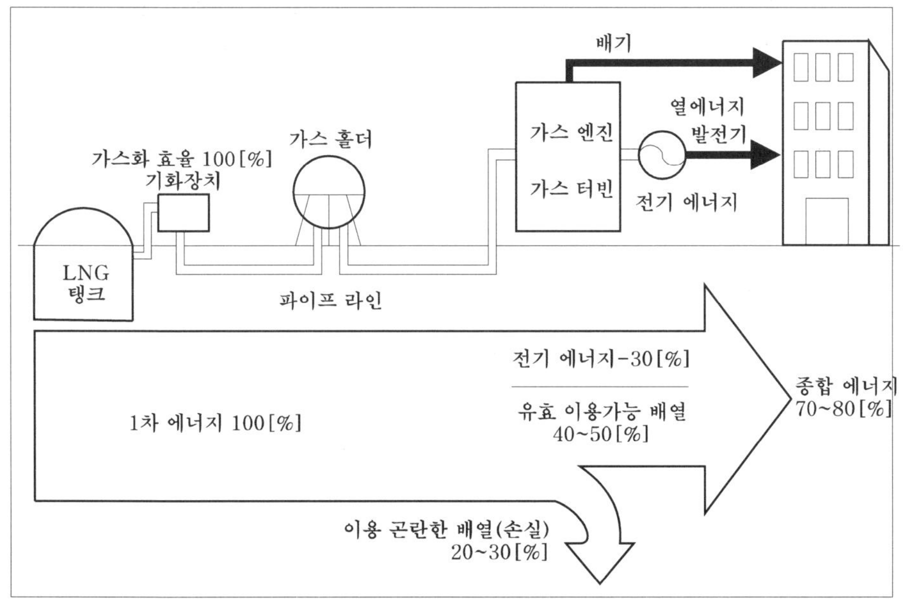

(b) 열병합 발전 시스템

그림 10.15 종래의 시스템과 열병합 발전 시스템과의 비교

이러한 열병합 발전 시스템은 열 또는 전기 중 어느 쪽을 먼저 추출하는가에 따라 **톱핑 사이클**과 **버터밍 사이클**의 2가지로 나뉘어진다.

전자는 터빈이나 엔진으로 발전기를 구동해서 발전한 후의 배열을 흡수해서 작업용 증기나 냉난방·급탕용으로 이용하는 방식이고, 후자는 고온의 열을 먼저 프로세스용으로서 이용한 다음 그 배열로 터빈을 구동해서 발전하는 방식이다.

일반적으로 도시형 내지 지역형의 열병합 발전 사이클에서는 열수요가 주로 냉·난방, 급탕용으로서 한정되고 필요 온도도 50~100[℃] 정도로 그다지 높지 않기 때문에 추기터빈을 이용하는 전자의 톱핑 사이클이 많이 이용되고 있다.

우리나라에서도 이미 일부 산업기지 및 공단지역이나 한정된 주거지역에 열병합 발전 시스템이 건설, 운전 중에 있으며, 최근에는 신도시 개빌에 따라 300~600[MW]급의 열병합 발전소 건설계획이 추진되고 있다.

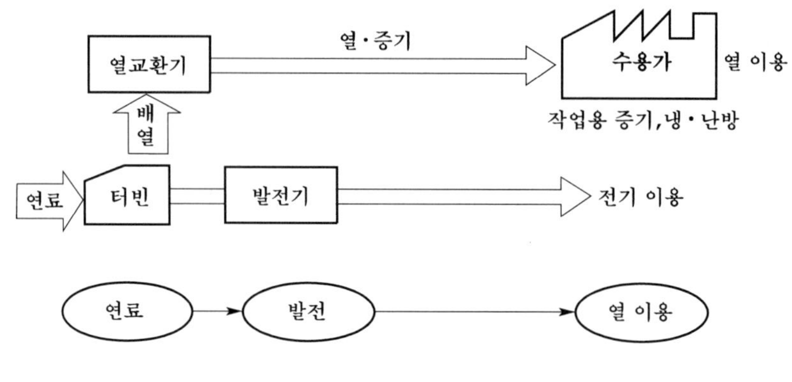

(a) 톱핑 사이클

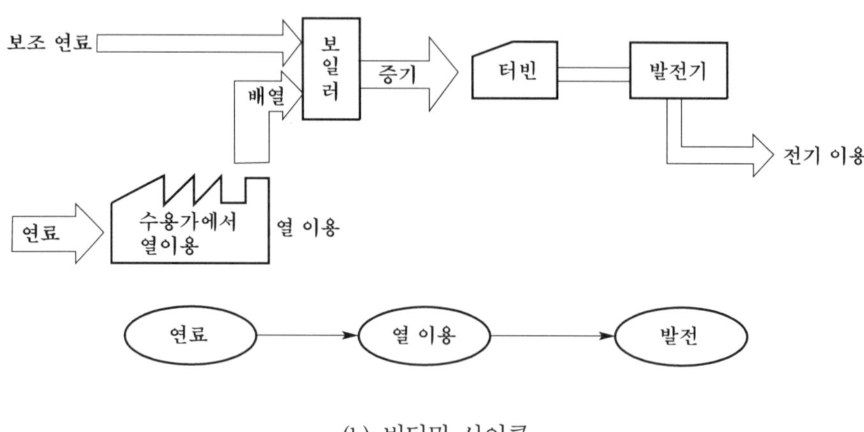

(b) 버터밍 사이클

그림 10.16 열병합 발전 시스템에서의 두 가지 사이클

10.3.3 열병합 발전 시스템의 평가수법

열병합 발전 시스템의 에너지 절약성 평가에 관하여 자주 사용되는 평가지표를 아래에 들어본다.

(1) 발전효율

$$\text{발전효율} = \frac{\text{발전전력량}}{\text{연료소비량}}$$

연간의 평균 발전효율로 평가하는 경우와 단위시간당으로 평가하는 경우가 있다.

(2) 부하율

$$부하율 = \frac{발전전력량}{발전기\ 용량 \times 운전시간}$$

일반적으로 부하율이 낮아지면 발전효율은 저하하기 때문에 이 지표는 부하율이 낮은 부분부하운전이 얼마나 길어졌는가를 판단할 때 사용할 수 있다.

(3) 배열이용율

$$배열이용율 = \frac{배열이용량}{연료소비량}$$

이것은 원동기의 연료소비량(투입 에너지)중에서 에어컨이나 급탕 등에 유효하게 이용될 열(배열이용량)의 비율을 보이는 것이다.

(4) 종합효율

$$종합효율 = \frac{(발전전력량+배열이용량)}{연료소비량}$$

(5) 열병합 의존율

$$열병합\ 의존율(전력) = \frac{발전전력량}{연간전력수요량}$$

$$열병합\ 의존율(열) = \frac{배열이용량}{연간열수요량}$$

열병합 의존율(전력)은 시설 전체의 연간 전력수요량중 열병합발전의 발전전력으로 공급한 비율로 나타내는 지표로서 발전 의존률이라고 부르기도 한다.

10.3.4 지역난방

열병합 발전의 이용 예로서 오늘날 우리나라에서도 일부 지역에서 많이 보급되고 있는 지역난방 시스템을 간단히 소개해 보고자 한다.

지역난방은 일정지역 내에 있는 아파트, 상가, 사무실, 공장 등 각종 건물이 개별적인 난방시설을 갖추는 대신 열병합 발전소나 열전용 보일러, 쓰레기 소각로 등과 같이 한 곳에 집중된 대규모 열 생산 시설에서 경제적으로 생산된 열을 이용하여 지역전체에 냉난방과 급탕열을 배관을 통해 일괄 공급하는 도시 기반시설을 말한다.

이 지역난방 시스템은 일반적인 개별 열공급 시설에 비해 에너지 이용효율 향상에 따른 에너지 절감효과가 크고, 연료사용 감소 및 열생산 시설의 일원화를 통한 집중관리로 공해 감소 효과가 크며, 굴뚝 없는 쾌적한 주거환경 조성 등 여러 가지 장점이 많은 냉난방 방식으로서 세계 여러 곳에서 오래 전부터 이용되고 있으며, 앞으로도 계속 확대 추세에 있는 열공급 시스템이다.

우리나라에서도 1985년에 처음으로 서울 목동 지역에 지역난방을 공급한 이래 지역난방 집단에너지사업이 활발하게 추진되어, 2008년 말 현재 지역난방에서의 공급규모는 서울 및 서울 근교 대도시 등의 약 172만 호에 3,361[MW]의 전력과 15,757[Gcal/h]의 열을 공급하는데 까지 이르고 있다.

열생산 방법으로는 열병합 발전소 방식과 비 열병합 발전방식인 열전용 플랜트, 소각로, 산업폐열 등에 의한 것이 있는데, 현재 우리나라에서 사용되고 있는 주된 방식은 열병합 방식이며, 비 열병합 방식은 보조수단으로 사용되고 있을 뿐이다.

이렇게 병합 발전소가 전기를 생산하고 버려지는 열을 지역난방에 활용하도록 함으로써 종래의 38 [%]대에 그치고 있는 에너지 이용효율을 85 [%]대로 향상시킬 수 있어 연료절감에 큰 효과를 보이고 있다.

10.4 복수 및 복수설비

10.4.1 복수 및 급수계통

복수설비는 증기터빈에서 작동한 증기를 냉각수를 사용해서 응축하여 복수로 하고 이 복수를 다시 보일러의 급수로서 이용할 수 있게 하는 설비이다.

복수설비의 목적은 증기터빈으로부터 배출된 증기를 배기실에 직결된 복수기 내에서 냉각시켜 그 증발열을 빼앗아서 복수시킴과 동시에 잔류하는 불응축성의 가스를 진공 펌프로 흡출해서 터빈의 배압을 진공에 가까운 값으로 유지함으로써 가능한 한 증기의 열 낙차를 크게 해서 열효율도 향상시킨다는 기능을 함께 수행한다는데 두고 있다. 일반적으로 복수설비는 **복수기**, **공기 추출기**, **순환수 펌프**와 **복수펌프**로 구성되고 있다.

그림 10.17은 이들 복수 및 급수 시스템의 개요를 나타낸 것이다.

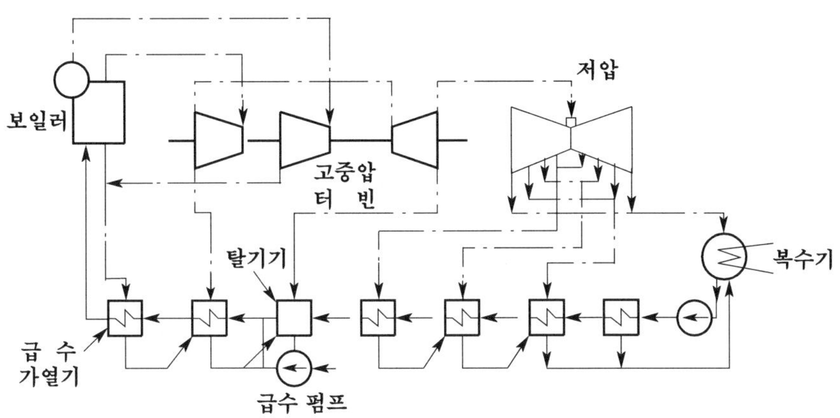

그림 10.17 복수 및 급수 시스템의 개요

10.4.2 복수기

복수기는 진공상태를 만들어 증기터빈에서 일을 한 증기를 그 배기단에서 냉각 응축시킴과 동시에 복수로서 회수하는 장치이다. 복수기에는 표면 복수기, 증발 복수기, 분사 복수기 및 에젝터 복수기의 4가지가 있는데, 이중 가장 많이 쓰이고 있는 것은 **표면 복수기**이다.

그림 10.18에서와 같이 기내에 전열면이 될 다수 개(보통 수천 개)의 냉각관(복수관이라고 함)을 배치해서 관내에는 냉각수를 흘리고 관 밖으로는 터빈배기를 유도해 줌으로써 이 수관에 배기를 접촉시켜서 복수시키고 있다.

이것은 터빈배기와 냉각수를 혼합시키지 않으므로 복수는 순수한 보일러 급수로 재사용할 수 있다는 특징이 있다. 또한, 냉각수는 하천수, 해수를 그대로 사용할 수 있다.

이 복수기에는 고진공을 항상 유지하기 위해서 기내에 누입공기를 추출하는 추기 펌프, 냉각수를 보내는 순환펌프, 복수를 기내로부터 받아내는 복수펌프 등이 있다.

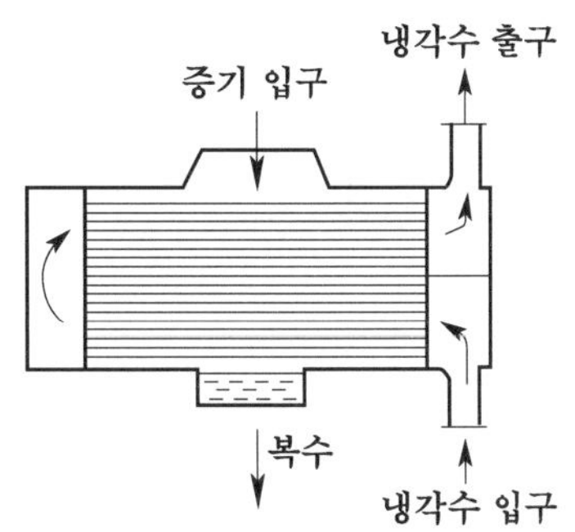

그림 10.18 표면 복수기

연 습 문 제

1. 충동터빈과 반동터빈에 대해서 설명하여라.

2. 탠덤형(탠덤 콤파운드형) 터빈에 대해서 설명하여라.

3. 다음 사항에 대해서 설명하여라.

(1) 증기터빈의 임계속도

(2) 반동도

(3) 증기터빈에서의 속도비와 선도효율

4. 추기터빈과 배압터빈의 차이점을 들고 각각의 용도를 설명하여라.

5. 열병합 발전방식에 대해서 설명하여라.

6. 우리나라 대용량 화력 발전소의 터빈, 보일러의 발달과정을 설명하여라.

7. 표면 냉각식 복수기에 대해서 설명하여라.

8. 증기터빈의 주요 구성부품 5 가지를 들어라.

9. 수소 냉각방식의 특징을 설명하여라.

10. 증기터빈 발전기의 대형화에 따라서 냉각방식도 변화해 왔는데, 그 이유를 설명하여라.

11. 3,000[kW]의 증기터빈 발전기 한 대를 전부하로 운전하는 데 필요한 표면 복수기의 냉각면적은 대략 얼마인가? 단, 증기 소비율은 7[kg/kWh], 단위 냉각 면적당의 한시간당 복수량은 50[kg]이라고 한다.

제 11 장

기타의 화력발전

11.1 내연력 발전

내연기관을 사용해서 발전기를 구동시켜 발전하는 방식을 **내연력 발전**이라고 한다.

내연기관이란 연소실 내에서 연료를 연소시켜 그 생성물을 작동가스로 해서 열 에너지를 기계적인 일로 변환하는 장치를 말하며 통상 엔진이라고 부르기도 한다.

내연기관에는 사용하는 연료의 종류에 따라서 가스기관, 가솔린 기관, 석유기관(이상은 어느 것이나 모두 불꽃점화 기관임), 디젤기관(압축점화 기관) 등이 있다. 내연력 발전도 기력발전과 마찬가지로 연료가 갖는 열에너지를 이용하는 발전이므로 양자를 합쳐서 화력발전이라고 부른다.

그러나 양자는 열에너지를 이용하는 과정에 있어서 서로 다르다. 즉, 기력발전에서는 연료의 연소과정에서 발생하는 열로 물을 끓여서 증기를 발생시키고 이것을 매체로 해서 열에너지를 기계적 에너지로 변환하는 데 대하여, 내연력 발전에서는 기체 연료 또는 액체연료를 기화시킨 연료를 점화폭발 시킬 때 얻어지는 고 압력의 가스를 직접 이용해서 기계적 에너지를 얻고 있는 것이다. 이처럼 내연력 발전은 기력발전에 비해 열 에너지가 전기 에너지로 변환되는 과정이 간단하고, 또 열효율도 비교적 쉽게 상당 수준까지 높일 수 있다는 장점이 있지만, 한편으로는 연료 면에서 기력발전처럼 석탄이나 기타의 저질연료를 사용할 수 없어서 주로 경유만을 사용하여야 한다는 제약이 있다. 그 밖에 디젤기관은 그 동작원리로 왕복운동 기관을 사용하고 있기 때문에 진동이라든지 제작 면에 난점이 있어 기력처럼 대용량의 것을 개발하지 못하고 있다.

가스터빈 발전은 비교적 새로이 발달한 발전방식이지만, 기력발전에 비해 기동, 정지가 용이하고 또한 단시간 부하용으로는 유리하다는 장점이 있다. 이 때문에 가스터빈 발전은 첨두부하 대응의 발전 설비로서 우리나라에서도 일부 사용되고 있으며, 특히 최근에는 이 가스터빈과 기력발전을 조합시킨 이른바, 복합가스 터빈발전이 많은 관심을 모으고 있다.

이 내연력 발전의 특징을 기력발전과 비교해 본다면 우선 그 장점으로서는,

① 기동, 정지가 용이하고 부하에 대한 응동성이 좋다.
② 설비가 단순하므로 그 취급, 운전이 용이하다.
③ 출력에 비하여 경량 소형이고 신뢰성, 열효율도 좋다.
④ 설치장소의 제한이 적고 냉각수의 취수량도 적어도 된다.
⑤ 연료는 액체 또는 가스체이므로 그 수송, 저장 등의 취급이 편리하다.

한편 단점으로서는 다음과 같은 것이 있다.

① 운전 시 진동이 따르므로 방진대책이 필요하다.
② 소음이 심하므로 방음에 유의하여야 한다.
③ 배기온도가 높기 때문에 화상이라든지 화재의 우려가 있다.
④ 소 용량의 것 밖에 제작할 수 없다.

다음 내연기관에 사용되는 연료로는 주로 가스체, 원유계 액체의 2 가지가 있다.

가스체 연료로서는 천연가스, 도시가스, 코크스로 가스, 용광로 가스, 수성가스, 발생로 가스, 액화 석유가스 등 여러 가지가 있는데, 통상 발전용으로 사용되고 있는 것은 천연가스, 용광로 가스이다.

원유계의 액체연료는 휘발유, 등유, 중유 등이 있으나 통상 발전용으로 사용되는 것은 디젤 기관용의 중유이다.

11.2 디젤기관 발전

11.2.1 디젤기관의 동작 특성

가스 또는 기화시킨 연료와 공기와의 혼합기체를 실린더 내에서 압축한 후에 적당한 방법으로 점화시키면 폭발하게 된다. 이때 생긴 높은 압력을 이용해서 피스톤을 동작시킴으로써 동력을 얻을 수 있다. 공기를 높은 압력까지 압축하면 압축공기의 온도가 높아지는데,

이 때, 여기에 연료를 분사하면 자연점화가 이루어진다. 디젤기관은 바로 이러한 원리를 이용한 내연기관인 것이며, 연료로는 중유를 사용하고 이것을 무화(안개상태)해서 분사하고 있다. 이때 피스톤에 작용하는 압력은 직선운동을 일으키므로 이것을 회전운동으로 바꾸기 위해서 **크랭크**를 사용한다.

디젤기관에는 피스톤이 2 왕복(2 회전)하는 동안에 1 회의 폭발(연소)을 하는 **4 사이클 기관**과 피스톤이 1 왕복(1 회전)하는 동안에 1 회의 폭발을 하는 **2 사이클 기관**이 있다.

실린더(기통) 내에서 피스톤이 위에서 아래로 움직이는 거리를 스트로크(行程)라고 하는데, 4사이클 기관이란 흡기·압축·연소(팽창)·배기의 사이클 사이에 피스톤이 2왕복, 즉, 4스트로크 하는 것을 말하고, 1왕복, 즉 2스트로크 하는 것을 2사이클 기관이라고 한다. 또 크랭크(피―톤)가 맨 위의 위치에 있을 때를 상사점(上死点), 맨 아래 쪽에 있을 때를 하사점(下死点)이라고 한다.

그림 11.1은 4 사이클 기관의 동작 상황(행정)을 보인 것으로서 (a)~(d)는 각각 흡입행정, 압축행정, 연소행정, 배기행정을 가리키고 있다.

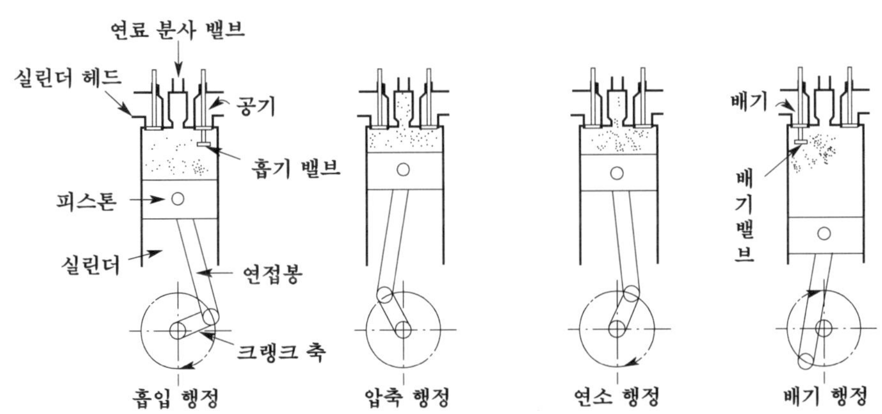

그림 11.1 4사이클 기관의 동작 설명도

흡입행정은 상사점으로부터 크랭크가 내려가는 상태에서 흡입밸브만이 열려서 실린더 헤드의 흡기구로부터 공기를 흡입하고, 하부사점에 크랭크가 도달하였을 때 흡입밸브를 닫는 데까지를 말한다.

압축행정은 크랭크가 하부사점을 지나서 모든 밸브를 닫은 채 피스톤이 상부사점까지 상승하는 과정으로서 이에 따라 실린더 내의 공기는 압축되어 고온으로 된다. 이때 압축 개시시 공기의 체적과 압축종료시의 체적과의 비를 **압축비**라고 하는데 이 값이 클수록 효율은 높아진다.

연소행정은 폭발행정 또는 동력행정이라고 불리어지기도 하는데, 이것은 압축 행정의 마지막 단계에서 이 압축공기에 분사된 연료가 자연점화해서 폭발연소를 일으켜 고온고압으로 되어서 피스톤을 아래쪽으로 힘차게 밀어내는 과정을 말한다. 연료분사로는 압축공기에 의한 공기분사와 펌프압력에 의한 무기분사의 2 가지가 있는데, 최근에는 주로 후자의 방법이 사용되고 있다.

배기행정은 직전의 연소행정에서 크랭크가 하부사점을 지나면 배기밸브가 열려서 실린더 내의 연소된 가스를 외부에 배출시키는 과정을 말한다.

디젤기관은 위에서 설명한 흡입행정에서 배기행정까지를 1 사이클로 해서 이후 같은 동작을 되풀이하면서 동력을 얻고 있다. 한편, 이러한 4 사이클 기관은 4 행정에 1 회만 동력을 발생하는 데 지나지 않으므로 기관이 원활하게 운전을 계속하기 위해서는 발생한 동력의 잉여 분을 운동 에너지로서 플라이휠(축세차)에 일단 저축하고 그 관성으로 후속되는 행정의 운전을 하지 않으면 안 된다는 문제점이 있다.

이에 대하여 2 사이클 기관은 크랭크의 1 회전마다 1 회의 폭발을 일으키도록 하는 것이므로 4 사이클 기관에 비해 발생 토크의 시간적 부동성을 훨씬 줄일 수 있다.

그림 11.2는 2 사이클 기관의 동작상황을 나타낸 것이다.

크랭크가 상부사점을 통과할 때를 맞추어서 가스가 점화폭발 하여 동력을 발생시키고 하부사점에 접근하였을 즈음에 피스톤 자신에 의해서 폐쇄되어 있던 배기공이 열려 배기시킴과 동시에 압축공기를 불어넣어서 실린더 내의 잔류가스를 일소한다. 크랭크가 하부사점을 통과한 후는 새로운 공기와 가스가 흡입되어 피스톤은 압축행정을 시작한다. 이렇게 해서

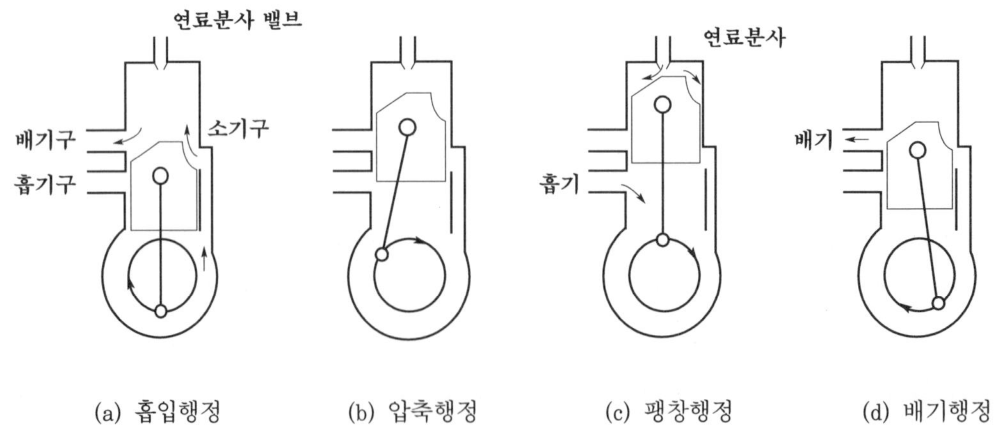

그림 11.2 2 사이클 기관의 동작 설명도

하부사점에 도달함으로써 전 행정을 마치게 되며, 이후 같은 사이클을 되풀이하게 된다.

일반적으로 2 사이클 기관은 4 사이클 기관에 비해서 효율이 낮으므로 발전기가 대형으로 된다는 단점이 있으나, 한편 그 구조가 간단하고 또 중량도 가벼우므로 대 출력용으로 사용되며, 부하율이 낮은 발전소에서는 오히려 이것이 더 유리한 편이다.

또, 2 사이클 기관은 토크의 부동성이 4 사이클 기관보다 작으므로 축세차 효과는 작아도 된다는 이점이 있다. 따라서 대용량, 저속기로 부하율이 낮을 때에는 2 사이클 기관이 더 유리하다고 말할 수 있다.

내연기관에서는 압축압력이 높을수록 폭발압력이 높고 열효율도 높아진다. 그러나 한편에서는 압력이 너무 높아지면 혼합기체가 압축 도중에 자연발화해서 기관을 파손할 우려가 있으므로 압축압력에도 한도가 있어 대략 7～13[kg/cm^2] 정도로 하고 있다. 단, 디젤기관은 공기만을 압축하는 것으로서 압력을 높여도 도중에서 발화할 염려가 없으므로 상당히 높은 압력까지 취할 수 있다. 다만 사용재료에 의한 제약이 있으므로 여기에도 역시 한계가 있는 것이며, 현재 많이 채택되고 있는 압력은 대략 55[kg/cm^2] 정도로 되어 있다.

11.2.2 디젤기관의 구조

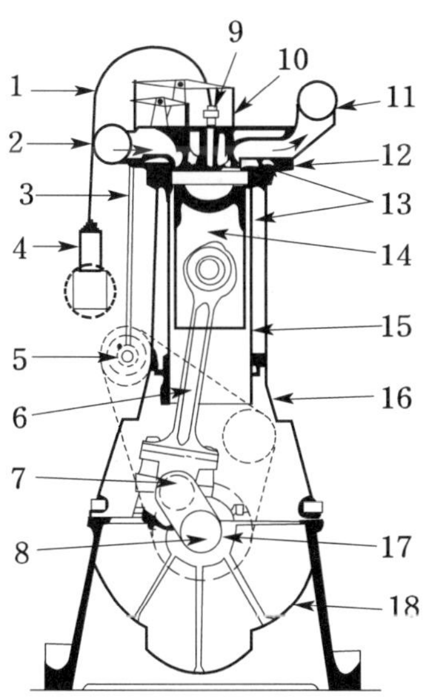

1. 연료관 2. 급기관
3. 놀림봉 4. 연료 펌프
5. 밸브 조작용 캠축 6. 연접봉
7. 크랭크핀 8. 크랭크축
9. 연료 노즐 10. 배기 밸브
11. 배기관 12. 실린더 헤드
13. 재킷 14. 피스톤
15. 실린더 16. 프레임
17. 주축받이 18. 크랭크실

그림 11.3 4 사이클 기관의 단면도

디젤기관은 **왕복기관**의 일종으로서 발전용의 경우 극히 소형의 것을 제외하고는 거의 대부분이 4 사이클 기관을 쓰고 있다. 이 기관은 1 개 또는 수 개의 실린더를 구비하고 각각 여기에 피스톤을 끼워 넣고, 피스톤을 연접봉과 크랭크를 통해서 크랭크축에 연결하여 피스톤의 왕복운동을 회전운동으로 바꾸어서 기관의 주축을 회전시키는 구조로 되어 있다. 실린더에는 흡입밸브, 배기밸브 및 연료밸브를 설치하고 이들을 피스톤의 운동과 동기적으로 개폐하고 있다.

그림 11.3은 디젤기관으로서 일반적으로 많이 사용되고 있는 무기분유식 4 사이클 기관의 단면도를 나타낸 것이다.

11.3 가스터빈 발전

11.3.1 가스터빈의 특징

가스터빈은 기체(공기 또는 공기와 연소가스의 혼합체)를 압축, 가열한 후 팽창시켜서 기체가 보유한 열에너지를 기계적 에너지로서 끄집어내는 열기관이다. 가스터빈은 연소실 내에서 연료를 연소시켜서 얻은 고온가스를 직접 날개차(러너)에 작용시켜 이것으로 차축을 회전시키는 원동기인데 일반적으로 이의 장점을 든다면 다음과 같다.

① 운전조작이 간단해서 무인운전도 가능하다.
② 구조가 간단해서 운전에 대한 신뢰도가 높다.
③ 증기터빈에 비해서 기동, 정지가 용이하다(빠르다).
④ 물 처리가 필요 없으며 또한 냉각수의 소요량도 적다.
⑤ 설치장소를 비교적 자유롭게 선정할 수 있다.
⑥ 건설기간이 짧고 이설도 쉽게 할 수 있다.

한편 단점으로서는 다음과 같은 점을 들 수 있다.

① 가스온도가 높기 때문에 값비싼 내열재료를 사용해야 한다.
② 열효율은 내연력 발전소나 대용량의 기력 발전소보다 떨어진다.
③ 사이클 공기량이 많기 때문에 이것을 압축하는 데 많은 에너지가 필요하다.
④ 가스터빈의 종류에 따라서는 성능이 외기온도와 대기압의 영향을 받는다 (즉, 외기온도가 내려가면 출력이 증가하고 올라가면 출력이 줄어든다).

11.3.2 가스터빈의 동작원리

가스터빈의 주요 구성요소는 그림 11.4에서와 같이 압축기, 연소기, 가스 터빈 및 발전기 등으로 이루어지고 있다. 이의 동작 원리는 공기를 압축기로 압축해서 가열하고 이때 발생한 고온, 고압의 기체를 가스터빈에서 팽창시키는 과정에서 얻게 된 힘으로 터빈을 구동하는 것으로서 그 과정은 압축 → 가열 → 팽창 → 방열의 4 과정으로 되어 있다.

기본 사이클은 이들 과정을 한번씩 실행하도록 하는 것이며, 이 기본 사이클에 재생기, 중간 냉각기, 재열기 등을 적당히 조합해서 사이클 효율을 향상시키고 있다. 이 가운데에서 압축, 가열 및 팽창의 3 요소로 이루어진 것을 **단순 사이클**이라고 한다. 이것이 가스터빈의 기본이 되는 것이며, 동작유체는 압축기 → 연소기 → 터빈으로 흐르게 된다.

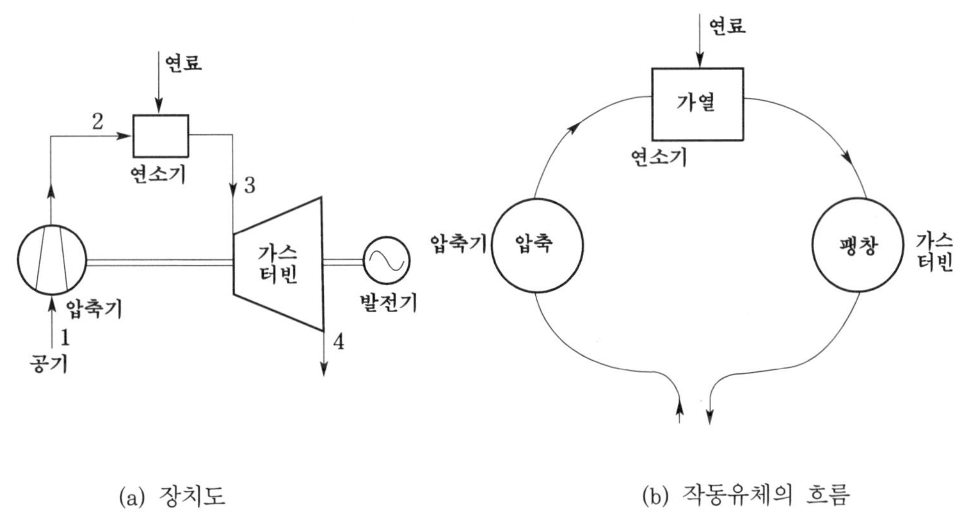

(a) 장치도 (b) 작동유체의 흐름

그림 11.4 가스터빈의 개요도

그림 11.5는 기본 사이클의 과정을 각각 $p-v$ 선도, $T-s$ 선도로 나타낸 것으로서 단열압축 1-2, 등압가열 2-3, 단열팽창 3-4, 등압방열 4-1의 각 과정으로 되어 있다.

가령, 여기에 보인 그림 11.5 (b)의 $T-s$ 선도에서, 파선으로 연결된 열 사이클인 1-2′-3-4′-1은 가스터빈의 이론적인 열 사이클 과정인데, 실제로는 단열압축과 단열팽창 과정에서 열의 손실이 따르게 되므로, 실제의 열 사이클은 실선 1-2-3-4-1과 같이 되고 있다. 이에 따르면 압축기는 대기 중의 공기를 흡입하고 이것을 압축함으로써 고압의 공기를 만든다(과정, 1 → 2). 이어서 이것이 연소기로 보내지는데, 연소기에서는 투입된 연료를 이

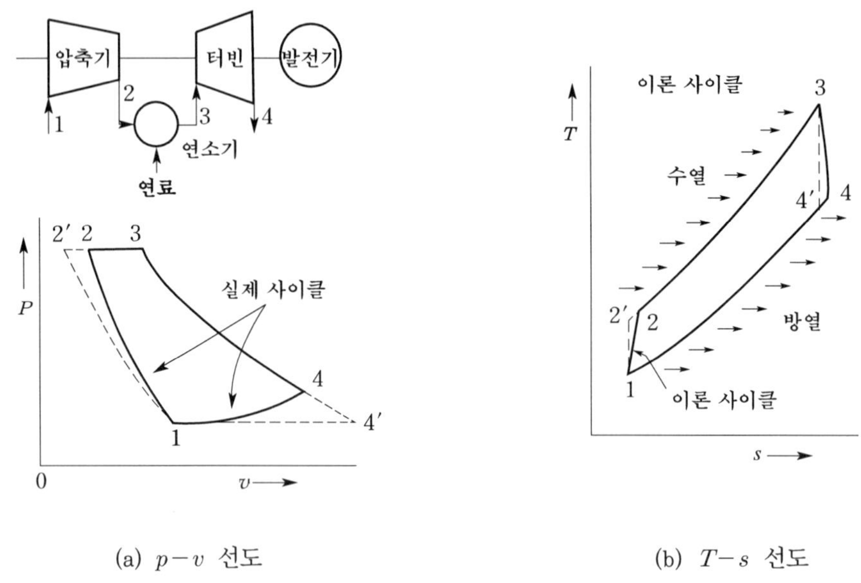

(a) $p-v$ 선도　　　(b) $T-s$ 선도

그림 11.5 가스터빈의 기본 사이클

고압의 공기와 함께 연소시킴으로써 고온·고압의 연소가스를 발생하게 된다(과정, 2 → 3). 이 연소가스를 터빈에서 팽창시켜서 회전에너지를 얻는다(과정, 3 → 4). 이때 터빈의 회전에너지 가운데, 약 반 정도는 압축기의 구동에 소비되고 나머지가 발전기를 구동해서 전력으로 변환된다는 것이다.

또, 등압가열이나 등압방열 과정도 압력손실 등의 문제로 이론 사이클의 과정과는 일치하지 않게 된다. 그러나 일반적으로 가스 터빈의 열효율을 나타낼 경우에는 그림 11.6과 같이 간략화 된 동작선도($p-v$)를 사용하는 것이 보통이다.

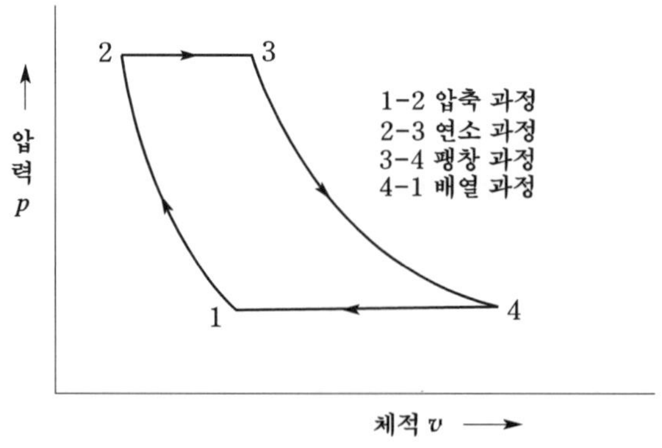

그림 11.6 가스 터빈의 $p-v$ 선도

여기서, 압축과정에서 요하는 일, 곧 압축기를 구동하는 동력 P_c는 압축기 내 가스의 체적을 V_c라 하고 압력의 변화를 dp라 하면

$$P_c = \int_1^2 V_c \, dp \tag{11.1}$$

로 되고 팽창과정, 즉 터빈에서 발생될 동력 P_t는 터빈 내 가스의 체적을 V_t라 할 때,

$$P_t = \int_3^4 V_t \, dp \tag{11.2}$$

로 구해진다.

작동유체는 등압상태에서 연소, 가열되어 2-3의 변화를 하게 되므로 $V_t > V_c$로 되고, 따라서 $P_t > P_c$로 되어 터빈에서 발생되는 동력은 압축기를 구동하는 동력보다도 커서 $P_t - P_c$가 발전용 동력으로서 이용될 에너지로 된다. 즉, 그림 11.6의 1-2-3-4로 둘러싸인 면적에 상당하는 것이 이용 가능한 에너지이다.

11.4 가스터빈의 종류

가스터빈은 증기터빈과 마찬가지로 충동형과 반동형이 있고 그 기능도 서로 비슷하지만, 양자간에는 다음과 같은 차이점이 있다. 곧, 가스터빈은

① 증기터빈보다 단수가 적다.

② 같은 출력에서는 유체의 통로가 증기터빈의 그것보다 커진다.

③ 작동매체의 온도가 600~1,500 [℃]로 증기보다 높고 또한 온도가 열효율에 미치는 영향은 증기터빈보다 크다.

가스터빈은 열 사이클 면에서 다음과 같은 4가지로 나누어지지만, 이들 중 가스 터빈 발전용으로서 많이 이용되고 있는 것은 ①, ②의 두 가지이다.

① 개방 사이클 터빈

② 밀폐 사이클 가스터빈

③ 자유 피스톤 가스터빈

④ 제트엔진 가스터빈

11.4.1 개방 사이클 가스터빈

개방 사이클 가스터빈은 가장 간단한 단순 사이클 가스터빈으로부터 중간 냉각, 재열, 재생을 포함한 복잡한 사이클의 것까지 비교적 그 종류가 많다. 현재 세계적으로 보아서도 제작대수가 가장 많은 편이며, 단기출력은 3,000~100,000 [kW]에 이르고 있다.

그림 11.7은 이 형식의 일례로서 재생 사이클의 원리를 이용하고 있는 것이다. 즉, 개방 사이클에서는 공기 압축기로 압축된 공기가 연소실에 보내지고 여기서 연료를 연소시켜서 고온고압 가스를 만들고 다시 이것이 가스터빈에 보내져서 단열팽창 함으로써 터빈을 구동시킨 후 배기는 대기 중에 방출된다. 공기 압축기는 터빈에 의해서 구동되는데, 이때 이것에 소요되는 동력은 터빈출력의 약 2/3 정도이므로 결국 터빈의 유효출력은 1/3 정도밖에 안 되는 셈이다.

터빈으로서는 보통 축류 반동형이 사용되고 있으므로 동작원리라든지 구조, 특성은 증기터빈에서의 그것과 거의 비슷하다고 생각하면 될 것이다.

열효율을 좋게 하기 위하여 터빈을 2 개의 케이싱(차실)으로 나누고 고압터빈의 배기를 일단 재열기로 유도하고 여기서 다시 연료를 분사해서 재열한 다음 저압터빈으로 보내는 재열방식이 사용되는 경우도 있다.

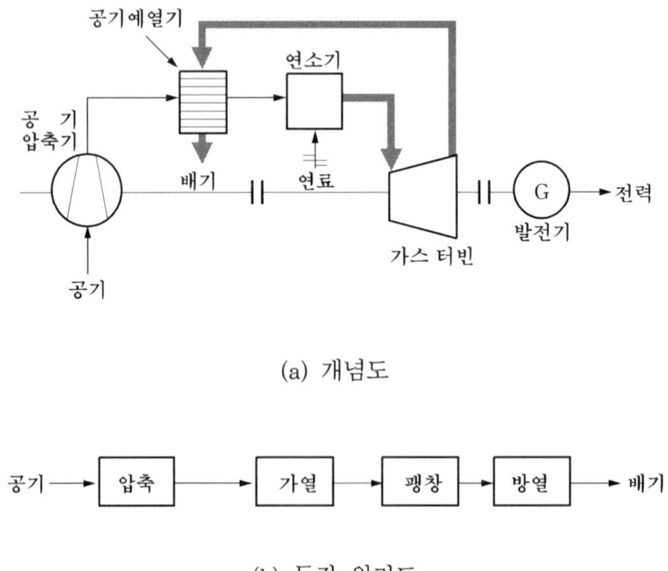

(a) 개념도

(b) 동작 원리도

그림 11.7 개방 사이클 가스 터빈

또한, 공기 압축기를 2 단으로 나누고 제 1 단과 제 2 단과의 사이에 중간 냉각기를 설치하여 고온으로 된 압축공기를 냉각한 다음 제 2 단에 보내 주도록 하면 압축에 요하는 동력을 절약할 수 있기 때문에 대용량의 것은 이러한 구조로 만들기도 한다.

그림 11.8은 개방 사이클 발전방식의 확장 예로서 가스터빈에 의한 전력 외에 폐열 보일러를 설치해서 작업용 증기를 함께 얻고 있는 복합방식의 일례를 보인 것이다. 그림 11.8 (a)는 단순한 전력, 증기(열)를 얻는 열병합 발전의 보기이며, 그림 11.8 (b)는 여기에 증기터빈 발전기를 추가로 설치해서 다음에 설명하는 복합 사이클 발전 시스템을 구성하고 있다.

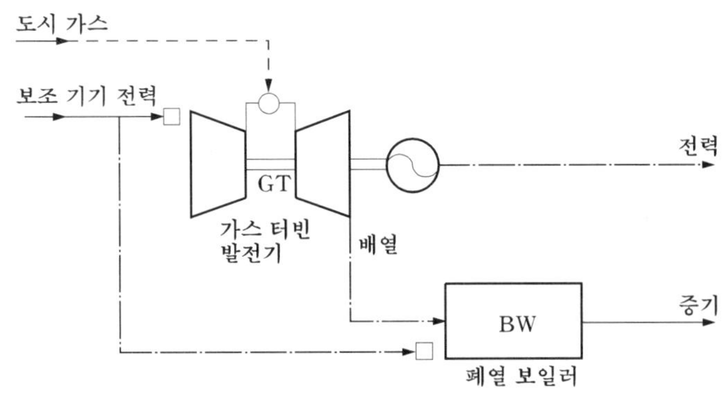

(a) 가스터빈, 폐열보일러 방식

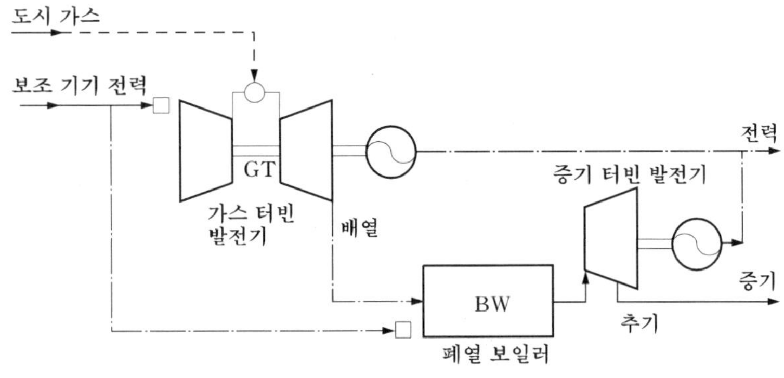

(b) 복합사이클, 추기방식

그림 11.8 개방 사이클 발전방식의 확장 예

11.4.2 밀폐 사이클 가스터빈

밀폐 사이클 가스터빈은 그림 11.9에서와 같이 작동유체로서는 공기만을 사용하는 것으로서 연소 가스와 압축기로부터 나온 고압공기와는 서로 혼합되지 않는 방식이다.

곧, 공기를 압축기에서 고압으로 압축하고 열교환기에서 예열한 후 다시 공기 가열기에서 연료를 연소시켜 가열하게 된다. 이와 같이 해서 만들어진 고압고온의 공기는 터빈으로 유도되고 이 속에서 단열 팽창함으로써 터빈을 구동하고 배기는 열교환기를 통해서 다시 압축기로 되돌려져서 순환하게 된다.

이처럼 밀폐 사이클은 작동유체가 연소가스와 차단되고 있으므로 임의의 압력을 채택할 수 있다는 특징이 있으므로 고압을 채용해서 기기를 소형화할 수 있고, 또 열교환기의 효율도 상당히 높일 수 있으므로 출력이 큰 것에 적합한 방식이라 할 수 있다. 또한, 터빈 및 공기 압축기는 직접 연소가스와 접촉되지 않으므로 연소가스의 성분에 영향을 받지 않아서 고장을 일으킬 회수도 적은 편이다.

원리적으로 본다면 개방 사이클의 것은 디젤기관과 비슷한 것이고 밀폐 사이클의 것은 증기터빈과 비슷하다고 말할 수 있다.

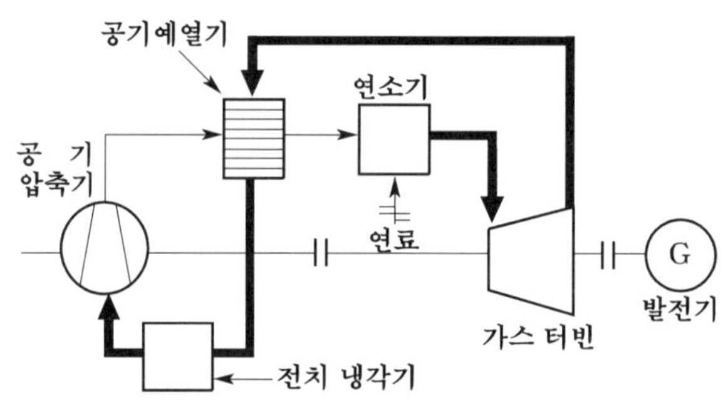

(a) 개념도

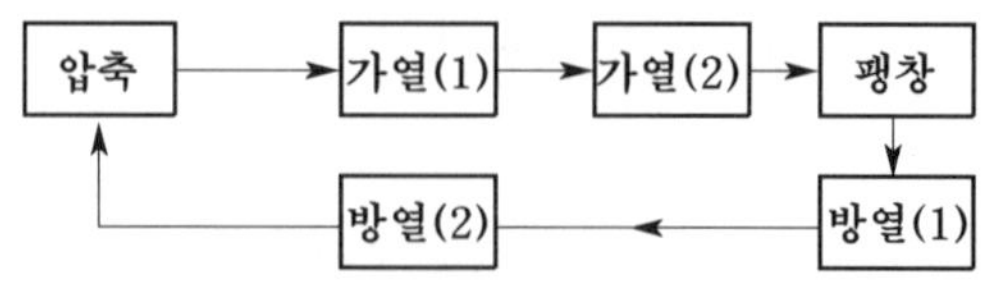

(b) 동작 원리도

그림 11.9 밀폐 사이클 가스터빈

그림 11.10은 이들의 유사점을 보인 것으로서, 가령 보일러와 공기 예열기, 급수 가열기와 열교환기, 복수기와 압축기의 냉각기 및 급수펌프와 압축기를 대비시켜 보면 이들의 관계를 보다 쉽게 이해할 수 있을 것이다.

11.5 복합사이클 발전

11.5.1 복합 사이클 발전 시스템의 개요

이상 설명한 바와 같이 가스터빈은 현재 수만[kW] 정도의 것이 제작되고 있으나, 전력계통의 대용량화에 비추어 볼 때 아직 이것은 너무나 소 출력이고, 또 우리나라처럼 연료를 해외로부터 비싸게 수입해야 하는 처지에서는 가스터빈의 단독사용은 열효율 면에서 문제가 없지 않다. 따라서 가스터빈에서는 열효율의 향상을 위해서

① 터빈 입구 온도의 고온화

② 사이클 압력비의 증대

③ 압축기, 터빈 등의 효율향상

④ 재생 사이클의 채용

등 여러 가지 수단을 도입하고 있다. 이밖에 최근에는 보일러와 증기터빈으로 구성된 기력발전소에 가스터빈을 함께 조합시켜서 종합적인 발전소로서의 열효율 향상을 도모하는 방식이 새로운 관심을 모으고 있다. **복합 사이클 발전**(combined cycle system)이 바로 그것이다.

그림 11.10은 이러한 복합 사이클 발전방식의 개념도를 보인 것이다. No.i 발전 플랜트의 열효율을 η_i라고 하면 복합 사이클 발전방식으로 하였을 경우의 열효율 η는

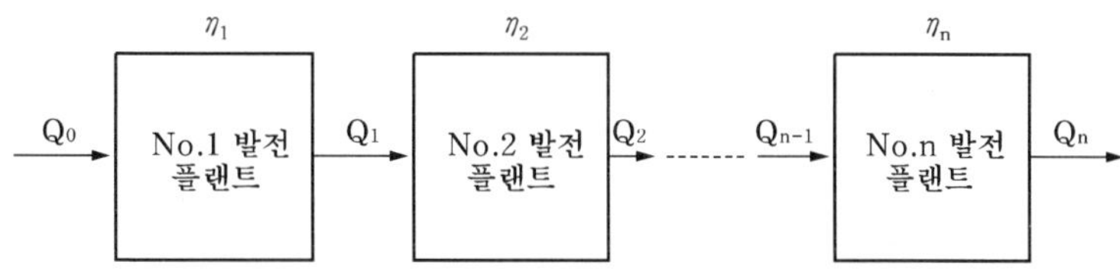

그림 11.10 복합 사이클 발전 방식의 개념도

$$\eta = 1 - \prod_i (1 - \eta_i) \tag{11.3}$$

로 된다. $d\eta/d\eta_i > 0$이므로 각 발전 플랜트의 열효율이 높을수록 전체의 열효율은 높아진다는 것을 알 수 있다.

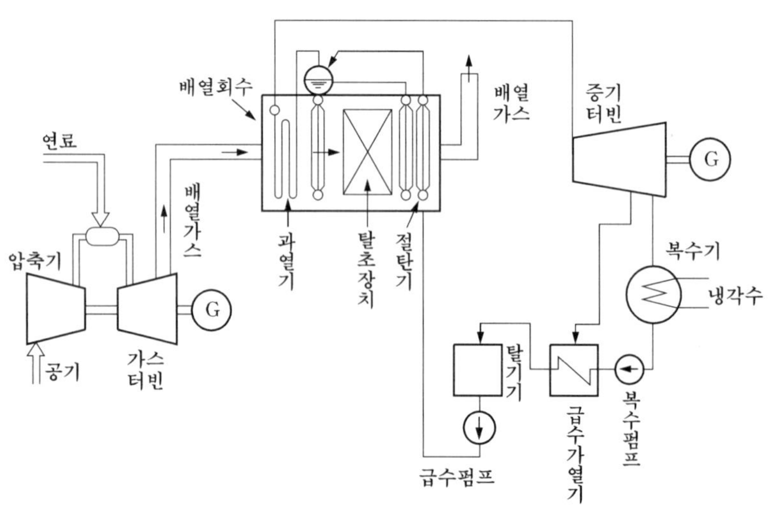

그림 11.11 복합 사이클 계통도(2축)

그림 11.11은 복합 사이클 발전의 대표적인 구성도의 일례를 보인 것이다. 복합 사이클이란 증기터빈에 의한 기력 발전방식에 기력 이외의 방식(가스터빈, MHD 등)을 조합시켜서 종합적인 열효율의 향상을 도모하는 방식을 말하는데, 현재 가장 많이 쓰이고 있는 것은 가스 터빈과 증기 터빈과의 조합이다. 현재의 입구온도 1,100[℃] 정도의 가스터빈에서는 열효율은 43[%] 정도, 최종 목표의 가스온도 1,500[℃]급에서는 50[%]가 넘을 것으로 기대하고 있다.

이 증기 사이클과 가스터빈 사이클의 조합방식으로서는 여러 가지가 있지만 그 중 대표적인 것에 배기연소 사이클과 가압 보일러 사이클이 있다.

(1) 배기연소 사이클(배열 회수형)

가스터빈의 배기에는 대량의 산소가 남아 있으므로, 이 고온배기를 기력 발전소에서 보일러의 연소용 공기로 사용한다면 그만큼 보일러에서의 연료 소비량을 경감시킬 수 있다.

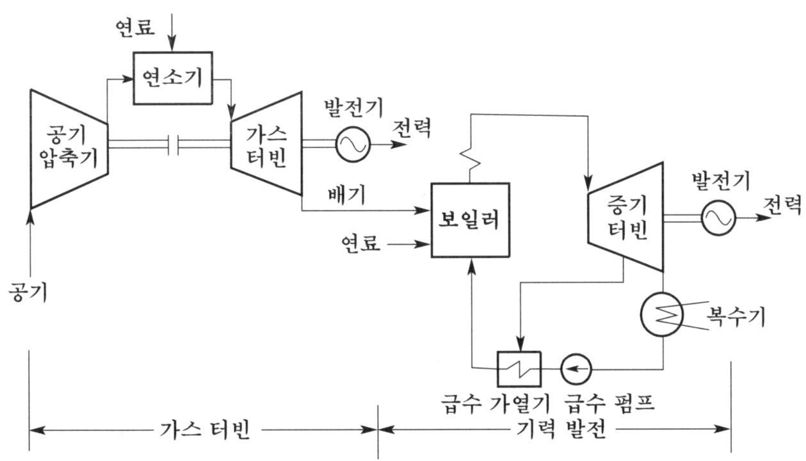

그림 11.12 배기연소 사이클(배기가스 이용방식)

이것은 그림 11.12와 같은 계통으로 되는데 이 경우 보통의 기력발전에 이 방식을 추가함으로써 기력발전만의 경우보다 열효율을 6~7[%] 더 향상시킬 수 있다. 즉, 열효율 40[%]의 기력 발전소라면 2.5[%] 정도의 열효율 향상을 기할 수 있게 된다.

(2) 가압 보일러 사이클

가스터빈의 압축기를 나온 고압(수 기압)의 공기를 보일러에 보내고 이것을 연소 공기로써 가압연소 시켜 이 연소 생성가스를 가스터빈에 보내 터빈을 구동시키는 것이다.

그림 11.13은 이 방식에 의한 계통도이다. 이 복합 사이클 발전의 특징으로서는 다음과 같은 것을 들 수 있다.

① 열효율이 높다(현재의 가스온도 1,100[℃]급에서 43[%] 정도).

② 기동정지 시간이 짧다(소 용량기이기 때문에 기동정지 시간이 짧아 600[MW]급 기력의 최단 2.5 시간에 대해 복합 사이클에서는 약 1 시간 정도로 가능하다).

③ 자체 단독의 기동이 가능해서 비상용 전원으로 적합하다.

④ 부분부하에서의 효율이 높다(소 용량기의 복수설치이기 때문에 경부하시에는 운전대수를 줄여서 효율저하를 방지함).

⑤ 복수기의 냉각수량이 적고 온배수도 적다(기력방식에 비해 증기터빈의 출력 분담이 적기 때문).

⑥ 배기량이 많아지기 때문에 NO_x 등의 배기대책이 필요하다.

⑦ 소음대책이 필요하다.

⑧ 불순물이 적은 양질의 연료를 필요로 한다.

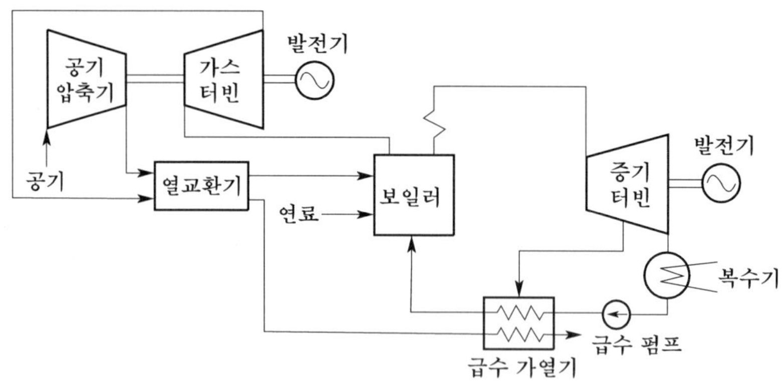

그림 11.13 가압 보일러 사이클

예제 11.1 가스터빈의 배기를 배열회수 보일러에 유도해서 증기를 발생시켜 증기터빈을 구동하는 복합 사이클 발전소에서, 가스터빈 효율이 32[%], 배기가 보유하는 열량에 대한 증기터빈 발전효율이 20[%]였다고 한다. 이 발전소에서 복합 사이클 발전전체의 효율은 얼마인가?

풀이 가스터빈의 발전효율이 32[%]이므로, 배기는 68[%]의 열량을 보유한다. 따라서 복합 사이클 발전의 종합효율 η는

$$\eta = 0.32 + (0.68 \times 0.20) = 0.456 = 45.6[\%]$$

11.5.2 복합 사이클 발전 시스템의 열효율

먼저 그림 11.14에 1,150[℃]급 복합 사이클 발전 플랜트의 구성도 및 이 플랜트에서의 열 정산도를 보인다. 이 그림으로부터 통상의 가스터빈 발전만이라면 입력된 연료(100[%])가 가스터빈에서 발전(31[%])되고 나머지가 가스터빈 배열가스(69[%])로 방출되는데, 복합

사이클 발전에서는 이 가스터빈 배열가스를 배열회수 보일러에 유도해서 약 48[%]에 해당하는 에너지를 회수하게 된다. 이것을 다시 증기 터빈에서 발전(16[%])하게 되므로 결국 이 복합 사이클은

가스터빈 발전 : 31−2(손실)=29 [%]
증기터빈 발전 : 16−1(손실)=15 [%]
} 발전단 출력 44 [%]

합계 44 [%]라는 높은 열효율로 전력을 생산할 수 있다는 것을 알 수 있다.

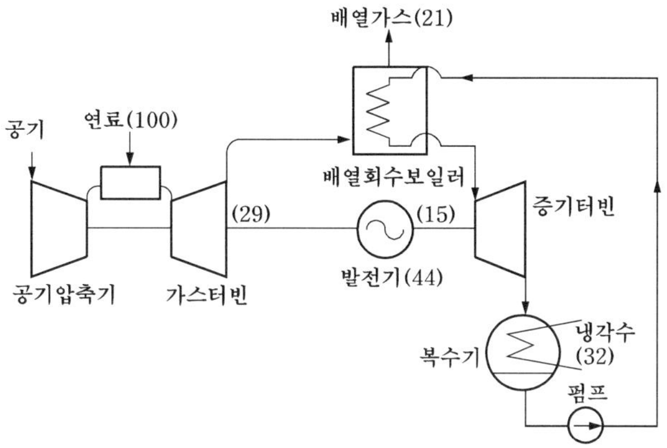

(a) 기기 배치도(구성)

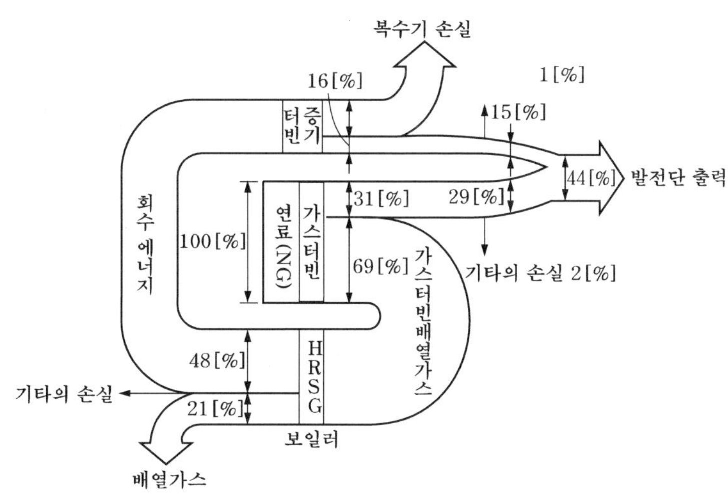

(b) 열 정산도

그림 11.14 1,150[℃]급 복합 사이클 발전 플랜트

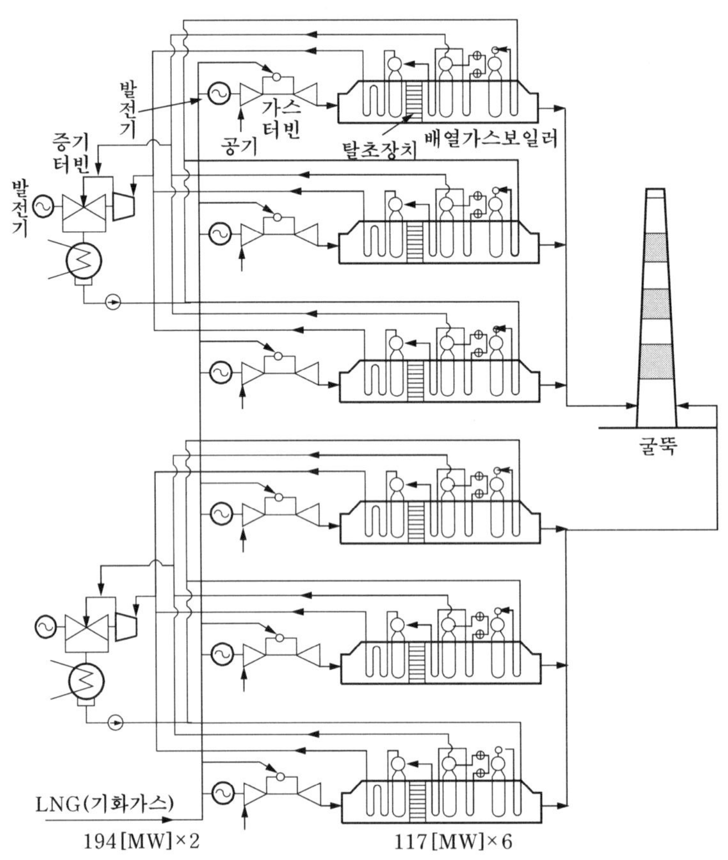

그림 11.15 복합 발전 계통 구성도

참고로 그림 11.15에 대표적인 복합 사이클 발전계통 구성도의 일례를 보인다.

또한 최근에는 복합발전 가스터빈에서의 열효율 향상이 두드러져서, 이 가스터빈 발전은 화력발전에서의 한 몫을 차지하고 있다. 우리나라에서도 탈석유 정책의 일환으로서 LNG의 도입이 추진되고 있다. 그 동안 이 LNG에 의한 복합발전 시스템의 도입이 계속되어 오늘날 우리나라 전원구성에 차지하는 비율도 25[%] 수준을 유지하고 있으며, 앞으로도 계속 이 추세를 유지해 나갈 전망이다.

연 습 문 제

1. 디젤발전의 특성을 설명하고 이것에 가장 알맞은 용도를 들어라.

2. 디젤기관의 열사이클을 설명하고 이의 열효율에 대해서 설명하여라.

3. 내연기관에서의 4 사이클 기관과 2 사이클 기관을 비교 설명하여라.

4. 가스터빈 발전에 대해 설명하여라.

5. 가스터빈 발전소는 기력 발전소와 비교해서 어떤 장·단점이 있는가를 설명하여라.

6. 증기가스 복합 사이클(combined cycle) 발전에 대해서 설명하여라.

7. 개방 사이클 가스터빈과 밀폐 사이클 가스터빈을 비교해서 그 득실을 설명하여라.

8. 가스터빈은 증기터빈처럼 대형의 것을 제작하기가 곤란하다고 한다. 그 이유는 어디에 있다고 보는가?

9. 가스터빈의 배기를 배열회수 보일러에 유도해서 증기를 발생하여 증기터빈을 구동하는 방식의 복합 사이클 발전소가 있다. 이 발전소에서 가스터빈 발전효율이 30[%], 배기가 보유하는 열량에 대한 증기터빈 발전효율이 20[%]였다고 한다면 이 복합 사이클 발전전체의 효율은 몇 [%]인가?

제 12 장

원자력 발전의 개요

12.1 원자력 발전의 기초

오늘날 원자력발전은 전 세계적으로 널리 이용되고 있다.

우리나라에서도 1978년에 고리 원자력(설비용량 587[MW])이 처음으로 건설되면서 원자력발전 시대를 열었으며, 그로부터 계속 원자력이 개발되어 2009년 말 현재로 가동 중인 원자력은 총 20기로서 설비용량은 17,716[MW]에 달하고 있다. 이것은 우리나라 전체 발전설비 73,470[MW]의 24.1[%]를 차지하는 것이며, 발전 전력량으로 본다면, 그 비중은 더 높아져서 총 발전량의 35.3[%]에 이르고 있는 것이다.

앞으로도 연료의 수입의존에 따른 에너지 안전성이라든지, 지구 환경문제에 대처한다는 에너지 공급 안정성이라는 관점에서도 원자력발전은 유력한 에너지원으로서 더욱 더 많은 주목을 끌고 있다. 특히 지난 1970년대의 석유파동 이후부터는 이 원자력이야말로 고갈되어가는 석유자원을 대신할 수 있는 새로운 자원으로서 많은 기대를 모으고 있다.

원자력 발전은 원자핵의 핵분열 에너지를 이용하는 것이다. 원자핵의 내부에서 양자와 중성자를 결합시키고 있는 힘은 핵 내의 입자 간에 작용하는 **핵력**이라고 하는 새로운 힘이다. 이 핵력은 양자역학에서 설명되는 힘으로서 중간자가 이 핵력의 매개를 하고 있다. 원자핵을 형성하기 위한 양자나 중성자 한 개당의 **결합 에너지**는 원자핵의 질량수에 따라 그 크기가 달라진다. 여기서 **질량수**란 양자와 중성자를 합계한 수를 말하며, 이것은 곧 이 원자핵의 무게를 나타내고 있는 것이다.

일반적으로 질량수가 큰 원자핵(가령 $_{92}U^{235}$)은 핵분열을 잘 일으켜서 이 결합 에너지의 일부를 방출하며(곧 이것이 **핵분열 에너지**이다), 반대로 질량수가 작은 원자핵(가령 $_{1}H^{1}$)은 2 개의 원자핵이 1 개의 원자핵으로 융합할 때 에너지를 방출하게 된다(곧, 이것이 **핵융합 에너지**이다).

이들 핵에너지는 굉장히 큰 것이므로 이것을 잘 이용하면 소량의 물질로부터 막대한 에너지를 얻을 수 있다. 표 12.1은 수력발전, 화력발전 및 원자력 발전에 대하여 힘의 입장에서 이들을 서로 비교해 본 것이다.

이 표에서 분자 또는 원자 1 개당 낼 수 있는 에너지의 비율을 비교하면, 가령 탄소의 연소를 1이라고 할 때 물분자의 낙하의 경우(수력발전)는 그 2만분의 1, 우라늄 분열의 경우(원자력 발전)는 그 5,000만 배로 되고 있다. 이와 같은 차이는 곧 각각의 경우에 에너지원으로 되고 있는 힘의 사이에 커다란 차이가 있다는 것을 가리키고 있는 것이다.

표 12.1 각종 발전의 에너지 요소 비교

구 분	수력발전	화력발전	원자력발전
에너지원	물(물의 분자)이 낮은 데로 이동하려는 힘	$C+O_2 \rightarrow CO_2+$ 열	$U^{235}+n \rightarrow A+B+2.5n+$열
분자(원자)의 질량비	18	12	235
분자 한 개가 내는 에너지	(낙차 100 [m]일 때) 2.9×10^{-23}[J]	4.2 [eV] 6.4×10^{-19}[J]	200 [MeV] 3.2×10^{-11}[J]
분자 한 개가 내는 에너지의 비	4.5×10^{-6}	1	5×10^{7}
같은 질량이 내는 에너지의 비	3×10^{-5}	1	2.6×10^{5}
분자의 이동거리	100[m]	약 10^{-10}[m]	약 10^{-15}[m]
힘의 크기의 비	3×10^{-17}	1	2.6×10^{11}
힘의 종류	만유인력	원자의 결합력(전기력)	핵력

현재의 원자력 발전에서는 주로 $_{92}U^{235}$의 핵분열 에너지를 이용하고 있는데, 장차는 고속 증식로의 개발을, 그리고 더 나아가서는 중수라든지 리튬 등의 핵융합 에너지를 이용하고자 하는 연구개발이 추진되고 있다.

12.2 원자력 발전의 특징

원자력 발전은 핵분열 현상에 의해서 얻어지는 에너지를 에너지원으로 이용하는 발전방식이다. 원자력 발전은 가까운 장래에 예상될 화석 연료 자원의 고갈에 대처한다는 의미에서 중요할 뿐 아니라 현실적으로도 공해 문제와 관련해서 보다 깨끗한 전원의 개발이 요망되고 있다는 것, 그리고 석유 가격의 상승이라든가 공해 대책비 등의 문제로 화력 발전 비용이 상승 일로에 있기 때문에 오늘날 원자력 발전의 개발이 세계적으로 서둘러지고 있는 추세이다.

그림 12.1은 원자력 발전소의 구성을 화력 발전소의 구성과 비교해서 보인 것이다. 이 그림에서 보는 바와 같이 원자력 발전소는 화력 발전소에서처럼 연료를 보일러에서 연소시켜서 증기를 만드는 대신에, 원자로 내에서 우라늄 등을 핵분열 시켜서 이때 발생한 열로 증기를 만들고 이 증기로 증기 터빈을 돌리고 있는 것이다.

이처럼 증기 터빈을 회전시켜서 전력을 발생한다는 점에서는 원자력도 화력과 같은 시스템이라고 보아도 상관이 없다. 다만, 원자력에서의 증기는 화력처럼 고온 고압으로 올릴 수 없기 때문에 효율 좋게 운전한다는 목적으로 원자력의 발전기에서는 통상 1,500[rpm] 또는 1,800[rpm]의 회전수가 선정되고 있을 뿐이다.

이밖에 원자력 발전의 특징을 들어보면

① 화력발전과 비교해서 원자력 발전은 출력밀도(단위 체적당의 출력)가 크므로 같은 출력이라면 소형화가 가능하다.

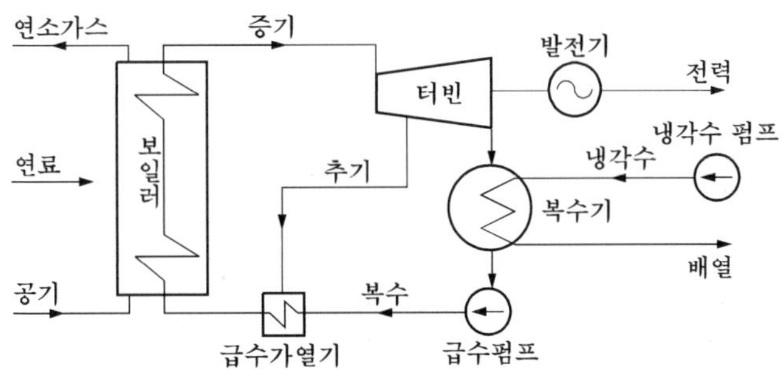

(a) 기력발전

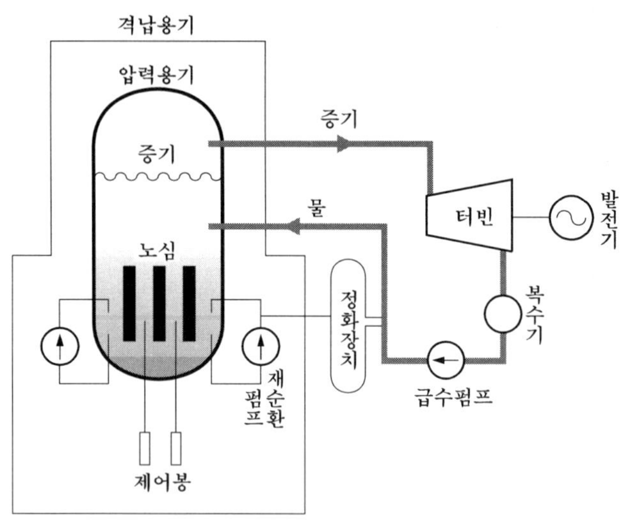

(b) 원자력 발전(BWR의 예)

그림 12.1 화력 발전소와 원자력 발전소

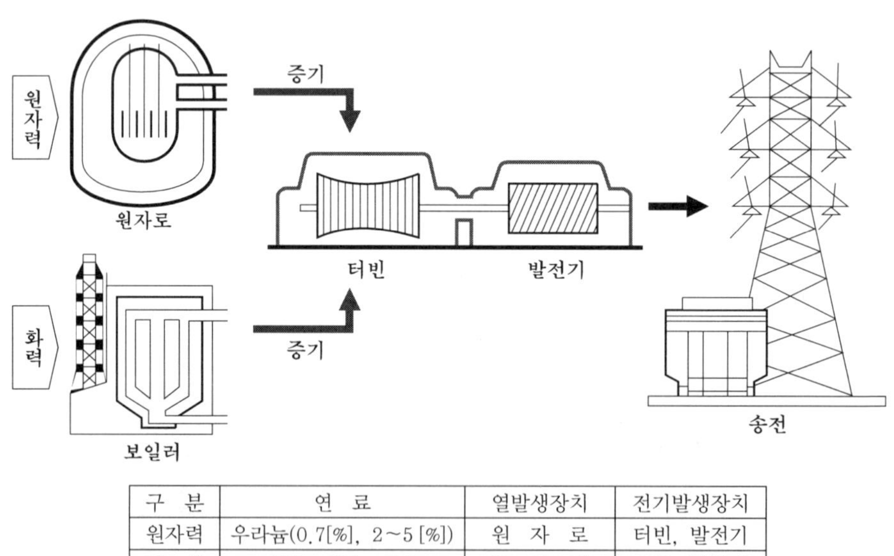

구 분	연 료	열발생장치	전기발생장치
원자력	우라늄(0.7[%], 2~5[%])	원 자 로	터빈, 발전기
화 력	석유, 석탄, 가스	보 일 러	터빈, 발전기

그림 12.2 원자력 발전과 화력발전의 개념도

② 연료 등의 온도제한과 열전달 특성에 따라 발생되는 증기는 포화증기이므로 증기조건이 나빠서 열효율은 화력의 38～40 [%]에 비해 33～35 [%] 정도로 약간 낮은 편이다.

③ 원자력의 경우에는 연료인 우라늄 1 [g]에서 석탄 3 [t]에 해당하는 열에너지가 얻어지므로 원자력 발전에서는 연료의 수송, 저장, 장소에 관한 문제는 거의 없을 정도이다.

④ 핵연료에서는 현재 천연 우라늄과 농축 우라늄을 쓰고 있는데, 그 소모량이 적기 때문에 보통 1년 내지 수 년분을 한꺼번에 노 내에 장전해서 어느 일정한 기간마다 조금씩 새로운 연료와 교환하면서 사용할 수 있다.

⑤ 화력발전에서는 사용이 끝난 연료는 회(灰)로 되지만 원자력 발전에서는 사용이 끝난 연료(즉, 회에 상당함)에서 뿐만 아니라 사용 중에도 핵반응을 통하여 새로운 연료(가령 ${}_{94}Pu^{239}$ 등)가 계속 생산된다.

⑥ 핵분열에 의해서 생기는 방사능이 원자로 주변에 누출되거나 환경을 오염시킬 우려가 있으므로 특히 안전성과 방사능 대책에 유의할 필요가 있다.

참고로 표 12.2에 원자력과 화력에서의 증기조건에 관한 비교 예를 보인다.

표 12.2 증기조건의 비교

항목	증기압력 [kg/cm²]	증기온도 [℃]	열효율 [%]
원자력	60～70	270～280	33
화 력	246	538	40

* 원자력의 압력, 온도는 터빈입구에서의 값을 보인 것이다.
(원자로 내에서는 가압수형(PWR)은 160[kg/cm²], 300 [℃] 정도이다.)

12.3 우리나라에서의 원자력 발전

1978년에 고리 1호기(587[MW])의 준공을 계기로 첫 출발을 한 원자력발전은 31년의 세월을 거치면서 이제는 우리나라의 주력 전원으로 성장하게 되었다.

2009년 말 현재 우리나라의 원자력 발전소는 고리 원자력 1호기를 비롯하여 총 20 기가 운전 중이며, 설비용량은 1,771만 6천 [kW]로서 전체 발전설비(한전 자회사)용량 73,470만 [kW]의 24.1 [%]를 차지하고 있다. 건설중인 발전소는 한국 표준형 원전인 신고리 1, 2호기 및 신월성 1, 2호기의 4기로 시설용량은 400만[kW]에 이르고 있으며, 추가로 신고리와 신

울진에 140만[kW]급의 신형 원전 4기의 건설계획도 확정되어서 건설 준비중에 있다.

고리 원자력 1호기가 상업운전을 개시한 1978년도의 원자력 발전량은 23억[kWh]로서 전체 발전량의 7.4[%]에 불과하였으나, 2009년에는 발전량이 1,478억[kWh]로 국내 전체 발전량의 34.0[%]를 점유하여 국내 주종 전력원으로서의 역할을 다 하고 있다.

국내 부존자원이 부족한 우리나라에서는 이 원자력에 거는 기대가 매우 커서 앞으로도 계속 원자력 발전을 중심으로 한 전원개발을 추진해 나갈 전망이다.

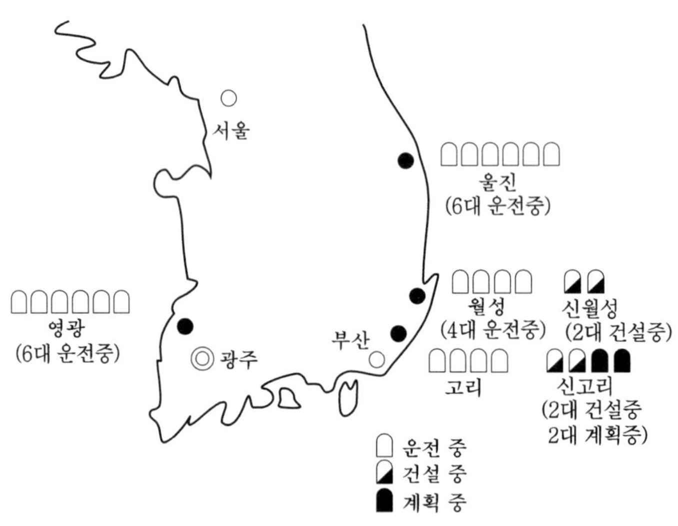

그림 12.3 원자력 발전소 위치도

원자력 발전의 경우 핵연료에 대해서는 석유와 마찬가지로 역시 해외에 의존할 수밖에 없지만, 한편 이것은 소량의 핵연료로 장기간에 걸쳐 다량의 에너지를 얻을 수 있으므로 특히 우리나라와 같이 국내자원이 부족한 여건 하에서는 앞으로의 전원개발을 원자력 주도로 하지 않으면 안 될 것이다.

연 습 문 제

1. 열에너지를 이용한 각종 발전방식을 열거하고 각각에 대해서 그 개요 및 장·단점을 설명하여라.

2. 화력 발전소와 원자력 발전소의 특징을 비교하고 원자력 발전소 특유의 문제점에 대해서 설명하여라.

3. 원자력 발전이 장차 우리 나라의 에너지원으로서 중요한 위치를 차지하게 될 이유를 설명하여라.

4. 원자력 발전소의 원가구성을 설명하고 화력 발전소와 비교하여라.

5. 원자력 발전의 입지선정 문제에 대해서 설명하여라.

6. 원자력 발전과 양수 발전과의 관계에 대해서 설명하여라.

7. 현재 실용화되고 있는 경수형 원자력 발전소에서 사용되는 터빈은 일반의 기력 발전소용 터빈과 비교할 때 어떤 특징을 지니고 있는지 간단히 설명하여라.

제 13 장

원자로 이론

13.1 원자의 구조

원자(atom)란 말은 B.C 5세기경 그리스의 철학자 데모크리토스에 의하여 처음 사용되었는데, 이것은 "더 이상 나눌 수 없는 것" 이라는 뜻을 가지고 있다. 즉, 원자는 모든 물질의 기본적인 구성입자이다. 원자의 중심에는 (+)전하를 가진 원자핵이 존재하며(원자 무게의 대부분을 차지하고 있다), 원자핵 둘레에는 (−)전하를 가진 질량이 매우 작은 전자가 일정한 궤도를 그리면서 회전하고 있는 것으로 설명되고 있다.

13.1.1 Bohr의 원자모형

원자구조를 처음으로 명백하게 한 것은 Bohr의 원자모형이다(1913년). 즉, 수소 원자의 스펙트럼을 설명하기 위하여 그는 수소원자의 구조에 대하여 다음과 같은 가정을 도입하였다.

① 원자는 띄엄띄엄한 에너지 상태 E_1, E_2, $\cdots$, E_n을 가지며, 그 중간상태는 있을 수 없다. 이 상태를 정상상태라 하고, 이 상태에서는 원자는 빛을 방출하지 않는다.

② 원자가 정상상태 E_n에서 그것보다 에너지가 낮은 상태 E_m으로 천이하면 $h\nu = E_n - E_m$로 결정되는 진동수를 갖는 빛을 방출한다.

③ 정상 상태에서는 뉴턴 역학이 성립한다.

④ 전자의 각운동량($L = Pr = mvr$)은 다음 조건을 만족시키는 이산적인 궤도만이 허용된다.

$$mvr = \frac{h}{2\pi} \cdot n \tag{13.1}$$

여기서, n : 정수

h : 플랭크 상수$= 6.625 \times 10^{-27}$ [erg·sec]

이를 **양자조건**이라 한다. 이들 가설을 이용하면 전자의 궤도와 에너지 상태를 수량적으로 계산할 수 있다.

이에 따르면 원자는 지름이 1[cm]의 1억분의 1 정도, 즉 10^{-8}[cm] 정도의 크기로서 다시 그 중앙에 원자지름의 1만분의 1, 즉 지름이 10^{-12}[cm] 정도의 크기의 원자핵이 있으며, 그 둘레를 여러 개의 전자가 마치 태양 둘레의 혹성처럼 일정한 궤도를 그리면서 회전하고 있다. 원자핵은 양의 전하를 갖는 **양자**와 전기적으로 중성인 **중성자**로 구성되어 있는데, 일반적으로는 이들을 총칭해서 **핵자**라고 부른다. 양자가 갖는 전하(양의 값)의 크기는 전자의 전하(음의 값)와 그 크기가 같다.

이처럼 원자는 양의 전하를 갖는 1 개의 원자핵과 그 주위를 돌고 있는 음의 전하를 갖는 몇 개의 전자로 구성되고 있는데, 정상상태에서는 원자핵이 갖는 전하와 핵을 둘러싼 전자의 전 전하량이 서로 같기 때문에 원자 전체로서는 전기적으로 중성이다.

전자의 무게는 양자라든지 중성자의 무게의 약 1840분의 1 정도의 가벼운 것이기 때문에 원자의 무게는 대부분이 원자핵에 집중되어 있다. 따라서 원자의 무게는 양자와 중성자 수의 합으로 결정되는 셈이 되는데, 원자핵 중의 양자와 중성자의 수를 합한 것을 그 **원자핵의 질량수**라 하고, A로 나타낸다.

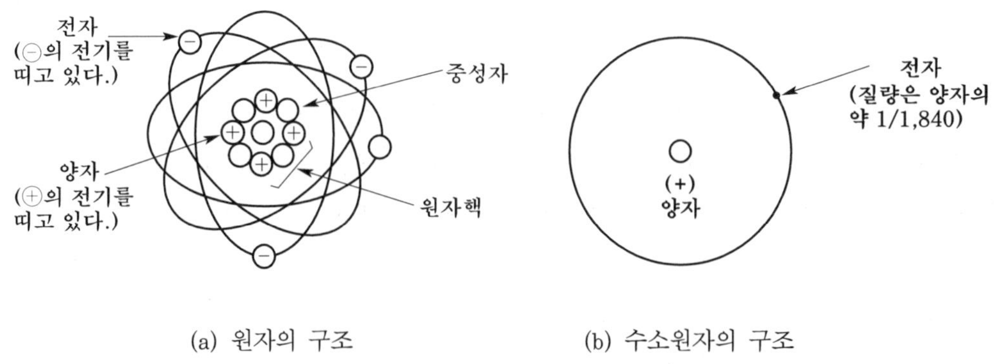

(a) 원자의 구조 (b) 수소원자의 구조

그림 13.1 원자의 구조 설명도

또한, 원자의 화학적 성질은 양자의 수로 결정되기 때문에 이 양자의 수 Z를 원자 번호라고 부른다. 이 경우 중성자의 수는 $A-Z$ 로 된다. 그림 13.1에 원자의 구조 모형을 나타낸다.

천연에 존재하는 원소는 원자번호 1인 수소로부터 원자번호 92의 우라늄까지 있는데 최근에는 이것보다도 원자번호가 큰 원소도 인공적으로 많이 만들어지고 있다 (100여 종에 이르고 있다).

앞서 설명한 바와 같이 원소의 화학적 성질은 그 원자번호, 즉 원자핵 중의 양자수에 따라 결정된다. 따라서 질량수 A가 서로 다르더라도 원자번호 Z가 같은 원자핵을 가진 원소는 화학적으로 같은 성질을 지니게 된다. 보통 이와 같은 원소를 **동위원소**라고 부르고 있는데, 천연의 원소 중에는 동위원소가 일정비율로 섞여서 존재하고 있다.

가령 원자 번호 92의 우라늄(U)에는 질량수가 234, 235 및 238 등의 동위원소가 있는데, 이들을 보통 U^{234}, U^{235}, U^{238}과 같은 기호로 구별하고 있다.

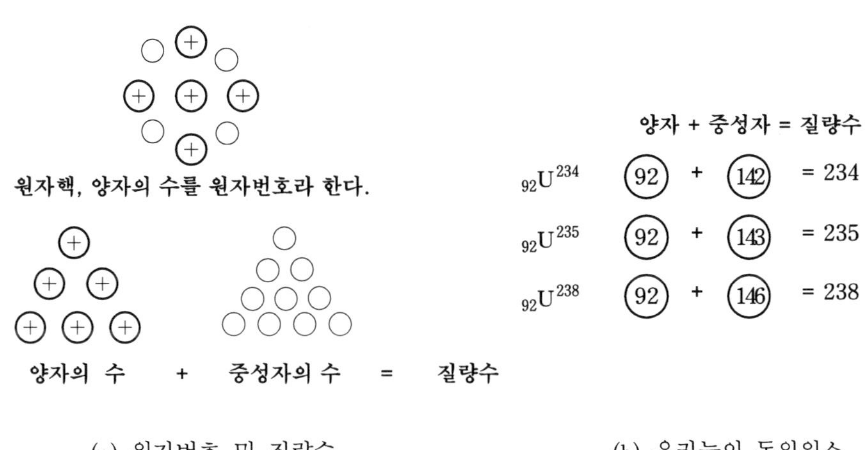

(a) 원자번호 및 질량수 (b) 우라늄의 동위원소

그림 13.2 원자의 구성 및 동위원소

13.1.2 원자핵의 붕괴

원자핵을 식별하는 데에는 A와 Z의 2 개의 수를 명시하면 된다. 일반적으로는 원소 기호의 오른편 어깨부분에 A, 왼편 아래쪽 부분에 Z를 붙여서 표현하고 있다($_{Z}X^{A}$). 가령 우라늄의 경우를 예로 든다면 이것은 위에서 본 바와 같이 3 개의 동위 원소가 있으며 각각 $_{92}U^{234}$, $_{92}U^{235}$, $_{92}U^{238}$로 나타내고 있다.

몇 개의 중성자가 양자를 원자핵 가운데 결속시키고 있는 힘은 전기적인 힘보다 강한 힘이 아니면 안 된다. 왜냐하면 양자 상호간에는 쿨롱의 법칙에 따라 전기적으로 강한 배척력이 작용하고 있으므로 이보다 더 강하게 결속력이 작용하지 않으면 안 되기 때문이다. 이런 힘을 **핵력** 이라고 하는데, 이것은 중성자 상호간(n, n), 중성자와 양자간(n, p), 그리고 양자 상호간(p, p)에 작용하고 있으며, 이 핵력을 알아냄으로써 어떤 원자핵이 보다 안정되어 있는가를 식별 할 수 있다.

원자핵은 통상 안정한 상태로 존재하지만, 개중에는 불안정한 것이 있어서 α선, β선 및 γ선과 같은 방사선을 방출해서 안정한 원자핵으로 변하는 것이 있다.

일반적으로 이와 같은 동위원소를 **방사성 동위원소**라고 부르는데, 이들은 각 계열마다 원자핵으로부터 일정한 비율의 방사선을 내면서 붕괴해 가고 있다. 이와 같은 성질을 **방사능**이라고 한다.

가령 어떤 원소의 원자핵이 불안정한 상태에 있어서 양자와 중성자를 각각 2개씩 묶은 형태, 곧 헬륨의 원자핵 $_2He^4$로서 방출된다. 이것이 α선이다. α선이 방출되면 원자는 원자번호가 둘이 줄고 질량수는 넷이 줄게 된다.

다음에 안정한 원자핵에 비해 중성자의 수가 많은 것은 중성자의 하나가 양자로 바뀌고 그때 원자핵으로부터 한 개의 전자가 방출된다. 이것이 β선이다. 이때 원자의 질량수는 변하지 않고 원자 번호만 하나 늘게 된다.

또, 원자핵의 에너지가 안정상태보다 여분이 있을 경우에는 여분의 에너지가 전자파로서 방출된다. 이것이 γ선이다. 다만 이때 γ선의 방출로 원자핵 내의 에너지 상태는 변화하지만 원자번호 및 질량수는 변화하지 않는다. 이상과 같은 과정에서 방사선을 방출해서 원자핵이 안정한 상태로 바뀌는 현상을 **방사성 붕괴** 또는 **원자핵의 붕괴**라고 부르고 있는데, 이처럼 방사성 붕괴를 하는 동위원소를 **방사성 동위원소**라고 부른다.

이와 같이 해서 불안정한 동위원소는 여러 단계의 붕괴를 되풀이해서 드디어는 안정한 원자핵을 갖는 원소로 정착하게 된다. 그런데 방사성 동위원소가 단위 시간 내에 붕괴하는 확률은 그 원자에 특유한 일정값을 갖는다. 가령 그 어떤 방사성 원자의 수를 N라 하고 극히 짧은 시간 dt 사이에 dN개가 붕괴하였다고 하면 붕괴의 비율은,

$$\frac{dN}{dt} = -\lambda N \tag{13.2}$$

로 주어진다. 이 $\lambda[s^{-1}]$를 **방사성 물질의 붕괴정수**라고 한다. 지금 시각 0에서 존재하는 방사성 물질의 원자수를 N_0라고 하고 시각 t에서 남아 있는 원자수를 N이라고 하면 N은

식 (13.2)를 적분함으로써 다음과 같이 구해진다.

$$N = N_0 e^{-\lambda t} \tag{13.3}$$

방사성 붕괴의 비율은 λ 대신에 반감기로 나타낼 수도 있다. **반감기**란 원자의 수가 당초 있던 수의 반으로 줄어들 때까지에 소요되는 시간을 말하는데, 이것은 식 (13.3)에서 $N = N_0/2$로 되는 시간 T를 구함으로써 다음과 같이 알 수 있다.

$$N = N_0 e^{-\lambda t}$$

$$\frac{1}{2}N_0 = N_0 e^{-\lambda t\frac{1}{2}} \text{ (양변에서 } N_0\text{를 소거)}$$

$$\frac{1}{2} = e^{-\lambda t\frac{1}{2}} \text{ (양변에 자연대수를 취하면)}$$

$$\ln\frac{1}{2} = \ln e^{-\lambda t\frac{1}{2}} \left(\ln\frac{1}{2} = -0.693,\ \ln e = 1\text{을 대입하면}\right)$$

$$-0.693 = -\lambda t\frac{1}{2} \ln e$$

$$\therefore T = \frac{\log_e 2}{\lambda} = \frac{0.69315}{\lambda} \text{ [s]} \tag{13.4}$$

그러므로 T(반감기)나 λ(붕괴정수)들 중에 하나만 알면 나머지를 구할 수 있다. 또한,

$$t_m = \frac{1}{\lambda} \tag{13.5}$$

로 주어지는 t_m을 **방사성 물질의 평균수명**이라고 한다.

이들 방사성 물질의 양을 나타내는 단위로서는 큐리 [C]를 사용한다. 1 [C]란 매 초의 붕괴수가 3.7×10^{10}일 때의 방사성 물질의 양(방사능)을 말한다.

예제 13.1 28[gm]의 알루미늄 Al^{28}이 있다. 최초의 원자수 $N_0 = 6.02 \times 10^{23}$[atoms]이고, $\lambda = 0.309[\text{min}^{-1}]$일 때 2.24 분 후에 남아 있는 원자의 수 및 이때의 방사능의 세기를 구하여라.

풀이 (1) 남아 있는 원자의 수

식 (13.3)의 붕괴 방정식에 대입하면

$$\begin{aligned} N &= N_0 e^{-\lambda t} \\ &= (6.02\times 10^{23}[\text{atoms}])\times e^{-(0.309[\text{min}^{-1}])(2.24[\text{min}])} \\ &= 3.01\times 10^{23}[\text{atoms}] \end{aligned}$$

즉, 2.24 분 후에는 최초의 원자수가 반으로 줄어든다.

(2) 방사능의 세기

먼저 붕괴 방정식 $N = N_0 e^{-\lambda t}$에서 양변에 λ를 곱하면

$$\lambda N = \lambda N_0 e^{-\lambda t}$$

즉, $A = A_0 e^{-\lambda t} \quad (\because\ \lambda N = A)$

여기서, A는 임의의 시간 t에서의 방사능의 세기, A_0는 임의의 시간 t_0에서의 방사능의 세기이다. 따라서 위의 식에 주어진 데이터를 대입하면

$$\begin{aligned} A &= \lambda N_0 e^{-\lambda t} \\ &= (0.309[\text{min}^{-1}])(6.02\times 10^{23}[\text{atoms}])\times e^{-(0.309[\text{min}^{-1}])(2.24[\text{min}])} \\ &= 0.93\times 10^{23}[\text{dis/min}] \end{aligned}$$

13.2 핵분열과 원자력 에너지

인류는 오래 전부터 석탄, 석유 또는 천연가스 등 이른바 화석연료가 연소할 때의 열에너지를 이용해 왔었다. 이들의 경우에는 탄소와 산소의 화학반응, 즉, 탄소 원자와 산소원자가 전자를 통해서 결합할 때에 생기는 여분의 에너지를 이용하였던 것이다. 그러나 1938년 우라늄의 원자핵이 중성자를 흡수하면, 이른바, 핵분열을 일으켜서 2 개의 분열파편으로 나누어지고, 이때 상술한 화학반응에 의한 에너지보다도 훨씬 더 큰 에너지를 방출한다는 것을 알게 되었다.

아인슈타인은 **상대성 원리**에서 얻어지는 하나의 결과로서 질량과 에너지는 서로 같은 것임을 추론해서 다음과 같은 식을 유도하였다.

$$E = mc^2[\text{J}] \tag{13.6}$$

여기서, E : 에너지 [J]

m : 질량 [kg]

c : 빛의 속도$= 3 \times 10^8$ [m/s]

이 에너지는 개개의 핵자를 결합해서 안정된 원자핵을 만드는 데 필요한 에너지로서 **결합 에너지**라고 불려지는 것이다.

식 (13.6)은 만일 그 어떤 방법으로 질량을 에너지로 변환하였다고 하면, 1 [kg]의 질량은 9×10^{16}[J]의 에너지로 바뀐다는 것을 의미한다. 이것은 곧 2.5×10^{16}[kWh]에 상당하는 것이며, 가령 발열량 7,000 [kcal/kg]의 석탄으로 환산하면 300만 [t]이나 되는 것이다.

그러나 원소로서 이제까지 알려져 있는 103종류 가운데에서 핵분열에 의한 원자력이 얻어지는 물질은 원자량이 큰 우라늄(U), 토륨(Th), 플루토늄(Pu)의 3원소뿐이다.

이 중 자연계에 존재하는 것은 우라늄과 토륨뿐이며, 플루토늄은 우라늄의 인공변환으로 만들어지는 것이다. 더욱이 현재 우라늄에 반응을 일으켜서 원자력을 얻었다고 하더라도 그 질량은 겨우 0.09 [%]밖에 감소되지 않기 때문에, 실제로는 식 (13.6)으로부터 산출된 에너지의 0.09 [%]만을 방출시키는 데 지나지 않는다.

예를 들면 우라늄 1 [g]의 핵분열 에너지는

$$E = \frac{1}{1000}(3 \times 10^{10})^2 = 9 \times 10^{17}[\text{erg}]$$

1 [kWh]는 3.6×10^{13} [erg]이므로

$$E = 25000[\text{kWh}] \fallingdotseq 1[\text{MWD}](= 1000[\text{kW}] \times 24[\text{h}])$$

로 된다.

이처럼 원자핵은 양자와 중성자로 구성되고 있는데, 양자와 중성자가 서로 결합해서 원자핵을 만들면 이들의 입자가 각각 단독으로 존재할 때보다 질량이 약간 작아진다는 사실이 밝혀져 있다. 이것은 이들 입자가 결합하는 데 그 어떤 에너지를 필요로 하기 때문인 것으로서 앞서 **결합 에너지**라고 불렀던 것인데, 이것은 곧, 그 어떤 수단으로 원자핵 속에 있는 양자와 중성자와의 결합을 분리시켰을 때 위의 결합 에너지에 해당하는 에너지를 얻을 수 있다는 것을 뜻한다.

지금 원자번호 Z, 질량수 A인 원자의 원자핵을 들어보자. 양자의 개수는 Z, 중성자의 개수는 $(A - Z)$이므로 원자핵을 구성하는 개개의 입자질량의 합계 M_d는

$$M_d = Z(M_p + M_e) + (A - Z)M_n \tag{13.7}$$

여기서, M_p : 질량 [kg]

M_e : 전자의 질량 [kg]

M_n : 중성자의 질량 [kg]

로 된다.

각각의 입자를 결합해서 안정된 원자로 하였을 때의 질량을 M이라고 하면 M은 M_d 보다 약간 줄어든다. 이때의 차 $m = M_d - M$를 **질량결손**이라고 하는데, 곧 이것이 각각의 입자를 결합시키는 에너지원으로 되어 있는 것이다.

따라서 이때의 결합 에너지 E는 다음과 같이 산출된다.

$$E = mc^2 = (M_d - M)c^2$$
$$= \{Z(M_p + M_e) + (A - Z)M_n - M\}c^2 [\mathrm{J}] \tag{13.8}$$

단, c는 광속으로서 3×10^8[m/s]이다.

여기서, m, E의 단위로서 **원자질량 단위**(amu) 및 **전자볼트** [eV]를 쓰기로 한다면

$$1[\mathrm{amu}] = 1.660 \times 10^{-27} [\mathrm{kg}]^{2)}$$
$$1[\mathrm{eV}] = 1.602 \times 10^{-19} [\mathrm{J}] \tag{13.9}$$

의 관계가 있으므로 질량결손을 이 [amu]로 나타내면 결합 에너지 E는

$$E = 931[Z(M_p + M_e) + (A - Z)M_n - M][\mathrm{Mev}]$$
$$= 931 \cdot m[\mathrm{Mev}] \tag{13.10}$$

로 된다. 따라서 질량결손 m[amu]는 $931 \cdot m$[MeV]의 에너지에 상당한다. 입자 1개당의 평균 결합 에너지 E_B는

$$E_B = \frac{E}{A} = \frac{931m}{A} [\mathrm{MeV}] \tag{13.11}$$

으로 된다.

원자핵은 질량수가 늘어남에 따라서 핵자 수, 즉 양자와 중성자의 수가 늘어나므로 결합 에너지도 증가하지만, 이 결합 에너지를 그 질량수로 나눈 핵자 1개당의 평균 결합 에너지는 그림 13.3처럼 변하게 된다. 즉, 가벼운 원자에서는 질량수가 늘어남에 따라 핵자 1개당

2) 1 [amu]는 원자량 12인 탄소의 질량의 1/12로 정의되고 있다.

의 결합 에너지가 급격히 증가해서 질량수 60 부근에서 약 9 [MeV]의 값을 가지게 되지만, 다시 질량수가 늘어나면 이반에는 결합 에너지가 완만하게 감소해서 질량수 240 부근에서는 약 7 [MeV]의 값을 가지게 된다.

그림 13.3으로부터 질량수가 60근방의 값을 가진 핵종(철 등)은 그것이 만들어질 때에 방출하는 에너지의 핵자당의 값이 가장 큰 것으로부터 가장 안정도가 크다는 것을 알 수 있다. 또, 이 그림으로부터 원자핵 에너지를 끄집어내기 위해서는 두 개의 과정이 있다는 것을 알 수 있다.

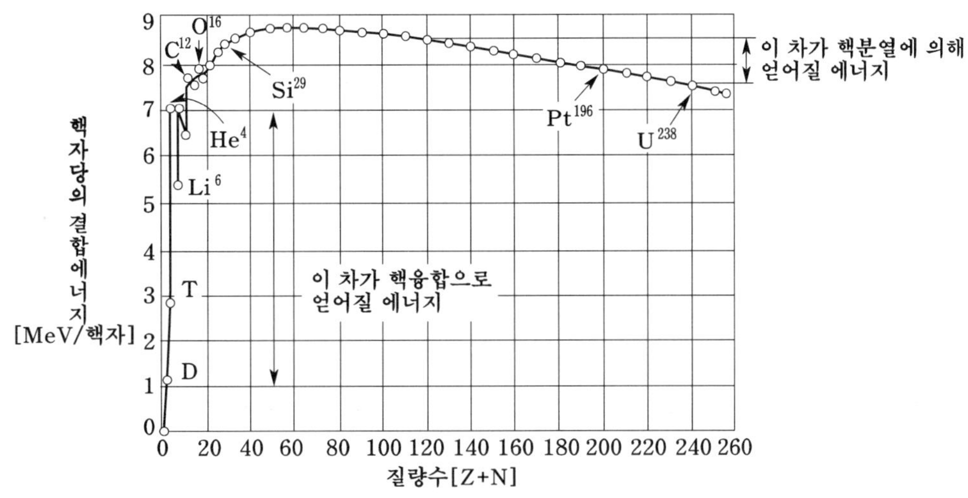

그림 13.3 안정한 원자핵의 핵자 1 개당의 결합 에너지

하나는 극히 무거운 원자핵이 2 개 또는 3 개의 가벼운 질량수의 파편으로 분열하는 것으로서 **핵분열**이라고 불리는 것이다. 핵분열로 생기는 파편은 그림 13.3에서와 같이 원래의 원자핵보다 결합 에너지가 크다. 즉, 안정도가 높은 것이기 때문에 핵분열로 다량의 원자핵 에너지를 방출하게 되는 것이다 (이것이 통상의 **원자로**이다).

다음 하나는 가벼운 원자핵이 결합해서 무거운 질량수의 것으로 되면 결합 에너지가 큰, 곧 안정도가 높은 원자핵으로 되므로, 이때에도 큰 원자핵 에너지가 방출된다. 이 현상은 **핵융합**이라고 불려진다 (이것이 **핵융합로**이다).

핵분열은 극히 무거운 원자핵에서는 자생적으로 일어날 수 있는 것이지만, 지구상에 자연 그대로 존재하고 있는 무거운 원자핵에서는 이러한 현상이 일어나는 발생 확률은 극히 적다. 따라서 이러한 핵분열을 발생시키기 위해서는 외부로부터 원자핵에 핵분열에 필요한 에너지를 별도로 입력해 주어야만 한다.

이처럼 원자핵에 그 어떤 외력이 가해짐으로써 새로운 원자핵으로 변환되는 현상을 **핵반응**이라고 부르고 있는 것이다. 일반적으로 핵반응을 나타내는 데에는 원자핵과 충돌하는 입자(즉, 입사입자)와 핵반응 결과 방출되는 입자를 괄호 내에 왼편으로부터 오른편으로 차례로 표기하기로 하고 있다.

예를 든다면 $H^1(n, r)H^2$, $A^{127}(n, p)Mg^{27}$과 같은 것이다.

이와 같은 핵반응에 의하여 질량이 변함으로써 나오게 되는 에너지를 **원자 에너지** 또는 **원자력**이라고 부르고 있는데, 특히 질량수가 큰 원자핵이 핵분열 할 경우에는 결합 에너지의 차에 상당하는 큰 에너지를 방출하게 된다. 가령 1개의 ${}_{92}U^{235}$가 질량수 140 전후와 95 전후의 2개의 원자핵으로 분열 될 때, 핵자 1개당의 결합 에너지의 차는 약 0.85[MeV] 정도로 되므로 전체로서는

$$Q \fallingdotseq 0.85 \times 235 \fallingdotseq 200[\text{MeV}] = 3.2 \times 10^{-11}[\text{J}]$$

라는 에너지량이 방출되며, 이것은 주로 열에너지로 되어서 나오게 된다.

결국 원자력 발전이라는 것은 이 핵분열을 지속적(연쇄적)으로 일으켜서, 얻어진 그 방출열 에너지로 증기 터빈을 구동해서 전기 에너지로 변환하고 있는 것이다.

${}_{92}U^{235}$는 1[kg]당 2.53×10^{24} 개의 원자로 구성되고 있다. 이들이 모두 그림 13.4 (b)와 같은 분열을 일으키면 ${}_{92}U^{235}$ 1[kg]당

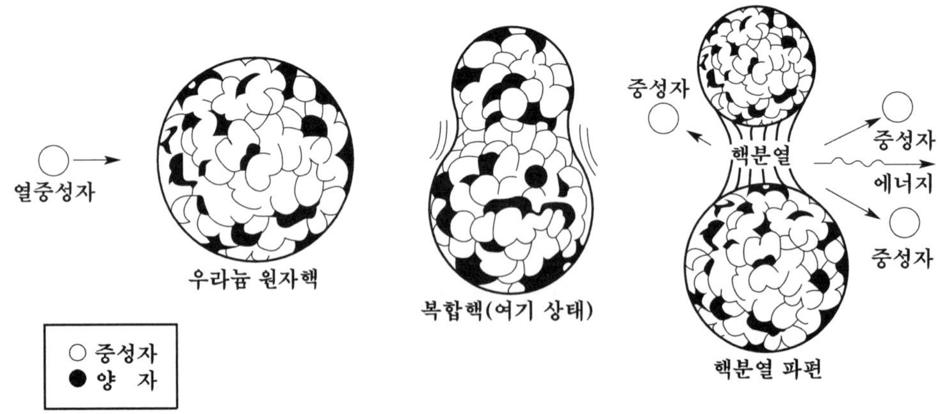

(a) 우라늄의 핵분열

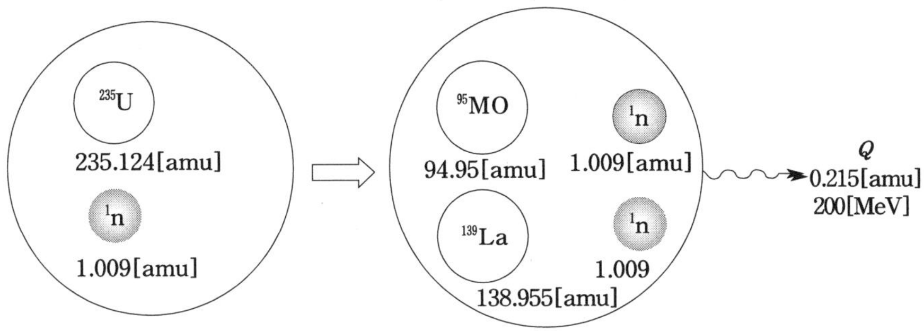

(b) 우라늄 핵분열로 해방된 에너지

그림 13.4 핵분열 및 해방될 에너지의 개념도

$$\frac{3.2\times10^{-11}[\mathrm{J}]\times2.53\times10^{24}}{4.2[\mathrm{J/cal}]}=1.9\times10^{7}[\mathrm{Mcal}] \qquad (13.12)$$

의 열을 발생한다. 이것은 발열량 6,000 [cal/kg]의 석탄으로 환산하면 약 3,000 [t]에 해당하며, 발열량 10,000 [cal/kg]의 석유로 환산하면 약 2,000 [t]에 해당되는 것이다.

이처럼 우라늄에 중성자를 충돌시키면 핵분열을 일으키는데, 이때 방출된 새로운 중성자가 다시 다른 원자핵에 충돌해서 핵분열을 일으킨다면 핵분열 반응은 연쇄적으로 지속될 것이다. 보통 이것을 **연쇄반응**이라고 하는데, 이때의 변화는 그림 13.5와 같이 된다.

즉, 핵분열 반응의 결과 발생한 중성자 가운데 일부는 다시 새로운 핵분열을 일으키게 되고, 일부는 핵분열 이외의 반응에서 흡수되거나 또는 외부로 누출해서 손실로 될 것이다. 따라서 연쇄반응이 지속되기 위해서는 다음과 같은 조건이 필요하다.

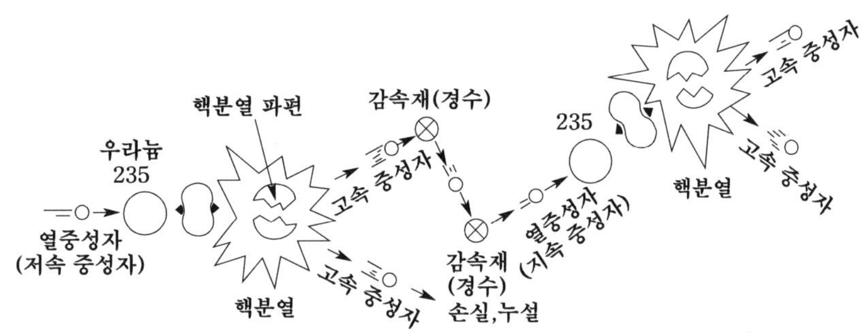

그림 13.5 핵분열 및 연쇄반응의 개념도

① 분열에 의해서 방출될 중성자의 수는 1보다 많을 것
② 이 중성자가 다시 분열을 일으킬 만큼 충분한 에너지(즉, 속도)를 가지고 있을 것

핵분열을 일으키기에 필요한 최소한의 에너지를 **임계 에너지**라고 하는데, 이 임계 에너지는 분열하는 핵종에 따라 그 크기는 다르다. 또한, 중성자를 흡수했다고 해서 모든 핵종이 핵분열을 일으키는 것은 아니다. 어떤 핵종은 중성자를 흡수하였을 때 분열하지 않고 포획되어서 자신의 중성자를 1 개 늘리는 것도 있다.

원자로 내에서 핵분열을 일으키는 핵종은 특정한 것에 한한다. 원자로의 연료로서 실제 사용되는 것은 U, Th, Pu의 동위원소이며, 그것들은 질량수가 홀수인가 짝수인가에 따라서 성질이 달라진다. 이 중, 특히 U^{233}, U^{235}, Pu^{241}처럼 홀수의 질량수를 갖는 동위원소를 **핵분열성 핵종**이라 한다. 원자로 내에서는 여러 가지 에너지의 중성자가 존재하는데, 이 핵분열성 핵종은 어떠한 에너지의 중성자에 의해서도 핵분열을 일으킨다.

한편 짝수의 질량수를 갖는 Th^{232}, U^{238}, Pu^{240}와 같은 동위원소는 **핵분열 연료물질**이라 한다. 이 핵분열 연료물질은 에너지가 높은 중성자에 의해 핵분열을 일으킬 때도 있으나, 대부분의 경우에는 원자로 내에서 주로 중성자를 포획해서 새로운 핵분열성 핵종으로 변환되는 것이다.

핵분열성 핵종 중 천연으로 존재하는 것은 U^{235}만이며, 그 외에는 원자로 내에서 핵분열 연료물질에 의해 만들어진 것들이다.

예제 13.2 $_{92}U^{235}$ 1[g]이 핵분열함으로써 발생하는 에너지는 6,000[kcal/kg]의 발열량을 갖는 석탄 몇 [t]에 상당하는가?

풀이 $_{92}U^{235}$ 1[g]이 발생하는 에너지는 약 $1{,}961 \times 10^4$[kcal]이므로 석탄량 T_c는,

$$T_c = \frac{1{,}965 \times 10^4}{6{,}000} \fallingdotseq 3{,}276[\text{kg}] \fallingdotseq 3.3[\text{t}]$$

(주) 앞에서 $_{92}U^{235}$ 1.05 [g]이

1[MWD] = $2{,}064 \times 10^4$[kcal]에 해당하였으므로 이로부터

$_{92}U^{235}$ 1 [g] → $1{,}965 \times 10^4$[kcal]에 해당함을 알 수 있다.

예제 13.3 전기출력 900 [MW]의 원자력 발전소가 있다. 열효율은 33.2 [%]라고 할 때 이 발전소를 1년간 운전하려면 $_{92}U^{235}$를 몇 [kg] 필요로 하겠는가? 이때 천연 우라늄을 사용한다고 하면 몇 [t]이 필요하겠는가?

풀이 원자로의 열출력 P_t[MW]는 열효율이 33.2[%]이고 전기출력이 900[MW]이므로

$$P_t = \frac{900}{0.332} = 2{,}710.8\,[\mathrm{MW}]$$

따라서 2,711[MW]의 열출력으로 1년간 운전하였을 경우 발생 에너지 E는,

$$E = 2{,}711 \times 365 = 989.515\,[\mathrm{MWD}]$$

이다. 앞의 예제 13.2에서와 같이 1 [MWD]의 에너지를 얻기 위해서는 $_{92}U^{235}$가 1.05 [g] 필요하였으므로 연간 필요량 X[kg]은,

$$X = 989.515 \times 1.05 \times 10^{-3} \fallingdotseq 1{,}039\,[\mathrm{kg}]$$

또, 천연 우라늄에는 중량비로 0.714[%]의 $_{92}U^{235}$가 포함되어 있으므로 필요로 하는 천연 우라늄량 X_n[t]는,

$$X_n = \frac{1{,}039}{0.00714} \times 10^{-3} = 145.5\,[\mathrm{t}]$$

예제 13.4 출력 100만 [kW]의 발전소가 이용률 70 [%]로 운전할 경우 연간 소요될 연료의 소비량을 각각

(1) 석유
(2) 석탄
(3) 원자력

의 경우에 대해 구하여라.

풀이 먼저 연간 발전 전력량 W는

$$W = 100 \times 10^4 \times 365 \times 24 \times 0.7 = 613 \times 10^7\,[\mathrm{kWh}]$$

1[kWh] = 860[kcal]이므로 이것을 열량 H로 환산하면

$$H = 613 \times 10^7 \times 860 = 5.27 \times 10^{12} [\text{kcal}]$$

(1) 석유화력

발열량 9,700[kcal/l], 열효율 40[%]라 하면

$$Q = \frac{5.27 \times 10^{12}}{9.7 \times 0.4 \times 10^3} \times 10^{-4} \times 10^{-3} = 135.8 \fallingdotseq 140[\text{만 } kl/\text{년}]$$

(2) 석탄화력

발열량 6,000[kcal/l], 열효율 40[%]라 하면

$$Q = 135.8 \times \frac{9,700}{6,000} \fallingdotseq 220[\text{만 t/년}]$$

(3) 원자력

원자력에서는 현재 사용 중인 발전소의 핵연료 소비율로부터 구한 비율은 대략 원자력이 석유화력의 약 5만분의 1이므로

$$Q = 140\ [\text{만 } kl/l] \div 50,000 = 28\ [kl/l] \fallingdotseq 30\ [\text{t/년}]$$

으로 된다.

13.3 원자로의 동작원리

원자로란 제어된 상태에서 핵분열 연쇄반응을 일으키도록 한 장치이다. 이때 원자로 내에서의 핵분열 반응에 참여하는 중성자의 에너지 영역이 고 에너지인가 중 에너지인가, 또는 저 에너지인가에 따라서 원자로는 각각 **고속 중성자로**, **중속 중성자로**, **열중성자로**로 나뉘어진다.

표 13.2 중성자의 종류

종 류	에 너 지
열 중 성 자	매체의 원자와 열평형에 있는 중성자 약 0.025 [eV]
저속 중성자	0~1,000 [eV]
중속 중성자	1~500 [keV]
고속 중성자	0.5 [MeV] 이상

이들 3개의 노형은 원자로의 구성 면이나 핵분열 연쇄반응을 일으키는 방법 면에서 각각 서로 다른 것으로 되어 있다. 현재 세계적으로 운전되고 있는 원자로는 열중성자로가 가장 많고 이미 몇 가지 형식의 열중성자로를 사용한 원자력 발전소가 실용화되고 있다. 중속 중성자로는 일찍이 연구개발 된 적이 있었으나, 현재는 중단된 상태이고, 고속 중성자로는 이른바 고속 증식로로서의 기대를 모으면서 그동안 여러 나라에서 연구개발이 활발하게 추진되기도 하였으나 그 전망은 아직도 밝지 않다.

원자로 내에서 핵분열을 일으켰을 때, 1 개의 중성자가 핵연료의 원자핵에 흡수되고 핵분열에 의해서 생긴 고속 중성자가 감속재에 의해서 열중성자까지 감속되어 그 일부분이 핵연료에 흡수되기까지의 과정을 연쇄반응에서의 **중성자의 세대** 라고 한다. 일반적으로 그 어떤 세대에 존재하고 있는 중성자의 수를 분모로 하고, 다음 세대에 있게 될 중성자의 수를 분자로 하였을 때, 그 비를 **중성자의 배율** 또는 **원자로의 배율**이라고 부르며 이것을 통상 k로 나타내고 있다. 여기서,

$$k \geqq 1 \tag{13.15}$$

은 중성자에 의한 핵분열의 연쇄반응이 성립하는 조건이다. 이 중 $k=1$의 상태, 즉 핵분열 반응 시, 방출된 중성자 가운데에서 평균해서 1 개의 중성자가 다음 핵분열을 일으키게 해서 핵분열 반응이 일어나는 비율이 늘지도 않고 줄지도 않는(즉, 일정한 비율로 지속되는) 상태를 **임계상태** 라고 말한다. 이 조건일 때 원자로는 일정한 출력으로 운전을 계속하게 된다.

원자로가 임계상태로 되는데 필요한 핵분열 물질(연료)의 양을 **임계량**이라고 한다. 중성자가 발생하는 수가 중성자가 없어지는 수보다 클 경우를 원자로의 **임계초과** 라고 부르는데, 이 경우에는 핵분열 연쇄반응이 시간의 경과와 더불어 급격하게 늘어나게 된다. 또, 반대로 중성자가 없어지는 수가 발생하는 수보다 클 경우에는, 원자로는 **임계미만** 상태에 있다고 하는데, 이때에는 핵분열 연쇄반응은 시간의 경과와 더불어 줄어들게 된다.

저농축 우라늄 또는 천연 우라늄을 연료로 하고 있는 열중성자로의 경우를 예로 삼아 중성자 사이클에 대해서 설명해 본다.

가령 1 개의 열중성자가 연료에 흡수되었다고 하자. 이때 연료에 흡수된 열중성자는 그 중 몇 할인가가 다시 핵분열을 일으켜서 핵분열 중성자를 발생한다. 이때 새로 발생한 중성자의 개수 η는 식 (13.16)으로 나타내어지는데, 통상 이 η를 **중성자의 재생률**이라고 한다.

$$\eta = \nu \frac{\Sigma_{\mathrm{f}}}{\Sigma_{\mathrm{fuel}}} \tag{13.16}$$

여기서, Σ_{fuel} : 연료의 흡수 단면적
Σ_{f} : 연료의 핵분열 단면적
ν : 1회의 핵분열로 발생하는 평균 중성자수

일례로서 U^{235}의 핵분열에서는 평균 2.5 개의 중성자가 방출되는데, 이때 발생한 핵분열 중성자는 평균 2 [MeV]의 에너지를 갖는 고속 중성자이다. 고속 중성자는 너무 속도가 빨라서 이대로는 다음 핵분열을 일으키기가 어려우므로 일반의 열중성자로에서는 감속재를 사용해서 이 고속 중성자의 에너지를 이보다 훨씬 낮은 열중성자로 바꾸어 주고 있는 것이다.

핵분열 중성자가 감속되는 과정에서 그 에너지가 약 1 [MeV] 이상인 동안은 그렇게 많은 편은 아니지만, 연료와 충돌해서 핵분열을 일으킬 기회를 가지게 된다. 이 반응결과 η개의 중성자가 약간 증가해서 $\eta\epsilon$ 개로 된다. 이 ϵ을 보통 고속 중성자에 의한 **핵분열 효과**(또는 **핵분열 계수**라고도 함)라고 부른다.

이 핵분열은 U^{238}에 중성자가 충돌함으로써 일어나는 것인데, 경수로 및 천연 우라늄·가스로에서는 대략 $\epsilon = 1.05$ 정도라고 보면 된다.

다음 이 $\eta\epsilon$ 개의 고속 중성자가 감속재의 원자핵과 충돌을 되풀이하면서 에너지가 감소되어 최종적으로는 에너지가 훨씬 작은 열중성자로까지 감속된다. 이 사이에 중성자의 일부는 핵분열 이외의 형태로 연료 또는 감속재의 원자핵에 흡수되기 때문에, 열중성자로까지 감속될 중성자의 비율은 더욱 더 줄어들게 된다. 이렇게 해서 1 개의 중성자가 열중성자로 바뀌게 되는 비율 또는 확률을 **공명흡수 탈출확률**이라 부르고, 이것을 p로 나타내고 있다. 따라서 $\eta\epsilon$ 개의 고속 중성자 중, 열중성자로까지 감속될 중성자의 개수는 $\eta\epsilon p$ 개로 된다. 이 p의 값은 가령 연료가 U^{235}만으로 되어 있을 경우에는 $p \fallingdotseq 1$로 된다.

이 $\eta\epsilon p$ 개의 중성자가 원자로 내에서 충돌을 되풀이하면서 운동하고 있는 사이에 연료, 감속재, 냉각재 기타 구성 재료에 흡수되어지는 데, 이 가운데에서 연료에 흡수된 것만이 다음 핵분열을 일으키게 됨으로써 유효하게 이용된다. 이때 흡수되는 중성자의 총 개수 가운데 핵연료에 흡수될 비율을 **열중성자 이용률**이라 부르고 f로 나타낸다.

$$f = \frac{\text{핵연료에 흡수될 열중성자의 수}}{\text{흡수될 열중성자의 전체의 수}}$$

결국 1 개의 열중성자가 연료에 흡수되면서부터 시작된 중성자의 1 세대를 거치는 사이에 1개의 중성자가 $\eta\epsilon p f$의 중성자로 되는 셈이다.

이상으로부터 무한의 넓이를 갖는 원자로에서의 증배율 k_∞는

무한대 원자로의 증배율 $k = k_{\infty} = \eta\epsilon pf$ (13.17)

로 되는데, 여기서 보인 각각의 정수 η, ϵ, p, f 를 **열중성자로의 4 인자** 라고 부르며, 식 (13.17)의 k_{∞}을 **4 인자 공식**이라고 한다.

가령 일례로서 $k_{\infty} = 1.34$의 경우를 보이면 그림 13.6과 같이 될 것이다.

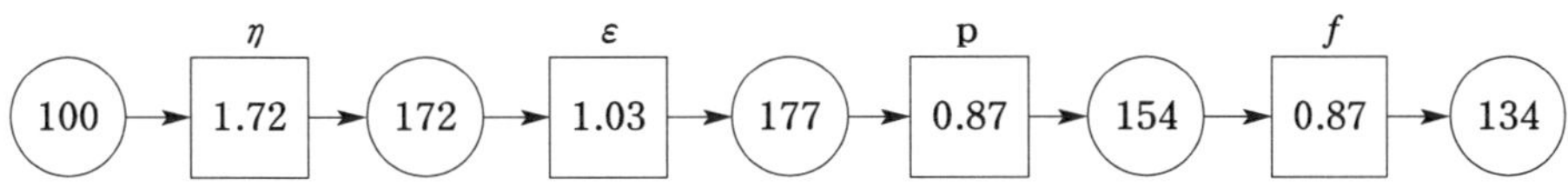

그림 13.6 중성자 1 세대의 증감에 관한 4 인자 공식(k_{∞}= 1.34인 경우)

이상은 무한대의 크기를 갖는 원자로에 대해서 설명한 것인데, 실제로는 원자로가 유한의 크기이므로 원자로로부터 중성자가 새어 나올(누출) 경우도 고려하지 않으면 안된다. 중성자가 원자로 밖으로 누출되지 않는 확률을 L_n이라고 하면 유한의 크기를 갖는 **원자로의 실효배율** k_{eff}는,

$$k_{eff} = k_{\infty} \cdot L_n \tag{13.18}$$

로 표시될 것이다($L_n < 1$이다).

중성자의 누출은 고속 중성자로부터 열중성자로 감속되는 도중에서 생기는 것과, 열중성자의 확산 중에 생기는 것으로 나눌 수 있다. 따라서 L_n은

$$L_n = L_f \, L_t \tag{13.19}$$

여기서, L_f : 고속 중성자가 누출되지 않는 확률

L_t : 열중성자가 누출되지 않는 확률

로 된다.

중성자의 누출은 원자로의 표면으로부터 나가므로 누출량은 표면적에 비례하지만, 한편 중성자의 발생은 원자로의 체적에 비례하므로 원자로가 클수록 누출의 비율은 줄어든다. 앞에서 설명했던 것처럼

$k_{eff} = 1$: 임계 상태

$k_{eff} > 1$: 임계초과

$k_{eff} < 1$: 임계미만

인데, 원자로는 $k_{eff} = 1$일 때에만 연쇄반응을 지속하기 때문에 원자로로부터 연속해서 에너지를 끄집어내려면 주어진 원자로의 모양, 원자로의 조성 하에서 원자로를 임계상태로 계속 유지해 주어야만 할 것이다.

예제 13.5 어느 원자로에서 한 개의 열중성자가 $_{92}U^{235}$에 흡수(충돌)될 때 마다 발생하는 고속 중성자의 평균수가 1.32, 고속 중성자의 핵분열 효과가 1.025, 고속 중성자가 열중성자로 되는 과정에서 공명을 벗어나는 확률이 0.892, 열중성자의 이용률이 0.897이었다. 이 원자로에서 중성자의 누출이 전혀 없다고 하면 중성자 증배율은 얼마로 되겠는가?

풀이 누출이 전혀 없는 원자로의 중성자 증배율은 무한대 원자로의 증배율과 같다고 볼 수 있다. 즉, $k_\infty = \eta \epsilon p f$ 인데, 제의에 따라

$\eta = 1.32$, $\epsilon = 1.025$, $p = 0.892$, $f = 0.897$을 윗식에 대입하면

$$k_\infty = 1.32 \times 1.025 \times 0.892 \times 0.897 \fallingdotseq 1.083$$

로 계산된다.

13.4 원자로의 구성

앞서 보인 그림 13.4는 우라늄 원자가 1 개의 중성자를 흡수해서 분열됨과 동시에 2 개의 중성자를 방출하고 있다는 것을 가리키고 있다. 우라늄 235(U^{235})는 저 에너지의 중성자와의 충돌로 핵분열을 일으키는데, 우라늄 238(U^{238})은 약 1 [MeV] 이상의 고 에너지의 중성자가 아니면 분열되지 않는다.

이와 같이, 핵분열의 연쇄반응을 안정하게 제어하면서 지속적으로 연쇄반응을 일으키게 해서 에너지를 유효하게 얻어 낼 수 있는 장치를 **원자로** 라고 한다. 노에서 발생한 에너지

를 외부에 열의 형태로 끄집어내고 이 열에너지로 증기를 만들어서 터빈을 구동시킴으로써 이것에 직결된 발전기로 전력을 얻어내는 장치(플랜트)가 곧 **원자력 발전소**인 것이다. 원자로에는 여러 가지 형식의 것이 있으나 여기서는 가장 기본적인 형식인 열중성자를 사용한 노에 대해서만 설명하기로 한다.

13.4.1 열중성자로

열중성자로는 연료로서 천연 우라늄(U^{238} 약 99.3[%], U^{235} 약 0.7[%])과 저 농축 우라늄(U^{235}의 함유율을 2~5[%] 정도로 높인 것)을 사용해서 핵분열을 일으키고 있다.

그림 13.7은 이러한 열중성자로의 개념도이다. 이 그림에서도 곧 알 수 있듯이 원자로는 **핵연료**, **감속재**, **냉각재**, **반사체**, **제어봉**, **차폐재**로 구성되고 있다.

(1) 핵연료

원자로에서 직접 핵분열을 일으키고 있는 부분을 **노심**이라고 하는데, 일반적으로는 이 노심 속에 임계량 이상의 핵연료를 넣어서 연소, 즉 핵분열을 일으키고 있다.

핵연료로서는 **천연 우라늄**과 이 천연 우라늄 속에 극히 적은 비율로 함유된 우라늄 235(U^{235})의 함유율을 수[%]~수 십[%]까지 농축한 **농축 우라늄**을 사용한다. 그러나 천연 우라늄 중에는 실제로 핵분열을 일으킬 수 있는 U^{235}는 0.7[%] 밖에 함유되어 있지 않고

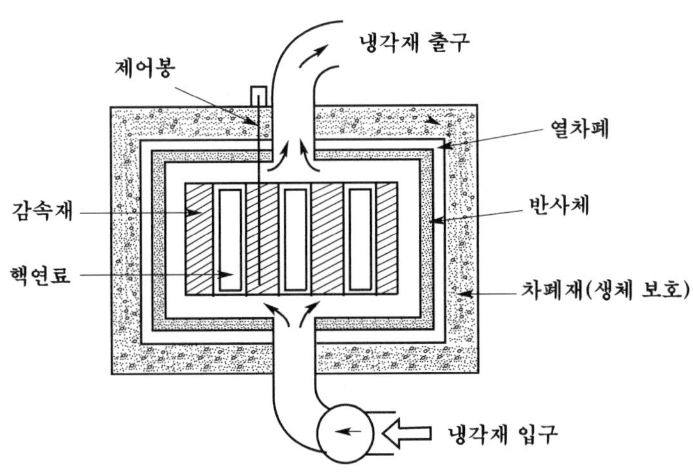

그림 13.7 열중성자로의 개념도

나머지 99.3[%]는 U^{238}이 차지하고 있다. 이 U^{238}은 직접 핵분열을 일으키지 못하지만, 그 대신 이것이 중성자를 흡수하면 플루토늄 239(Pu^{239})로 바뀌는데, 이 Pu^{239}가 핵분열을 일으킬 수 있는 새로운 핵연료로서 사용되는 것이다. 이와 같이 그 자체는 핵연료가 아니지만, 그 어떤 형태로 변환하면 핵연료로 될 수 있는 것을 **핵분열 연료물질**이라고 한다.

일반적으로 핵연료로서는 천연 우라늄을 농축시켜서 U^{235}의 함유율을 높여 준 저 농축 우라늄(보통 2~3[%])을 많이 사용하는데, 그 이유는 U^{235}의 비율을 높여 주면 그만큼 중성자의 발생 개수 η가 많아져서 노의 크기를 작게 할 수 있기 때문이다.

한편, 우라늄 등의 핵연료는 원자로에 사용되는 냉각재인 물, 액체금속, 가스 등에 의해서 부식되기 쉬우므로 그것을 보호하기 위해서 다른 재료로 피복하고 있다. 피복재로서는 지르코늄을 사용하는 경우가 많다. 이것을 **연료봉**이라고 하며 동력용 원자로에서는 이것을 수십 개 묶은 **연료 집합체**로 해서 사용하고 있다. 원자로 내에서 이러한 연료를 설치하고 있는 부분이 바로 **노심**인 것이다.

천연 우라늄을 사용할 때에는 U^{235}의 분열로 에너지를 발생함과 동시에 U^{238}은 중성자를 흡수해서 핵연료로 쓸 수 있는 Pu^{239}로 변환된다고 하였지만. 현재에는 이와 같이 해서 얻게 된 Pu^{239}를 그냥 그대로 핵연료로서 이용할 수 없으므로 그 어떤 화학적인 방법을 써서 Pu^{239}를 분리해 주어야만 하게 되어 있다. 또한, 농축 우라늄을 사용할 경우에는 핵분열을 일으킨 뒤에도 아직 그 속에 다량으로 남아 있는 U^{235}를 회수하기 위해서 화학적인 처리를 해 주어야 한다. 이들 일련의 처리를 **사용연료의 재처리**라 하고, 이것으로 추출된 Pu^{239} 또는 U^{235}를 다시 연료로서 사용하는 것을 **핵연료 주기** 또는 **핵연료 사이클**이라고 한다.

그러나 이처럼 사용이 끝난 연료를 재처리할 경우에는 여기에 다량의 방사성 폐기물이 섞여 있어서 매우 위험하므로 세심한 주의를 기울여서 처리해 주지 않으면 안 된다.

(2) 감속재

핵분열로 발생한 중성자는 고 에너지의 것이다. 이러한 고 에너지의 중성자(즉, 고속 중성자)는 우선 그 속도가 너무 고속이어서 이것으로 다음 핵분열을 일으키게 하는 데에는 부적당하다. 따라서 원자로 내에서는 핵분열을 일으키기 쉽게끔 어느 정도 이 중성자의 속도를 떨어뜨려 줄 필요가 있다.

감속재는 이처럼 핵분열로 발생한 고속 중성자 (약 2 [MeV])의 에너지(=속도)를 떨어뜨려서 열중성자 (0.025 [eV])로 바꾸는 작용을 하는 것이다. 중성자의 감속에는 중성자의 원자핵에 의한 산란으로 중성자가 에너지를 잃게 된다는 원리를 이용한다.

따라서 감속재로서는 감속효과가 크고 중성자 흡수가 적은 물질이 적당하므로, 통상 경수, 중수, 흑연, 산화베릴륨 등이 사용되고 있다.

이때 연료와 감속재가 균일하게 혼합되어 있는 노를 **균질로**라 하고 연료와 감속재가 따로따로 일정한 규칙에 따라 배치된 노를 **비 균질로**라고 하는데, 현재 사용되고 있는 동력로의 대부분은 비 균질의 열중성자로이다.

한편, 고속 중성자로에서는 원칙적으로 감속재는 사용하지 않는다.

(3) 냉각재

냉각재는 원자로 내에서 발생한 열에너지를 외부로 끄집어내기 위한 열매체이다. 냉각재는 노심을 통과해서 열에너지를 배출시킴과 동시에 노 내의 온도를 적당한 값으로 유지할 필요가 있기 때문에, 그 구비조건으로서는 열전달 특성이 좋고 중성자 흡수가 적으며 열용량이 큰 것이 요구된다.

이밖에도 원자력 발전의 경제성을 높이기 위하여 냉각재로서는 비등점이 높은 것이 좋다. 또, 고체를 사용할 경우에는 저온에서 용융되는 것이 좋다. 이들 여러 가지 특성으로 본다면 가스체보다 액체금속이 더 우수할 것이다.

통상 냉각재로서 사용되고 있는 것은 물(경수 및 중수), 액체금속(Na, NaK, Bi 등), 가스(He, CO_2 등) 및 용해염 등이다.

(4) 제어봉

제어봉은 원자로 내에서의 위치를 변화시켜서 원자로 내의 중성자를 적당히 흡수함으로써 열중성자가 연료에 흡수되는 비율을 제어하기 위한 것이다. 즉, 이것은 노 내에서의 핵분열 연쇄반응을 제어하고 또한, 중성자의 배율을 변화시키는 것이다.

통상 이것은 막대기 모양으로 가공해서 노심에 삽입하고 필요에 따라 넣고 뺄 수 있도록 설계되어 있다. 제어재로서는 중성자 흡수 능력이 큰 물질, 즉 카드뮴, 붕소, 하프늄 또는 이들의 합금 등이 사용된다.

(5) 반사체

반사체는 핵분열로 발생한 고속 중성자 또는 열중성자가 원자로의 외부에 누출되는 것을 방지하기 위한 것으로서 통상 노심의 주위에 설치해서 중성자를 산란에 의해서 반사시키고 있다.

일반적으로 원자로 노심부에서의 중성자의 밀도분포는 통상 중심부가 높고 주변으로 갈수록 그림 13.8의 실선으로 보는 바와 같이 낮아지고 있다. 따라서 주변에서 중성자를 잘 산란시키는 재료, 즉 반사체를 설치하면 그림 13.8의 점선으로 보인 바와 같이 노 내에서 중성자의 밀도분포가 평준화하게 될 것이다.

반사체에 요구되는 성질은 감속재와 같아서 통상 반사체로서는 감속재와 같은 재료인 경수, 중수, 흑연, 베릴륨(Be) 등을 사용하고 있다.

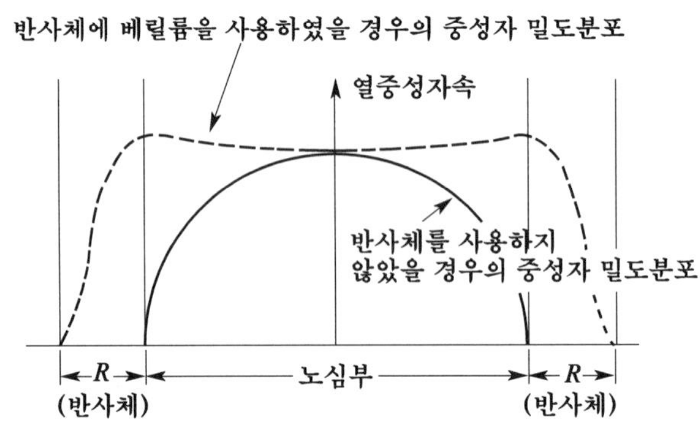

그림 13.8 반사체의 개요도

(6) 차폐재

차폐재는 원자로 내부의 방사선이 외부에 누출되는 것을 방지하기 위한 차폐벽의 역할을 하는 것이다. 차폐에는 중성자라든지 γ선이 차폐재 내에 침입해서 차폐재가 열적으로 파괴되는 것을 방지하기 위한 **열차폐**와 노심으로부터 γ선이나 고속 중성자가 누출해서 인체에 영향을 미치지 않도록 하는 **생체차폐**의 2 가지가 있다. 전자는 노심의 바로 바깥쪽에 설치되어서 생체차폐가 방사선의 흡수에 의한 발열 때문에 파괴되는 것을 막는 것으로서 통상 철판이나 보론강과 같이 열전도가 좋은 재료가 사용된다.

후자의 생체차폐는 노의 맨 바깥쪽에 설치되어서 운전원을 γ 선이나 방사선으로부터 보호하는 역할을 하는 것으로서 통상 콘크리트, 물, 납 등이 사용되고 있다.

예제 13.6 원자력 발전에 관한 다음 용어를 간단히 설명하여라.

(1) 붕괴열
(2) eV
(3) α 선
(4) 반응도

풀이

(1) **붕괴열** : 원자로는 정지한 뒤에도 핵분열 생성물로부터 상당한 시간 동안 β선이나 γ선의 방사가 지속되는데 이 붕괴에 따라 발생하게 되는 열을 붕괴열이라고 한다. 그러므로 원자로에서는 정지 후에도 이 붕괴열을 제거하기 위한 설비를 갖출 필요가 있다.

(2) **eV(electron volt)** : 이것은 에너지의 단위로서 1 [eV]란 전자가 진공 속에서 전위차 1 [V]의 전극간을 통과할 때 얻는 에너지를 말한다. 그 크기는,

$$1\,[\text{eV}] = 1.60 \times 10^{-19}\,[\text{J}]$$

의 관계가 있다.

(3) α **선** : 원자핵이 헬륨을 방출해서 보다 안정된 원자핵으로 변환되는 현상을 α 붕괴라고 말하는데 이때 방출되는 것이 α 입자이다. 이 α 입자의 흐름을 α 선이라고 한다. α 입자는 물질에 쉽게 흡수되며, 또 이것은 통과하는 물질을 전리하는 작용이 강하다.

(4) **반응도** : 반응도 ρ는 원자로의 실효배율을 k_{eff} 라 할 때 다음 식으로 표시된다.

$$\rho = \frac{k_{eff} - 1}{k_{eff}}$$

원자로는 연쇄반응이 지속되기 위해서는 연료($_{92}U^{235}$)의 손모, 핵분열 생성물의 축적 또는 노내 온도의 상승 등 연쇄반응을 억제하는 요소를 고려해서 실효 배율보다 크게 설계할 필요가 있다.

k_{eff}가 1보다 커지면 출력이 증대하기 때문에 중성자를 흡수하는 제어봉을 조작해서 출력을 제어한다. 반응도 ρ는 원자로가 임계상태로부터 어느 정도 벗어나 있는가를 나타내는 것이다. 즉, $\rho = 0$은 임계상태, $\rho > 0$은 임계초과로 출력이 증대하고 $\rho < 0$은 임계 미만으로 출력은 감소한다.

연 습 문 제

1. Einstein의 에너지 식을 이용하여 7.5 [MeV]에 해당하는 질량(mass)을 구하여라.

2. 원자핵의 결합 에너지를 설명하여라.

3. $_{92}U^{235}$ 1 [g]이 핵분열 하였을 때 방출하는 전 유효에너지를 계산하여라. 또, 이것을 [MWD] 단위로 나타내어라.

4. 우라늄 핵분열에 관한 중요 사항을 요약해서 설명하여라.

5. 원자로의 4 인자 공식을 설명하여라.

6. 열중성자 원자로 구조의 개념도를 그리고 각 부분의 명칭과 역할을 설명하여라.

7. 다음 사항을 간단히 설명하여라.
   (1) 질량수
   (2) 질량 결손
   (3) 반감기
   (4) 원자로의 배율
   (5) 반응도
   (6) 임계상태
   (7) 핵분열
   (8) 핵반응
   (9) 미시 단면적

8. 핵연료 및 그 피복이 갖추어야 할 조건에 대해 설명하여라.

9. 감속재로서는 어떤 성질을 갖는 것이 바람직한가? 또, 일반적으로 널리 사용되고 있는 감속재에는 어떤 것이 있는가?

10. 원자로 냉각재로서는 어떤 성질이 요구되는가? 또, 냉각재로서 널리 사용되고 있는 것을 열거하여라.

11. 현재 이용되고 있는 몇 가지 원자로에 대해서 연료, 감속재, 냉각재로서 어떤 것들을 사용하고 있는지 간단히 설명하여라.

12. 원자로의 차폐에 대해 간단히 설명하여라.

13. 핵종표에서 U^{238}의 반감기가 4.47×10^9년임을 알았다. 붕괴상수는 얼마인가?

14. 원자력 발전에서의 ${}_{92}U^{235}$ 1[g]은 중유의 에너지로 환산하면 몇 [l]에 상당하는가? 단, ${}_{92}U^{235}$의 질량결손은 0.09[%], 중유의 발열량은 10,000[kcal/kg]이라고 한다.

15. ${}_{92}U^{235}$를 연료로 하는 무한대 원자로의 열중성자 배율 k_∞는 다음 식으로 주어진다고 한다.

$$k_\infty = \eta \epsilon p f$$

이 식의 각 항에 대해서 간단히 설명하여라.

16. 고속 중성자의 핵분열 계수 $\epsilon = 1.023$, 중성자 재생률 $\eta = 1.69$, 공명 흡수 탈출 계수 $p = 0.76$, 열중성자 이용률 $f = 0.86$인 무한대 원자로의 증배율 k_∞를 구하여라.

17. 어느 원자로에서 1개의 열중성자가 연료(U^{235})에 흡수되었을 때 방출하는 고속 중성자의 평균수가 2.08, 고속 중성자의 핵분열 효과가 1.03, 공명 흡수 탈출확률이 0.865, 열중성자 이용률이 0.603이라고 한다.
중성자의 누출이 없다고 할 경우 이 원자로의 중성자 증배율을 계산하여라.

18. 1.5[MeV]의 고속 중성자가 중수소핵에 충돌해서 0.025[eV]의 열중성자로 감속될 때까지에 필요한 중성자의 평균충돌 회수를 구하여라. 단, 에너지 대수 감쇄율은 0.73이라고 한다.

19. 원자로에 사용되는 감속재와 냉각재의 구비 조건을 열거하여라.

20. 공명 흡수 및 공명 흡수 탈출 확률에 대해 설명하여라.

제 14 장

발전용 원자로

14.1 발전용 원자로의 종류

발전용 원자로는 오늘날까지 여러 가지 형식의 원자로가 개발되어 이용되고 있다.

실용 규모의 원자력 발전소로서 운전 중에 있는 것으로는 우선 영국에서 개발된 천연 우라늄 금속을 연료로 하는 **흑연감속 가스 냉각로**(Callder Hall형 원자로라고도 함)와, 미국에서 개발된 저농축 산화 우라늄 세라믹스를 연료로 하는 **경수감속 경수 냉각로**(가압수형, 비등수형 원자로), 그리고 캐나다에서 개발된 천연 우라늄을 연료로 하는 **중수감속 중수 냉각로**(CANDU로) 등이 있다. 그 밖에 가까운 장래 실용단계에 이를 것으로 기대되는 형식으로는 중수 또는 흑연을 감속재로 하는 **신형 전환로**가 있고, 또 차세대의 실용화를 노리는 나트륨 냉각의 **고속 증식로**가 그동안 프랑스, 일본, 소련 등을 중심으로 개발 중에 있어 그 결과가 주목되고 있다.

- 발전용 원자로
  - 열중성자로
    - 탄산가스 냉각로
    - 가압경수로(PWR)
    - 비등경수로(BWR)
    - 중수감속로(CANDU)
  - 고속증식로(FBR)

그림 14.1 발전용 원자로의 종류

현재로서는 원자력 발전 형식의 대부분이 원자로에서 발생한 열에너지를 냉각재를 매체로 해서 외부에 끄집어낸 다음, 다시 이것을 열교환기를 통해서 2차 측에서 고온고압의 증기를 만들어 터빈을 회전하는 발전방식을 취하고 있다. 다만 비등수형 원자로에서만은 원자로에서 발생한 증기를 열교환기를 거치지 않고 직접 터빈으로 유도하는 형식을 취하고 있다.

표 14.1 원자로의 종류

<table>
<tr><th colspan="2">원자로의 종류</th><th>연 료</th><th>감속재</th><th>냉 각 재</th><th>비 고</th></tr>
<tr><td colspan="2">가스 냉각로(GCR)</td><td>천연 우라늄</td><td>흑연</td><td>탄산가스</td><td>영국에서 개발</td></tr>
<tr><td rowspan="2">경수로</td><td>비등수형
(BWR)</td><td>농축 우라늄</td><td>경수</td><td>경수</td><td>미국 GE에서 개발</td></tr>
<tr><td>가압수형
(PWR)</td><td>농축 우라늄</td><td>경수</td><td>경수</td><td>미국 WH에서 개발</td></tr>
<tr><td colspan="2">개량형 가스 냉각로
(AGR)</td><td>농축 우라늄</td><td>흑연</td><td>탄산가스</td><td>주로 영국, 프랑스에서 개발</td></tr>
<tr><td colspan="2">중수로(CANDU)</td><td>천연 우라늄
농축 우라늄</td><td>중수</td><td>탄산가스
경수, 중수</td><td>캐나다에서 개발
*월성 원자력</td></tr>
<tr><td colspan="2">신형 전환로(ATR)</td><td>천연 우라늄,
농축 우라늄,
플루토늄</td><td>중수</td><td>경수</td><td>일본</td></tr>
<tr><td colspan="2">고온가스 냉각로
(HTGR)</td><td>농축 우라늄
토륨</td><td>흑연</td><td>헬륨</td><td>미국, 서독</td></tr>
<tr><td colspan="2">고속 증식로(FBR)</td><td>농축 우라늄
플루토늄</td><td>–</td><td>나트륨,
나트륨·칼륨 합금</td><td>프랑스, 소련, 일본 등에서 개발, 실용화 단계에 접근중임.</td></tr>
</table>

이들 형식 외에 장래 과제로서는 원자로를 사용한 MHD 발전, 열전자 발전에 관한 연구가 진행되고 있다. 또한, 더 먼 장래의 문제로서는 핵융합 에너지의 이용을 목표로 한 **핵융합 발전**에 관한 연구도 선진제국에서 활발하게 전개되고 있다.

여기서는 주로 실용로 또는 실용화의 전망이 선 흑연 감속로, 가압수형로, 비등수형로, 중수 감속로 및 고속 증식로에 대해서 그 개요와 문제점 등을 설명하기로 한다.

14.2 흑연감속 가스 냉각형 원자로

천연의 금속 우라늄을 연료로 하는 **흑연감속 가스**(CO_2) **냉각로**는 세계 최초로 영국에서 개발되어 1956년 상업운전에 성공하였는데, 이것은 Caller Hall **발전소**로 널리 알려져 있다. 그림 14.2는 이 형식의 원자로의 개요를 나타낸 것이다.

이 원자로에서는 연료에 천연 우라늄, 감속재에 흑연, 제어봉에 붕소강 막대기, 그리고 냉각재에 탄산가스를 사용하고 있다. 특히 이 원자로에서는 천연 우라늄을 사용하고 있기 때문에 농축 플랜트를 필요로 하지 않는다는 장점이 있으나, 흑연을 감속재로 하였을 때 천연 우라늄을 UO_2의 형식으로 사용해서 원자로를 임계로 할 수 없기 때문에 부득이 금속 우라늄을 사용하고 이 연료를 마그네슘의 합금으로 피복한 막대기 모양으로 하고 있다. 반사체로서는 흑연의 블록을 쌓아올린 것을 사용하였으며, 냉각재는 입구온도가 140[℃], 출구온도는 336[℃]로 되어서 열교환기에 들어간다. 이 원자로의 출력은 70[MW], 발전기는 23[MW]×4 대로서 회전수는 3,000[rpm]이다. 일본에서의 제 1 호 원자력 발전소가 된 동해 원자력 발전소(출력 160[MW])는 바로 이 노형을 수입해서 건설한 것이다.

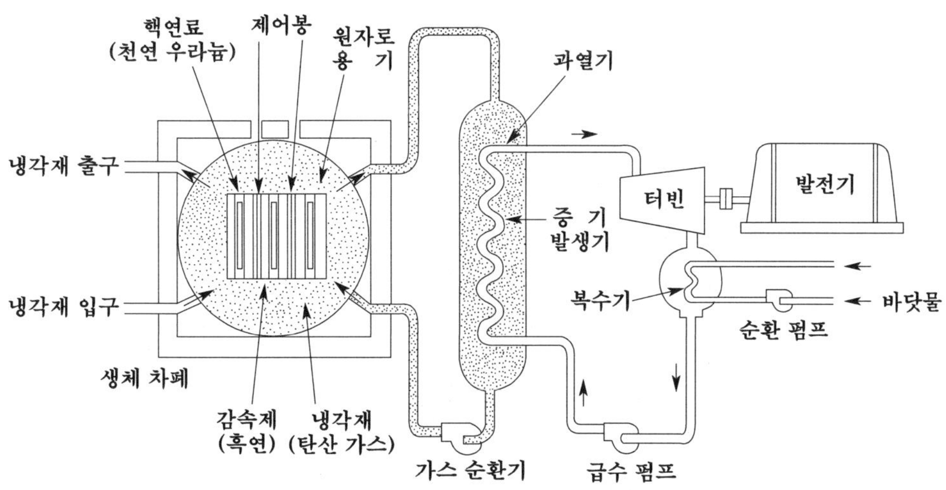

그림 14.2 천연 우라늄 가스 냉각로의 개념도

14.3 경수감속 냉각형 원자로

경수감속 냉각로는 주로 미국에서 개발된 것으로서 **가압수형 원자로**(Pressurized Water Reactor : PWR) 및 **비등수형 원자로**(Boiling Water Reactor ; BWR)의 2 가지가 현재 실용화되어 세계 각국에서 많이 건설되어 운전 중에 있다.

14.3.1 가압수형 원자로(PWR)

가압수형 원자로(PWR)는 원래 원자력 함정용으로 미국의 웨스팅 하우스사가 최초로 개발한 것이지만, 현재 세계적으로 가장 많이 보급되어 있으며 우리나라에서도 고리 원자력을 비롯하여 영광, 울진 등 여러 곳에서 운전 중에 있는 노형이다.

이 PWR의 연료는 보통 3~5 [%]의 저농축 우라늄을 UO_2 형태로 가공해서 사용하고, 감속재와 냉각재로는 물(輕水)을 사용하고 있는데, 냉각재의 물이 비등하지 않게끔 노 전체를 압력용기에 수용해서 노 내를 160 [kg/cm^2] 정도로 가압하고 있는 것이 특징이다.

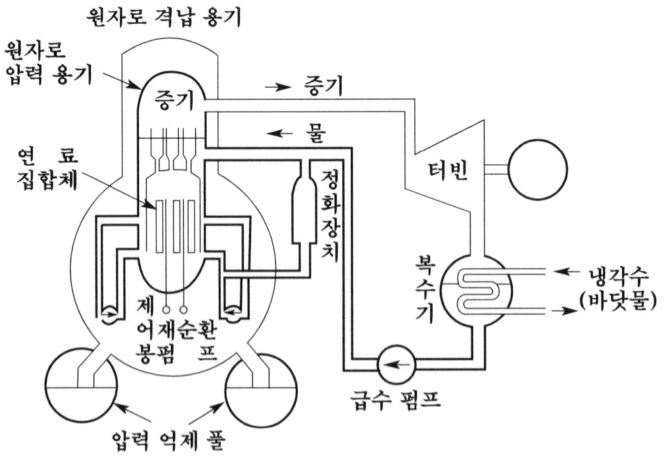

(a) BWR

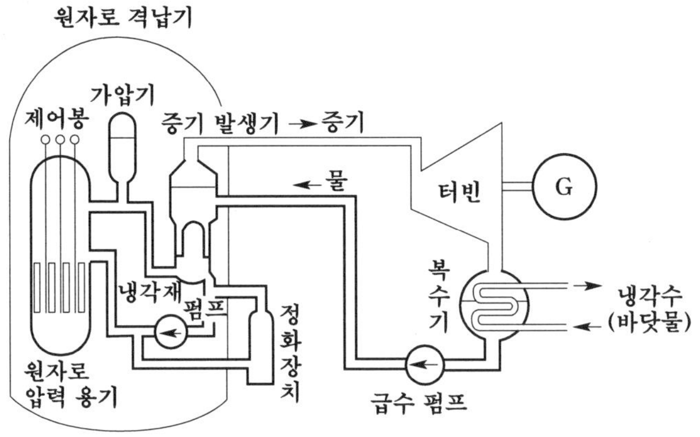

(b) PWR

그림 14.3 경수감속 냉각형 원자로의 개요도

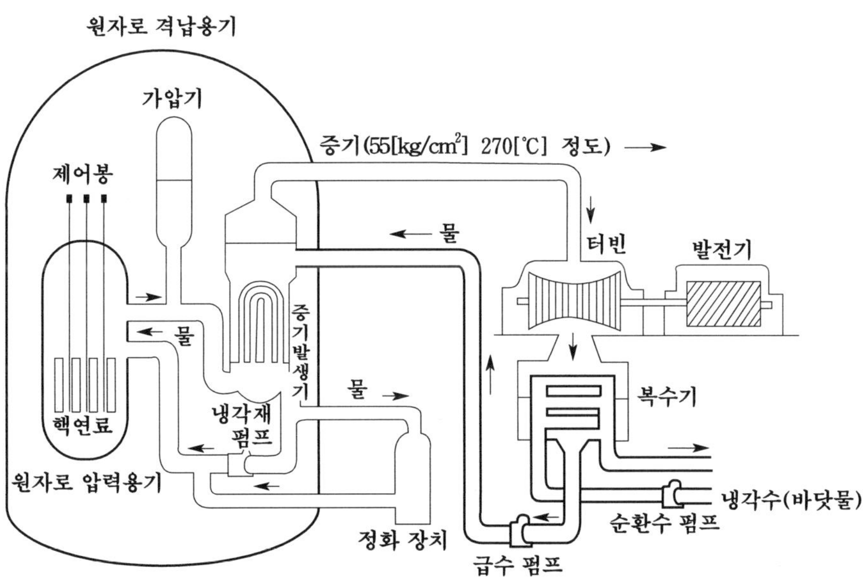

그림 14.4 PWR의 개념도

이 때문에 냉각수의 노 출입구 온도는 각각 약 320[℃], 290[℃]로 되고 있다. 이 고온 가압수를 열교환기의 1차 측에 유도해서 2차 측에 온도 269~274[℃], 압력 약 55~60 [kg/cm^2]의 증기를 만들고 이것으로 증기터빈을 구동해서 발전하고 있다.

원자로는 그림 14.5에서 보는 바와 같이 원자로 용기와 그 속에 수용될 노심, 노 내 구조물, 제어봉 및 구동 장치로 구성되고 있다.

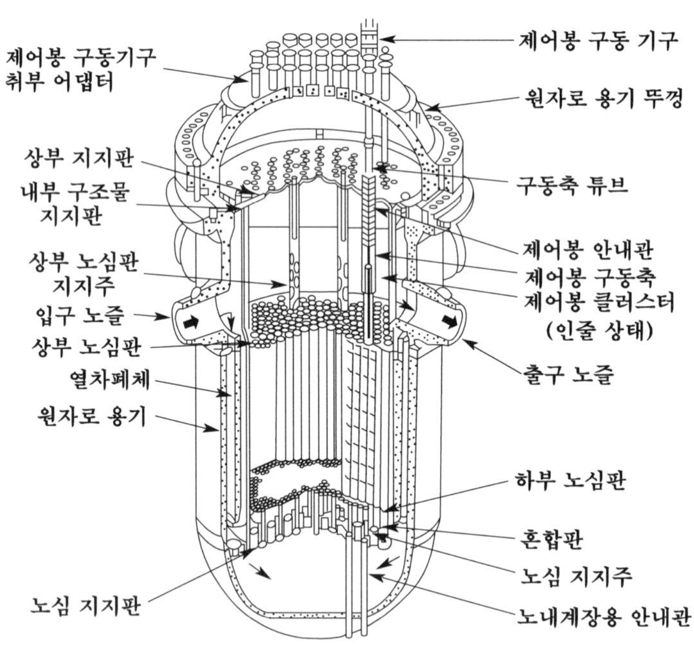

그림 14.5 가압수형 원자로 용기의 구조도

그림 14.6은 연료 집합체의 일례를 보인 것인데, PWR의 연료요소는 다수의 연료격자와 그 10[%] 정도의 제어봉 격자로 구성되고 있으며, 노심은 출력에 따라서 이러한 연료 집합체를 100~200체 모아서 구성하고 있다(가령 열출력 2,440[MW], 전기출력 826[MW]의 경우에는 157체의 연료체가 사용되고 있다).

이 PWR 발전소는 열 사이클 적으로는 증기 발생기(열교환기)를 경유해서 1차와 2차로 나누어져 있기 때문에 다음과 같은 특징이 있다.

① 열 사이클이 간접적이기 때문에 방사능을 띤 증기가 터빈 측에 유입하지 않는다.

② 가압수를 사용하고 있기 때문에 출력밀도가 높고 노심으로부터 끄집어낼 수 있는 열 출력이 크다.

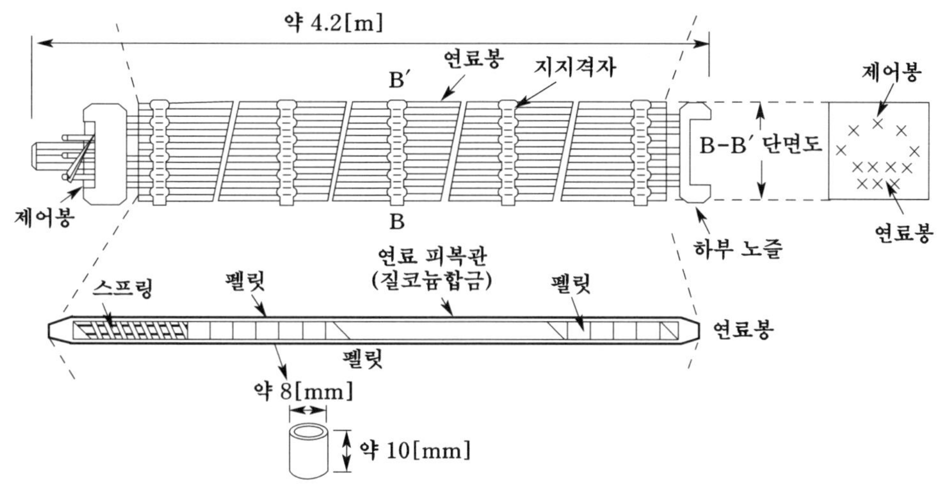

그림 14.6 PWR의 연료 집합체

③ 증기 발생기를 포함하는 간접 사이클이기 때문에 계통이 복잡하다. 또, 가압수를 사용하기 때문에 압력용기 및 배관의 두께가 두꺼워져서 가격이 비싸진다.

④ 노의 반응은 상당히 큰 마이너스의 온도계수를 지니기 때문에 안전성은 좋은 편이다.

⑤ 기타 연료로서는 저농축 우라늄(농축도 3~4[%])을 필요로 한다.

다음 이 PWR에서의 연료사용 방법 및 제어방법을 소개하면 다음과 같다.

PWR의 제 1 노심(또는 초기 노심)에서는 노심을 3 개 정도의 동심원 영역으로 나누고 바깥쪽의 영역 일수록 농축도가 높은 연료를 배치해서 출력 분포의 균일화를 꾀하고 있다.

제 2 노심 이후의 연료교환은 중심부의 연료 집합체 가운데에서 가장 잘 연소한 것을 적당한 수만큼 빼내고 거기에 바깥쪽 영역의 연료 집합체 중 어느 정도 연소한 것을 옮겨 넣고 새로운 연료 집합체를 바깥쪽 영역의 빈 장소에 넣어 주는 이른바 **공산 뱃지 방식**을 사용하고 있다. 따라서 제 2 노심 이후에 넣어 줄 새로운 연료 집합체는 제 1 노심에서 바깥쪽 영역에 넣었던 연료 집합체와 같은 농축도의 것이 사용된다.

제어봉은 흡수물질로서 은·인듐·카드뮴 합금을 사용하고 이것을 스테인리스 강관으로 피복해서 가는 막대기 모양으로 하고 있으며, 또 이들의 막대기는 그 꼭대기에서 거미줄처럼 블랭킷으로 결합해서 제어봉 클러스터를 형성하고 있다. 클러스터의 각 제어봉은 연료 집합체 내의 연료봉 격자 중에 설치된 제어봉 안내관 속을 출입해서 반응도를 제어하게 되어 있다.

14.3.2 비등수형 원자로(BWR)

비등수형 원자로(BWR)는 미국의 제네럴 일렉트릭사에 의하여 개발된 것이다. 노심에서 비등한 증기가 그림 14.7에서와 같이 직접 터빈에 공급되는 직접 사이클을 이용하기 때문에 개발초기에는 원자로의 불안정성, 소요 증기량 발생 정도의 제어, 터빈 계통의 방사능 처리 등에 어려움이 많았으나, 현재는 미국, 일본을 중심으로 PWR 다음으로 많이 사용되고 있는 원자로이다. 연료 농축도는 2~3[%]의 저농축 우라늄을 사용한다.

BWR은 연쇄 핵반응의 제어를 위하여 자생적인 2가지 보호기능을 갖고 있다는 면에서 매우 안정된 방식이라 할 수 있다. 즉, 기포계수가 크고 낮은 연료 농축도로 인해 **도플러 계수**가 크다는 점이다. 따라서 출력이 증가하면 연료온도가 상승함으로써 U^{238}의 공명흡수 영역이 넓어져서 **공명흡수 탈출확률**(P)이 작아진다. 또, 출력 증가에 따라 물의 비등이 심해지면 물의 밀도가 낮아져서 속중성자 누설이 많아진다는 특징이 있다.

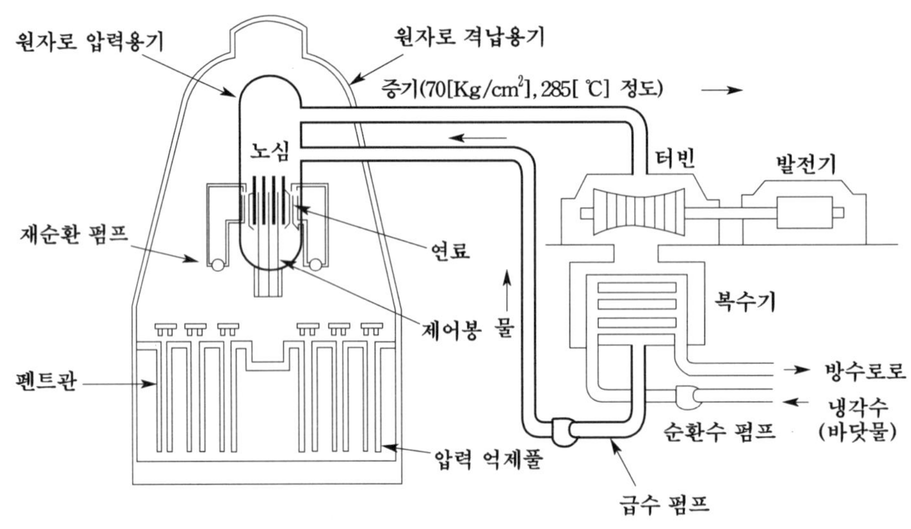

그림 14.7 BWR의 개념도

예를 들어 어떤 이유로 출력이 정지 설정값 이상으로 증가하고 있는 데도 정지되지 않은 경우가 발생할 경우에는 앞에서 언급한 두 제어 기능이 출력 폭등을 억제해서 안정상태로 유도하게 되어 있다.

출력이 변할 때 노심에 생기는 출력 결손을 보상하는 메커니즘은 두 가지가 있다. 하나는

PWR와 마찬가지로 제어봉을 사용하는 것이고, 다른 방법은 PWR와는 달리 기포의 양(보이드)을 변화시키는 것이다. 기포의 양은 순환펌프에 의해 순환되는 내부유량을 제어함으로써 변화시킬 수 있다. 즉, 출력을 올릴 때는 순환펌프의 속도를 높여서 순환수의 유량을 증가시킨다. 순환수가 증가하면 노심 내의 기포가 노심 밖으로 더 많이 나가게 되므로 노심 내의 반응도는 증가하여 출력은 상승하게 되고, 출력상승으로 인한 출력결손의 음(-)반응도와 기포량 감소로 인한 양(+)반응도의 크기와 같게 되는 새로운 출력준위에서 안정된다. 출력을 내릴 때는 출력을 올릴 때의 반대로 하면 된다.

이 형은 PWR와 달리 직접 사이클이기 때문에 다음과 같은 특징이 있다.

① 원자로의 내부증기를 직접 터빈에서 이용하기 때문에 증기 발생기가 필요 없다. 곧 가압수형처럼 노 내 물의 압력을 높이지 않아도 되기 때문에(PWR에서는 약 160[kg/cm^2], BWR에서는 약 70[kg/cm^2]) 압력용기 및 배관의 두께가 엷어도 된다.

② 원자로 내에서 비등한 방사능을 띤 증기가 직접 터빈으로 들어가기 때문에 증기누출을 철저히 방지하지 않으면 안 된다.

③ 순환 펌프로서는 급수 펌프만 있으면 되므로 그만큼 소내 용 동력은 적어도 된다.

④ PWR에 비해 노심의 출력밀도가 낮기 때문에 같은 노 출력의 원자로에서는 노심 및 압력용기가 커진다.

⑤ 원자력 용기 내에 기수 분리기와 증기 건조기가 설치됨으로써 그것만큼 원자로 용기의 높이도 커진다.

⑥ 그밖에 연료로서는 저농축 우라늄(2～3 [%])을 필요로 한다.

우리나라에서는 중수감속 냉각형의 월성 원자력발전소만 빼고 나머지 고리, 울진, 영광 원자력 발전소에서는 이 PWR를 운전 중이지만, 일본에서는 이 BWR이 PWR과 거의 비슷한 비율로 많이 건설되어서 운전 중에 있다.

14.4 중수감속 냉각형 원자로

중수감속 냉각형 원자로의 냉각재로는 가압중수, 유기재, 비등 경수, 탄산가스 등이 있는데, 여기서는 캐나다에서 개발된 가압중수 냉각로인 **CANDU형 원자로**에 대해서 설명한다.

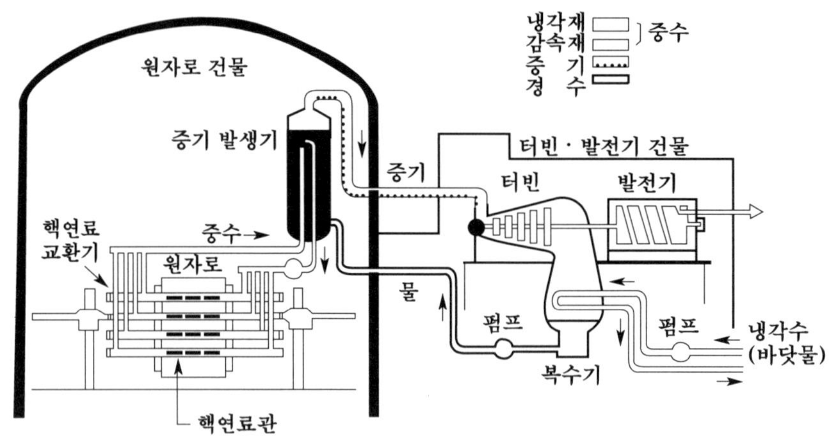

그림 14.8 중수로(CANDU)의 개요

그림 14.8은 CANDU로의 개요를 보인 것인데, 이 CANDU로는 우리나라에도 도입되어 현재 월성 원자력 발전소에서 운전 중에 있다.

가압 중수로형 원전의 발전원리는 가압 경수로형 원전의 발전원리와 동일하다. 다만 가압 경수로형 원전과의 차이점은 핵연료로서 우라늄 235 ($_{92}U^{235}$)를 농축하지 않은 천연 우라늄을 사용한다는 것과 냉각재 및 감속재로 경수(H_2O) 대신에 중수(D_2O)를 사용하고 있다는 것이다. 또한 경수형 원자로는 수직형으로서 핵연료 교체 시에는 원자로 운전을 정지시켜야 하는 데 대하여, 중수형 원자로는 수평형으로 되어 있고 원자로의 운전을 정지시키지 않고도 핵연료를 교체할 수 있다는 장점을 갖고 있다.

중수로에는 압력용기 방식과 압력관 방식이 있는데, 압력용기 방식은 노심의 크기가 커지므로 초기의 소형 중수로에서만 사용되었었다.

압력관 방식은 압력관 내에 연료봉을 배치하고 고압(약 100 기압)의 냉각재를 흘려 칼렌드리어 탱크내에서 저압(약 1 기압)으로 유지하는 방식으로써 감속재와 냉각재가 분리되기 때문에 냉각재로는 경수, 중수, 유기재, 가스, Na 등을 다양하게 사용할 수 있다. 중수형 원자로의 용기는 일반적으로 **칼렌드리어**라고 불려지고 있는데, 이것은 그림 14.9와 같은 대원통형으로 되어 있다.

중수로의 종합적인 특징은 다음과 같다.

① 중수(D_2O)는 중성자 흡수가 상당히 작기 때문에 핵연료를 유효하게 이용할 수 있다.

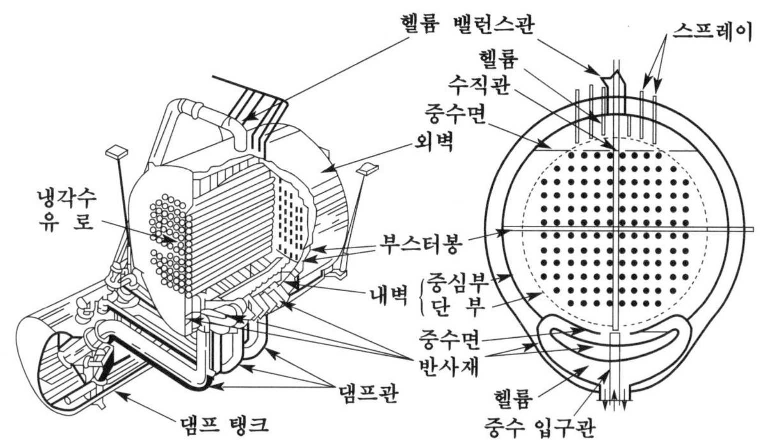

그림 14.9 CANDU로의 구조 예

즉, 전환비가 크기 때문에 Pu 생성량이 크다(경수로에서는 전환비가 0.3~0.4이지만 중수로에서는 0.8~1.0 정도이다).

② 냉각재로 중수를 이용할 경우에는 연료로서 천연 우라늄을 이용할 수 있다(냉각재로 경수, 가스 등을 이용하면 저농축 우라늄을 필요로 하게 된다).

③ 경수로에 비해 노심이 커진다.

④ 값비싼 중수를 구입해야 하는 문제가 있다.

다음에 CANDU형 원자로의 노 제어 계통은 제어계통과 보호계통의 두 가지가 있다. 제어계통은 운전상태의 변화에 따른 반응도 변화를 보장하는데, 다음과 같은 방법을 사용한다.

① 수직 방향으로 움직이는 제어 흡수체를 이용하여 중성자수를 제어하는 방법

② 정상운전 중에는 삽입되어 있는 흡수체인 조정봉을 노심 밖으로 빼냄으로써 노심 내에 갑자기 많은 음(-)반응도가 생길 때 반응도 균형을 맞추는 방법

③ 경수가 들어 있는 지르칼로이봉을 노심 내에 넣고 수위를 변화시킴으로써 그 부근의 중성자 수를 변화시키는 방법

④ 감속재 내의 수위를 변화시킴으로써 노심 외부로의 중성자 누설을 조절하여 반응도를 조절하는 감속재 수위제어 방법

⑤ 노심 내의 핵분열 연료물질을 증가시키는 방법으로 운전 중 연료교체나, 고농축도(90 [%] 정도)의 부스터 연료봉을 삽입하는 방법 등이 있다.

예제 14.1 다음 문장은 경수형 원자로의 PWR 및 BWR의 출력제어에 관한 기술이다. 다음 [　　]에 맞는 語句를 아래의 해답군으로부터 골라서 기입하라.

PWR의 출력제어 방법에는 제어봉에 의한 방법과 1차 냉각제의 [①　　] 농도를 제어하는 방법이 있는데, 완만한 부하변동에 대해서는 후자에 의한 제어방법으로 대응하고 있다. 이 경우 이 농도를 감소시키면 원자로 출력은 [②　　] 한다.

이에 대하여 BWR의 출력제어 방법으로는 제어봉에 의한 방법과 노심유량을 제어하는 방법이 있다. 전자에서는 제어봉을 노심내에 삽입하면 [③　　]를 흡수함으로써 원자로의 핵반응이 감소되어서 출력은 감소하게 된다. 또 후자에서는 [④　　]로 노심유량을 감소시키면 원자로내의 [⑤　　]의 체적비율이 증가해서 원자로 출력은 감소한다.

[해답군]

가. 감속제	나. 중간자	다. 중서어자	라. 경수
마. 재순환펌프	바. 중수	사. 증기	아. 보이드(기포)
자. 탄소	차. 카드뮴	카. 붕소	타. 우라늄 239
파. 증가	하. 감소		

풀이 ① 카　② 파　③ 다　④ 마　⑤ 아

14.5 고속 증식로

고속 증식로(Fast Breeder Reactor : FBR)는 우라늄 연료의 대부분을 차지하고 있는 U^{235}을 핵분열 연료물질 (Pu^{239})로 변환하여 우라늄 자원의 사용을 극대화할 수 있는 원자로로서 차세대 원자력 개발의 중심이 될 것으로 기대되고 있는 것이다.

앞에서 설명한 바와 같이 U^{235}는 여기에 중성자가 충돌하면 그 자체만으로도 핵분열이 가능하지만, 천연 우라늄 속에는 이것이 겨우 0.71 [%] 밖에 포함되어 있지 않다.

그런데, 천연 우라늄 속에 99.3 [%]나 함유되어 있는 U^{238}을 핵연료로 이용한다면 이 천연 우라늄이 갖는 에너지를 100 [%] 가까운 이용률로 이용할 수 있을 것이다. 즉, 노심 내에서 U^{238}에 중성자를 충돌시켜서 이 U^{238}을 핵분열이 가능한 Pu^{239}로 변환할 경우, Pu^{239}는 핵연료로서 사용할 수 있게 된다. 여기서 소비된 양과 핵분열 결과 새로 만들어진 연료의 양과의 비를 **전환비**라고 부르는데, 이것을 원자로의 연료 경제성을 나타내는 수치로서 사용하고 있다. 즉, 전환비는 다음과 같이 정의된다.

$$\text{전환비 } R = \frac{\text{생산된 새로운 연료의 양}}{\text{소비된 연료의 양}}$$

일반적으로 전환비 R가 1보다 커지는 것을 **증식**이라 하고, R을 증식비라고 부르기도 한다. 노의 호칭도 $R \leq 1$일 경우에는 **전환로**, $R > 1$인 것을 **증식로**라 부르고 있다. 실제의 R의 값은 **경수로**에서 0.5 정도, 고온가스로에서는 0.6~0.8 정도이고, 고속 증식로에서는 1.2~1.3 정도이다.

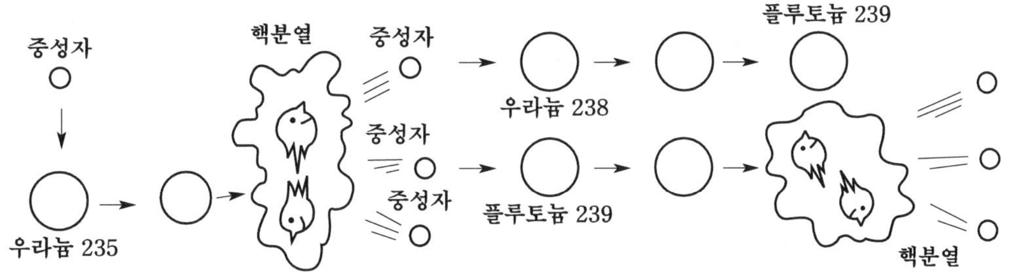

그림 14.10 고속 증식로의 원리

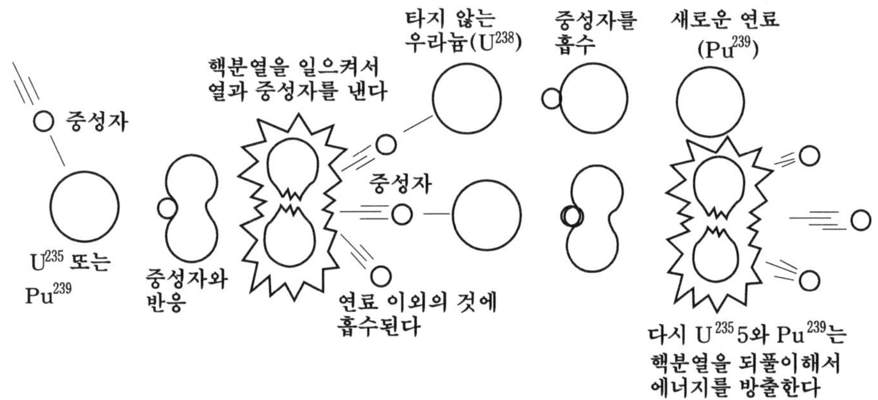

그림 14.11 증식의 개념도

U^{238}은 1 회의 핵분열로 약 2.5 개의 새로운 중성자를 발생하게 되는데, 그 중 1 개 이상의 중성자가 Pu^{239}의 생산에 사용된다면 소비된 핵연료 U^{238}의 양 이상으로 새로운 핵분열성 물질이 생산된 셈이 된다.

한편, U^{238}을 Pu^{239}로 변환하기 위해서는 감속되기 이전의 고속 중성자가 U^{238}에 충돌해야 하기 때문에 노 내에서 고속 중성자를 이용하게 된다. 따라서 이러한 노를 우리는 **고속 증식로(FBR)**라고 말하는 것이다. 이처럼 **FBR**은 고속 중성자로 연쇄반응을 일으켜서 핵분열을 지속시켜야 하기 때문에 감속재를 필요로 하지 않는다. 냉각재도 감속성이 적은 물체를 사용할 필요가 있으며, 또한 열전달도 아주 빨리 이루어져야 하기 때문에 냉각재로서는 오늘날 액체금속인 나트륨(Na)을 많이 사용하고 있다. 그림 14.12는 이러한 고속 증식로의 개념도를 보인 것이다.

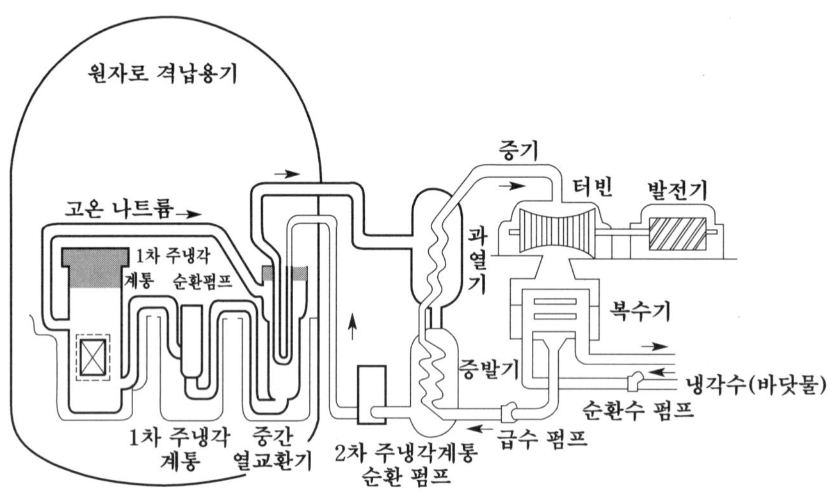

그림 14.12 고속 증식로(FBR)의 개념도

연 습 문 제

1. 원자로를 분류하는 기준에는 어떤 것들이 있는가?

2. 다음을 설명하여라.

(1) TRIGA
(2) PWR
(3) BWR
(4) HTGR
(5) PHWR
(6) FBR
(7) AGR
(8) KMRR

3. 균질로와 비균질로에서 공명탈출 확률(P)이 큰 쪽은 어느 쪽인가?

4. BWR의 두 가지 보호기능에 대해 설명하여라.

5. BWR의 출력제어 방법을 설명하여라.

6. 고속 증식로의 원리를 설명하여라.

7. 우라늄 자원면에서 고속 증식로의 필요성이 강조되고 있는데, 그 이유에 대해 간단히 설명하여라.

8. 각종 원자로의 특성을 연료, 감속재, 냉각재로 구분하여 설명하여라.

9. 원자력 발전소는 신예 화력 발전소에 비하여 열효율이 떨어진다고 한다. 먼저 그 원인에 대하여 설명하고 다음에 그 향상대책을 열거하여라.

10. 가압수형 원자로와 비등수형 원자로에 있어서의 구조면에서 본 주된 상이점과 그렇게 된 이유에 대하여 설명하여라.

11. 현재 우리나라에서 가동 중인 대부분의 원자로는 가압수형(PWR)이다. 이 PWR의 구성에 대해서 설명하고 그 특징을 열거하여라.

12. 전환비 0.97인 원자로에 2[%]의 농축 우라늄이 장전되어 있다. 이론적으로 몇 [%]의 연료가 연소되는가를 구하여라.

13. 우리나라에서 운전되고 있는 PWR와 CANDU로를 비교 설명하여라.

14. 고속 증식로의 의의에 대해서 설명하여라.

15. 핵분열에 의해서 연료 내에 발생한 열은 어떤 과정을 거쳐 원자로 밖으로 뽑아내어지는가를 간단히 설명하여라.

16. 오늘날 실용화되고 있는 경수형 원자력 발전소의 터빈이 통상의 기력 발전용 터빈과 비교해서 어떤 특징을 지니고 있는가에 대해 설명하여라.

17. 고속증식로의 냉각재로서는 어떤 성질이 요구되는가? 또 현재 무엇을 많이 사용하고 있는가?

제 15 장

핵연료 및 핵연료 주기

15.1 핵연료 물질

핵연료는 핵분열 물질과 핵분열 연료물질로 나누어진다. U^{235}, U^{233}, Pu^{239}, Pu^{241}과 같이 열중성자를 흡수해서 핵분열 반응을 일으키는 물질을 **핵분열 물질**이라고 하며 Pu^{240}, U^{238}, Th^{232} 및 U^{234}와 같이 중성자를 흡수해서 핵분열성 물질로 변환되는 물질을 **핵분열 연료물질**이라고 한다.

자연 상태에서 존재하는 핵분열 물질은 우라늄 235(U^{235})뿐인데, 천연 우라늄 속에 함유되어 있는 U^{235}는 겨우 0.711[%] 밖에 없고, 나머지는 U^{238}이 99.238[%], U^{234}가 0.0058 [%]로 되고 있다. 중수 감속 원자로 또는 흑연 감속 비균질 원자로에서는 핵연료로서 천연 우라늄을 사용해서 원자로를 임계로 하는 것은 가능하지만, 그 이외의 원자로에서는 연료에 포함되는 U^{235}의 함유율 높여 준 농축 우라늄을 사용하지 않으면 임계로 할 수 없다. 이 때문에 핵연료로서는 PWR와 같은 일반적인 원자력 발전소에서는 천연 우라늄을 그대로 사용하는 대신에 여러 과정을 거쳐서, 미리 U^{235}의 함유분을 일정 수준까지 높여서 가공한 **농축 우라늄**을 사용하고 있다. 이것은 U^{238}의 공명흡수의 단면적이 크고 공명흡수 탈출확률 P가 작아져서 원자로의 배율이 1에 달할 수 없기 때문이다.

천연 우라늄으로부터 농축 우라늄을 농축하는 데에는 복잡한 여러 공정과 막대한 전력량이 소요되므로 비용도 매우 비싸진다. 그러나 농축 우라늄을 사용하면 천연 우라늄을 사용하는 경우보다도 출력밀도를 높일 수 있으므로 노가 소형화되며 감속재로서도 중수나 흑연보다 중성자 흡수가 더 큰 경수를 사용해서 원자로를 임계로 할 수 있다는 이점이 있다.

오늘날 PWR나 BWR과 같은 열중성자로에서는 대략 수 [%] 정도의 저농축 우라늄을 사용하고 있으나, 일부 고속 중성자로에서는 수 10 ~90 [%]의 고농축 우라늄을 사용하는 경우도 있다.

일반적으로 핵연료로서 요구되는 성질을 들어보면,

① 고온에 견딜 수 있을 것
② 열전도가 좋을 것
③ 높은 중성자 조사(照射)에 견딜 수 있을 것
④ 밀도가 높을 것

등이다.

연료의 형태로서는 금속, 산화물, 탄화물 등 여러 가지 것이 있으나, 현재로는 저농축 우라늄을 사용한 UO_2 펠릿(산화물 연료)이 PWR 및 BWR, 개량가스로(AGR) 등에 널리 사용되고 있다.

15.2 우라늄 자원

15.2.1 우라늄 자원 현황

지구의 표면 및 지각에는 우라늄이 상당량 분포하고 있다. 지각을 이루는 암석, 침전물 및 바닷물에서는 우라늄이 흔하고, 전 세계 어디에서나 미량의 우라늄은 존재하지만, 고품위의 우라늄은 미국, 캐나다 및 남아프리카 등 일부 지역에만 편중되어 있다.

우리나라에는 옥천계 흑색 세일층에 품위가 낮은 우라늄이 매장되어 있는 것으로 알려지고 있다. 곧, 1970년에 실시한 탐사에 의하면 충주에서 금산에 걸쳐 있는 옥천계 지역에 U_3O_8 평균 함유율이 0.04[%](일반적인 품위는 0.1~0.3[%]임)인 우라늄광이 약 6,800만 [t] 정도 매장되어 있는 것으로 확인된 바 있으나, 워낙 그 품위가 낮기 때문에 현재로서는 경제성이 없는 것으로 받아들여지고 있다.

15.2.2 우라늄의 채광과 정광

광산에서 채굴된 원광의 품위는 0.1~0.5[%]의 U_3O_8이므로 광산 근처에서 정련 과정을 거쳐 중간 제품인 우라늄 정광-이것을 **옐로우 케이크**라고 부른다- 을 만든 다음, 변환공장으로 보내고 있다.

15.2.3 우라늄 변환

우라늄 정광은 대략 70~90[%]가 U_3O_8을 포함하고 있으나, 핵연료로 직접 이용하기에는 순수한 물질이 못 된다. 그 이유는 우라늄 정광 속에 보론, 카드뮴, 회토류 원소 등과 같은 불순물이 섞여 있는데, 이들 물질들은 중성자 흡수 단면적이 커서 이러한 불순물이 소량 존재하더라도 핵연료 이용률을 악화시키기 때문이다. 따라서 우라늄 정광은 핵연료로 가공되기 전에 정화처리 과정을 거쳐야 하며 그 목적으로 용매 추출법 또는 다른 화학적 방법이 적용되고 있다.

정화처리 된 우라늄 정광은 핵연료 성형가공을 위해 노형에 따라 적절한 화학적 형태로 변환된다. 가령, 저농축 우라늄을 핵연료로 하는 가압 경수로의 경우는 우라늄 농축에 적절한 형태인 UF_6로 변환되며, 중수로의 경우는 UO_2로 변환된다.

UF_6는 가스 확산법 또는 가스원심 분리법에 의한 우라늄 동위원소 분리에 적합한 우라늄 화합물이다. 경수로 핵연료 주기의 변환공장에서는 우라늄 정광으로부터 화학적으로 순수한 우라늄을 얻고 이를 농축에 적합한 UF_6로 변환하고 있다.

15.3 우라늄의 농축

우라늄 광석으로부터 정련해서 얻어질 천연 우라늄은 주로 질량수 234, 235, 238의 3종의 동위원소 혼합체로서 이들 각각의 존재 중량비는 0.0052[%], 0.719[%], 99.273[%]이다. 이 중 핵분열을 일으킬 수 있는 U^{235}는 0.7 [%] 밖에 되지 않기 때문에 이의 함유율을 높이는 것을 **우라늄의 농축**이라고 하며, 이러한 과정을 거쳐서 U^{235}의 함유율이 천연의 상태에 있는 우라늄보다 높아진 것을 **농축 우라늄**이라고 한다.

이처럼 U^{235}의 함유율을 높이게 되면(보통 2~4[%] 정도) 출력밀도가 높아지고 또한 감속재로서 경제적인 경수를 사용할 수 있다는 등 여러 가지 이점이 있기 때문에 경수로에서는 모두가 저농축 우라늄을 연료로 쓰고 있다. 우리나라에서 주류를 이루고 있는 PWR에서는 U^{235}의 함유율을 2~5[%]로 높여 준 저농축 우라늄을 핵연료로 사용하고 있다.

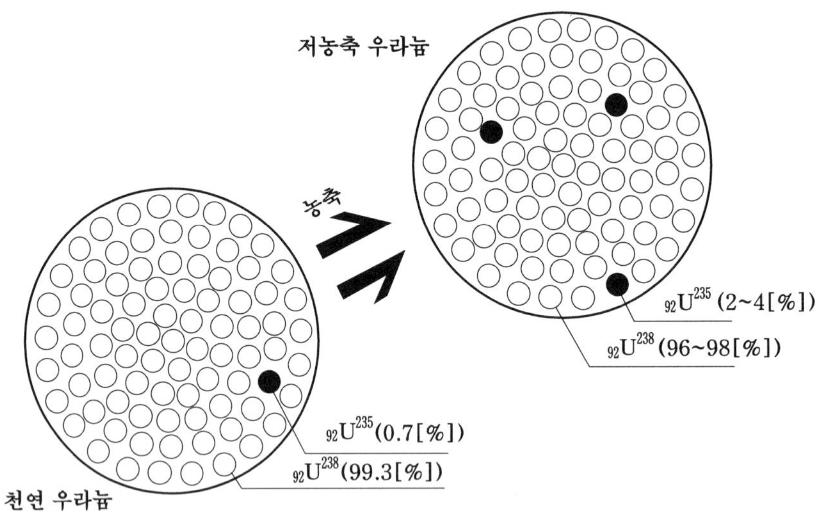

그림 15.1 우라늄 농축의 개념도

한편 U^{235}나 U^{238}은 우라늄의 친척끼리(동위원소)로서 그 화학적인 성질도 서로 같기 때문에 이들을 분리해서 농축한다는 것은 매우 어려운 작업이다.

우라늄의 농축방법으로서는 그 동안 여러 가지 방법이 개발되었으나, 그 중에서 현재에도 공업적인 규모로 사용되고 있는 것은 **가스 확산법**과 **원심 분리법**이다.

15.3.1 가스 확산법

두 가지 동위원소가 들어 있는 기체가 열평형 상태에 도달하면 각각의 분자는 같은 평균 운동 에너지를 갖게 되며, 질량이 서로 다른 원소는 다른 속도로 움직이게 된다. 즉, 질량이 m_1, m_2인 분자의 속도를 v_1, v_2라 하면 $\frac{1}{2}m_1v_1^2 = \frac{1}{2}m_2v_2^2$이 성립되므로 이 점을 이용해서 U^{235}와 U^{238}을 분리하는 방법이 바로 **가스 확산법**이다. 다시 말하면 무거운 분자($U^{238}F_6$)와 가벼운 분자($U^{235}F_6$)가 혼합된 기체를 미세한 구멍이 있는 격막(필터)을 통해서 확산시키면 가벼운 분자는 무거운 분자보다 격막을 더 빠르게(많이) 통과하게 된다.

그림 15.2는 가스확산 공정의 기본 구조도를 보인 것이다. 가느다란 구멍으로 된 격막(세공)을 통과하는 두 분자들의 수의 비는 두 분자의 평균분자 속도의 비와 동일하므로 이를 이상적인 분리계수라고 하는데, $U^{238}F_6$의 혼합기체에 대한 이상적인 분리계수 α_0는 다음과 같다.

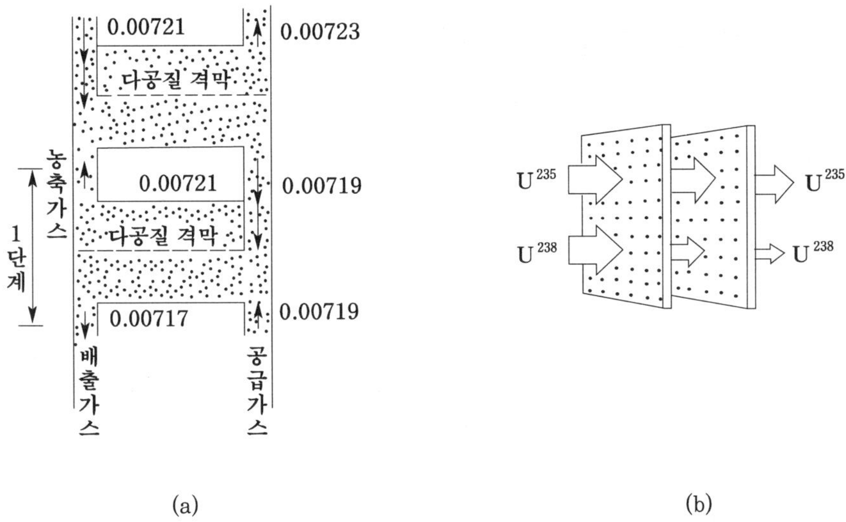

그림 15.2 가스 확산 분리법의 개념도

$$\alpha_0 = \frac{v_1}{v_2} = \sqrt{\frac{m_2}{m_1}} = \sqrt{\frac{352}{349}} = 1.00429 \qquad (15.1)$$

이 계수는 1에 아주 가까운 수이기 때문에 격막을 통과하는 분자들의 확산 결과로서 $U^{235}F_6$의 농도가 증가하는 것은 매우 작으므로, 소정의 농축을 달성함에 있어서는 격막을 직렬로 다수단 설치해서 수많은 반복 공정을 거친 끝에 소정의 우라늄 농도를 얻고 있다.

15.3.2 가스 원심 분리법

두 가지 동위원소($U^{235}F_6$와 $U^{238}F_6$)가 들어 있는 기체를 원심력장이 생성된 장치 안에 넣으면 각각의 분자는 별개의 행동을 취해서 무거운 분자는 원통의 주변으로, 가벼운 분자는 축에 가까운 안쪽에 몰리게 되어 U^{235}와 U^{238}을 분리할 수 있다.

그림 15.3의 원리도에서 보인 바와 같이 원심 분리기가 고속(매분 수만 회전)으로 회전하면 무거운 U^{238}에는 원심력이 작용해서 주변에 많이 모이고 조금 가벼운 U^{235}는 중심부에 많이 모이게 된다. 중심 부분에 모여 있는 기체를 다음 원심 분리기에 넣어서 다시 같은 작업을 되풀이함으로써 U^{235}의 함유율을 점차적으로 높여갈 수 있다.

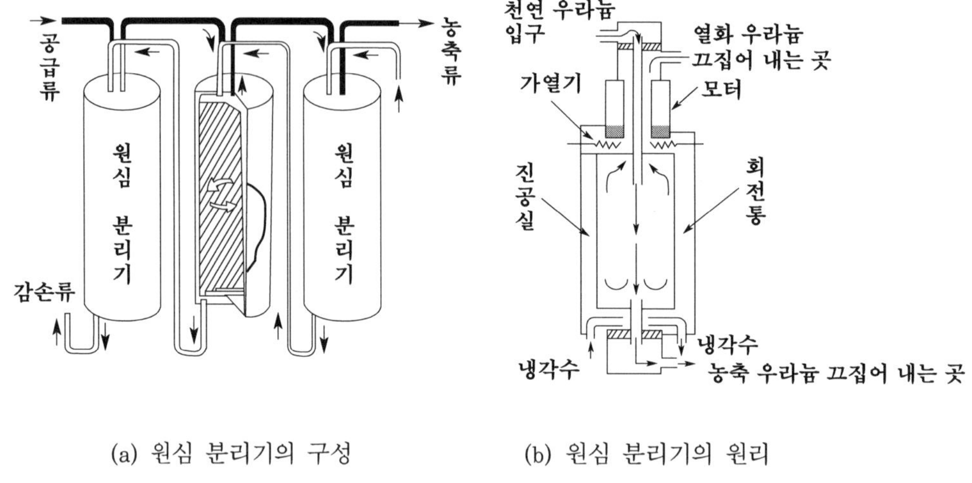

(a) 원심 분리기의 구성　　(b) 원심 분리기의 원리

그림 15.3 원심 분리기의 개요 및 원리도

이 **가스 원심 분리법**은 가스 확산법에 비하여 전력 소비량이 적다든지, 소규모 공장에서도 경제성을 잃지 않고 운전 할 수 있고 또, 공장건설기간도 짧다는 등 여러 가지 장점이 있기 때문에 여러 나라에서도 이용되고 있어서 그 전망이 밝다고 한다.

핵연료는 원자로 내에서 핵분열로 발생한 열에 의해 고온으로 되는데, 이러한 고온의 열은 냉각재로 제거해야 한다. 이 열을 효과적으로 회수하기 위해서는 부피에 대한 표면적비가 클수록 열 제거가 쉬워지기 때문에, 이러한 성질을 이용하여 핵연료는 판형, 봉형 및 구형이라는 3 종류의 기하학적 구조로 제작되고 있다. 보통 이들을 피복재(연료에 따라 판형, 원통형, 구각형)로 밀봉하고 다발로 조립해서 원자로에 설치하게 된다.

핵연료 집합체는 원자로의 종류에 따라 형상이 다르며, 기하학적 형상에 따라 정사각형, 원형, 6각형 등 3 가지 종류로 구분한다.

경수로 핵연료 집합체의 성형가공은 ① 재변환 공정 ② 소결체 제조공정 ③ 핵연료봉 제조공정 ④ 핵연료 집합체 조립공정 등으로 이루어진다.

현재 우리나라에서는 한전원자력연료(KNFC)에서 경수로용 연료는 연간 550[MTU] 규모, 중수로용 연료는 400[MTU] 규모를 성형가공 할 수 있는 생산능력을 갖추고 있어서 1999년부터 국내 소요량 전량을 국내에서 공급하고 있다.

15.4 핵연료 재장전

15.4.1 개 요

천연 우라늄을 연료로 하는 중수로 발전소는 잉여 반응도를 제공하기 위하여 매일 핵연료 재장전 작업을 수행하고 있지만, 가압 경수로 발전소는 초기 잉여 반응도를 크게 하여 1년~1년 반 정도는 핵연료의 교체 없이 운전할 수 있게 하고 있다. 즉, 가압 경수로는 한주기 운전을 완료하여 잉여 반응도가 "0"으로 된 시점에서 다음 주기의 잉여 반응도 확보를 위하여 사용이 완료된 핵연료는 인출하고 그 자리에 새로운 연료를 장전하고 있는데, 이러한 일련의 작업을 **핵연료 재장전 작업**이라고 한다.

통상 핵연료 재장전 작업은 발전소의 전반적인 보수공사와 병행하고 있는데, 공사기간은 60~80일 정도를 보고 있다. 종전의 가압 경수로는 1년을 주기로 하여 10개월 운전에 2개월 핵연료 교체를 하고 있었으나, 최근의 가압 경수로에서는 장주기 운전을 채택하여 15개월을 주기로 해서 12~13개월 운전 후 핵연료 교체작업을 수행하고 있다.

여기서 간단히 이 핵연료의 장전과 관련해서 일정기간에 걸쳐 노 내의 충격을 일정하게 유지하는 기본적인 방법을 설명하면 다음과 같다.

제어봉은 중성자를 잘 흡수하는 물질로 되어 있기 때문에 이것을 넣고 빼 줌으로써 핵분열에 관여하는 중성자의 양을 조절해서 노심 출력을 일정하게 유지하는 역할을 하고 있다. 노를 오랫동안 운전하고 있으면 핵연료의 연소가 진전해서 연료 부족으로 되어 출력이 떨어지기 때문에 일반적으로는 본래의 출력을 내는 데 필요한 양보다도 더 많은 양(또는 더 높은 농축도)의 연료를 운전 전에 장전하게 된다.

초기에는 수 백 본의 제어봉으로 중성자를 정량 이상으로 흡수해서 장전된 연료의 능력을 상쇄해서 출력을 일정하게 유지하도록 하고 있는 것이다.

15.4.2 핵연료 교체 장전법

(1) 단일배치 장전법

노심에 균일한 조성을 갖고 동일한 농축도를 가진 핵연료를 일시에 폐기하는 연료 장전법이다. 가장 단순한 핵연료 장전법이긴 하나, 이 방법을 채택할 경우에는 노심 내에서의 출력 분포가 불균일해서 원자로 냉각재 계통의 설계가 복잡해지고 핵연료의 연소도가 다른 장전법에 비하여 낮다는 단점이 있다.

(2) 부분배치 교체법

단일배치 장전법 처럼 원자로 내의 핵연료를 전부 일시에 교체하지 않고 그 일부 핵연료만을 교체하는 방법이다. 이 교체법에서는 핵연료 교체시기가 되면 노심 내 핵연료 중 가장 많이 연소한 순서대로 그 일부 핵연료를 교체하고 나머지는 다음 교체시기까지 계속 연소시키는 방법이다.

가령, 그 예로서 그림 15.4와 같이 노심 내 핵연료를 5개 영역으로 구분하여, 초기에는 모두 동일한 농축도를 갖는 핵연료로 장전한다. 발전이 시작되면 중앙부의 출력이 높기 때문에 노심 중앙의 5영역 분 핵연료가 가장 많이 연소되므로 최초의 연료교체 시에 5영역 분을 교체하고, 다음 교체시기에는 4영역 분을 교체하는 방법이다. 이 장전 방법은 폐기되는 연료의 방출 연소도가 높고 균일하나 교체주기가 짧아서 원자로를 자주 정지시켜야 한다는 문제점이 있다.

							1	1	1	1	1	1							
					1	1	2	2	2	2	2	2	1	1					
		1	1	1	2	2	2	3	3	3	3	2	2	2	1	1	1		
		1	1	2	2	3	3	3	4	4	3	3	3	2	2	1	1		
		1	2	3	3	3	4	4	4	4	4	4	3	3	3	2	1		
	1	2	2	3	3	4	4	4	4	4	4	4	4	3	3	2	2	1	
	1	2	3	3	4	5	5	5	5	5	5	5	5	4	3	3	2	1	
1	2	3	3	4	4	5	5	5	5	5	5	5	5	4	4	3	2	2	1
1	2	3	3	4	4	5	5	5	5	5	5	5	5	4	4	3	2	2	1
1	2	3	3	4	4	5	5	5	5	5	5	5	5	4	4	3	2	2	1
1	2	3	3	4	4	5	5	5	5	5	5	5	5	4	4	3	2	2	1
1	2	3	3	4	4	5	5	5	5	5	5	5	5	4	4	3	2	2	1
1	2	3	3	4	4	5	5	5	5	5	5	5	5	4	4	3	2	2	1
	1	2	3	3	4	5	5	5	5	5	5	5	5	4	3	3	2	1	
	1	2	2	3	3	4	4	4	4	4	4	4	4	3	3	2	2	1	
		1	2	3	3	3	4	4	4	4	4	4	3	3	3	2	1		
		1	1	2	2	3	3	3	4	4	3	3	3	2	2	1	1		
		1	1	1	2	2	2	3	3	3	3	2	2	2	1	1	1		
					1	1	2	2	2	2	2	2	1	1					
							1	1	1	1	1	1							

그림 15.4 부분배치 장전모형

15.5 핵연료의 재처리

핵연료가 화석연료와 다른 점은 화석연료는 그것이 다 타고나면 그야말로 아무 쓸모가 없는 재로 되어버리지만, 핵연료는 타다 남은 재 속에도 재사용이 가능한 핵연료 물질이 남아 있다는 것이다.

원자로에서 핵반응을 한 뒤에 끄집어내어진 연료를 **사용 후 핵연료** 라고 부르는데, 우라늄 연료는 기력발전에서처럼 연료가 연소해서 폐기되는 것과는 달리, 사용이 끝난 이 사용 후 핵연료에는 아직도 다시 핵반응을 일으킬 수 있는 Pu^{239}라든지 반응을 일으키지 않은 U^{235}, U^{238} 등이 남아 있다.

타다가 남은 이들 우라늄이라든지 플루토늄은 다시 핵연료로서 사용할 수 있는 유용한 물질이며, 특히 후자의 플루토늄은 고속 증식로의 연료로서 빼놓을 수 없는 귀중한 물질이다. 따라서 비록 사용이 끝난 연료이지만, 이들 유용한 물질을 화학적인 처리로 핵분열 생성물과 분리, 회수해 줄 필요가 있다. 이와 같이 사용 후 핵연료를 다시 화학처리 하는 것을 **핵연료의 재처리** 라고 한다.

그러므로 **재처리의 주목적**은

① 사용 후 핵연료 속에 남아 있는 Pu^{239}과 U^{235}를 분리 회수해서 재사용한다.

② 재처리 과정에서 분리되는 방사성 핵분열 생성물을 제거한다.

③ 재처리 후의 방사성 폐기물은 안정된 장기보관에 편리한 형태로 변환(축소화)한다.

라고 하는 3가지 역할을 담당하도록 하고 있는 것이다.

우리나라에서는 아직 이 재처리시설을 갖지 못하고 사용 후 핵연료를 그냥 원자력 발전소에서 잠정적으로 보관만 하고 있는데, 참고로 외국(프랑스, 러시아, 일본 등)에서의 재처리공장에서의 실시하고 있는 처리과정을 설명하면 다음과 같다.

타다 남은 사용 후 핵연료 중의 96[%]는 원래가 연료로써 장전된 우라늄이므로, 이 연료의 태반을 차지하는 우라늄을 회수한다는 것이 무엇보다도 필요한 것이다. 이것을 회수해서 가공한 제품을 **"회수 우라늄"**이라고 부르는데, 이 회수 우라늄 U^{235}의 농도는 새로운 농축 우라늄의 그것보다는 감쇠되어 있지만, 천연 우라늄보다는 훨씬 높은 것이다. 이와 같은 이유에서 사용 후 핵연료의 우라늄은 재 이용가능 물질로써 정제, 회수되고 있는 것이다. 사용 후 핵연료 속에 들어 있는 푸르토늄도 핵분열성의 동위체이며, 핵연료로써 이용 가능하므로 이 Pu^{239}도 제2의 제품인 연료물질로써 정제, 회수되고 있다.

재처리 과정에서 분리되어 생성된 高 레벨 방사성폐기물은 재 이용하기 위한 제품이 아니고 영구처분을 위한 생성물로 다루어진다. 곧, 이 핵분열 생성물은 방사성이 매우 높아서 재 이용하기도 어려우므로, 영구처분을 전제로 한 폐기물로 가공해서 회수하고 있다.

현재는 방사성 핵종을 포함한 용액을 용융로 내에서 유리의 원료와 함께 용융해서 붕규산유리로써 굳힌 유리 固化體로 변환해서 따로 보관하도록 하고 있는 것이다.

따라서 핵연료의 재처리란 일반의 쓰레기 폐기장처럼 폐기물로부터 소량의 유해물질을 제거한 나머지의 태반을 방출하는 것이 아니고, 여기서는 사용 후 핵연료의 거의 전량을 재 이용이 가능한 제품으로써 회수하고, 동시에 高 레벨의 방사성 폐기물만 장기 보관하기 쉬운 형태로 축소화해서 회수하고 있는 것이다.

그림 15.5는 사용 후 핵연료의 처리, 처분과정을 보인 것이다.

이와 같이 사용이 끝난 연료에 포함된 Pu^{239} 등의 핵분열성 연료를 뽑아내어 재사용하는 것을 **플루토늄 리사이클** 이라고 한다.

15.6 핵연료 주기

핵연료는 지하자원인 우라늄 광석을 채광해서 제련, 전환, 농축의 각 공정을 거쳐 성형가공 된 연료 집합체로 된 다음 원자로에서 사용된다.

원자로에서 핵분열 반응에 의한 발열을 이용한 다음에도 사용 후 연료를 화학 처리해서 핵분열 생성물을 제거하고 잔류된 핵연료와 새로이 생성된 핵연료 물질을 끄집어내어 이것을 가공해서 다시 핵연료로 만들어 가지고 원자로에서 사용하고 있다.

이와 같이 핵연료를 반복적으로 순환해서 사용하는 것을 **핵연료 주기**라고 부른다. 이 중 원자력 발전소에서 사용 가능한 핵연료 집합체로 만드는 과정까지를 **선행 핵연료 주기**라 하는데 여기에는 채광, 정련, 변환, 농축, 재변환 및 성형가공이 속한다.

한편 발전소에서 연소가 완료된 사용 후 핵연료를 사용 후 연료 저장조에서 임시 저장한 다음 재처리 및 영구폐기 저장으로 이어지는 과정을 **후행 핵연료 주기**라 한다.

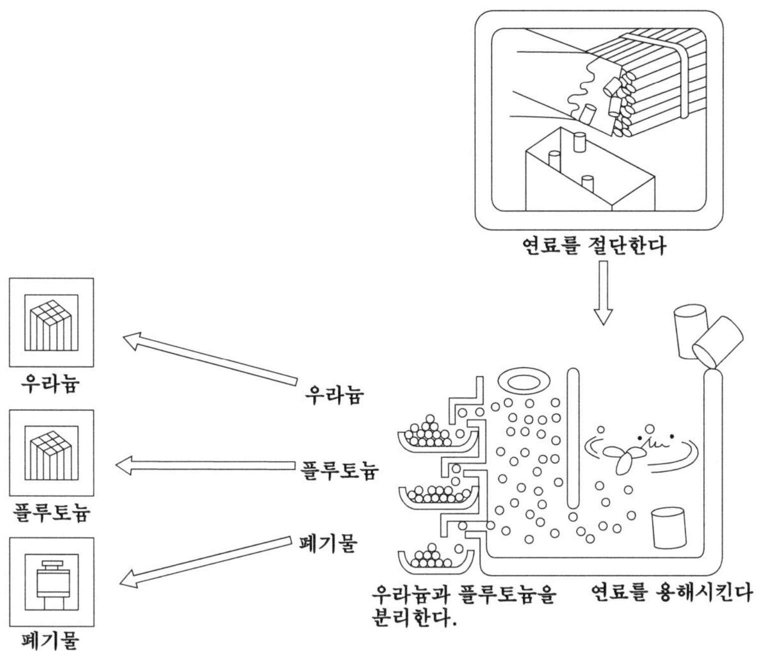

(a) 재처리의 처리과정

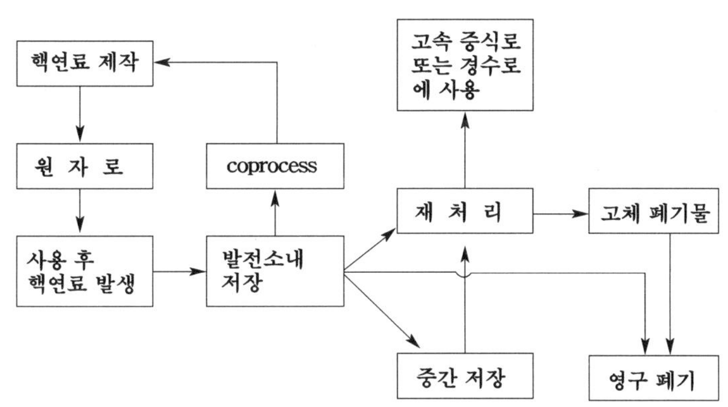

(b) 재처리의 개념도

그림 15.5 재처리의 처분 과정과 개념도

원자로 내에서 핵연료에 포함된 U^{235}를 완전히 모두 다 핵분열 시켜서 없어질 때까지 원자로를 계속 운전한다는 것은 기술적으로나 경제적으로도 곤란한 것이다. 그것은 원자로 내에서 생성될 핵분열 생성물중에 중성자를 강하게 흡수하는 것이 있어서, 반응도를 저하시키기 때문이다. 따라서 현실적으로는 어느 정도의 연소율에 이르면 원자로를 일단 정지시켜서 핵연료를 끄집어내어 핵연료 재처리를 하고 일부는 연료로서 재사용하고 있다.

그림 15.6은 이러한 핵연료 주기의 개념도를 나타낸 것이다.

이 그림에 따라 핵연료 주기의 각 과정을 간단히 기술하면 다음과 같다.

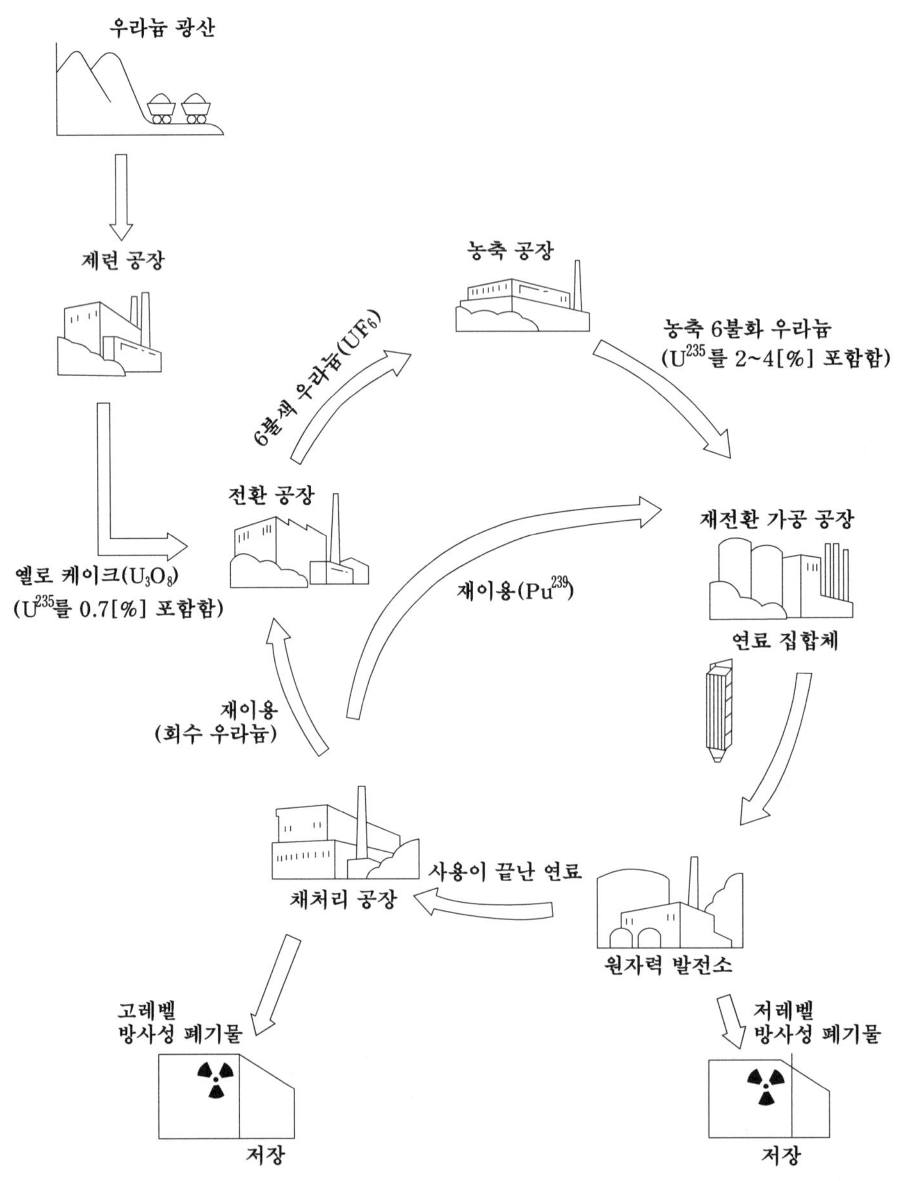

그림 15.6 핵연료 주기의 개념도

(1) 채광

우리나라에는 우라늄 자원이 거의 없기 때문에 원자력발전에 필요한 우라늄은 모두 해외로부터 수입하고 있다(그중, 일부는 우리가 해외에서 확보한 우라늄 광산에서 생산된 것을 들여오고 있다).

이 우라늄 자원의 탐사와 채광이 핵연료 주기의 최초의 단계인데, 이 중 채광은 우라늄 광산에서 우라늄광을 채굴하는 과정으로써 노천 채굴법과 항도 채굴법이 있다.

(2) 제련

핵 자원은 다른 금속 자원과 비교해서 일반적으로는 저 품위이기 때문에 채굴현장이나 광산지구에서 일단 화학처리해서 중간단계의 고품위 화합물로 전환시켜 주어야 한다. 우라늄의 경우, 이 중간 재료가 황색 분말 형태의 우라늄 정광(精鑛-U_8O_8)으로 되기 때문에 통상 이것을 **옐로 케이크** 라고 부르기도 한다.

(3) 변환

우라늄 정광은 품위가 70~90 [%]인 U_3O_8 인데, 이것을 핵연료로 사용할 경우에는 그 품위를 더 높여 주어야 하기 때문에 U_3O_8에 포함된 불순물을 제거하고 이것을 농축과정에 사용되는 UF_6 기체로 변환시켜 주어야 한다.

(4) 농축

천연 우라늄 속에는 U^{235}가 약 0.7[%] 밖에 포함되어 있지 않으므로 원자로에 따라서는 이대로 사용할 수 없다. 그래서 이 U^{235}의 농도를 더 높이게 되는데, 그 방법으로서는 앞에서 설명한 가스 확산법, 원심 분리법 등으로 가스 상태의 UF_6를 농축하게 된다(중수로 핵연료의 경우는 농축과정이 생략된다).

(5) 성형가공

원자로에 사용하기 적합한 형태의 핵연료 집합체로 만드는 과정으로서 재 변환, 소결체 제조공정, 핵 연료봉 제조 및 핵 연료집합체 조립공정으로 구성된다. 이 성형가공 과정은 현재 우리나라에서는 한전원자력연료(KNFC)에서 전량 국내기술로 생산, 공급하고 있다.

(6) 원자로에서의 연소

성형가공이 완료된 핵연료 집합체를 원자로에 장전하여 적정 연소도까지 연소시켜서 핵분열에 의한 열 출력을 생산한다.

(7) 사용 후 연료의 저장(냉각)

원자로에서 연소가 완료된 사용 후 핵연료는 매우 강한 방사능을 지니고 있으므로 이를 감쇠시키기 위하여 발전소 내의 임시저장 시설에서 재처리 시설이나 중간저장 시설로 반출될 때까지 임시저장하게 된다.

(8) 재처리

재처리 공정은 사용 후 핵연료에 남아 있는 우라늄과 플루토늄을 분리회수하고 분리하는 과정에서 생성되는 방사성 핵분열 생성물을 제거하며 방사성 폐기물을 장기 보관하기 위해 안정된 형태로 변환시키는 공정이다.

연료체는 연소됨에 따라서 핵분열 생성물이 축적되어 중성자라든지 열의 영향을 받아서 변형되기도 하지만 핵분열 생성물은 언제나 안전하게 포장되어 있어야만 한다. 따라서 핵연료를 안전하게 사용하기 위해서는 금속학적인 수명이 있다. 또한, 연소에 따라 핵분열 생성물이 점차적으로 늘어나서 이것이 중성자를 흡수하게 되면서 반응도가 저하되어 드디어는 연쇄반응을 유지할 수 없게 된다. 즉, 핵적 수명을 다 하게 되는 것이다. 이 때문에 재처리는 꼭 필요한 것이다.

그림 15.7에 재처리의 개요와 역할을 보인다.

(9) 재가공

재처리에서 추출된 우라늄과 플루토늄을 다른 원자로의 연료로서 사용하는 것 외에 자체의 원자로에서도 연료로서 재사용 할 수 있게끔 가공한다.

(10) 방사성 폐기물의 처리

재처리 공정에서는 고 레벨의 방사성 폐기물이 생기게 되는데 이들은 그림 15.8과 같은 공정을 거쳐 폐기조치 한다.

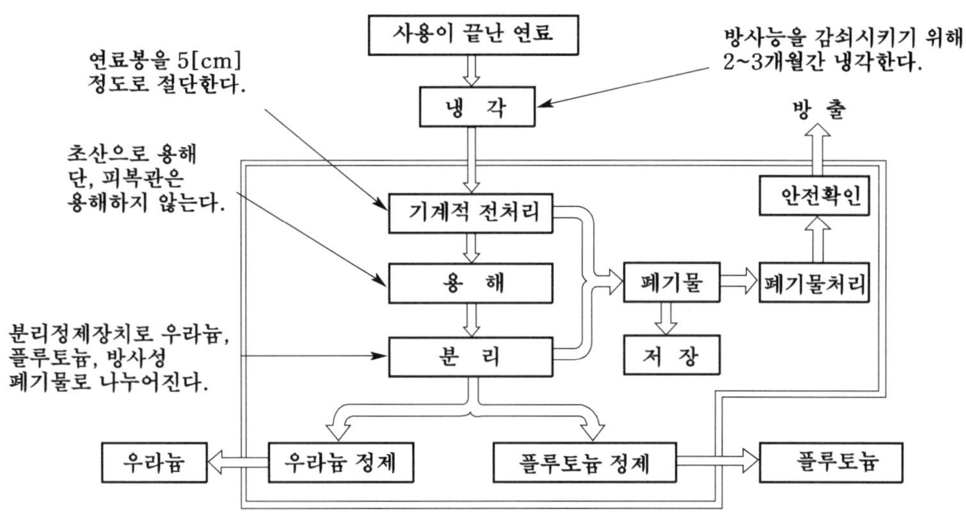

그림 15.7 재처리의 개요와 역할

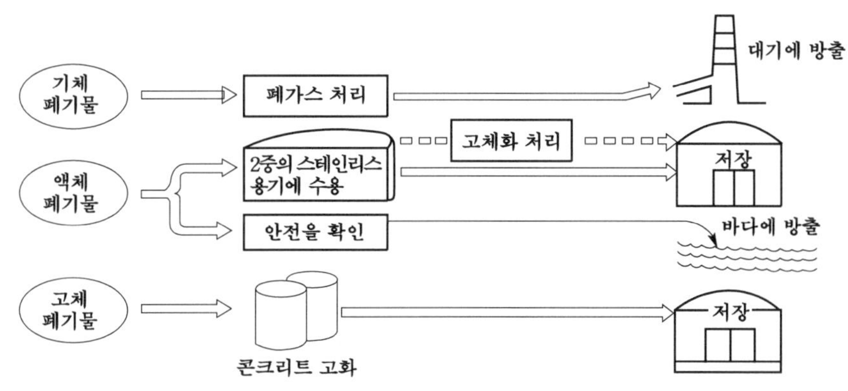

그림 15.8 방사성 폐기물 처리의 개요

핵연료 주기를 전체적으로 일관시켜서 본 비용을 **핵연료 주기비용**이라고 부르고 있는데, 재래식 화력의 경우와는 달리 이 비용의 산정 내지 평가가 아주 복잡하다는 것이 원자력 발전의 또 하나의 큰 특징이라고 할 수 있다.

그림 15.9는 그 일례로서 100만 [kW]의 원자력 발전소를 1년간 운전할 경우 최초에 채광된 우라늄 광석(이 경우 10만 [t]으로 보았음)이 이 핵연료 주기의 흐름 속에서 어 떻게 변화해 나가는가를 보인 것으로서 각 공정에서의 수치는 이때의 개략값을 보인 것이다.

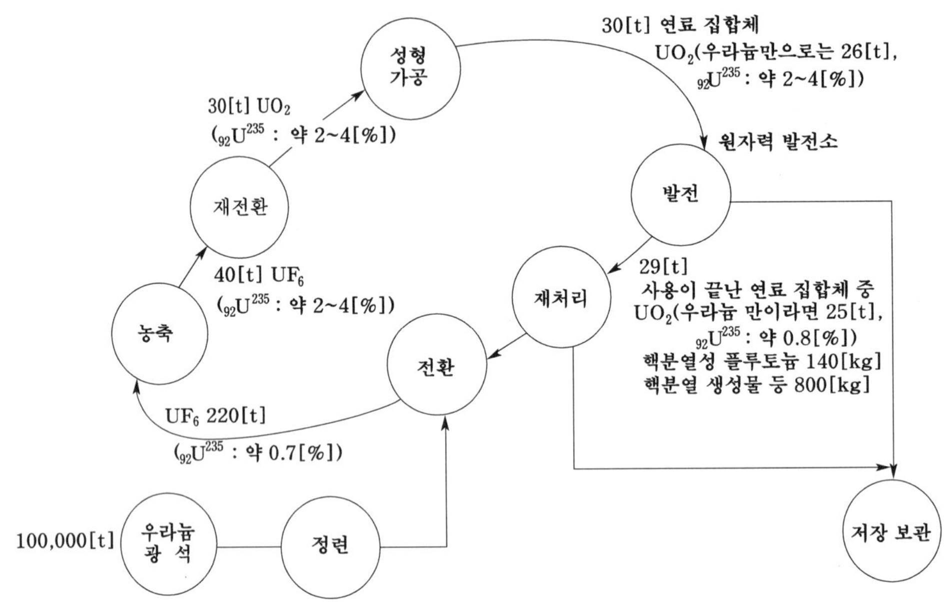

그림 15.9 핵연료의 흐름의 일례

이와 같은 사이클에 따르면 핵연료는 재처리 공정을 거침으로써 일단 사용된 연료도 재이용할 수 있다는 특징이 있음을 알 수 있다.

예제 15.1 핵연료의 연소도(燃燒度)란 무엇인가? 또, 여기서 사용하고 있는 [MWD/t] 단위를 [kWh]로 나타내면 얼마로 되는가?

풀이 연소도란 일정량의 핵연료로부터 끄집어낼 수 있는 열량을 나타내는 단위로서, 보통 [MWD/t]를 쓰고 있다. [MWD/t]은 연료 1[t]당의 발생열 에너지를 [MWD]로 나타낸 것으로서, 1[MWD]란

$$1[\text{MW}] \times 1[\text{일}] = 1{,}000[\text{kW}] \times 24[\text{h}] = 24{,}000[\text{kWh}]$$

의 열량에 해당한다.

연 습 문 제

1. 발전용 원자로의 연료로서 산화물 연료와 탄화물 연료를 비교하고 그 득실을 논하여라.

2. 농축 우라늄을 제조하는 방법에는 크게 나누어서 어떤 방법이 있는가? 또, 이들의 장·단점을 간단히 비교 설명하여라.

3. 각종 연료 재처리법에 대해서 그 개요를 설명하여라.

4. 핵연료 사이클에 대해서 설명하여라.

5. 핵연료 사이클에 관한 다음 용어를 설명하여라.

(1) yellow cake

(2) 전환공정

(3) 농축공정

(4) 재전환공정

6. 현재 우리나라가 핵연료 사이클의 어느 부분을 어느 정도 참여 내지 제어하고 있는가를 설명하여라.

7. 원자력 발전소의 방사선 보호와 폐기물 처리에 관하여 설명하여라.

8. 장차 원자력 발전소의 수명이 다되어 이를 폐기처분할 때 일어날 것으로 예상되는 문제점에 대해서 설명하여라.

제 16 장

원자력 발전의 안전성

16.1 안전성의 개요

원자력이라고 하면 우선 첫째로 그 안전성이 문제가 된다. 이것은 더 말할 것 없이 원자력 발전에서의 잠재적인 위험도가 다른 발전에 비해서 월등히 크기 때문이다. 즉, 원자로를 운전함에 따라 노 내에는 다량의 방사능을 갖는 분열성 물질이 축적되는데, 만일의 사고로 이것이 외부에 방출될 경우에는 인근 주민에게 막대한 재해를 주게 된다.

과거 1979년 3월에 일어났던 미국의 스리마일 원자력 발전소에서의 사고(**TMI 사고**) 및 1986년 4월에 소련의 체르노빌 원자력 발전소에서 일어난 대 사고, 그리고 최근(2011. 3)의 일본에서의 대지진에 의한 후쿠시마 원자력 발전소의 대사고는 원자력 발전에서의 안전성 유지가 그 얼마나 중요한가를 일깨워 준 좋은 본보기라 하겠다. 따라서 원자력 발전은 개발초기부터 안전성에 가장 중점을 두고 개발되어 왔으며, 특히 그 중에서도 사고에 의한 방사능의 방출 방지에 노력이 경주되어 왔었다.

원자력 발전의 소정의 안전 목표를 달성하기 위한 기본 안전성 확보는 심층방어 개념으로 설계되어 있다. 심층방어 개념은 원전의 건설 및 운영의 각 단계에서 적용하고 있다.

심층방어 개념이란 먼저 이상상태의 발생을 가능한 한 방지하되, 이상상태가 발생하였을 때에는 이의 확대를 최대한 억제하며, 만일 이상상태가 확대되어 큰 사고로 진전되었을 때에는 그 영향을 최소화하고 주변주민을 보호하도록 사고 진전에 따른 모든 단계마다 적절한 방어체계를 갖춘다는 것을 말한다.

그림 16.1은 이러한 심층방어 개념을 알기 쉽게 정리해서 보인 것이다.

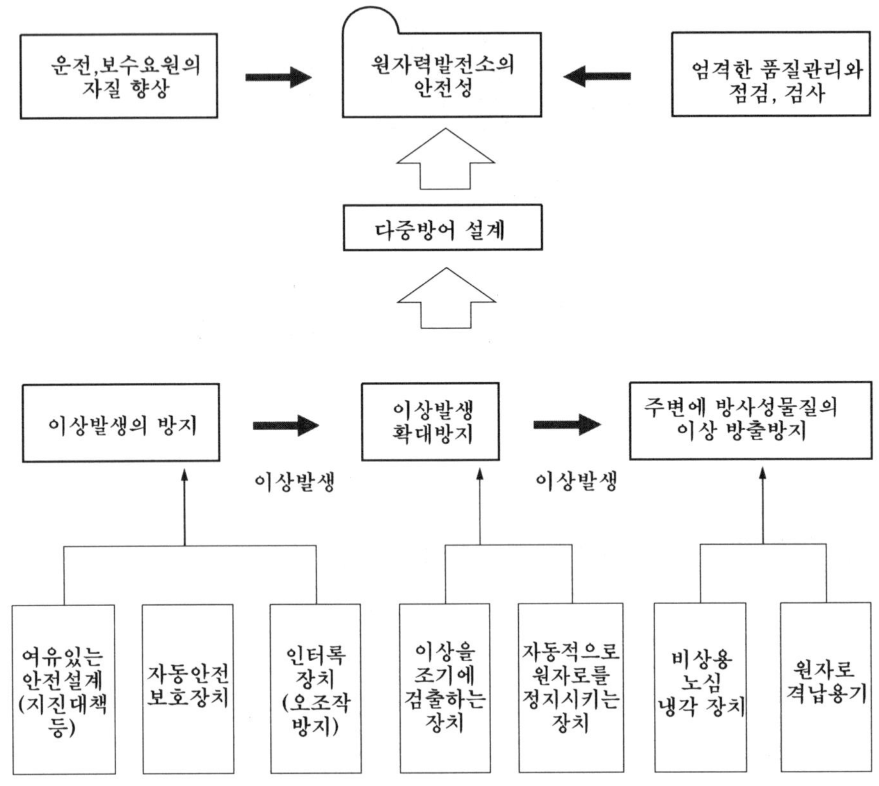

그림 16.1 원전 심층방어 개념

오늘날 우리나라에서 실시하고 있는 원자로 안전설계의 개념은 다음과 같다.

(1) 다중성

한 계열의 기능이 상실되었을 때, 똑같은 기능을 발휘하는 다른 계열이 본래의 기능을 발휘할 수 있도록 같은 기능을 갖는 설비를 2 계열 이상 중복해서 설치한다.

(2) 독립성

2 개 이상의 계통 또는 기기(각각의 기능이 동일하거나 다른 경우도 포함)의 기능이 한 가지 원인에 의해 상실 또는 저해되지 않도록 물리적으로 분리해서 설치한다.

(3) 다양성

한 가지 기능을 달성하기 위하여 성질이 다른 계통이나 기기를 2 개 이상 설치한다.

(4) 견고성

원자력 발전소의 안전성 관련 구조물이나 기기 및 설비는 지진 등 예상되는 각종 정상, 비정상 상태에서도 그 구조적 건전성을 유지하도록 한다.

(5) 운전 중 상시 점검기능

안전성 기능 확인을 위하여 운전 중에도 항상 점검이 가능하여야 한다.

(6) 고장시 안전한 방향으로 작동

어떤 원인에 의해 설비 본래의 기능이 상실될 때 발전소가 안전한 방향(Fail to Safe)으로 유도되도록 설계한다.

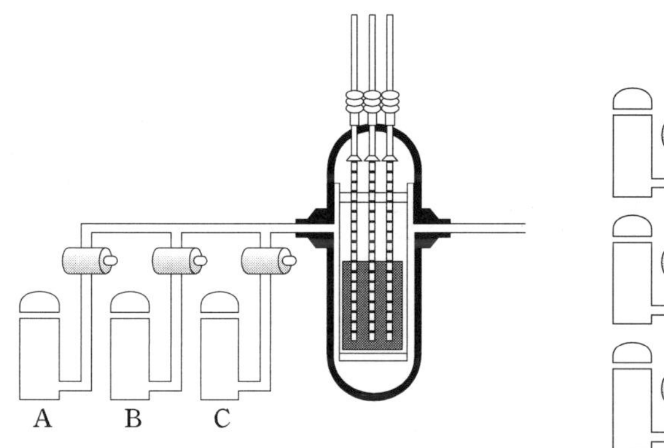

※ 같은 기능을 가진 설비를 2개 이상 중복 설치

(a) 다중성 확보

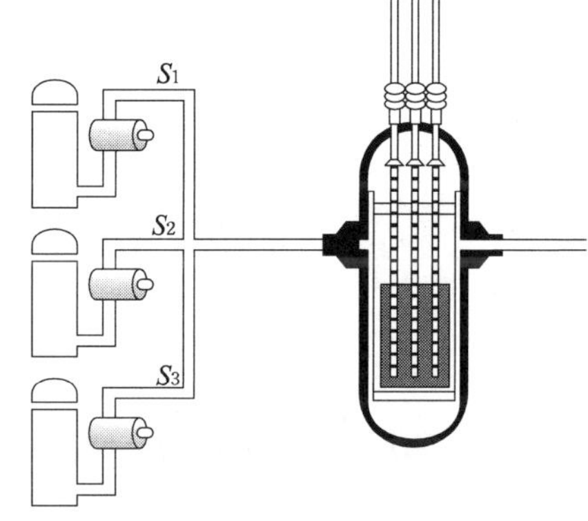

※ 2개 이상의 계통 또는 기기가 한 가지 원인에 의해 기능이 상실되지 않도록 물리적, 전기적으로 상호분리 독립설치

(b) 독립성 확보

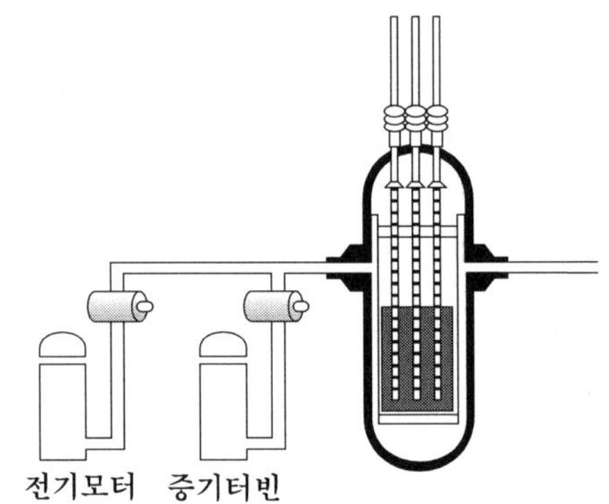

(c) 다양성 확보

그림 16.2 원자로 안전설계의 개념

(7) 연동기능

설비 또는 기기의 오동작 등에 의한 손상 및 사고를 방지하기 위하여 정해진 조건이 만족되지 않으면 기기가 동작하지 않도록 한다.

16.2 원자로의 보호대책

16.2.1 원자로 고유의 안전성

현재 우리나라에서 채택하고 있는 원자로는 그 자체가 고유의 안전한 성질을 갖고 있을 뿐만 아니라 사고의 발생을 방지하는 여러 가지 안전대책들이 마련되어 있어 방사성 물질이나 방사선이 외부환경에 영향을 미치지 못하도록 되어 있다.

그림 16.3은 이러한 원자로 고유의 안전성을 보인 것으로서 원자로는 어떠한 원인으로 핵분열 반응이 갑자기 증가해서 원자로 내의 온도가 급상승하드라도 핵분열 반응이 자연히 억제되어 온도가 내려가는 원자로 고유의 안전한 성질을 갖게끔 되어 있다.

즉, 핵분열이 과대하게 이루어지면 감속재의 온도가 상승해서 감속효과가 저하한다. 이 때문에 열중성자의 양이 줄어들어 핵분열이 억제되는 것이다. 동시에 연료 자신의 온도가 올라가면 중성자가 U^{238}에 흡수될 비율도 증가해서 핵분열이 억제되는 것이다. 이것을 **원자로의 자기 안전성**이라고 한다.

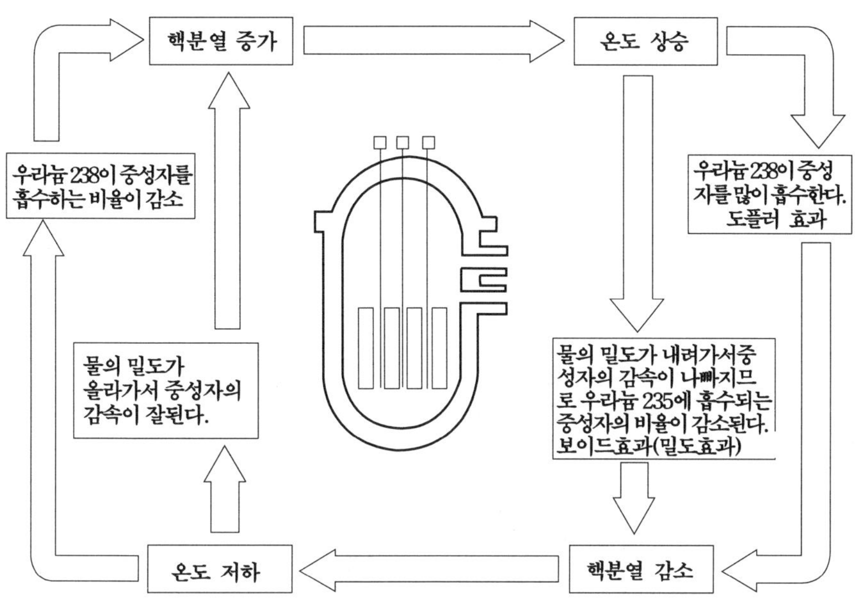

그림 16.3 원자로 고유의 안전성

한편, 원자로를 기동함에는 그 안전을 위하여 수많은 장치들이 설치되고 있으며, 또 원자로에 이상이 발생하였을 때에는 가능한 한 신속하게 그 이상을 검출하고 이상의 정도에 따라 경보, 노 정지, 긴급정지 등의 조치를 취하도록 하고 있다. 이러한 장치들은 다른 발전소에서도 설치운용하고 있지만, 원자로에서만 사용되는 특유한 것으로서는 다음과 같은 것을 들 수 있다.

16.2.2 다중방호 설비

심층방어 개념의 핵심은 **다중방호**이다. 다중방호 개념은 방사성 물질이 발전소 외부로 누출되는 것을 방지하기 위하여 여러 겹의 방호벽을 설치하는 것을 말한다. 통상 원자로형에 따라 4~5 겹의 방호벽이 설치되어 있는데, 우리나라 원자로 중 대다수를 차지하고 있는 경수로는 그림 16.4에서와 같이 다섯 겹의 방호벽으로 이루어져 있다.

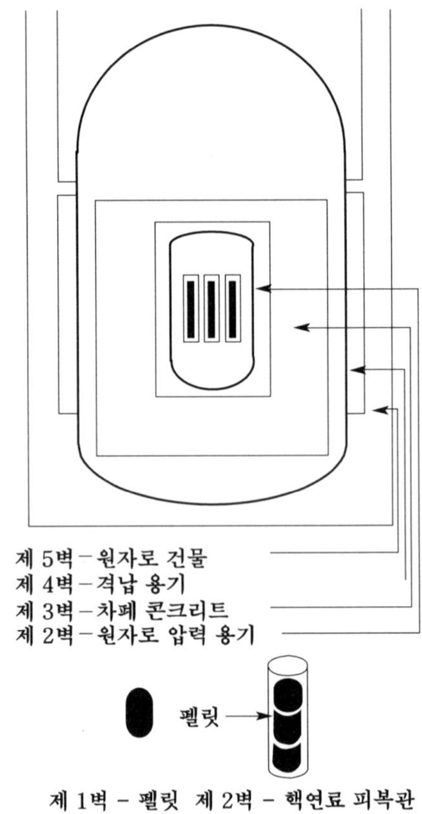

그림 16.4 PWR에서의 다중방호 체계

(1) 제 1 방호벽(핵연료 피복관, 펠릿)

화학적으로 안정한 2산화 우라늄 분말을 굳혀 구은 연료체(펠릿)를 지르코늄 합금의 금속관(피복관)에 넣고 밀봉한다. 우라늄의 핵분열에 의해 생기는 방사성 물질의 대부분은 연료체 안에 갇히며 연료체에서 나온 소량의 가스도 지르코늄 합금의 금속관(피복관) 안에 밀폐된다.

(2) 제 2 방호벽(원자로 압력용기)

만약에 핵연료 피복관에 결함이 생겨 방사성 물질이 새어나와도 높은 압력에 견딜 수 있게 두꺼운 강철로 만든 원자로 압력용기와 배관에 의해서 방사성 물질이 외부에 누출되는 것을 막고 있다.

(3) 제 3 방호벽(차폐 콘크리트 벽)

두꺼운 콘크리트 벽으로서 방사능이 밖으로 새어나오는 것을 막는 역할을 한다.

(4) 제 4 방호벽(원자로 건물 내벽)

원자로 건물 내벽에 두꺼운 강철판이 설치되어 있어서 만일의 사태가 발생하여도 방사성 물질을 원자로 건물 안에 밀폐한다.

(5) 제 5 방호벽(원자로 건물 외벽)

최종적으로 120[cm] 두께의 철근 콘크리트의 원자로 건물 외벽이 있어서 방사성 물질이 외부 환경으로 누출되는 것을 방지한다.

이 같은 다중방호벽 중 최종 방호벽인 원자로 격납 건물의 중요성은 구소련 체르노빌 원전사고와 최근의 일본 후쿠시마 원전 사고에서 입증된 바 있다. 구소련 체르노빌 원전의 경우에는 이러한 원자로건물 외벽이 설치되어 있지 않아서 방사성 물질이 발전소 외부로 누출되어 일반인에게 피해를 끼친 반면, 후쿠시마 원전의 경우에는 발생한 방사성 물질이 대부분 원자로 건물 내에 갇혀서 외부환경에 대해 피해를 주지 않았기 때문이다.

이러한 격납용기 및 격납건물은 우리나라를 포함한 서방 원전의 경우에는 빠짐없이 설치되어 있으며, 설치가 되어 있지 않은 소련 및 동유럽 국가의 일부 원전도 체르노빌형의 원전건설을 중지하고 서방형의 원전건설을 추진하고 있는 것으로 그 효과를 평가할 수 있다.

16.2.3 긴급정지(스크럼) 장치

원자로 내에 중성자 측정장치를 다수배치해서 상시 감시하고 이상이 검출되면 경보를 내어서 운전원이 대응조치를 취하도록 하고 있다. 이때 만일 대응조치에 따른 조치가 늦어지더라도 자동적으로 제어봉이 삽입되어서 노 내의 반응을 정지시키게끔 되어 있다.

가령 PWR의 경우에는 그림 16.5 (a)에서와 같이 제어봉은 노의 상부로부터 들어가게 되어 있다. 평상시는 전자석에 의한 구동기구로 노심 밖으로 빠져 있다가 노 내에 이상이 생기면 전자석의 전류가 끊어져 제어봉은 자체의 무게로 노심 내에 자동 삽입되어 중성자를 흡수해서 원자로를 정지시키도록 하고 있는 것이다. PWR에서는 이러한 제어봉에 의한 반응도 제어 외에도 액체독물에 의한 반응도 제어계통을 갖추고 있기 때문에 만일 제어봉이 정상적으로 움직이지 않는 경우에도 중성자를 흡수하는 붕소(보론) 용액을 대량으로 주입하는 백업 정지장치를 작동시켜 원자로를 확실하게 정지시키도록 하고 있다.

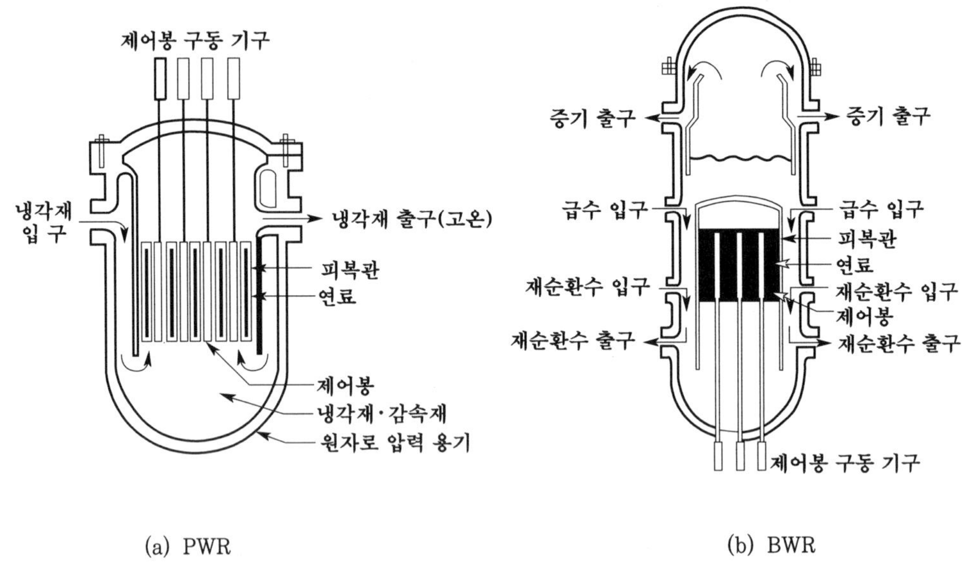

(a) PWR (b) BWR

그림 16.5 원자로의 긴급 정지 장치

16.2.4 비상용 노심 냉각장치

평상시에는 있을 수 없지만, 만일 1차 냉각계 배관이 파단되어 냉각수가 없어진다거나 증기 발생기의 세관이 파단해서 냉각수가 빠져나가게 되는 사고를 상정하고 이러한 비상상태에는 일시에 대량의 물을 주입해서 원자로를 완전히 물에 담가서 냉각시키도록 하는 **비상용 노심 냉각장치(ECCS)**를 설치하고 있다.

그림 16.6은 이러한 비상용 노심 냉각장치의 일례로서 만일 사고로 냉각재(물)가 통하는 파이프가 파손되어 원자로 내의 물이 없어진다는 최악의 사태가 발생하여도 즉시 자동적으로 다른 계통을 통하여 원자로 내에 물을 보내서 노심을 냉각하도록 하고 있다.

16.2.5 비상용 전원

원자로에는 반드시 비상용 전원이 설치되어 있어서 긴급 시나 정전 시에 있어서도 제어계, 긴급 냉각계, 보조 냉각계, 환기계 등 안전 상 불가결한 계통에 전력을 공급하도록 하고 있다. 일반적으로 이 비상용 전원으로서는 디젤 발전기를 사용한다.

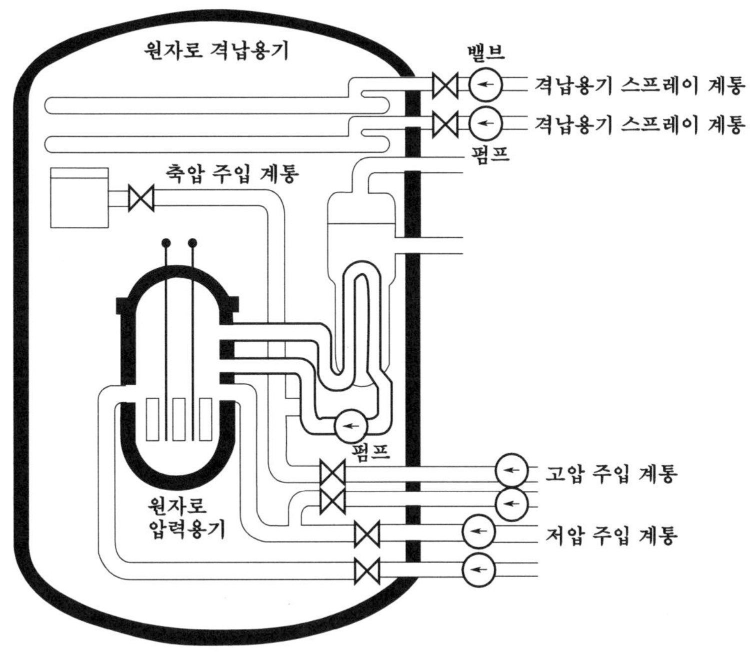

그림 16.6 PWR용 비상용 노심 냉각장치의 개요도

16.2.6 내진(耐震) 설계

원자력 발전소의 부지는 여러 해 동안의 정밀조사(지질구조, 지진의 역사, 바람, 기온, 강우량 등)를 거쳐 지반이 단단하고 두꺼운 암반 위에 자연재해를 견딜 수 있는 설계에 의하여 견고하게 건설되므로 지진이나 공중에서의 낙하물에 대하여도 충분히 견딜 수 있어서 안전하다.

이밖에 원자력 발전소는 평소에도 원자력 법규에 의하여 설계에서부터 건설, 운전에 이르기까지 전 단계에 걸쳐서 안전성 확보에 대해 정부당국의 엄격한 규제와 감독을 받고 있다.

예제 16.1 원자력 발전과 플루토늄 생산과의 관계를 설명하여라.

풀이 원자로를 운전하면 U^{235}나 U^{238}은 일부 핵분열하면서 중성자를 흡수해서 여러 가지 초우라늄 원소로 변환된다. 이 중 하나가 플루토늄(Pu^{239})인데, 그 생성률은 원자로의 설계에 따라 약간 차이가 있으나 그림 16.7은 표준적인 경수로의 연료에 대해서 플루토늄의 생성 예를 보인 것이다.

이에 의하면 연료는 당초 U^{235}가 약 3[%] 정도로 농축된 것을 사용하는데 이것이 원자로에서 4년 정도 연소해서 사용이 끝난 연료로 되었을 때에는 U^{235}는 약 1[%]로 감소되고 대신 플루토늄 Pu^{239}가 약 1[%] 정도 생성하게 된다. 그런데 U^{238}도 약 2[%] 감소되고 있다. 실은 이 약 2[%]의 U^{238}이 Pu^{239}로 바뀐 것이다.

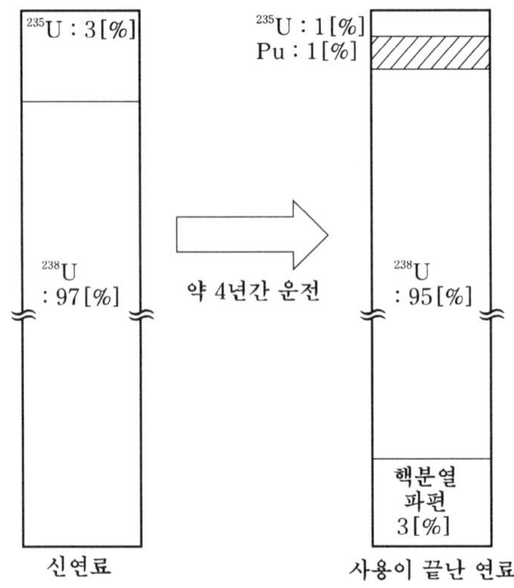

그림 16.7 원자로 연료 중의 핵물질 등의 변화

그러나 그 중 약 1[%]는 원자로 내에서 연소(핵분열)되고 나머지 1[%]가 그대로 남은 셈이 된다. 아무튼 2[%] 가까운 핵분열 물질이 아직도 사용이 끝난 연료 속에 남아 있는 것이다. 이것을 회수해서 다시 한번 연료로 가공해서 재이용한다는 것이 이른바 핵연료 사이클인 것이다.

이처럼 원래의 목적에 따라 원자로에서 발전하면 약 1[%]의 Pu^{239}가 생산되기 마련인데 이것을 재처리해서 다시 유용한 핵연료로서 재사용할 것인가, 아니면 이 Pu^{239}만을 따로 회수해서 여타의 목적(핵폭탄 원료)에 사용할 것인가가 큰 문제이다.

예제 16.2 방사선과 방사능에 대해 설명하여라.

풀이 방사선은 불안정한 방사성 핵종이 좀더 안정된 핵종으로 변환될 때 방출되는 전자파나 입자형태의 에너지 집합체로써 매질(물질/공기)을 전리(여기, 투과, 흡수, 산란)시킬 수 있는 능력이 있는 것을 말한다.

지구상에 있는 모든 원자는 불안정한 상태에서 방사선을 방출해서 안정한 상태로 옮겨가고 있다. 가령 원자핵에 중성자를 충돌시켜 핵분열을 일으킬 때, 핵분열로 불안정한 원자가 많이 생기고 이때 α선, β선, γ선과 같은 방사선을 내면서 새로운 원자로 바뀌어진다는 것은 널리 알려져 있는 사실이다.

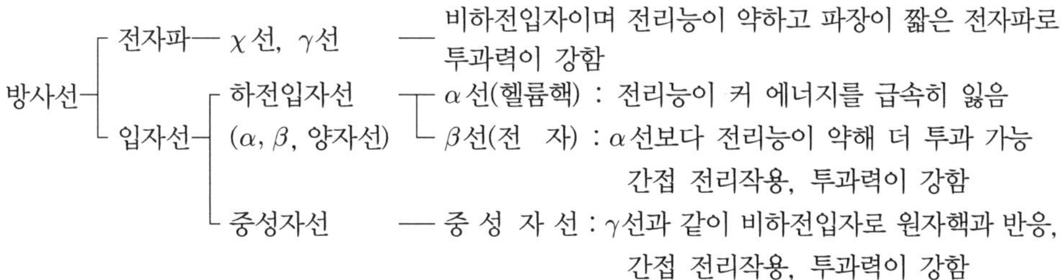

그림 16.8 방사선의 분류

표 16.1 방사선과 방사능의 차이

	의미, 내용	단 위
방 사 선	α선, β선, γ선 등의 전자파 또는 운동하고 있는 입자	시이벨트(인체에의 영향도)
방 사 능	방사선을 내는 능력 또는 방사성 물질의 양	베크렐(방사능의 세기)
방사성 물질	방사능을 갖는 물질	

통상의 운전시에도 원자력 발전으로부터 극히 미량의 방사선과 방사능이 나오고 있다. 단, 그 양은 인체에 해를 끼치지 않는 양 이하로 억제할 것을 법률에서 정하고 있으며 실제로 나오고 있는 양은 위의 수 십분의 1 정도로 억제되고 있다.

방사성 물질은 쉽게 소멸시킬 수 없지만, 방사선은 비교적 간단하게 소멸시킬 수 있다. 상술한 바와 같이 방사선은 여러 가지 물질의 원자와 충돌하거나, 원자궤도의 전자를 박탈하거나 해서 자기 자신의 에너지를 점차적으로 잃게 되어 드디어는 열로 바뀐다. 즉, 방사선은 소멸되어 버린다.

그림 16.9는 전형적인 방사선에 대해서 이것이 어떻게 차단되는가를 나타낸 것이다. 이에 의하면 α선은 종이만으로 쉽게 차단되고, β선은 엷은 알루미늄판으로 차단된다. γ선이 가장 고약한데 10[cm] 정도의 두꺼운 납의 판으로 차단됨을 알 수 있다. 원자력 이용의 안전성은 우선 인체에 해로운 방사성 물질을 봉쇄해서 꼼짝 못하게 고정시키고 이로부터 방출되는 방사선도 차폐해서 인체에 영향을 미치지 못하도록 함으로써 달성되고 있는 것이다.

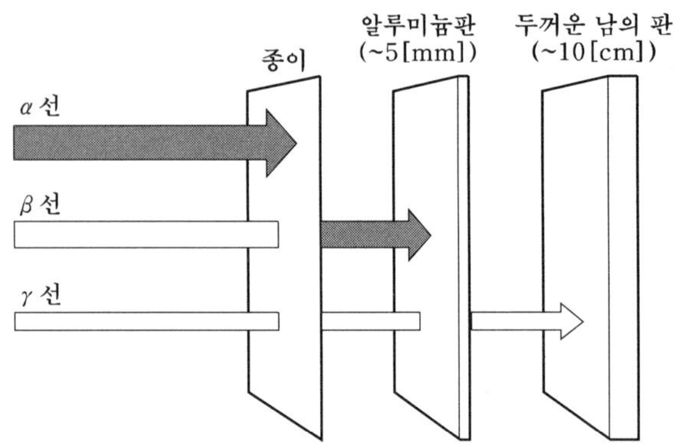

그림 16.9 방사선의 투과 능력

16.3 폐기물과 폐기물 처리

16.3.1 방사성 폐기물의 종류

핵연료 사이클에 의해 발생하는 방사성 폐기물은 장기에 걸쳐 방사선을 내기 때문에 이들이 생활환경에 영향을 미치지 않도록 확실하게 처분 하여야 한다.

방사성 폐기물에는 그 형태, 방사능의 농도, 발생원에 따라서 여러 가지 종류의 것이 있다. 가령 물리적인 형태로 보면 기체의 것, 액체의 것, 고체의 것이 있으며, 발생시에는 액체물이든 것이 처리에 의해 처분할 때에는 고체로 되는 것도 있다. 그러나 보다 중요한 것은 관리라든지 최종적인 처분의 난이도로 본 방사능의 농도(레벨)에 따른 분류일 것이다. 폐기물에 포함되어 있는 방사능의 농도가 상대적으로 높은 것을 「**고 레벨 폐기물**」, 상대적으로 낮은 것을 「**저 레벨 폐기물**」이라고 부르고 있다. 물론 이러한 농도의 구분은 농도에 명확한 경계값이 있는 것이 아니고 오히려 실제에서는 그 폐기물이 어느 부분에서 발생하였는가 하는 발생원이라든지, 발생된 과정에 따라 적당히 구분하고 있을 따름이다. 표 16.2는 이러한 방사성 폐기물의 종류를 정리해서 보인 것이다.

여기서 **초 우라늄 핵종**이란 원자번호가 92(우라늄 $_{92}U$)를 넘는 원소를 말하며, 어느 것이나 천연에 존재하는 것이 아니고 인공적으로 생성되는 방사성 핵종(PU 등)인 것이다.

표 16.2 방사성 폐기물의 종류

<table>
<tr><th>발생장소</th><th colspan="3">종 류</th></tr>
<tr><td>원자력 발전소</td><td rowspan="3">저레벨
방사성폐기물</td><td>발전소
폐기물</td><td>방사능 레벨이 극히 낮은 폐기물
방사능 레벨이 비교적 낮은 폐기물
방사능 레벨이 비교적 높은 폐기물</td></tr>
<tr><td>우라늄농축공장,
성형가공공장</td><td colspan="2">우라늄폐기물</td></tr>
<tr><td>MOX 연료성형가공공장</td><td colspan="2">초우라늄핵종을 포함한 방사성폐기물</td></tr>
<tr><td>재처리공장</td><td colspan="3">고레벨 방사성폐기물</td></tr>
</table>

16.3.2 폐기물의 처리·처분

방사성 폐기물은 최종적으로는 처분, 곧 버리게 된다. 처분이란 인간의 콘트롤에서 벗어난다는 것으로서, 구체적으로는 지하에의 매설, 대기 중이나 바다에의 방출 등이 된다. 처분에 이르기까지에는 인간에 의해 관리되지만, 관리기관에서는 단순히 밀봉해서 저장하는 경우 외에 처분에 적합하게끔 안정화 등의 처리를 실시하는 수도 있다.

(1) 저 레벨 폐기물의 처분

원자력 발전소로부터 발생하는 방사성 폐기물 가운데, 폐액, 필터, 폐기재, 소모품등은 농축·소각으로 부피를 줄여서 통상 그것들이 발생한 원자력 발전소에서 드럼통으로 밀봉 관리하게 된다. 이것을 최종적으로 처분하는 방법으로서는 지중매설, 해양처분 등이 있다. 우리나라에서는 장래 지중매설을 계획하고 있는데, 지중에 매설하게 되더라도 사전에 폐기물의 양을 줄이는 감량화라든지 장기적으로 안정된 형태로 하는 고체화가 선행되어야 할 것이다. 폐액류는 시멘트나 플라스틱으로 고체화하게 된다. 어느 경우이건 장기에 걸쳐 방사성 물질이 누출되지 않게끔 폐기물을 고체화, 안정화시킴과 동시에 축소화(콤팩트화)해서 경제적인 처분형태로 하여야 할 것이다.

(2) 고 레벨 폐기물의 처분

고 레벨 폐기물은 유리 고화체(固化體)와 사용이 끝난 연료를 들 수 있다. 그 특징은 방사능의 레벨이 아주 높다는 것인데, 이 외에도 수명이 긴 방사성 물질이 포함될 수도 있다. 따라서 설령 처분해서 인간의 콘트롤을 벗어난 후에도 몇 천년, 몇 만년에 걸쳐 인간이나 환경에 영향을 미치지 않게끔 처분방법을 신중히 결정해 주어야 한다.

다만 고 레벨 폐기물의 발생량은 저 레벨의 폐기물이나 일반의 산업폐기물에 비해 매우 적은 편이라고 말할 수 있다. 시산에 따르면 100만 [kW]급 원자력 발전소가 1년간 가동하면 약 30 [t]의 사용이 끝난 연료가 발생한다고 한다. 유리는 큰 덩어리가 되면 바위 못지않게 견고해진다. 이와 같은 유리의 특성을 이용해서 고 레벨 폐기물을 유리 고화체로 봉쇄함으로써 장기에 걸쳐 안정하게 처분하려는 방안이 제안되고 있다.

고 레벨 폐기물의 처분은 우리나라를 포함한 세계 각국에서 이처럼 우선 고체화한 다음 땅속 깊숙이 지층 처분장을 건설하는 방향으로 나가고 있다고 할 수 있으나, 실제로 처분되는 데에는 조금 더 시간을 두고 기다려야 할 것이다.

우리나라에서도 겨우 최근에 와서야 월성 원자력발전소 부근에 부지를 확보함으로써 제 1차적으로 저 레벨의 폐기물 처리장을 운용하게 된 상태이다.

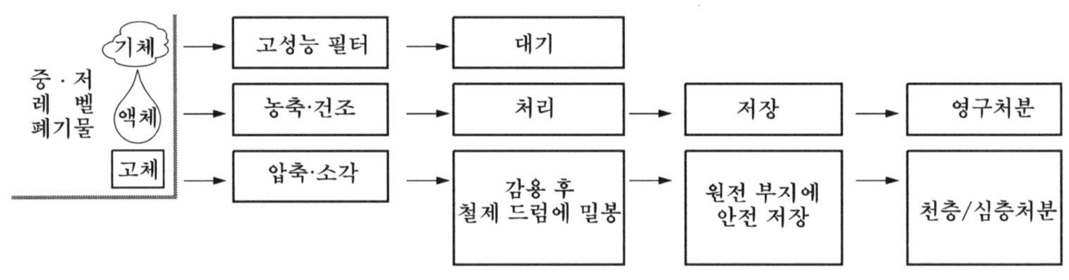

(a) 중 · 저레벨 폐기물

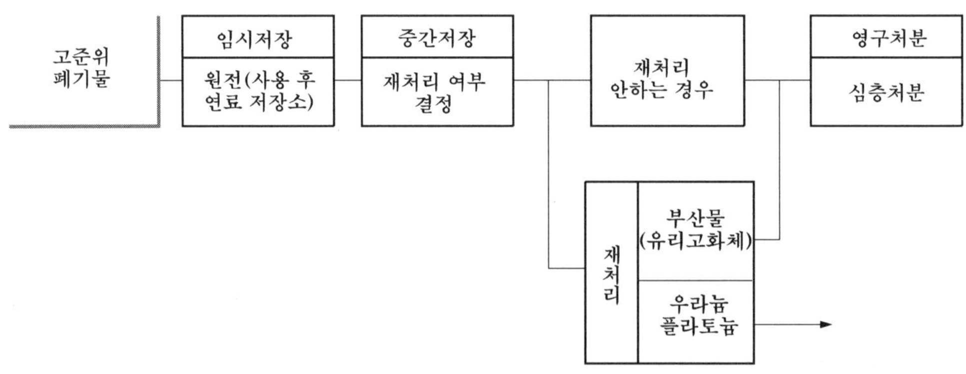

(b) 고레벨 폐기물

그림 16.10 방사성 폐기물의 처리체계

연 습 문 제

1. 원자력 발전의 안전대책으로서는 어떤 사항에 주의하여야 하겠는가?

2. PWR형 원자로의 안전보호 설비에 대해서 설명하여라.

3. 다음 용어에 대해서 간단히 설명하여라.

(1) 다중 보호벽
(2) 긴급 정지장치
(3) 비상용 노심 냉각 장치
(4) 차이나 신드롬

4. 우리 나라 원자로 안전설계의 기본적인 방침에 대해서 설명하여라.

5. PWR형 원자로의 안전 보호설비에 대해서 설명하여라.

6. 원자로의 안전성과 신뢰도는 상반되는데 이것을 조정하기 위해서는 어떤 방법들이 취해지고 있는가?

7. 우리나라의 원자력 발전개발 추세와 이것이 지니고 있는 당위성 및 장치, 그리고 이로 인해 예상될 문제점에 대해서 설명하여라.

8. 우리나라의 원자력 발전에 있어서의 국산화 시책과 그 전망에 대해서 설명하여라.

9. 원자력 개발이나 안정성에 관련한 원자력 관계의 국제기관 중, 주된 것을 간추려 설명하여라.

10. 핵사찰이란 무엇인가? 또 왜 이것을 하여야 하는가?

제 17 장

새로운 발전

17.1 새로운 발전의 개요

이제까지의 수력·화력 및 원자력을 이용한 발전방식은 물의 위치 에너지, 화석연료의 화학 에너지 및 핵연료의 핵에너지 등을 일단 터빈으로 기계 에너지로 바꾸고 난 다음에 다시 이것을 발전기를 이용해서 전기 에너지로 변환하는 것이었다.

우리는 이러한 발전방식을 통해 얻어진 전력으로 우리들의 생활과 산업 활동을 지탱하고 왔었다. 그동안 과학기술의 발달과 경제활동규모의 증대에 따라 전력수요가 급속하게 증대되어왔으며, 공급 측에서도 발전설비의 대규모화와 발전효율의 향상, 초고압 송전계통의 확충 등으로 급증하는 전력수요의 증가에 대응할 수 있었다.

곧, 오늘날의 발전은 이른바, **대규모 집중형의 발전 시스템**으로서 성장해 온 것이다. 그러나 이런 대규모의 발전 시스템을 계속 유지하고 또 확대 해 나가기 위해서는 우선, 발전의 기본이 될 에너지원의 확보가 필수적이다. 그런데, 이들 발전시스템에서의 주력을 이루고 있는 화력발전은 모두가 석탄, 석유, 가스 등의 화석연료를 필요로 하고 있는데, 이미 오래전부터 이러한 화석연료의 매장량에는 유한성이 있다고 하는 경종을 이제는 무시할 수 없게 되고 있다.

최근의 조사에 의하면, 가령, 석유의 가채 년수는 약 40년, 천연가스는 60년으로 안심할 수 없는 수준에 머물고 있으며, 그나마 석탄은 200년을 넘는 것으로 추정되고 있으나, 여기에는 환경문제라든가 지구온난화라는 새로운 문제가 가로 놓여 있다.

근년, 지구환경문제의 심각화에 따라 화석연료의 대체 에너지를 이용하는 새로운 발전방식의 도입과 화석연료의 에너지 소비량을 억제하는 에너지 유효이용의 발전방식이 한층 더 중요하고 시급한 과제로서 등장하고 있는 것은, 따지고 보면 이러한 에너지 자원의 고갈문제와 직결되고 있기 때문이다.

이에 대하여 가령, 새로운 발전방식으로 소개되고 있는 열전기 발전은 그 발전과정에서 기계 에너지를 개재시키지 않고, 열에너지를 곧 바로 전기 에너지로 변환하는 이른바, 직접 발전으로서, 원리적으로는 종래의 발전방식보다 더 높은 변환효율을 기대할 수 있는 것이다. 그림 17.1에 이러한 새로운 발전방식을 분류해서 보인다.

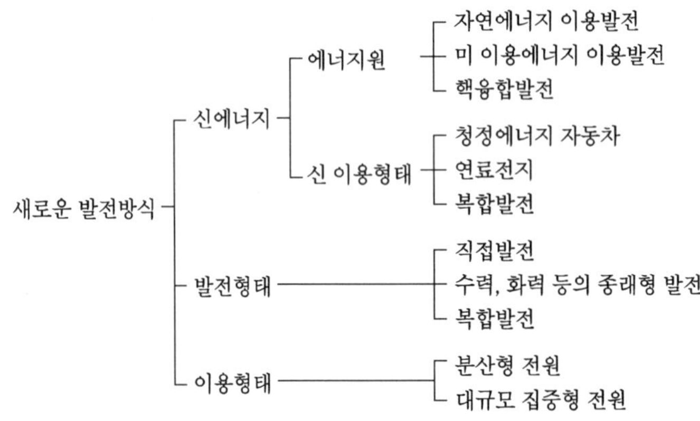

그림 17.1 새로운 방식의 발전

발전에 사용하는 석유대체 에너지의 확보를 위해서는 종래의 LNG라든가 석탄과 같은 석유 이외의 연료의 적극적인 활용, 원자력의 개발, 수력·지열에너지의 활용 및 새로운(新) 에너지의 도입이 추진되고 있다.

신 에너지에는 태양광, 태양열, 풍력, 바이오마스와 같은 **자연 에너지**, 폐기물의 연소열, 하천수·해수가 갖는 저온 열, 공장에서 나오는 배열과 같은 미 이용에너지가 있다. 더 나아가서는 전기 자동차라든가, 천연가스 자동차와 같은 청정에너지 자동차, 수소를 이용하는 연료전지, 전기에너지와 열에너지를 동시에 이용하는 열병합 발전 등이 기존 에너지의 새로운 이용형태로서 분류되고 있다. 이러한 신 에너지는 1차 연료의 태반을 해외에 의존하는 우리나라에서는 순 국산에너지로서 전원의 다양화에 공헌할 수 있는 귀중한 자원 에너지일 것이다.

또한 이들 새로운 발전방식에게 공통된 것은, 현재의 대규모 집중형과는 다른 분산형 전원으로서의 이용형태라는 특징이 있다는 것이다. 곧, 이들은 전력을 필요로 하는 공장, 사무실, 병원 등의 시설 부근에 발전기를 설치해서 에너지를 공급하는 시스템이라는 특성을 지니고 있는 것이다. 발전기가 수용가 마다 분산되어서 배치되기 때문에 여기서 사용될 발전기를 **분산형 전원** 또는 **분산형 에너지 시스템**이라고 부를 수 있다.

따라서 새로운 발전이란 종래의 대규모 집중형 발전으로부터 분산형 에너지 시스템으로 이행해 나가는 것이라는 관점에서 그 기본방향을 파악할 필요가 있을 것이다.

전기 에너지는 극히 양질의 에너지로서 전 소비 에너지에 차지하는 비율이 점점 높아지고 있으므로 자원, 에너지의 유효이용이라는 관점에서도 고효율이 기대되는 이러한 분산형 에너지 시스템의 실용화가 요망되고 있다.

본 장에서는 먼저 시 에너지로서 자연 에너지 이용의 새로운 방식으로서 각광을 받고 있는 태양발전과 풍력발전, 해양 에너지 발전, 지열발전 그리고 연료전지의 순으로 주요한 것을 간추려서 설명하기로 한다.

17.2 태양발전

17.2.1 개 요

지구상의 자원은 이용할 수 있는 양에 한도가 있지만, 태양 에너지는 반영구적으로 존재한다. 태양이 지구를 향해 방사하는 광 에너지는 대기권 외에서 173×10^{12}[kW]에 이른다고 한다. 이것은 1평방미터 당 1.38[kW]라는 팽대한 양이다.

이 태양광은 지표에 도달하기 전에 대기권 외에서 30[%]가 반사되고 나머지 70[%]가 대기권 내로 들어온다고 한다. 이것이 대기, 해수, 지표를 데워서 대부분이 열에너지로 되는 것이다.

이렇게 해서 변환된 열에너지 중 30[%]는 물을 증발하는 데 쓰여서 구름이나 비를 만들고 다시 풍력, 파력, 조력과 같은 역학적인 에너지로 되고 있다. 또한, 지표에 도달한 태양광 중, 약 0.2[%]가 해중·지상의 식물에 흡수 되는데, 이것이 다시 이 식물들의 탄산동화작용을 통해서 화학 에너지로 변환되어 식물에 축적된다.

이처럼 지구에 내리쬐는 태양광 에너지의 1시간 분은 전 세계의 1년간의 에너지 소비량과 맞먹는 것으로 시산되고 있다. 따라서 지구에 내리쬐는 태양광 에너지의 0.01[%]만 유효하게 이용할 수 있어도 에너지 문제는 해결된다는 계산이 된다.

태양발전은 바로 이러한 태양 에너지를 이용해서 전기 에너지를 얻고자 하는 것으로서, 이에는 태양의 열 및 빛을 이용하는 **태양열 발전**과 **태양광 발전**의 두 가지가 있다.

이 발전방식은 태양이라는 무한의 에너지를 이용할 수 있다는 이점이 있으나, 한편 이것은 어디까지나 자연현상에 의존하기 때문에 날씨에 따라 큰 영향을 받는다는 단점도 있다.

태양 에너지는 지상에서는 에너지 밀도가 1[m^2]당 1.38[kW]로 매우 낮을 뿐 아니라 자연조건에 좌우된다는 문제를 안고 있지만, 에너지 그 자체는 깨끗하고 고갈의 우려가 없고, 또 지구상에 내리쬐는 1시간 분은 인류의 연간 에너지 사용량과 맞먹는 정도로 팽대한 것이기 때문에 신 에너지 개발 중에서는 가장 기대되는 에너지이다.

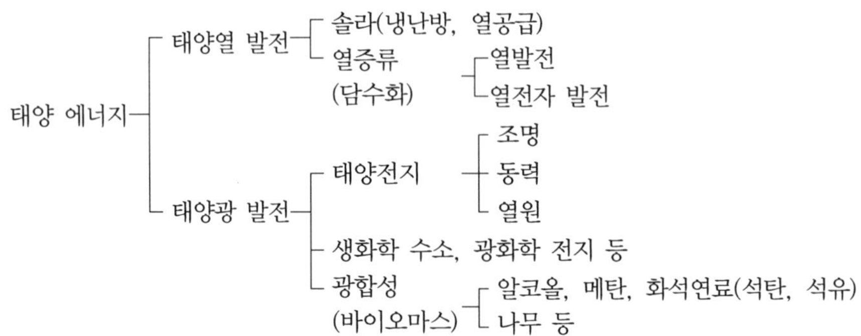

그림 17.2 태양 에너지의 이용형태

17.2.2 태양열 발전

태양열 발전 시스템은 태양 에너지를 효율 좋게 집열하고, 이것을 일단 집열장치에 저장한 후, 이 열에너지를 터빈발전기에 공급해서 전기 에너지로 변환하는 시스템을 말한다. 그림 17.3은 이 발전방식의 한 예를 보인 것이다.

그림 17.3 (a)는 2,500[kW] 시스템의 예를 빌려 그 개념도를 보인 것이며, 그림 (b)는 이 시스템의 구성도를 보인 것이다.

이 그림에서 보는 것처럼 집광경과 흡수체로 태양열을 집열하고, 그 열에너지로 흡수체로 둘러싸인 파이프 내의 열매체가 가열된다. 가열된 열매체는 축열 열교환 장치, 증기터빈, 복수기를 거치면서 차례로 열에너지를 소비하고 다시 집열부(흡수체)로 돌아가면서 루프 내를 순환하게 된다. 여기서 축열장치는 야간이나 우천의 날에도 발전을 할 수 있게끔 열에너지를 모아두어 가지고 증기터빈에 공급하기 위한 것이다.

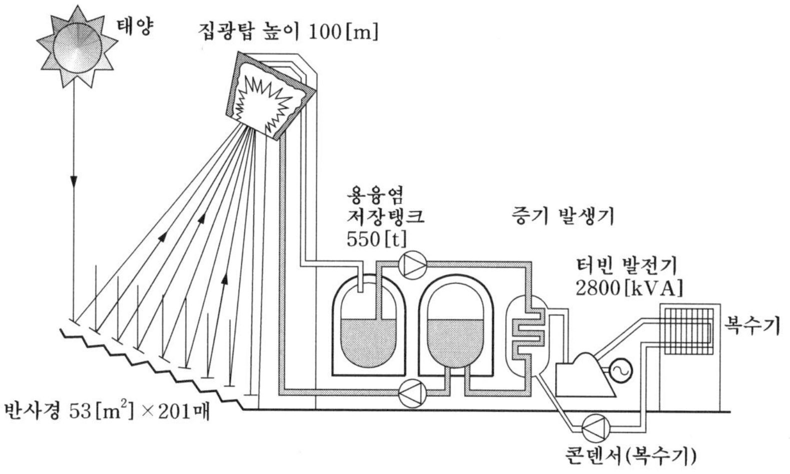

(a) 개념도(2500 [kW]시스템의 예)

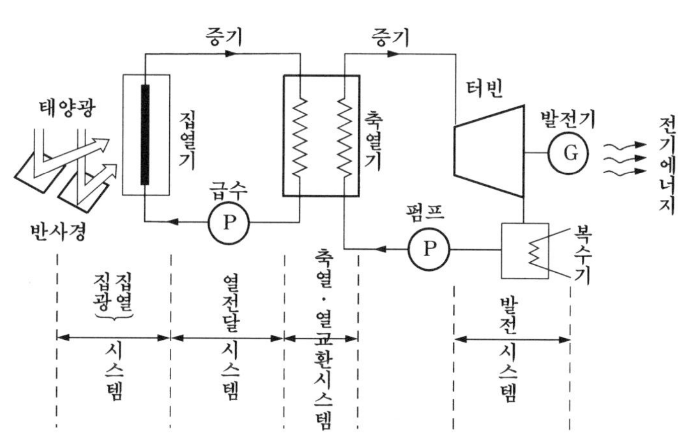

(b) 기본 구성도

그림 17.3 태양열 발전 시스템

태양열 발전용의 터빈으로서는 증기터빈, 가스터빈, 유기매체터빈 등이 있으나, 현재로서는 집열온도를 300~550[℃] 정도로 한 대용량의 증기터빈이 사용되고 있다.

현재 상용발전 플랜트로서 가동하고 있는 것은 미국 캘리포니아주의 SEGS 플랜트로서 발전용량은 350[MW]에 이르고 있다.

앞으로의 연구개발 과제로서는

- 태양열 발전 시스템을 구성하는 각 기기의 특성개선, 내기후성, 신뢰도 향상

- 플랜트 전체의 코스트 저감화
- 시스템 전체의 안정화
- 전력계통과의 협조 운용방식

등 아직도 해결하여야 할 여러 가지 어려운 문제가 많이 남아 있다.

17.2.3 태양광 발전

태양광 발전이란 태양으로부터 지상으로 내리쬐는 태양 에너지를 태양 전지로 직접전기로 변환하는 발전방식이다.

태양전지는 실리콘과 같은 반도체에 빛이 쪼이면 전기가 발생한다는 광전효과를 이용해서 만들어진 것으로서 그림 17.4와 같은 구조로 되어 있다. 그림에서 N형 반도체는 전자라고 불리는 마이너스(-)의 전기를 끌어당기는 성질을 가진 반도체이고, P형 반도체는 정공(Hole)이라 불리는 플러스(+)의 전기를 끌어당기는 성질을 가진 반도체이다. 이 태양전지

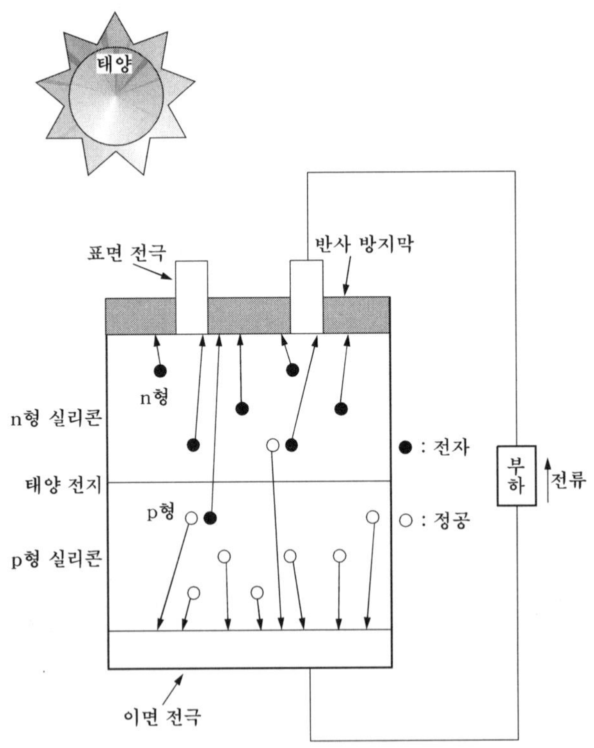

그림 17.4 태양전지의 발전원리

에 빛(태양광)을 쪼이면 빛은 태양 전지의 내부에 들어가서 반도체를 구성하는 원자에 부딪친다. 그러면 빛이 가지고 있는 에너지에 의해 원자로부터 ⊖ 전기인 전자가 튀쳐나와서 남은 원자는 ⊕ 전기인 정공으로 된다.

즉, P형과 N형을 접합한 실리콘 반도체에 태양광 에너지를 입사시키면 부(-)의 전기와 정(+)의 전기가 발생하고, 부의 전기는 N형 실리콘으로, 정의 전기는 P형 실리콘으로 분리되어 전극에 전압이 발생하고, 이것에 외부 부하, 가령 전구를 접속하면 전류가 흘러서 전구가 켜지게 된다.

태양광은 1평방 m 당 1.38[kW] 상당의 에너지를 방사하지만, 반도체로부터 전기로 변환할 때 여러 가지 손실이 생겨서 그 변환율은 그다지 높은 편이 못된다. 현재의 기술수준에서는 가령, 실리콘 단결정의 태양전지에서는 30~35[%], 아몰퍼스 태양전지에서는 약 25[%], 화합물 반도체에서는 30~40[%] 정도라고 한다.

이 태양광 발전이 갖는 특징은 다음과 같다.

① 규모에 관계없이 발전효율이 일정하다.

② 태양이 쪼이는 곳이라면 어디에서나 설치할 수 있고 보수가 용이하다.

③ 자원이 반영구적이다.

④ 확산광(산란광)도 이용할 수 있다.

이들 특징으로 이것은 주택이나 빌딩 등 수용가 측에서 원하는 장소에 무리 없이 설치, 운전할 수 있는 분산형 시스템으로서의 보급이 기대되고 있다. 그러나 한편으로는 태양광의 에너지 밀도가 낮고 비가 오거나 흐린 날씨에는 발전능력이 저하한다는 결점이 있다.

따라서 이것을 실용화하기 위해서 해결하지 않으면 안 될 과제로서는

① 태양전지로부터의 효율적인 집전기술의 개발

② 축전지 장치 등을 적절히 운용함으로써 비나 흐린 날씨에도 안정하게 전기를 공급할 수 있는 시스템의 개발

③ 태양광 발전소의 전기를 전력회사의 배전선과 연계시키면서 운용하는 기술의 개발

④ 발전소 건설의 비용저감

등을 들 수 있다.

이 발전 시스템은 태양전지의 중심에 일사 변동을 고려한 축전지라든지 직류출력을 교류로 변환하는 변환장치, 그밖에 송·배전 계통에 접속하는 연계장치로 구성된다.

현재 대표적인 전지로서 사용되고 있는 것은 실리콘 태양전지인데, 워낙 실리콘이 고가이기 때문에 앞으로 이 태양광 발전을 보급하기 위해서는 어떻게 하면 보다 값싼 태양전지를 만들어서 그 경제성을 개선할 것인가 하는 것이 최대의 과제이다.

그림 17.5는 이 태양광 발전시스템의 구성을 보인 것이다. 본래 태양전지의 출력은 저압(약 0.5V 정도)의 직류이기 때문에 이 직류를 교류로 변환하는 인버터(변환장치)를 설치하고 또 전압도 정격전압으로 높여주기 위해서 변압기를 설치하여야 한다.

그밖에 일반의 전력계통으로 대량의 발전설비(태양전지모듈)를 연계시킬 경우에는 전압, 주파수 등 전력품질에 영향이 미치지 않도록 제어장치, 보안장치와 같은 여러 가지 주변장치도 필요로 하게 될 것이다.

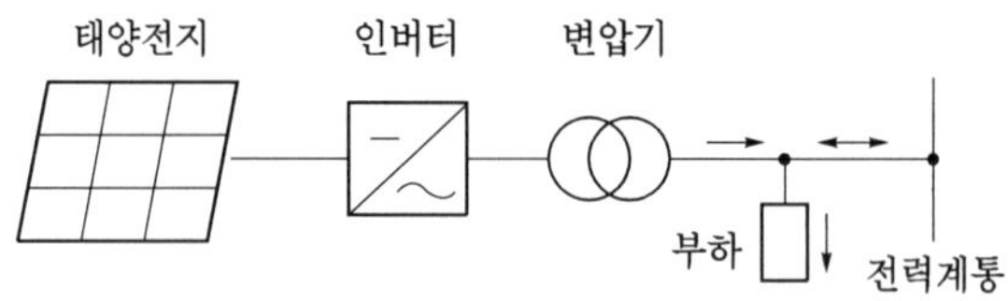

(a) 태양광 발전의 기본형식

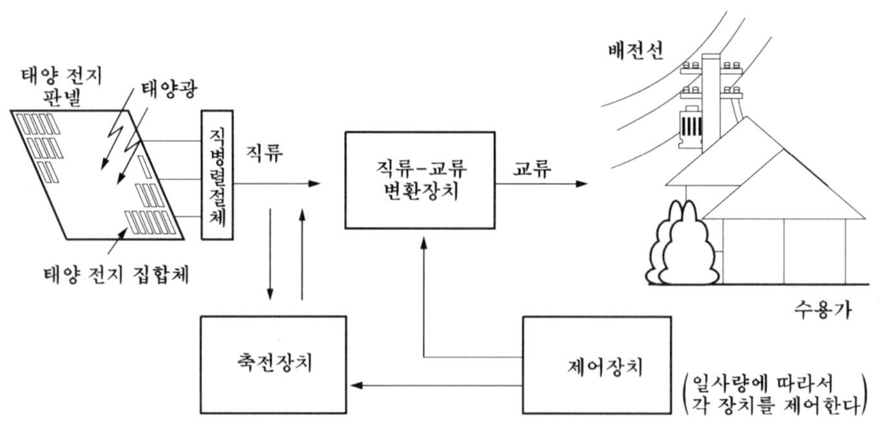

(b) 태양광 발전소와 전력 계통과의 연계 예

그림 17.5 태양광 발전시스템의 구성

태양광 발전은 현재 극히 한정된 용도에만 쓰이고 있을 뿐이다. 그러나 앞으로 발전소자의 신뢰도가 높아져서, 싸게 대량으로 보급하게 되면, 그 용도는 도서지역이나 벽지의 소전원으로 끝나지 않고, 일반 전력계통과도 연계되어서 새로운 분산형 전원의 하나로서의 역할을 담당하게 될 것으로 기대되고 있다.

최근의 자료에 의하면 2005년 말 현재, 전 세계 태양광 발전시스템의 설치상황은 약 180만[kW] 정도가 되는 것으로 알려지고 있는데, 이중 일본이 약 90만[KW], 독일이 40만

[kW], 미국이 28만[kW]를 차지하고 있다.

우리나라에서도 대체에너지에 관한 인식이 고조됨에 따라, 지난 90년대부터 연구개발이 시작되고 2000년대 들어서면서 이 태양광 발전시스템의 도입이 활발화해서 2006년 말 현재로 3만6천[kW] 수준에 이르고 있다.

그 내용도 종래의 도서지역의 소규모 시스템에서 점차 계통 연계형으로 이행하고 있으며, 2012년까지에 100만[kW]이상을 개발하겠다는 장기계획도 발표하고 있다.

예제 17.1 2009년의 우리나라의 총수요 전력(총판매 전력량)은 약 4.4×10^{11}[kWh]였다. 이것을 변환효율 10 [%]의 태양전지로 발전하려면 어느 정도의 면적이 필요하겠는가? 또, 이것은 우리나라 면적의 몇 [%]에 해당하겠는가? 단, 연간 일조시간은 2,000시간, 태양복사 에너지는 평균 0.5[kW/m^2]라고 한다.

풀이 소요될 수광면적을 A라고 하면

$$A=\frac{4.4\times10^{11}}{0.5\times0.1\times2{,}000}=4.4\times10^{9}[\text{m}^2]=4.4\times10^{3}[\text{km}^2]$$

한편 우리나라의 면적은 약 90,000[km^2]이므로

$$\frac{4{,}400}{90{,}000}\times100 \fallingdotseq 4.8[\%]$$

즉, 우리나라 전체면적의 4.8[%]에 해당하는 지역(면적)에 태양광 전지를 설치해야만, 우리가 필요로 하는 전기 에너지를 이 태양광 발전으로 충당할 수 있다.

17.3 풍력발전

17.3.1 풍력발전의 개요

풍력은 깨끗하고 고갈되지 않는 자연에너지로서 오래 전부터 풍차, 범선 등의 형태로 이용되어 왔었다. 오늘날에는 이러한 풍력을 이용하는 풍력발전이 세계 각지에서 활발하게 전개되고 있다. 즉, **풍력발전**은 풍력으로 풍차를 돌려서 얻어진 기계적 에너지로 발전기를

구동해서 발전하는 것으로서 비록 그 규모는 작지만, 무한의 자연에너지인 바람을 이용한다는 새로운 시스템으로서 각광을 받고 있는 것이다.

풍력발전의 이점은 발전하는데 CO_2가 발생하지 않는다는 것과, 무진장의 풍력을 이용할 수 있다는 것이다. 그러나 이 풍력발전의 근원이 되는 바람의 평균풍속은 장소에 따라 서로 다르고 또한 풍향·풍속의 변동도 크기 때문에 출력이 불안정하다는 것이다. 따라서 풍력발전은 무엇보다도 바람이 강하게 부는 장소라야 한다는 입지조건이 중요한 전제가 되는 에너지원이라고 하지 않을 수 없다.

제 1차 석유파동 이래 미국, 네덜란드, 덴마크, 독일, 캐나다 등에서 풍력 발전기의 개발과 설치가 국가적 지원 하에 활발하게 전개되었고, 풍력부존 상황이 양호한 지점에 설치된다면 경제성도 충분히 있을 것으로 기대되고 있다.

오늘날 세계에서의 풍력발전 도입량은 특히 최근에 와서 급속히 증가하는 추세에 있다. 2008년 말 현재 전 세계 60여 개국에서 총계 120,000[MW] 곧, 100만[kW]으 대형 원자력 발전소 120基分에 상당하는 풍력발전이 돌고 있다고 한다. 그래도 발전설비 전체에 차지하는 비율로는 아직 3[%]에 불과하지만, 연간 성장률은 20[%] 이상을 지속하고 있다.

특히 유럽과 미국에서는 신설전원의 30[%] 이상을 풍력발전이 차지하고 있다고 한다. 풍력발전의 장래목표도 EU에서는 2020년까지에 세계 전체 전력의 20[%]를 목표로 하고 있으며, 미국에서도 그린 뉴딜 정책의 일환으로 2030년까지에는 전 미국전력의 20[%]를 이 풍력발전으로 공급하겠다는 야심찬 목표를 세우고 있다는 것이다.

시스템 규모를 본다면 초기에는 100[kW] 이하의 소형으로 시작되었으나, 최근에는 1,500~5,000[kW] 이상의 것이 전체 시장의 70[%] 이상을 차지하고 있으며, 특히 유럽에서는 단위기의 대형화에 초점을 두고 있다.

우리나라에서도 지난 1990년대 이후 대체에너지 보급에 대한 관심이 높아짐에 따라, 활발한 개발 보급이 이루어지고 있다. 국내 풍력자원은 제주도, 강원도, 경북 동해안, 전북 및 내륙 고산지역이 우수한 자원을 가지고 있는 것으로 보고 되고 있다.

국내 주요 풍력발전의 보급현황은 최근 급격한 신장세를 보이고 있는데, 2008년 말 현재의 총 설비용량은 17개소 190기, 29만 8천[kW]에 이르는 설비가 전국에서 운용되고 있다. 현재는 3,000[kW]가 최대 단위기 용량이지만, 수 년 내로 5,000~6,000[kW]급이 상용화될 것으로 전망되고 있다.

17.3.2 풍력발전의 종류

풍차는 회전축의 방향과 그 형태에 따라 그림 17.6과 같이 분류된다.

수평축형 풍차는 회전축이 수평, **수직축형 풍차**는 회전축이 수직인 것이다.

오늘날 대형 풍력발전기로 사용되고 있는 것은 주로 프로펠러형 풍차인데, 그 날개 수는 2~3매가 일반적이다(날개수가 적을수록 회전속도는 빨라진다).

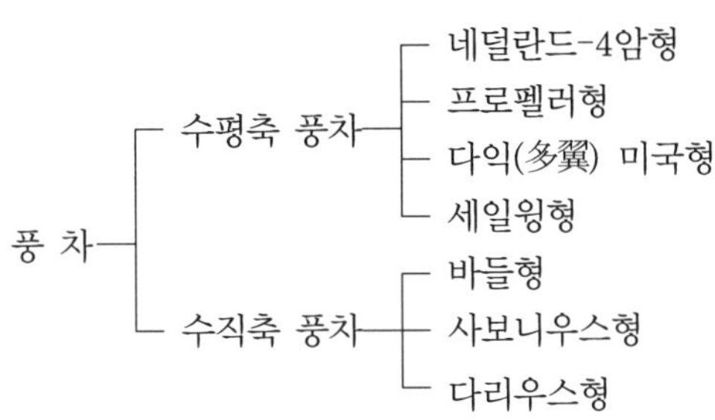

그림 17.6 풍차의 종류

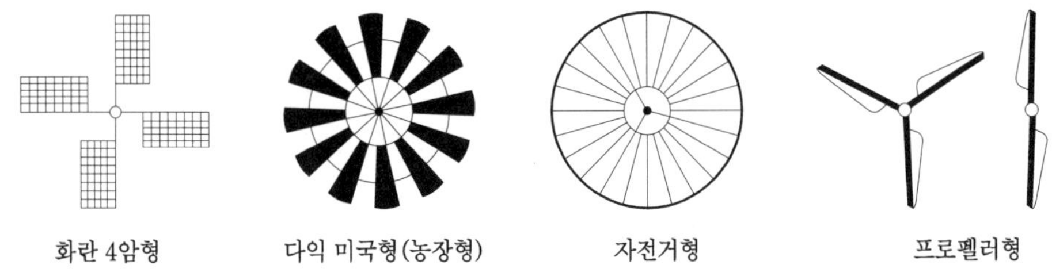

(a) 수평축형 풍차

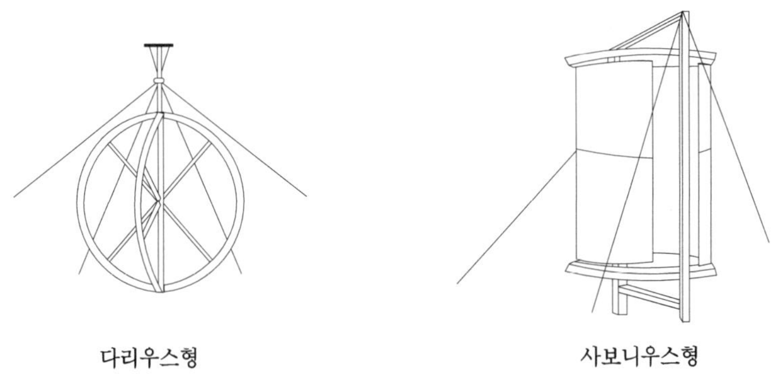

(b) 수직축형 풍차

그림 17.7 풍차의 형식

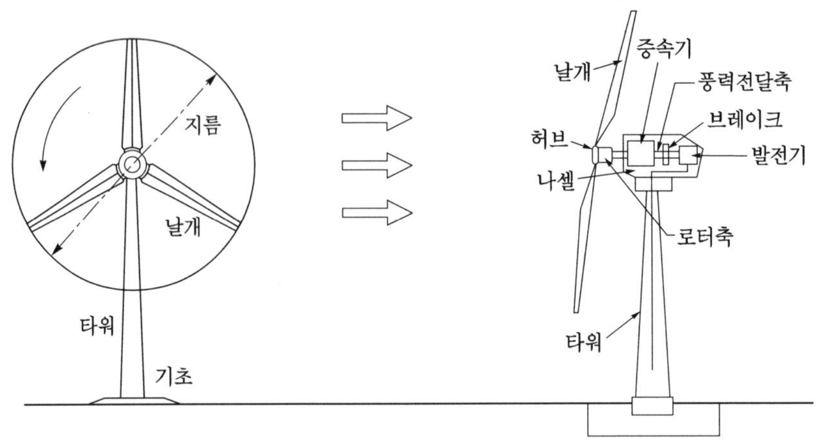

그림 17.8 풍력발전의 기본형식

그림 17.8은 오늘날 가장 많이 이용되고 있는 수평축형의 3매 날개 플로펠러형 풍차의 개요를 보인 것이다.

풍차는 날개, 로터축, 주축, 나셀, 타워 및 기초로 이루어진다.

바람의 에너지는 날개에 의해 회전 에너지로 변환된 후, 날개 연결축, 로터헤드, 주축을 거쳐 증속기로 전달된다. 나셀에는 증속기, 발전기 등이 내장되고 있으며, 증속기에서는 날개의 회전을 발전기의 정격회전수까지 증속한다. 발전기는 전달된 회전 에너지를 전기 에너지로 변환한다. 풍차의 제어를 하는 제어반은 타워 내의 하부에 설치되어서 기동정지라든가 풍향제어, 출력제어 등을 하고 있다.

풍차의 날개에 바람이 부딪치면, 바람의 방향에 대해서 수직으로 작용하는 힘(揚力)이 발생하며, 이것을 동력으로 해서 발전기를 구동하게 된다. 이 양력은 날개 길이와 날개 폭의 비(아스펙트 비)가 20배 이상일 경우, 바람의 방향에 평행으로, 또한 바람의 방향과 같은 방향으로 작용하는 힘(抗力)의 50에서 100배의 크기로 되는 것이다.

이 프로펠러형 풍차의 작동원리를 그림 17.9에 보인다.

공기 등의 유체의 운동 에너지는 그림 17.9에서와 같이

$$P=\frac{1}{2}mV^2=\frac{1}{2}(\rho AV)V^2=\frac{1}{2}\rho AV^3 \tag{17.1}$$

여기서, P : 에너지 [W] m : 질량 [kg]

V : 평균풍속 [m/s] ρ : 공기의 밀도(1.225[kg/m^3])

A : 로터의 단면적 [m^2]

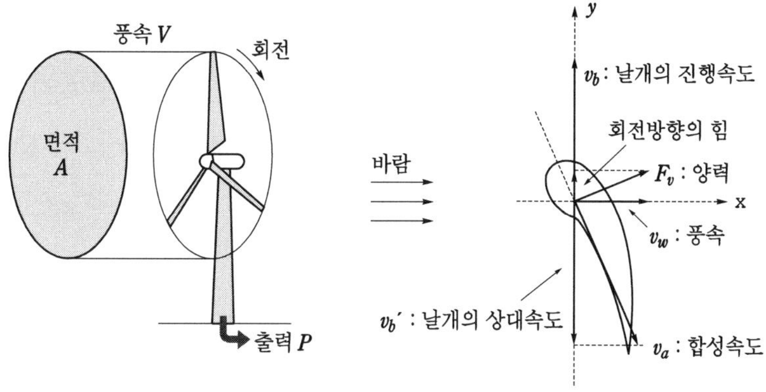

그림 17.9 바람의 운동 에너지

로 표시된다.

이처럼 풍차출력은 바람을 받아 회전하는 로터의 단면적에 비례하고 풍속의 3제곱에 비례해서 증대하기 때문에 가령 풍속이 2배로되면 풍차가 낼 수 있는 출력은 8배로 된다는 것을 알 수 있다.

풍차출력을 크게 하기 위해서는 회전자를 크게 해야 하기 때문에 탑도 높아진다. 예상될 최대풍속으로 풍차를 설계한다는 것은 비 경제적이기 때문에 프로펠러형 풍차에서는 날개의 피치를 변화시켜서 여분의 바람을 일부 그냥 통과시키도록 하고 있다.

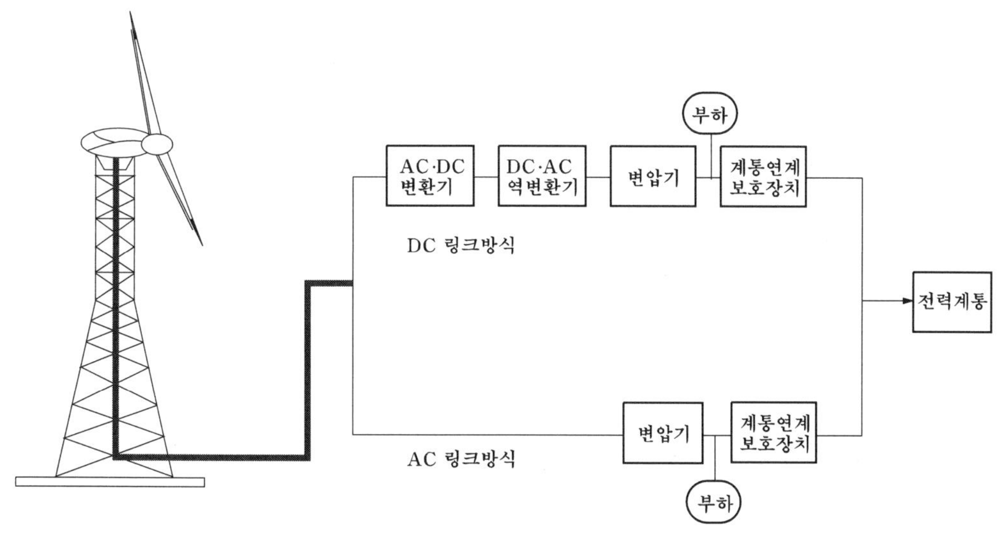

그림 17.10 프로펠러형 풍력발전 시스템구성의 개념도

대표적인 프로펠러형 풍력발전시스템구성의 개념도를 그림 17.10에 보인다.

그림 17.11 (a)는 교류의 풍력 발전기를 직접 전력계통으로 접속하는 시스템으로서 풍력의 강약 변화에 따른 출력변동은 피할 수 없다. 그림 17.11 (b)는 발전력을 일단 축전지에 축적해서 풍력이 변동하더라도 평균적으로 일정한 전력을 이용할 수 있게 한 시스템의 개요를 보인 것이다.

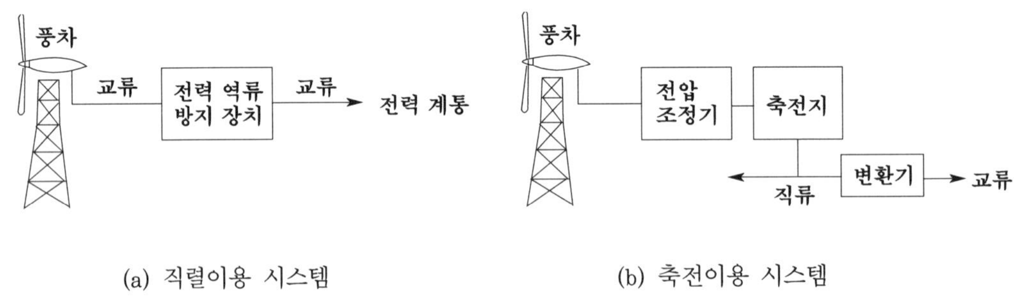

(a) 직렬이용 시스템

(b) 축전이용 시스템

그림 17.11 풍력발전의 개요

17.4 해양에너지 발전

해양 에너지를 유효하게 이용하는 발전방식으로서는 조력발전, 조류발전, 파력 발전, 해양 온도차 발전 등이 있다. 이 중 대용량 출력으로 현재 실용화되고 있는 것은 조력발전, 곧 해수면의 간만차를 이용한 수력터빈 발전기에 의한 방식뿐이다.

그러나 해양은 지구 표면적의 약 7 할을 차지해서 팽대한 에너지를 보유하고 있기 때문에 새로운 발전형식으로서 파력발전과 해양 온도차 발전에 대한 관심이 높아져서 현재 이에 대한 기술개발이 여러 나라에서 추진되고 있다.

17.4.1 파력발전

바다 위를 부는 바람으로 생기는 파도는 운동 에너지로서 파도의 높이(진폭)의 제곱과 그 주기의 곱의 1/2로 표시된다. 이로부터 지구상의 파력의 에너지는 27억 [kW]라는 엄청난 에너지가 된다는 시산 예도 있어 우리의 관심을 끌고 있다.

파력이 큰 지역은 편서풍이 세게 부는 고 위도대에 있으며, 특히 태평양의 동쪽 연안에서는 해안선 1[m] 당 60[kW] 이상의 파력 에너지를 얻을 수 있는 것으로 추정되고 있다.

파도의 에너지를 이용하는 발전방식으로서는 부체(浮體)의 동요를 회전운동으로 변환하는 방식과 파도의 상하운동에 따라 일어나는 힘으로 공기를 압축하거나 팽창시켜서 공기터빈을 회전시키는 방식 등이 검토되고 있다.

이 중 전자의 방식에서는 파도의 상하운동 에너지를 회전 에너지로 변환해서 발전기를 구동하는 방법으로서 극소용량 전원(현재 100[W] 이하)으로서 일부 실용화되고 있다. 그러나, 현재 연구개발이 추진되고 있는 파력발전 방식은 주로 후자의 공기터빈 방식인 바, 그림 17.12에 그 원리도를 보인다.

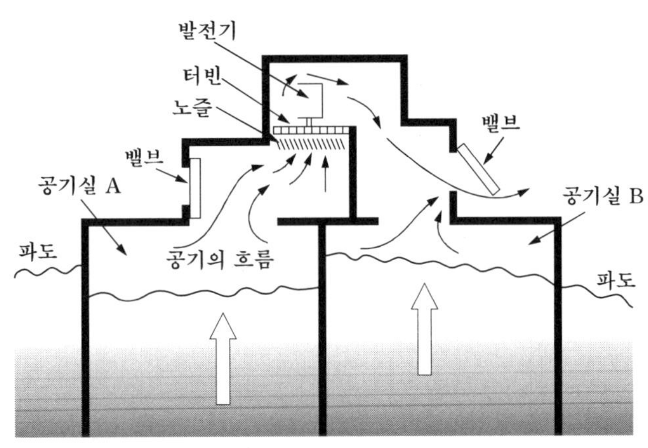

그림 17.12 파력발전(공기 터빈식)의 원리

파도로 해면이 상승해서 공기실 A, B의 공기가 압축되면, B실의 밸브가 열리고 A실의 공기는 노즐을 통해 공기터빈 발전기를 구동한 후 B실의 밸브를 거쳐 밖으로 빠져나간다. 다음에 해면이 하강하면 B실의 밸브가 닫혀서 양 공기실의 압력은 저하한다. 그런 다음 공기는 A실의 밸브를 통해서 A, B 양실에 유입한다. 이때 B실에 유입한 공기가 다시 공기터빈 발전기를 구동하게 된다. 발전 용량을 증대시키기 위해서는 공기실(A, B)을 수많이 연결시킨 구성으로 하면 될 것이다.

현재 세계 각국에서 대용량화를 겨냥한 연구가 추진 중이며, 일부에서는 200~2,000[kW]급의 설계도 하고 있다고 하나, 앞으로의 과제는 아무래도 대용량화와 발전원가의 저감이 성패를 좌우하게 될 것이다.

17.4.2 해양 온도차 발전

이 발전방식은 해양 표층의 온수(가령 20~30°)와 바다 밑 500~1,000 [m] 정도의 심층 냉수(4~7°)의 온도차를 이용하는 것이다.

그 기본적인 발전원리는 그림 17.13에서와 같이 태양열로 데워진 해면 표층 온수(약 28 [℃])를 고온열원으로 하고, 이것을 열교환기를 중계로 해서 프레온이나 암모니아 등의 증기(22.6 [℃])를 만들고 이것을 2차 유체로 해서 터빈 발전기를 구동해서 발전한다. 그런 다음 터빈을 구동한 프레온 등의 2차 유체는 저온열원인 심해의 심층냉수로 냉각, 액화(12 [℃])시킨 다음 증발기로 보내진다.

현재 외국에서는 수십 [kW]에서 수백 [kW] 규모의 발전설비를 개발, 가동 중인 예도 있으며, 특히 미국에서는 10만 [kW]급 플랜트의 건설을 계획하고 있다.

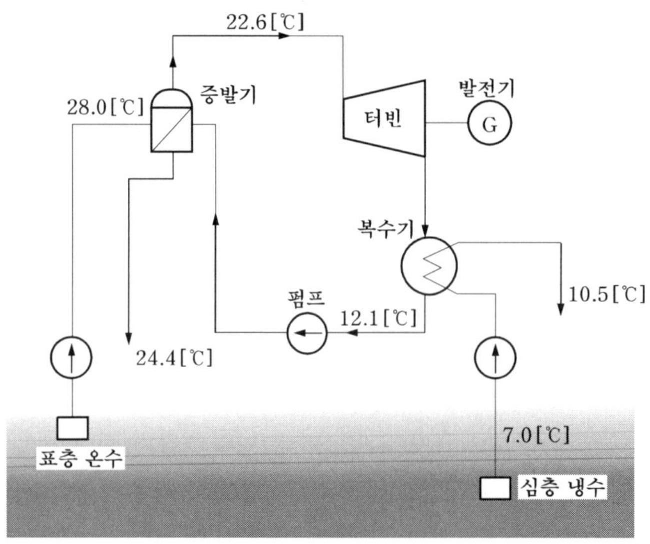

그림 17.13 해양 온도차 발전의 블록선도

17.5 지열발전

지열발전이란 지중으로부터 끄집어낸 지열 에너지(증기)로 직접 터빈을 회전시켜서 발전하는 것이다. 화력 발전소에서는 석탄이라든지 석유, LNG 등의 연료를 연소해서 얻어지는 열로 증기를 발생시키지만, 지열발전에서는 말하자면 지구가 보일러의 역할을 해서 바로 지중으로부터 고온도의 증기를 얻게 되는 것이다.

일반적으로 지구는 지하로 깊이 파고 들어감에 따라 온도가 올라가서 깊이 30～50 [km]에서는 1,000 [℃] 정도로 된다고 한다. 즉, 지구는 하나의 커다란 열의 저장고인 것이다. 그러나 이 열원은 너무나도 깊은 곳에 있기 때문에 현재의 기술로서는 이것을 파내어 가지고 이용하기란 불가능한 것이다. 훨씬 더 얕은 곳, 예를 들어 화산이나 천연의 분기공, 온천, 변질암 등에서도 열원이 있다. 이른바 지열대(地熱帶)라고 불리는 지역에서는 깊이 수 [km]의 비교적 얕은 곳에 1,000 [℃] 전후의 마그마 덩어리가 있어, 이 열이 지중에 침투되어 있는 물을 가열해서 열수의 저장고인 지열 저장층을 만들고 있다. 이와 같은 지점에서 지구 내부의 열을 직접 에너지원으로 끌어올려서 발전에 이용하는 방법이 **지열발전**이다. 지열 에너지는 통상 물을 매체로 해서 천연증기 또는 열수의 형태로 끄집어내어진다.

지열 발전의 기력 발전에 대한 장단점을 들면 다음과 같다. 먼저 장점으로서는

① 지하의 천연증기를 사용하기 때문에 기력발전처럼 보일러라든지 급수설비가 필요 없어서 경제적으로 유리하다.

② 연료가 필요 없기 때문에 소 용량의 설비라도 경제적으로 유리하다. 또한, 천연증기는 자급 에너지이기 때문에 안정된 공급을 할 수 있다.

반면 단점으로서는 지하 분출구로부터 채취되는 천연증기는 저압·저온이며, 때로는 열수이기 때문에

① 개발지점이 지열증기를 분출하는 지점으로 한정되고, 채취되는 증기량도 그 위치, 심도, 채취 경력 등에 따라 영향을 받아서 일정한 출력을 유지할 수 없다.

② 증기 중에는 다량의 비 응축 가스와 불순물이 포함되기 때문에 방식대책 이라든지 스케일 대책이 필요하다.

③ 경우에 따라서는 천연증기가 너무 저압저온이기 때문에 직접 증기터빈에 사용할 수 없어서 사전에 한 번 더 가열해 주어야 할 경우도 있다.

우리나라에서는 화산이 없고 온천도 몇 군데 밖에 없어서 지열발전의 가능성은 거의 없으나, 외국에서는 가령 미국, 필리핀, 이탈리아, 뉴질랜드, 멕시코 등지에서는 지열발전이 대규모로 개발되고 있다. 우리와 가까운 일본에서도 지열발전 개발점이 다수 있어서 현재 600 [MW] 가까운 지열발전을 운전 중에 있다.

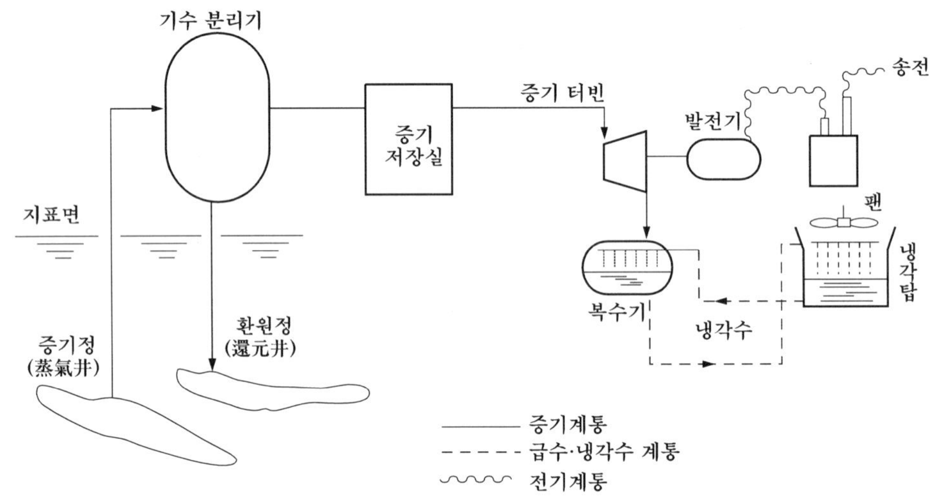

(a) 개략 구성도

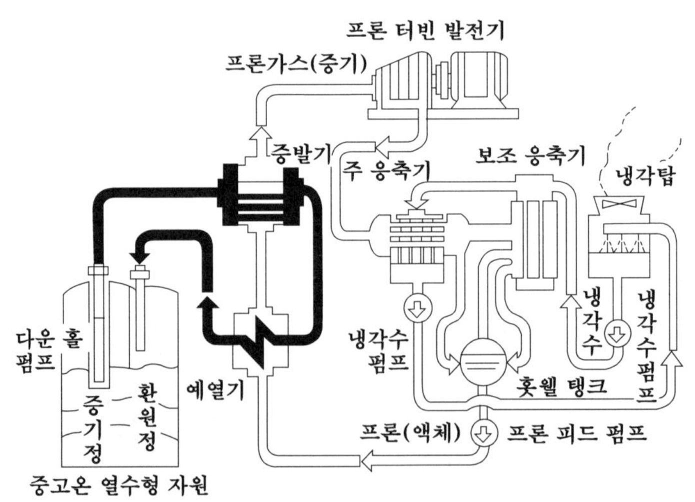

(b) 기기 구성도

그림 17.14 지열 발전의 개념도

17.6 연료전지

17.6.1 연료전지의 원리

연료전지(fuel cell)란 수소를 연료로 해서 공기 중의 산소와 화학반응 시켜서 전기를 만들어내는 발전 시스템이다. 단, 수소는 천연가스처럼 자연형태의 연료로서 존재하는 것이 아니기 때문에 일반적으로는 천연가스 등의 연료를 개질(改質)해서 얻고 있다는 점을 이해할 필요가 있다. 이처럼 연료전지는 화학 에너지를 전기 에너지로 변환한다는 점에서는, 통상 우리가 사용하는 건전지라든가 충전 가능한 2차 전지와 같은 화학전지라고 볼 수 있겠다. 그러나 이 연료전지는 이러한 일반의 화학전지와는 달리, 외부로부터 연료와 산화제를 연속적으로 공급해 주면 발전을 연속적으로 할 수 있다는 특징이 있기 때문에 이것을 화학전지라고 하기보다도 오히려 화력발전과 같은 발전장치로 이해하는 것이 옳을 것이다.

연료전지는 종래형의 발전 시스템인 엔진이나 터빈과는 달리, 카르노 사이클의 효율의 제약을 받지 않기 때문에 높은 발전효율(40～60[%])이 기대되며, 또한 질소산화물(NOx), 유황산화물(SOx) 등 유해성분의 배출도 거의 없는 깨끗한 발전 시스템이라는 특징을 지니고 있다. 연료전지는 일찍부터 분산형 전원 및 연료전지자동차 등을 중심으로 개발이 추진

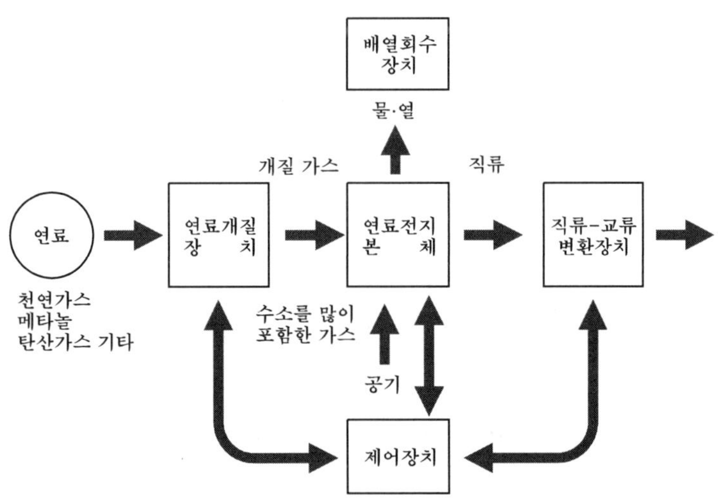

그림 17.15 연료전지 발전 시스템의 개요

되어왔으며, 이제는 기술적으로도 상당한 수준에 이르렀다고 할 수 있겠으나, 본격적인 실용화에는 아직도 극복해야 할 과제가 많이 남아 있는 실정이다.

이 연료전지가 처음 실용화된 것은 미국의 아폴로 우주선의 전원으로서 탑재되었을 때부터 였는데, 그 후, 상업용의 실용화단계에 이르기까지에는 오랜 시간이 소요되고 있다. 이것은 전기화학 반응을 이용하고 있기 때문에 발전효율은 40~60[%]로 높고, 배열까지 이용하게 된다면 종합효율은 80[%]에 달할 것으로 개대되고 있다.

인산을 전해질로 한 **인산형 연료전지**를 예로 들어 그 발전원리를 설명하면 다음과 같다. 전해질(인산 수용액)을 사이에 끼고 **연료극**과 **산소극**을 둔다. 연료극 측에는 연료를, 산소극 측에는 산소 또는 공기 등의 산화제를 넣어 준다(이 때문에 이 극을 공기 극이라고도 함).

전해질인 인산액 중에서는 수소이온 H^+가 움직일 수 있으므로 연료극 측의 수소는 수소가 없는 산소극 측으로 이동하려 한다. 이때 수소는 전해질 내의 이온으로 되려고 연료극 부근에서 전자를 한 개 방출한다. 이온으로 된 수소는 산소극으로 이동해서 산소극 부근에서 전자를 받아가지고 수소로 돌아가고 이것이 산소와 반응해서 수증기로 된다. 반응은 연속적으로 진행되면서 외부회로에 전자가, 전해질 내에 이온이 흐르게 된다. 이 양전극간의 수소의 농도차, 즉, 이 Gibbs의 자유 에너지차가 구동력이 되어 전극반응을 중계해서 화학에너지가 전기 에너지로 직접 변환되는 것이다.

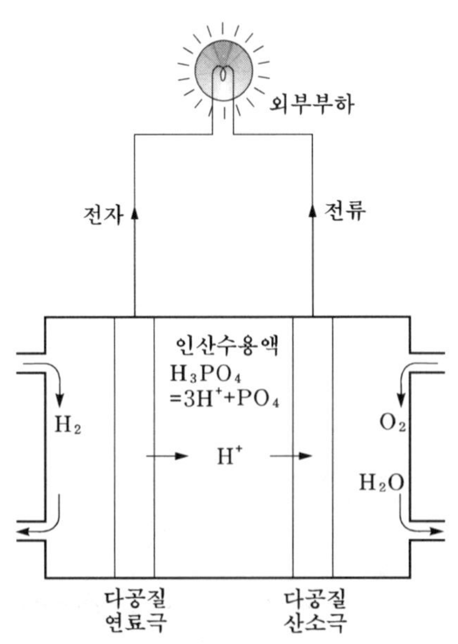

그림 17.16 인산형 연료전지의 동작 원리도

이 전극반응은

$$\text{연료극 : } H_2 \rightarrow 2H^+ + 2e^- \tag{17.2}$$

(전자를 외부 회로에 흘림으로써 −극이 됨)

$$\text{산소극 : } \frac{1}{2}O_2 + 2H^+ + 2e^- \rightarrow H_2O \text{ (+극으로 됨)} \tag{17.3}$$

양식을 더하면 잘 알려진 수소의 산소에 의한 산화반응으로 된다. 즉,

$$H_2 + \frac{1}{2}O_2 \rightarrow H_2O \tag{17.4}$$

전기 화학반응은 전극을 중계로 해서 직접전기를 발생한다는 점에 큰 특징이 있는 것이며, 열기관처럼 압력이나 온도가 기계적인 일을 한다는 과정과는 다른 것이다.

17.6.2 연료전지 시스템의 구성과 특징

인산형 연료전지는 수소이온 도전성의 인산액을 사용하고 있기 때문에 연료로서 수소를 써야만 한다. 그러나 수소는 천연가스처럼 자연형태의 연료로서 산출되지 않으므로 화석연료를 개질해서 수소를 만들어 주어야 한다(오늘날 실용화되어 있는 **개질기**는 천연가스, 나프사 등의 연료를 입력해서 수소를 제조하고 있다).

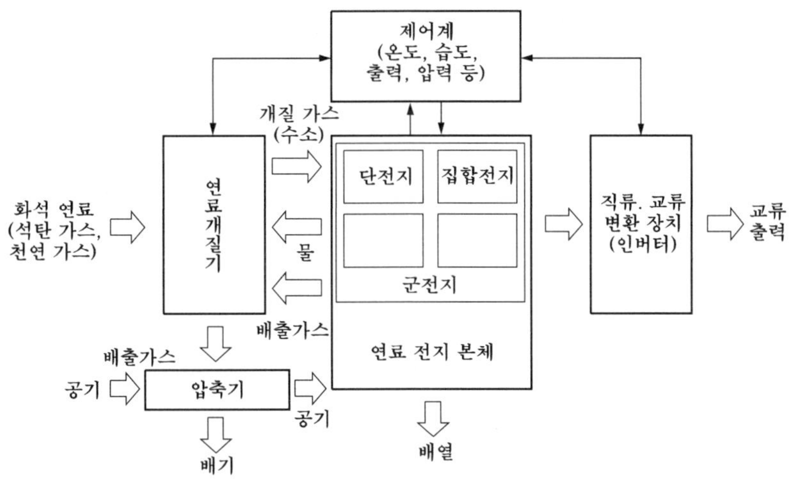

그림 17.17 연료 전지의 구성도

연료전지에서 발전하면 전해질, 연료극, 공기극에서의 손실은 열로 되어서 연료 전지 본체(셀)를 가열하기 때문에 물이나 공기 등으로 냉각하지 않으면 안 된다.

그림 17.17은 연료전지 발전 시스템의 구성도를 보인 것이다.

개질장치는 입력된 화석연료(천연가스, 나프사 등)에 수증기를 첨가하고 외부로부터 가열해서 수소를 제조한다. 화석연료는 일반적으로 CH_4(천연가스의 주성분임)라든지 메틸알코올 CH_3OH 등 개질하기 쉬운 것이 사용된다.

천연가스(메탄)의 개질에는 800 [℃] 정도의 온도가 필요하다. 연료전지의 직류 출력은 그대로 쓸 수도 있지만, 전력계통과 연계시켜서 사용하려면 인버터를 설치해서 교류로 변환해 주어야 한다.

이 연료전지의 특징은 다음과 같다.

① 에너지 변환효율이 높다.

복합 사이클 발전에서도 기껏해야50 [%] 정도의 효율밖에 안 되는데 연료전지의 경우에는 발전원리가 전혀 다르기 때문에 최대 60～65[%] 정도의 발전효율이 얻어질 것으로 기대되고 있다.

② 전지본체가 모듈구성으로 되어 있다.

필요한 전력량에 맞추어서 모듈수를 증감함으로써 요구될 발전규모에 융통성 있게 대응할 수 있다.

③ 환경상의 문제가 없다.

연료전지는 증기 터빈계를 갖지 않는 것이 일반적이기 때문에 온배수의 방출이 없으며, 대기오염, 소음, 진동 등이 없기 때문에 수용가에 근접해서 설치할 수 있다.

④ 단위 출력당의 용적 또는 무게가 작다.

⑤ 부하조정이 용이하고 저 부하에서도 발전효율의 저하가 작다.

⑥ 연료로서는 천연가스, 메타놀로부터 석탄 가스까지 사용 가능하므로 석유 대체효과를 기대할 수 있다.

이와 같은 특징 때문에 연료전지는 소규모인 수 100[kW]의 수요지근접·분산전원으로부터 대규모인 수 100[MW]의 집중전원까지의 폭넓은 용도가 상정되고 있다. 따라서 소형 전원일 경우에는 도시내부의 에너지 센터의 주요 발전설비로서의 이용이 가능해서 배전계통의 증감 없이 도시내부에서의 수요증대에 대응할 수 있을 뿐 아니라 동시에 발생하는 온수라든지 증기에 의한 열을 사용해서 지역의 냉·난방까지도 함께 할 수 있다. 이렇게 된다면 전체의 에너지 이용효율(종합효율)을 70[%] 이상까지 올릴 수 있을 것이다. 한편 대규모 전원의 경우에는 종래의 화력 발전소와 같은 규모의 대용량 발전설비를 설치해서 운전할 수 있으므로 이른바 화력 대체 전원으로서의 이용도 가능할 것이다.

17.6.3 연료전지의 종류

(1) 인산형 연료전지

인산형 연료전지는 인산수용액을 전해질로 하는 연료전지이다. 이 전지의 동작온도는 약 200 [℃]로서 다른 연료전지에 비해서 비교적 낮은 온도에서 가동되기 때문에 기동·정지라든가 보수 면에서의 취급이 용이하다는 것과 그밖에 재료 면에서나 성능 면에서도 많은 개선이 이루어져서 상용화에 가장 가까운 위치에 있다고 해서 **제 1 세대의 연료전지**라고 불려지고 있다.

현재 이 인산형 연료전지는 이미 수 100～수 1,000[kW]급의 것이 이른바 **온 사이트 방식**이라 해서 지역 공급용 연료전지로서 최종 수요지에 설치, 운전 중에 있다.

그동안 미국에서는 ONSI 회사가 250[kW] 시스템 300여기를 보급·운용시켜 왔으며, 이용형태는 빌딩 및 건물에 열 및 전기를 공급하는 열병합 분산형 전원으로서 많은 기대를 모우고 있다. 그밖에 일본에서는 최근에 세계 최대급인 11,000[kW] 연료전지 플랜트(수냉식 인산형)를 건설해서 본격적인 운전에 들어가고 있다.

(2) 용융 탄산염형 연료전지

용융 탄산염형 연료전지는 석유, LNG 및 석탄가스의 개질에 의한 H_2와 CO를 연료로 하고 탄산나트륨, 탄산리튬, 탄산칼슘 등의 용융 탄산염을 전해질로 하고 있다. 이것은 650[℃] 라는 고온에서 가동되고 있으며, 발전효율도 비교적 높다고 해서 **제 2 세대의 연료전지**라고 불려진다.

이것은 제 1 세대의 인산형 보다도 같은 전압에 대해서 전류밀도가 높고 동작온도도 650 [℃]로 높은 것만큼, 한층 더 효율이 좋고 또한 CO를 많이 포함하는 석탄가스의 사용도 가능해서 연료의 다양화를 도모할 수 있다는 장점 때문에 그 연구개발이 활발하게 추진되고 있다. 또, 최근에는 이 용융 탄산염형 연료전지를 석탄 가스화 장치와 조합시켜서 가스터빈을 버터밍 사이클로 하는 가압운전을 실현하는데 성공(종합효율 90[%] 달성)함으로써, 장래의 화력발전 대체용 전원으로서 기대 되고 있다.

우리나라에서도 지난 90년대 중반부터 연료전지에 대한 연구개발이 활발하게 추진되고 있는데, 개발은 주로 이 용융탄산염 연료전지 발전방식을 중심으로 해서 현재 250[kW]급 발전시스템의 개발연구가 진행중이다.

(3) 고온 고체전해질형 연료전지

고체 전해질형 연료전지는 석탄가스의 개질에 의한 저 순도의 가스도 연료로서 쓸 수 있는 칼시아(CaO)라든지 질코니아(ZrO_2)와 같은 고체 전해질을 사용하고 있다. 이것은 연료전지 중에서도 가장 높은 800~1,000[℃] 전후의 온도영역에서 작동되는 것이다. 또 이것은 용융 탄산염형 연료저지와 마찬가지로 연료전지의 내부에서 발생하는 열을 사용해서 천연 가스 등을 개질할 수 있기 때문에, 연료로서 천연 가스라든가 석탄 가스를 직접 사용할 수 있다는 것과 연료전지 중, 가장 효율이 높다는 특징을 가진 전지로서 **제 3 세대의 연료전지**라고 불러지고 있다.

이 전지는 동작온도가 1,000[℃]로 높기 때문에 내부개질이나 가스터빈에서 폐열을 회수할 수 있어서 전체적인 발전효율을 한층 더 높일 수 있다. 그러나 전지전체는 세라믹으로 구성(원통형 구조로 됨)되기 때문에 전지본체의 재료라든지 제작 구성법, 열응력 등에서 해결되어야 할 기술과제가 많이 남아 있다.

표 17.1에 이들 각종 연료전지의 구성과 특성 예를 정리해서 보인다.

표 17.1 연료전지의 종류와 특징

	인산형 (PAFC)	용융탄산염형 (MCFC)	고체 전해질형 (SOFC)	고체 고분자형 (PEFC)
전 해 질	인산수용액 H_3PO_4	리튬–나트륨계 탄산염 리튬–칼륨계 탄산염	질코니아계 세라믹스 (질코니아 산화칼슘의 혼합물 등)	고분자막
작동온도	200 [℃]	650~700 [℃]	900~1,000 [℃]	70~90 [℃]
연 료	천연가스(개질) 메타놀(개질)	천연가스 석탄 가스화 가스	천연가스 석탄 가스화 가스	수소 메타놀(개질) 천연가스(개질)
발전효율	35~42 [%] 정도	45~60 [%]	45~65 [%]	30~40 [%](개질가스 사용의 경우)
특 징	실용화에 가장 가깝다.	고발전 효율 내부개질이 가능	고발전 효율 내부개질이 가능	저온에서 작동 고 에너지 밀도 이동용 동력원 및 소용량 전원에 적합
현재의 개 발 상 황	5,000 [kW] 및 11,000 [kW]급 플랜트의 운전시험 완료	1,000 [kW]급 파일럿 플랜트 및 200 [kW]급 내부개질형 스택의 연구개발 실시 중		수 [kW] 가정용, 수 10 [kW] 빌딩용 분산형 전원의 개발 실시 중 수[kW]의 모듈 개발 중

17.7 MHD 발전

MHD 발전이란 Magnet Hydro Dynamic Generation(전자 유체역학 발전)의 약칭으로서 이 발전의 원리는 그림 17.8에서와 같이 석탄이나 중유 등을 연소해서 얻어지는 고온 연소가스(2,000～2,700 [℃])를 전기도체 대신에 강력한 자계 속을 통과시켜 자속을 끊음으로써 패러데이의 전자 유도법칙에 따라 발전하는 것이다.

이때 발생되는 전력 P는 단자전압(출력전압)을 V, 전류를 I라고 할 때,

$$P = VI = kB^2v^2 \tag{17.5}$$

로 주어진다. 여기서, k는 기체의 도전율에 비례하는 정수이다.

V는 자속 밀도 B, 기체의 유속 v 및 전극간의 거리에 비례하고, 전류 I는 기체의 도전율, 유속 v, 자속 밀도 B에 비례한다.

이와 같이 MHD 발전에서는 작동유체의 운동 에너지가 직접 전기 에너지로 변환된다. 그러나 현실의 MHD 발전에서는 작동유체로서 석유, 석탄, 천연가스 등의 연소가스를 사용하기 때문에 열에너지가 변환된다고도 볼 수 있다. MHD 발전에서는 통상의 발전기와 달리 기계적인 회전부분이 없기 때문에 대형화에 알맞고 또 고온의 유체를 사용하기 때문에 열기관으로서의 효율도 높일 수 있을 것으로 기대되고 있다.

MHD 발전은 현재 미국에서 출력 35[MW]의 것이 운전 중이고, 소련에서는 출력 25[MW], 그 밖에 미국에서도 출력 50[MW]의 것이 개발 중에 있다고 한다.

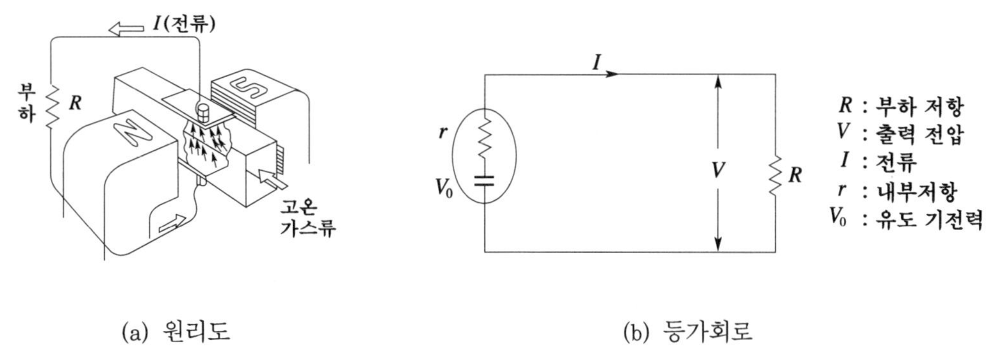

(a) 원리도 (b) 등가회로

그림 17.18 MHD 발전의 원리

17.8 석탄가스화 복합발전

석탄은 탄소 외에 다량의 유황과 질소성분을 포함하고 있기 때문에 그대로 연소시키면 대기를 오염시킨다. 이들의 대기오염을 제거하고, 또한 고체연료의 결점인 수송, 저장상의 문제를 해결하기 위해서 석탄을 가스화 또는 액체화해서 발전하는 새로운 발전방식이 각광을 받고 있다. 이 중 전자에 속하는 **석탄 가스화 복합발전**은 석탄을 먼저 가스화하고, 이 석탄 가스를 사용해서 가스터빈 발전을 하고 난 다음에, 다시 그 배열을 이용해서 증기터빈 발전을 한다는 2 단계 발전 시스템이다.

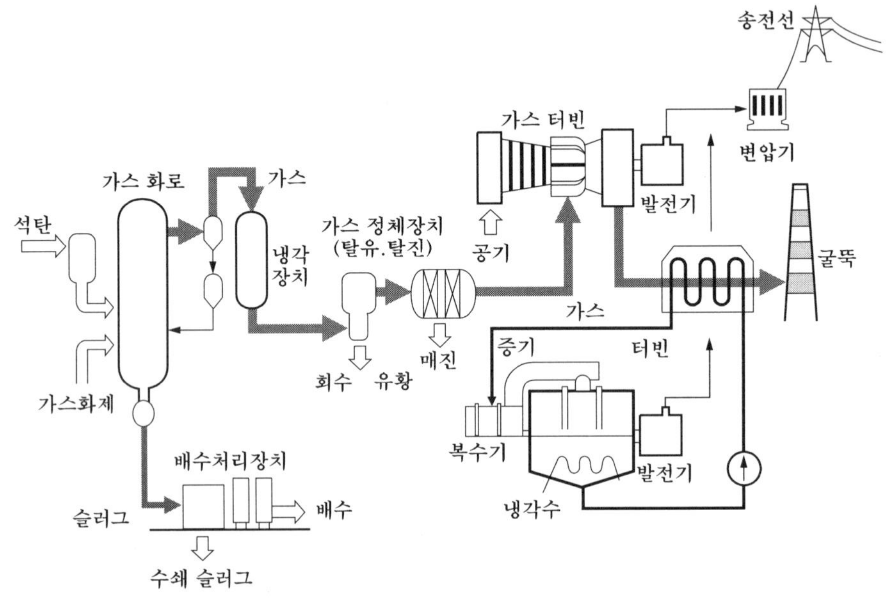

그림 17.19 석탄 가스화 복합 발전의 구성 예

이 시스템은 종래의 미분탄연소 화력과 비교할 때

① 발전효율이 3~5 [%] 정도 더 높다 (1,300 [℃]급 가스터빈).

② 매진, SOx의 배출량이 감소되고 온배수 량도 30 [%] 정도 줄어들어 환경 대책 면에서 우수하다.

③ 경제성 측면에서도 유리해질 가능성이 있다.

등의 특징이 있어, 이 발전 시스템은 다음 세대의 석탄이용의 주력 전원기술로서 기대되고 있다. 최근에는 석탄 가스화 발전 외에 석탄을 미세하게 분쇄해서 중유와 거의 같은 양씩 혼합시켜 만든 액화연료를 이용하는 **석탄 액체화 발전**(COM-Coal Oil Mixture) 도 관심을 모으고 있다.

COM은 액체이기 때문에 중유 등과 마찬가지로 탱커 수송이나 탱크저장, 더 나아가서 파이프라인에 의한 수송도 가능하기 때문에 석탄에 비해 취급이 용이하고 회 처리 설비도 필요 없다는 특징을 지니고 있다.

표 17.2는 석탄, COM, 중유의 특성을 비교한 것인데, 이로부터 COM은 석탄과 중유의 중간적인 특성을 지니고 있음을 알 수 있다.

표 17.2 COM의 특성 비교

항 목	COM	석 탄	중 유
상태	액상	고체	액체
발열량 [kcal/kg]	8,500	6,700	10,300
비중	1.15	1.35	0.95
회분 [% : 중량비]	7.5	15	0.02
유황분 [% : 중유탄산]	1.25	1.0	1.5

17.9 핵융합 발전

일반적으로 원자력이란 무거운 원자핵이 핵분열해서 가벼운 핵으로 바뀌면서 발생하는 에너지를 이용하는 것인데, 핵융합은 반대로 가벼운 원자핵을 융합해서 무거운 핵으로 바꾸어 줄 때 핵분열 때와 마찬가지 원리로 핵반응 전후의 질량결손에 해당하는 방출 에너지를 이용하는 것이다. 가벼운 핵인 중수소($_1H^2$) 원자들이 핵융합 하여 헬륨($_2He^4$, $_2He^3$)핵으로 전환되면서 방출하는 에너지가 곧 태양의 에너지인 것이다. 따라서 태양은 자연적인 핵융합로라고 말할 수 있다.

원자핵은 철(Fe)보다 원자번호가 큰 원소는 핵분열로 에너지를 방출하고 철보다 원자번호가 작은 원소는 핵융합으로 에너지를 방출한다는 것이 알려져 있다. 따라서 핵융합에서는 제일 가벼운(원자번호가 제일 작은) 원소인 수소라든지 두 번째로 가벼운 헬륨이 연료로 사용하게 된다.

그림 17.20에서와 같이 질량수가 작은 원자, 예를 들면 중수소 D^2와 3중수소 T^3가 서로 융합해서 헬륨 He^4를 발생하는 핵융합 반응(D-T 반응)에서는 0.019[amu]의 질량이 남아돌게 되어 이에 상당하는 에너지 (약 18[MeV])가 방출된다.

태양은 이와 같은 핵융합 반응을 거대한 중력으로 유지하고 있다. 핵융합로는 이러한 반응을 지구상에서 지속적으로 발생시키고자 하는 것이다. 이와 같은 반응을 열평형 상태에서 실현시키기 위해서는 약 1억도(10[keV])의 고온 플라즈마 상태를 만들어주어야 한다.

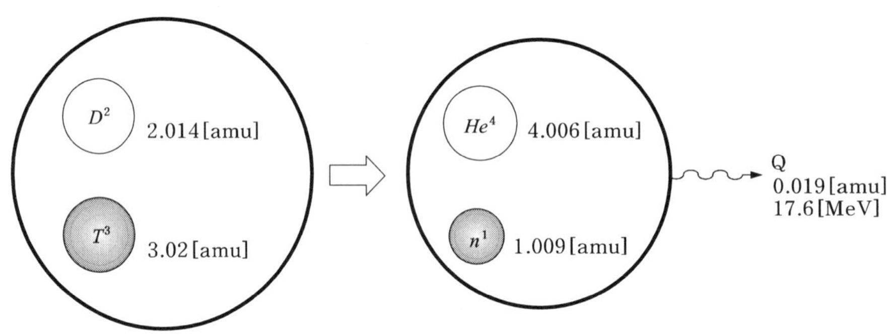

그림 17.20 핵융합으로 해방될 에너지(D-T 반응)

핵융합에 의하면 핵분열의 경우에 비해 약 4 배의 더 많은 에너지를 얻을 수 있어서 중수소 1 [gr]은 석탄 12[t]에 해당한다고 한다. 또, 연료의 중수소는 바닷물로부터 얼마라도 얻을 수 있다는 장점이 있다. 그러나 실제로 이러한 핵융합 반응을 일으키기 위해서는 연료로 되는 2 개의 원자핵을 전기적인 반발력에 이겨낼 수 있을 정도의 고속도로 충돌시켜 주어야만 한다. 또한, 반응의 결과 방출된 에너지가 원자핵을 가속하는 데 소요된 에너지를 초과하기 위해서는 원자핵간의 충돌빈도가 높아야 한다.

이러한 요구조건을 만족시켜 주기 위해서는 고온 플라즈마 상태에서의 원자핵의 열운동에 의한 충돌을 이용하게 되는데, 이를 실현하기 위해서는 1억 [℃] 이상의 고온 플라즈마를 노벽에 닿지 않게끔 강력한 자계로 봉쇄해 주어야 한다는 등 고도한 기술개발이 필요한 바 이에 대해서는 아직 부분적인 실험이 실행되고 있는 단계에 머물고 있을 뿐이다.

연 습 문 제

1. 에너지 자원은 언젠가는 고갈될 것이다. 이와 같은 시점에서의 사회구조라든지 생활양식을 가상하고 에너지 소비 및 에너지 자원에 대해서 설명하여라.

2. 1 [kWh]의 에너지를 다음의 양으로 나타내어라.

(1) 석유

(2) 석탄

(3) 1 [t]의 물 낙차

(4) 10 [l]의 물의 가열

3. 파라데형 MHD 발전장치에서 플라즈마의 도전율 σ가 8[℧/m], 유속 v가 1,000[m/s], 부하율 K가 0.6, 자속밀도 B가 1.2[T]일 때의 출력밀도를 구하여라. 또, 이때의 최대 출력 밀도는 얼마인가?

4. 태양열 이용의 주간출력 20[MW]의 발전소를 건설하고자 한다. 열효율 30 [%]일 때의 태양광을 집광하는 데 필요한 면적 [m^2]을 구하여라. 단, 발전지점의 태양 에너지 밀도는 태양정수와 같다고 가정한다.

5. 10[MW]의 태양열 발전에 필요한 수광(受光)면적을 구하여라. 단, 태양 에너지 밀도는 600[W/m^2], 발전효율은 18[%]라고 한다.

6. 다음과 같은 집중형 태양열 발전소에 필요한 수광(受光) 면적을 계산하여라.

출력 : 3,000[kW]	일사 강도 : 0.75[kW/m^2]
평면경 반사율 : 85[%]	발전 효율 : 15[%]

7. 오늘날 우리나라에서도 일부 보급되기 시작하고 있는 주택용 태양광 발전 시스템의 기본구성에 대해 설명하여라.

8. 평균풍속 10[m/s]의 지점에 풍차 회전면적 100[m^2]의 풍차 발전기를 10대 설치하였다. 풍차 발전기 효율이 38[%]일 때의 출력을 구하여라.

9. 파도가 진행하는 방향에 직각으로 1[m]당 80[kW]의 파력이 있다. 이것을 효율 50[%]의 부체(浮体)로 발전에 이용하고자 한다. 부체의 1[m]당의 무게는 2,000[t]인데, 그 중 500[t]이 강철이라 할 때 강철의 설비에 필요한 에너지를 회수하는 데 소요될 시간을 계산하여라. 단, 강철의 생산에 필요한 에너지는 1[t]당 35[GJ]라고 한다.

10. 세계적으로 수많은 나라에서 연료전지의 실용화 개발을 서두르고 있는데 그 이유를 설명하여라.

11. 3가지 이상의 연료전지를 들고 그 동작원리와 구성을 설명하여라.

12. 연료전지의 발전효율이 다른 발전방식에 비해 왜 높은가? 또, 이것은 왜 정격운전할 때보다 부분운전 할 때가 더 높은가에 대해 설명하여라.

13. 연료전지 시스템의 구성을 설명하고 이것이 분산형 소규모 발전에 적합한지 아니면 집중형 대 출력 발전에 적합한 것인지에 대해서 설명하여라.

14. 직접발전과 종래의 발전과의 차이점은 무엇인가? 또, 이들 직접 발전의 주된 용도에는 어떤 것이 있는가에 대해 설명하여라.

15. 화학 에너지를 전기 에너지로 전기 화학적으로 직접변환하고 있는 예를 3가지 이상 들고 그 동작원리를 설명하여라.

제 18 장

변전설비

18.1 전력계통의 개요

수력, 화력 및 원자력 등의 발전소에서 발전된 전기는 송전선으로 변전소에 보내지고, 여기서 전압을 변압(승압 및 강압)해서 송전선으로 다른 변전소에 송전하거나 또는 송전선이나 배전선을 통해서 직접 수용가에게 보내기도 한다.

이처럼 발전소에서 발전한 전력을 송배전선을 통해서 수용가에게 공급하는 과정에서 전압을 승압하거나 또는 강압해 줄 필요가 있으며, 또 이 과정에서 전력을 적당히 집중시키거나 분배해서 수용가에게 공급해 줄 필요가 있다. **변전소**는 이러한 목적을 다하기 위해서 건설, 운용되는데, 이 밖에도 전기의 질을 유지하기 위한 전압 조정, 전력조류 제어, 송배전선 및 변전소 자체의 보호를 한다는 등의 중요한 역할을 하고 있다.

특히, 전기 없이는 못살게 된 현대생활에서는 단 한순간의 정전도 커다란 사회적인 영향을 미치기 때문에 오늘날 전력공급에서의 신로도 문제가 아주 중요시 되고 있다. 이 때문에 항상 자연에 노출된 상태에서 운전되는 송전선이나 배전선에 가령, 벼락이 떨어진다거나 외부 물체와의 접촉 등으로 전기사고가 발생하더라도, 정확하게 사고점을 검출하고 즉시에 이 사고를 제거할 수 있는 보호계전장치와 차단기 등을 설치해서 계통을 보호해 주어야만 한다. 그밖에 계통의 전압과 주파수도 주어진 허용범위 내에 유지하기 위한 여러 가지 장치도 설치해서 이들을 적절하게 제어하고 감시할 필요가 있는데, 바로 이러한 계통운용과 제어의 중심적인 역할을 맡아 하는 곳이 변전소인 것이다.

그림 18.1은 이러한 변전소를 중심으로 한 전력 계통의 구성 예를 보인 것이다.

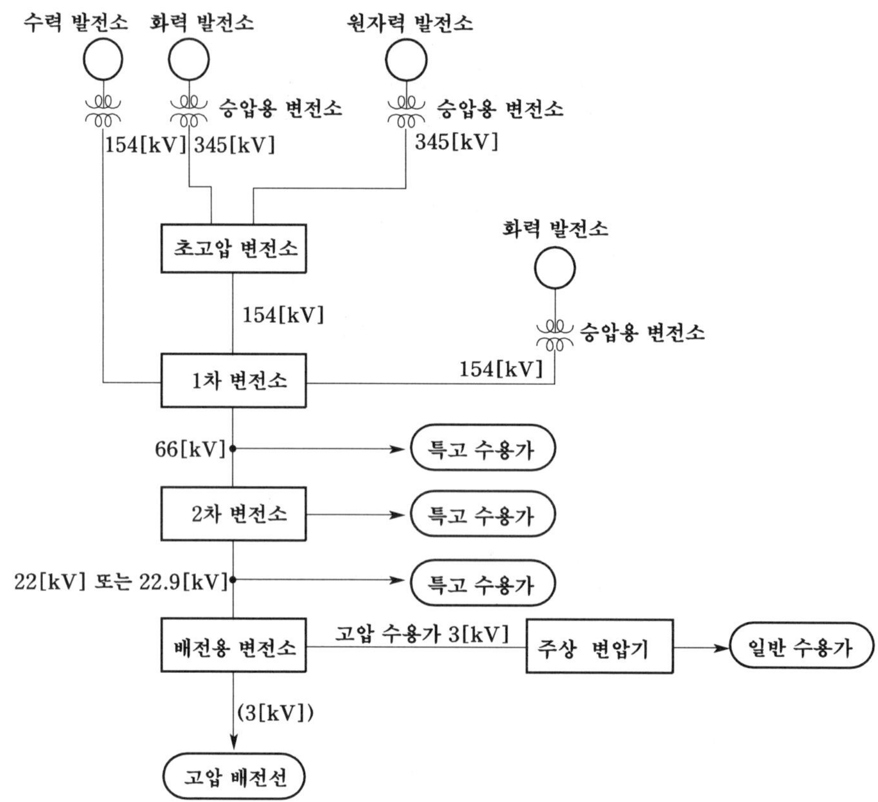

그림 18.1 전력계통의 구성 예

18.2 변전소의 종류

변전소는 이것이 설치될 전력 계통상의 위치, 변전소의 형식 및 제어 방식에 따라 여러 가지 종류로 나뉘어진다.

18.2.1 변전소의 용도에 의한 분류

(1) 송전용 변전소

특별 고압으로 수전한 전기를 다른 특별 고압으로 변압해서 송전하는 변전소로서, 이것은 다시 승압용 변전소와 강압용 변전소로 구분된다. **승압용 변전소**는 주로 수력, 화력, 원자력 발전소 내, 또는 그 근방에 건설되는 변전소로서 비교적 낮은 발전기 전압(수 [kV]~30 [kV] 정도)에서 발전된 전기를 높은 송전 전압에 맞추어 승압하는 변전소이다. 이것은 발전소의 규모나 용도에 따라 다르겠지만, 일반적으로는 승압용 변압기를 사용해서 발전기 전압으로부터 1단의 승압으로 154~765 [kV]까지 임의의 전압으로 올리고 있다. 이에 대하여 수전단, 곧 수용가 부근에 설치되어서 전압을 낮추는(이 경우에는 용도에 맞추어 여러 단계로 나뉘어진다) 변전소를 **강압용 변전소**라고 한다.

(2) 배전용 변전소

특별 고압으로 수전한 전기를 배전 전압으로 강압해서 배전하는 변전소이다. 변전소의 수는 송전용 변전소보다 훨씬 많지만, 통과하는 전력은 그다지 많지 않은 것이 보통이다.

18.2.2 전압의 변압 단계에 의한 분류

(1) 초고압 변전소

전력 계통의 기간이 되는 변전소로서 가령 우리나라에서는 345[kV] 또는 765[kV]의 선로를 연결하고, 또한 여기서 154[kV] 이하의 하위 계통으로 연결하기 위하여 345[kV] 또는 765[kV] 초고압 송전전압을 154[kV]로 강압하고 있다.

(2) 1차 변전소

강압용 변전소에서는 전력 공급 상, 앞서 그림 18.1에 보인 것처럼 여러 단계로 전압을 낮추게 된다. 이때 강압하게 되는 전압의 크기에 따라 **1차 변전소**, **2차 변전소** 등으로 나누어서 부르는 경우가 있다. 우리나라의 경우 1차 변전소는 345[kV] 또는 765[kV]에서 154[kV] 또는 66[kV]로 낮추고, 2차 변전소는 154[kV] 또는 66[kV]에서 22[kV]로 낮추는 것으로 구분해 왔으나, 최근에는 전압계급을 축소시켜서 66[kV]를 없애고 154[kV]로부터 직접 22.9[kV]로 낮추는 방향으로 나가고 있다.

(3) 배전용 변전소

22~22.9[kV]급의 전압으로부터 일반 수용가의 배전에 알맞는 보다 낮은 3~6[kV]급의 전압으로 강압하는 변전소이다.

18.2.3 변전소의 형식에 따른 분류

(1) 옥외식 변전소

주변압기, 개폐설비 등의 주요 회로기기를 모두 옥외에 설치하고 배전반 등의 제어장치만을 옥내나 큐비클 내에 설치한 것이다. 이 방식으로는 변전소의 용지 면적은 많이 소요되지만, 건설공사비가 가장 싸지고, 기기배치를 정연하게 평면적으로 배열할 수 있어서 유지보수관리를 쉽게 할 수 있다는 장점이 있다.

(2) 옥내식 변전소

주변압기, 개폐설비 등의 주요 회로기기 및 배전반 등의 제어장치의 모두를 옥내에 설치한 것으로서, 옥외식에 비해 용지 면적은 줄어들지만, 건물공사비는 비싸진다. 건물내의 좁은 공간 내에 각종 기기를 설치해야 하기 때문에 설치공사에 어려움이 있고 보수유지관리도 옥외식에 비해 어려워진다는 결점이 있다. 또 주요설비의 일부를 옥내에 두고 나머지를 옥외에 설치하는 방식을 반 옥내변전소라고 부르고 있다.

(3) 지하식 변전소

도심부 등 용지 확보가 곤란할 경우에는 빌딩이나 공원 등의 지하에 변압기 및 주요 기기를 설치하는 방식으로서, 건설공사비는 가장 비싸지만, 경관대책이나 방범대책면에서의 효과는 크다. 최근 우리나라의 대도시에서는 용지 문제 외에 소음과 환경대책의 일환으로 이 지하식이 많이 건설되고 있다.

이밖에도 변전소는 제어 방식에 따라 상시 감시제어, 단속 감시제어, 원격 상시 감시제어, 원격 단속 감시제어 및 간이 감시 등의 여러 가지 형식의 변전소로 나뉘어지고 있다.

우리나라에서도 최근 전력 계통 운용의 자동화 및 배전 자동화의 추진에 따라 주요 변전소는 모두 컴퓨터에 의한 원방 감시제어방식 변전소나 무인 변전소로 탈바꿈해 나가는 추세에 있다.

18.3 변전소의 기능

(1) 변압기에 의한 계통전압의 변압

변전소의 변전이라는 말은 전압을 바꾸어 준다는 뜻이다. 전력($P = V \cdot I$)은 전압에 비례하고, 같은 전력을 보낼 때, 전류($I = P / V$)는 전압에 반비례하고 있다. 한편 송전손실($P_0 = I^2 R$)은 전류의 제곱에 비례하고 있음으로 손실을 적게 하려면 전류를 작게 할 수밖에 없고 이것은 전압을 높임으로써 달성된다. 따라서 변전소에서의 전압의 변압(승압)은 전력을 경제적으로 송전하기 위해서 실시하는 것으로서 이에 의해서 적정한 전력 수송 능력의 확보, 전력 수송 설비의 경감과 전력 손실의 감소를 도모할 수 있다.

교류 전압의 변압은 변압기에 의해서 이루어진다.

(2) 전력의 집중과 배분

전력의 안정된 공급을 위해서는 발전력이라든가 수송력의 연계 및 집중(pool)은 필요 불가결한 것이며, 또 대 전력의 경제적인 수송을 위해서도 전력의 집중이 필요하다. 이에 따라 수요 지역에서의 전력 배분도 필요하게 된다. 이 전력의 집중과 배분은 변전소의 모선을 중심으로 해서 이에 접속되는 송배전선을 통해서 실시된다.

(3) 전압의 조정

전압 조정은 전기의 질의 유지, 즉 수용가의 수전 전압을 언제나 일정값 범위 내에 유지하기 위해서 주로 전압 조정 장치 및 조상설비의 양자로 실시하고 있다.

(4) 전력조류의 제어

유효전력의 제어는 발전소의 출력조정이 그 주축을 이루고 있지만, 한편 변전소에 요구되는 제어 기능은 전력계통의 접속 변경, 계통 내 설비의 과부하 방지, 사고시의 공급지장 범위 확대 방지 등이다. 이에 대하여 무효 전력의 제어는 발전소에서의 무효 전력 발생 외에 무효 전력의 공급을 가능한 한 소비 지점 가까이에서 하는 것이 보다 경제적이기 때문에, 변전소에 조상설비를 설치하고 이를 통해서 무효 전력의 발생과 그 출력 조정을 하고 있다.

(5) 송배전선 및 변전소의 보호

전력 설비는 광범위하게 분포되어 자연 환경에 노출되어 있으며, 과부하에 의해서도 설비가 위험 상태에 빠지기 쉬울 뿐만 아니라 설비 자체에도 사고가 일어날 가능성이 많다. 이와 같은 사태에 대비해서 송배전선 및 변전소를 보호할 필요가 있는데, 이를 위한 여러 가지 보호 장치가 변전소에 설치되고 있다.

(6) 변전소의 운전 보수

위와 같은 변전소의 사명을 다하기 위해서는 변전소의 운전 보수가 확실, 안전, 용이하게 실시되지 않으면 안 된다. 구체적으로는 감시, 제어, 계측 등이 쉽게 이루어지도록 하는 데 필요한 기능을 유지하기 위한 보수가 가능하여야 한다.

그림 18.2는 변전소의 기기 배열의 일례를 보인 것이다.

18.4 변전소의 설비 구성

변전소는 전술한 기능을 다하기 위해서 주변압기, 모선, 개폐설비, 제어장치, 변성기, 피뢰기, 조상설비 및 기타의 여러 가지 설비로 구성되고 있다.

(1) 주변압기

변전소의 중심이 되는 것이 주변압기이다. 그동안의 제작기술의 진보에 따라 신뢰성이 향상되었기 때문에 주변압기로서는 경제적인 3상 변압기가 사용되고 있다. 단, 345[kV], 765[kV]와 같은 초고압 대용량 변압기는 수송상의 제약 등으로 일반적으로는 단상 변압기가 사용되고 있다.

권선 방식으로는 송전용 변전소에서는 3권선, 배전용 변전소에서는 2권선이 많이 사용된다. 또 최근에는 전력 계통에서의 전압조정을 위해서 부하시 탭 부설의 변압기가 널리 채용되고 있다.

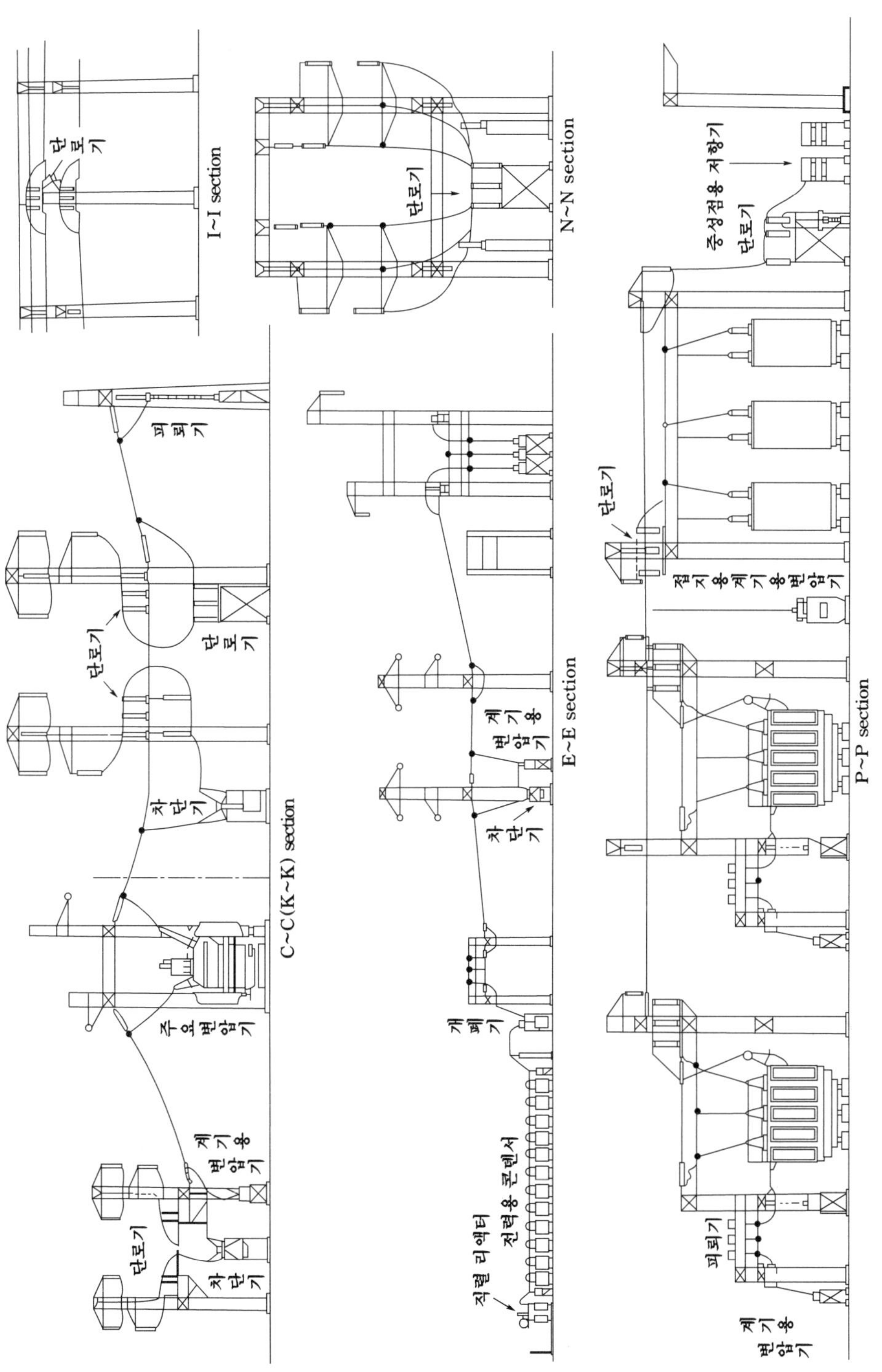

그림 18.2 변전소에서의 기기 배열의 일례

(2) 모선과 개폐설비

송배전선의 전기를 집중, 분기, 배분하기 위한 모선이 있고, 또 각각의 송배전선의 인출구에 차단기라든가 단로기 등의 개폐설비가 설치되어 있다. 차단기는 평상시의 전력의 송전, 정지 또는 송전선을 절체하는데 사용되며, 송배전선이나 기기의 고장 발생시에 회로를 자동 차단하는 역할을 담당하고 있다. 단로기는 송배전선, 변압기, 차단기 등의 보수·점검시에 이들을 회로로부터 분리시키거나 모선의 루프 절체용으로서 사용된다.

(3) 제어장치와 변성기

제어장치는 변전소에서의 중추신경이다. 이 장치는 운전원이 기기의 상태를 감시하고 필요에 따라 기기의 조작 및 변성기와 조합해서 전압, 전류, 전력 등의 계측을 한다. 또 고장 발생시에는 보호계전기로 자동적으로 차단기를 동작시켜 고장부분을 회로로부터 분리해서 설비를 보호하거나 설비의 복구를 위한 회로를 절체하는 역할을 담당하고 있다.

변성기는 변전소의 높은 전압이나 큰 전류 등은 직접 측정할 수 없기 때문에 이것을 측정하기에 알맞는 전압, 전류로 변성하기 위한 것으로서 **계기용 변압기**(PT), **변류기**(CT), 전압전류 변성기 등이 있다.

(4) 피뢰기

송전계통에 발생하는 뇌(雷) 서지라든가 개폐 서지와 같은 이상전압이 발생하였을 때 이것으로 주변압기를 비롯한 기기가 손상(절연파괴)되지 않게끔 서지를 일정값 이내에 억제해서 보호하는 역할을 한다.

(5) 조상설비

조상설비는 중부하시에는 진상전류를 취하고, 경부하시에는 지상전류를 취함으로써 전압조정을 함과 동시에 전력손실의 경감을 도모한다. 이 조상설비에는 정지기와 회전기가 있는데, 전자에는 전력용 콘덴서와 분로 리액터가, 후자에는 조상기가 있다.

(6) 기타 설비

변전소 내는 위의 각 설비 외에 중성점 접지장치, 차폐장치, 축전지, 압축 공기계, 애자세척장치 및 단락용량 억제를 위한 한류 리액터 등의 어러 가지 설비가 설치 이용되고 있다.

18.5 변전소의 새로운 경향과 운용

(1) 변전소의 고전압, 대용량화

최근의 전력계통은 입지난에 의해서 화력·원자력 등의 전원이 점점 원격화, 대규모화됨에 따라 발생전력을 수용가에게 보내는 송전선이나 변전소도 고전압·대용량화되고 있다. 1970년대에는 345[kV] 송전선이 건설되었으며, 2000년대에 들어서면서 우리나라에서도 765[kV] 초고압 송전선로도 건설되면서 계통강화를 위하여 765[kV] 변전소가 계속 건설되었다. 이와 동시에, 송전 용량의 증대에 따라 단일 변전소의 출력도 4,000~10,000[MVA]로 대형화하는 등 고전압, 대용량화의 추세를 보이고 있다.

(2) 초소형 변전소의 건설

도심 지역에서의 수요 증대에 비해 도시 및 그 주변에서의 변전소 용지 확보가 어려워짐에 따라, 송전의 고전압, 지중화와 더불어 변전소의 지중화 및 축소화가 적극 추진되고 있다. 특히 변전소에서 넓은 공간을 차지하는 모선, 개폐설비 등의 절연 공간을 줄이기 위하여 절연내력이 우수한 SF_6 가스 절연방식을 채용함으로써 변전소의 용적을 종래의 1/6~1/10 이하로 축소시킬 수 있는 초소형 변전소의 건설이 늘어나고 있다.

(3) 운전, 보수의 근대화

전력 수요의 증대에 따라 도시에 배전용 변전소가 많이 신설되고 있다. 변전소의 운용으로서는 변전 설비의 양적 증가 및 전력 공급에서의 고신뢰성을 확보하기 위하여 개폐설비의 원격 조작, 송배전선의 자동재폐로, 자동조작 장치 등 각종의 자동화와 더불어 급전, 배전의 관련 부문과 협조를 꾀하면서 컴퓨터를 활용한 변전소의 대규모 집중 제어가 활발하게 전개되고 있다.

연 습 문 제

1. 최근 고압 고온 대용량의 화력 발전소가 많이 건설되고 있는데 이에 따라 전력 계통은 어떻게 변천하고 있는가?

2. 초고압 대용량 변전소를 설계함에 있어서 특별히 고려하지 않으면 안 될 점에 대해서 설명하여라.

3. 대도시의 과밀 수요 지역에 설치될 변전소에 요구될 기본적인 조건에 대해서 설명하여라.

4. 최근 관심을 끌고 있는 환경 보전과 관련해서 앞으로의 변전소의 건설은 어떻게 추진되어 나가야 하겠는가?

제 19 장

변압기

19.1 변압기의 원리와 종류

변압기란 철심과 이것에 쇄교하는 복수개의 권선을 가지고, 또한 그것들이 서로가 공간위치를 바꾸지 않는 상태에서 전기회로로부터 하나 내지 두 개 이상의 권선에 받은 교류전력을 전자유도작용으로 전압 및 전류를 변성해서 다른 하나 또는 두 개 이상의 권선에 접속된 전기회로에 동일 주파수의 교류전력을 공급하는 기기이다.

곧, 변압기는 두 개의 코일 사이에서 자속의 시간적인 변화를 통해서 일어나는 상호유도작용을 이용하고 있는 것이다. 상호유도작용이란 곧, 패러디의 전자유도 법칙에 기초한 것으로서, 가령, 두 개의 코일을 접근시켜서 한쪽 코일에 전류를 흘리거나 끊어주면 다른 쪽의 코일에 기전력이 발생해서 전류가 흐르는 현상을 말한다. 이때 두 개의 코일 사이에 작용하는 상호유도작용의 크기는 상호 인덕턴스라고 불리는 양에 의해서 표시된다. 변압기의 기본적인 모형은 그림 19.1에 보인 바와 같이 철심에 2조의 코일을 감은 것으로서 전류가 가해지는 쪽을 1차 코일, 전류를 끄집어내는 쪽을 2차 코일이라고 한다.

철심은 자속을 철심 속에 가두어 두는 작용이 있기 때문에, 한쪽의 코일이 발생시킨 자속은 외부로 누설되지 않고 바로 다른 쪽의 코일로 유도하는 작용을 하게 된다. 1차 코일에 교류전압을 인가하면, 에르스텟드의 전류자기작용으로 자계가 발생해서 자속이 철심을 통하여 2차 코일에 전해지며, 패러디의 전자유도작용으로 이 자속이 2차 코일에 기전력을 발생한다. 이때 코일의 권수에 따라 발생전압의 크기가 변하게 된다. 가령, 1차 코일의 권선수보다 2차 코일의 권선수가 많으면, 2차 측에는 1차 측보다 더 높은 전압이 발생하게 된다. 이들의 관계식을 요약하면 다음과 같다.

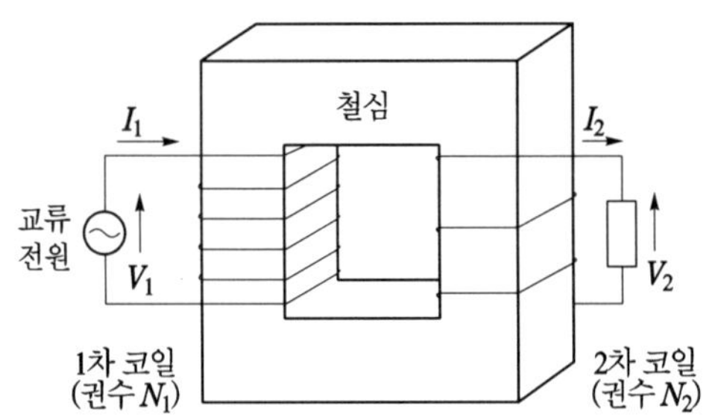

그림 19.1 변압기의 개요도

* 전압비는 권수비와 같다 : $\dfrac{V_1}{V_2} = \dfrac{N_1}{N_2}$

* 전류비는 권수비에 반비례한다 : $\dfrac{I_1}{I_2} = \dfrac{N_2}{N_1}$

* 전력은 불변이다(손실 무시의 경우) : $V_1 I_1 = V_2 I_2$

이렇게 해서 교류전력은 송전하는 도중에서 전압을 높이거나 낮추어서 공장이나 가정으로 보내지고 있는 것이다.

발전기의 발생 전압은 3~25 [kV] 정도로 너무 낮아서 직접 대 전력을 장거리 송전하는 데에는 적합하지 않다. 이 때문에 송전을 위해 전압을 승압하거나 또는 그와 반대로 송전선을 통해 수송되어 온 고압의 전력을 수용가에게 분배하기 편한 낮은 전압으로 강압시켜 주는 것이 곧 변압기이다. 최근의 변압기는 전력 수요의 증가, 발전기의 대용량화에 따라 고전압, 대형화가 추진되어, 이미 1,000 [MVA]가 넘는 기기도 운전되고 있으며, 앞으로도 제작 기술의 진보와 계통규모의 증가에 따라 더욱 더 대형화되어 나갈 전망이다.

19.1.1 구조에 의한 분류

변압기는 철심과 권선의 구조상의 관계위치로부터 내철형과 외철형으로 나누어진다. **내철형**은 그림 19.2 (a)에 보인 것처럼 철심의 바깥쪽에 권선을 감은 것을 말하며, **외철형**은 같은 그림 19.2 (b)처럼 권선의 주위를 철심회로가 둘러싼 형식으로 된 것이다.

내철형은 1차와 2차 권선간의 절연거리를 쉽게 얻을 수 있다는데 대하여, 외철형은 냉각효과가 좋다는 것과 바깥쪽의 철심으로 권선이 기계적으로 보호된다는 잇점이 있다. 현재 변전소에서는 이 2가지 형식의 것이 다같이 널리 사용되고 있다.

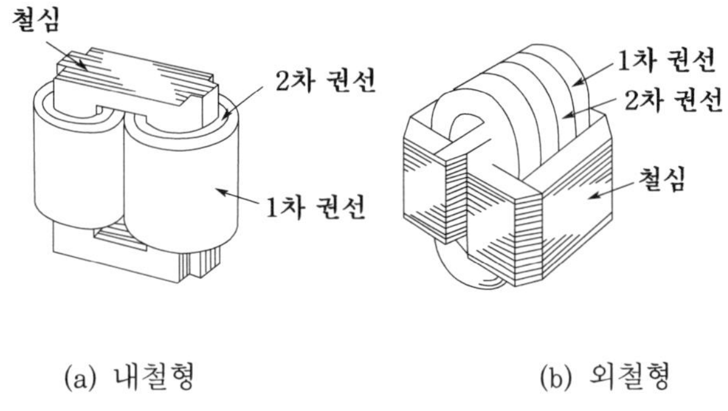

(a) 내철형　　(b) 외철형

그림 19.2 변압기의 내부 구조 예

19.1.2 용도에 의한 분류

변압기는 승압용, 강압용 또는 주상용 등 용도에 따라 여러 가지로 나뉘어진다. 승압용 변압기는 보통 발전소에 설치되고 전압 변성은 발전기 운전 전압으로부터 송전선의 최고 전압까지 1단으로 승압된다.

이에 대하여 강압용 변압기는 변전소에 설치되어 계통 운용상 또는 수용가의 요구에 따라 여러 단계의 전압으로 변성된다.

통상 변압기는 용도에 따라 다음의 4종류로 나뉘어진다.

① A종 변압기
발전기 전압으로부터 다른 특고압으로 승압하는 변압기

② B종 변압기
특고압으로부터 다른 특고압으로 강압하는 변압기

③ C종 변압기
특고압으로부터 고압으로 강압하는 변압기

④ D종 변압기
주상 변압기

19.1.3 상수에 의한 분류

변압기에는 단상용과 3상용의 것이 있다. 단상 변압기는 3대로 1뱅크를 형성하므로 3대가 3상 변압기 1대의 역할을 하게 된다. 최근에는 주로 3상 변압기가 많이 사용되고 있는데, 단상 변압기 3대와 같은 용량의 3상 변압기 1대를 비교하면 다음과 같다.

① 변압기의 가격, 형태, 설치 면적, 모선 배치와 옥외철구의 구조 등의 점에서는 3상 변압기가 유리하다.
② 수송이나 조립면에서는 형태가 작은 단상 변압기 3대 쪽이 유리하다.
③ 예비 변압기를 설치할 경우에는 뱅크 수가 적으면 단상 변압기 쪽이 유리하지만, 뱅크 예비를 둘 경우라든가 변압기의 대수가 많을 경우에는 3상 변압기 쪽이 유리하다.

19.1.4 권선수에 의한 분류

일반적으로 사용되는 변압기에는 2권선 변압기가 많으나 다음과 같은 특별한 경우에는 3차 권선을 갖는 3권선 변압기가 사용된다.

① 변전소에서 조상설비를 설치할 경우에는 동기 조상기용으로서 11 [kV], 전력 콘덴서용으로서 11～22 [kV]의 3차 권선을 갖는다.
② 발전소에서 소내 용 동력 설비에 전력을 공급하기 위하여 따로 소내 용 변압기를 두지 않고 주변압기에 3차 권선을 붙이는 경우가 있다. 이때 그림 19.3에 보인 바와 같은 3권선 변압기의 등가 회로는 그림 19.4와 같은 단선도로 나타낼 수 있다.

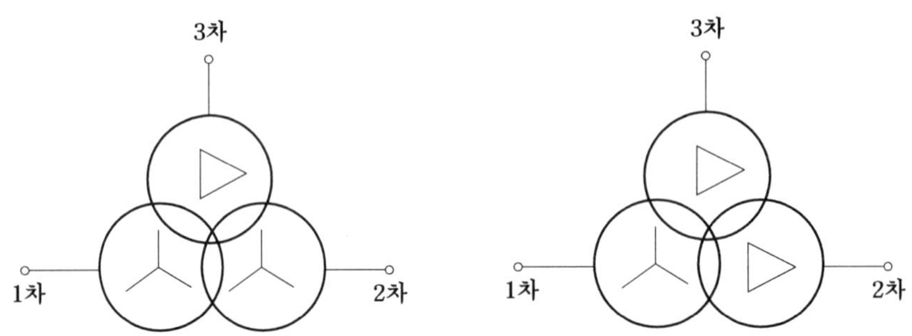

그림 19.3 3권선 변압기

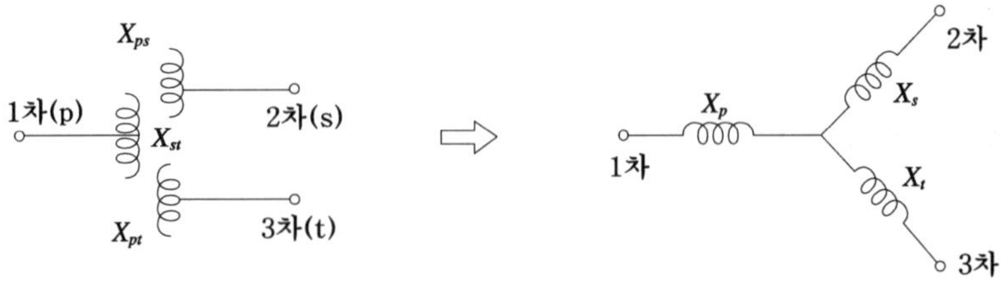

그림 19.4 3권선 변압기의 등가 회로

정격 전압과 어떤 공통의 용량을 기준으로 해서 1-2차간(3차 측 개방시), 2-3차간(1차 측 개방시), 3-1차간(2차 측 개방시) 임피던스가 각각 X_{ps}, X_{st}, X_{tp}[%]일 때 1차, 2차, 3차의 각 임피던스 X_p, X_s, X_t는

$$\left.\begin{aligned} X_{ps} &= X_p + X_s \\ X_{st} &= X_s + X_t \\ X_{tp} &= X_t + X_p \end{aligned}\right\} \qquad (19.1)$$

로부터 각각

$$\left.\begin{aligned} X_p &= \frac{X_{ps} + X_{tp} - X_{st}}{2} \\ X_s &= \frac{X_{ps} + X_{st} - X_{tp}}{2} \\ X_t &= \frac{X_{tp} + X_{st} - X_{ps}}{2} \end{aligned}\right\} \qquad (19.2)$$

로 구해진다.

그러나 통상의 3권선 변압기에서는 X_s가 아주 작기 때문에 근사적으로는 그림 19.5처럼 나타낼 수 있다. 3차 권선에는 조상설비라든가 소용량의 부하 등이 접속될 경우가 많아 1-2차간의 주회로에 대해서는 X_{ps}만을 생각하고 3차 측의 부하는 근사적으로 직접 2차 측에 접속되어 있는 것으로 해서 계산할 수도 있다.

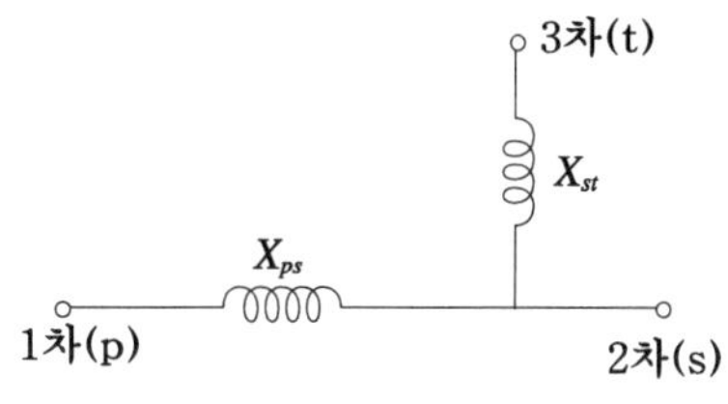

그림 19.5 3권선 변압기의 근사 표시

19.2 변압기의 손실 및 효율

변압기의 손실은 철손과 동손의 2가지로 나뉘어진다. 철손은 부하의 유무와 관계없이 전

압만 걸리고 있으면 발생하는 것으로서, 이것을 **무부하 손실**이라고도 한다. 무부하 손실에는 이 밖에도 여자 전류에 의한 권선의 I^2r 손실 및 절연의 유전체손도 다소 포함되고 있으나 이들 양은 워낙 적기 때문에 주로 철손만으로 이루어진다고 생각하면 된다. 이들의 손실은 전압이 일정하면 그 값도 일정하지만, 전압이 변화하면 이에 따라 그 값도 증감하게 된다.

동손은 부하 전류에 의한 권선의 I^2r손이므로 부하가 변동하면 전류의 제곱에 비례해서 증감하게 된다. 보통 이것을 **부하 손실**이라고 한다. 부하 손실에는 이 동손 외에도 극히 적지만 권선, 철심 기타 등에서의 누설 자속에 의한 표류 부하손 및 병렬 권선을 갖는 경우에는 순환 전류에 의한 손실도 일부 포함된다.

변압기에는 회전 부분이 전혀 없으므로 기계적 손실은 없고, 따라서 효율은 일반의 회전기에 비해서 훨씬 양호한 편이다. 보통 5[kVA] 정도의 소형의 것이라도 효율이 96[%] 정도이며 10,000[kVA] 이상의 대형이 되면 99[%] 이상에 달하고 있다.

또한 변압기에서의 효율은 그 부하의 크기에 따라서 변화하게 되지만, 일반적으로 효율의 최대값은 철손과 동손의 크기가 같게 되는 부하 부근에 있다고 한다. 이것을 좀더 구체적으로 설명하면 다음과 같다.

변압기 효율은 통상 실제의 부하 상태에서 출력과 입력과의 비를 취하는 것이 아니고 출력과 손실(무부하손과 단락 시험으로부터 얻은 손실)을 기준으로 해서

$$\text{효율 } \eta = \frac{\text{출력[kW]}}{\text{출력[kW]+무부하손실[kW]+부하손실[kW]}} \times 100\ [\%] \tag{19.3}$$

로부터 산출하는 이른바 **규약 효율**을 취하고 있다. 또, 특별히 지정하지 않을 경우에는 역률은 100[%], 파형은 정현파, 온도는 75[℃]를 기준으로 삼는다.

다음 변압기의 2차 정격 전압 V_2, 임의의 부하 전류 I_2에서의 효율을 생각해 본다. 가령 P_i를 철손, $\cos\varphi$를 부하 역률, r'를 2차 측 환산의 전 저항, r를 1차 측 환산의 전 저항이라 하고 여자 전류에 의한 영향을 무시하면,

$$\begin{aligned}
\eta &= \frac{V_2 I_2 \cos\varphi}{V_2 I_2 \cos\varphi + P_i + I_2^2 r'} \times 100 \\
&= \frac{V_2 \cos\varphi \times 100}{V_2 \cos\varphi + P_i / I_2 + I_2 r'} \\
&\fallingdotseq \frac{V_1 \cos\varphi \times 100}{V_1 \cos\varphi + P_i / I_1 + I_1 r}\ [\%]
\end{aligned} \tag{19.4}$$

로 된다. 다음에 일정 전압, 일정 부하율 아래에서는 어떤 부하 전류에서 η가 최대로 되는가 하는 것은 더 말할 것 없이 $P_i/I_2 + I_2 r'$가 최소로 될 경우이다.

$u = \dfrac{P_i}{I_2} + I_2 r'$라 하고 $\dfrac{du}{dI_2} = 0$을 풀면

$$P_i = I_2^2 r', \text{ 즉 철손=동손} \tag{19.5}$$

이 최대 효율의 조건으로 된다.

배전 변압기에서는 이밖에 부하율까지 고려한 **전일 효율**이라는 것을 사용한다. 실제로는 부하 전력 및 부하 손실이 시시각각으로 변화하기 때문에 변압기의 출력과 손실을 와트(Watt)로 나타내지 않고 와트시(Watt hour)로 나타낸 것이다.

곧 전일 효율 η_d는 다음 식으로 표시된다.

$$\eta_d = \frac{\text{1일간의 부하 전력량}}{\text{1일간의 부하 전력량+1일간의 철손 전력량+1일간의 동손 전력량}} \times 100[\%]$$

$$= \frac{\sum_{i=1}^{n} P_i t_i \cos\theta_i}{\sum_{i=1}^{n} P_i t_i \cos\theta_i + 24P_{ii} + \sum_{i=1}^{n} n_i^2 P_{ci} t_i} \times 100\ [\%] \tag{19.6}$$

단, P_i : 부하

t_i : P_i의 계속 시간[h]

$\cos\theta_i$: 부하 역률

P_{ii} : 철손

P_{ci} : 부하 동손 $n_i = P_i / P$(P : 정격 용량[kVA])

예제 19.1 어느 변압기의 2차 정격 전압은 2,300[V], 2차 정격 전류는 43.5[A], 2차측으로부터 본 합성 저항이 0.66[Ω], 무부하손이 1,000[W]이다. 전부하, 반부하의 각각에 대해서 역률이 100[%] 및 80[%]일 때의 효율을 구하여라.

풀이 전부하, 역률 100[%]에서

$$\eta = \frac{2{,}300 \times 43.5 \times 100}{2{,}300 \times 43.5 + 1{,}000 + 43.5^2 \times 0.66} = 97.9[\%]$$

전부하, 역률 80[%]에서는

$$\eta = \frac{2{,}300 \times 43.5 \times 0.8 \times 100}{2{,}300 \times 43.5 \times 0.8 + 1{,}000 + 43.5^2 \times 0.66} = 97.3[\%]$$

반부하, 역률 100[%]에서

$$\eta = \frac{2{,}300 \times 21.75 \times 100}{2{,}300 \times 21.75 + 1{,}000 + 21.75^2 \times 0.66} = 97.4[\%]$$

반부하, 역률 80[%]에서는

$$\eta = \frac{2{,}300 \times 21.75 \times 0.8 \times 100}{2{,}300 \times 21.75 \times 0.8 + 1{,}000 + 21.75^2 \times 0.66} = 96.8[\%]$$

예제 19.2 출력 20[kW] 및 80[kW](어느 것이나 역률 100[%])로 같은 효율 96[%]를 갖는 변압기가 있다. 이때 다음 값을 구하여라.

(1) 출력 80 [kW]일 때의 철손과 동손

(2) 최고 효율로 되는 출력

(3) 최고 효율의 값

풀이 제의에 따라 출력 P_1과 P_2가 같은 효율이므로

$$\eta = \frac{P_1}{P_1 + \left(\frac{P_1}{P_T}\right)^2 W_c + W_i} = \frac{P_2}{P_2 + \left(\frac{P_2}{P_T}\right)^2 W_c + W_i} = 0.96$$

윗식으로부터

$$W_i + \left(\frac{P_1}{P_T}\right)^2 W_c = \left(\frac{1}{0.96} - 1\right) P_1 \fallingdotseq 0.042 P_1 \qquad ①$$

$$W_i + \left(\frac{P_2}{P_T}\right)^2 W_c = \left(\frac{1}{0.96} - 1\right) P_2 \fallingdotseq 0.042 P_2 \qquad ②$$

식 ①, ②에서 $P_1 = 2$, $P_2 = 8$이라고 하면,

$$W_c = \frac{0.042 P_T^2}{P_1 + P_2} = 0.0042 P_T^2 \qquad ③$$

(1) 식 ①, ③으로부터 철손 W_i는,

$$W_i = 0.042 \times 2 - \left(\frac{2}{P_T}\right)^2 \times 0.0042 P_T^2 \fallingdotseq 0.067$$

$P = 8$ [kW]일 때의 동손 W_c'는 식 ③으로부터

$$W_c' = \left(\frac{P_2}{P_T}\right)^2 W_c = \left(\frac{8}{P_T}\right)^2 \times 0.0042 P_T^2 \fallingdotseq 0.27 \text{[kW]}$$

(2) 최고 효율은 철손과 동손이 같을 때이므로

$$0.067 = \left(\frac{P}{P_T}\right)^2 \times 0.0042 P_T^2$$

$$\therefore\ P = \sqrt{\frac{0.067}{0.0042}} \fallingdotseq 4 \text{ [kW]}$$

(3) 최고 효율 η_m는,

$$\eta_m = \frac{4}{4 + 0.067 + 4^2 \times 0.0042} \fallingdotseq 0.97$$

19.3 변압기의 결선 방식

전력용 변압기는 전력 계통의 중요한 요소이다. 송전 용량을 늘리면서 송전 손실을 줄이기 위하여 송전 전압은 더욱 더 고압화되어 가는 추세에 있다. 이것은 오로지 변압기에 의해서만 가능한 것이다.

일반적으로 계통에서 많이 쓰이는 3상 2권선 변압기에는 그림 19.6에서 보는 바와 같은 결선 방법이 있는데, 이 중 Y-△(△-Y), △-△ 결선이 주로 사용되고 있다.

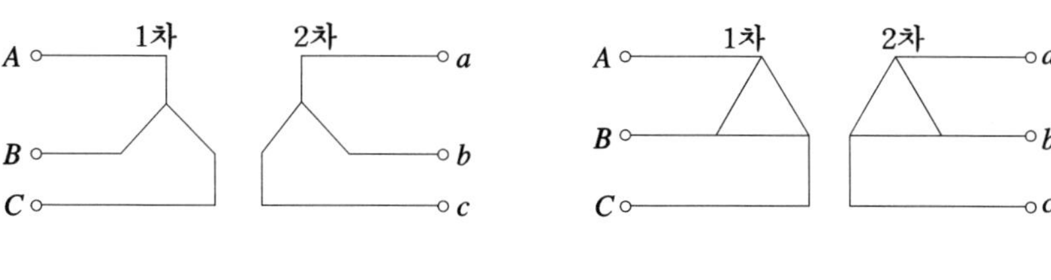

(a) Y-Y결선 (b) △-△결선

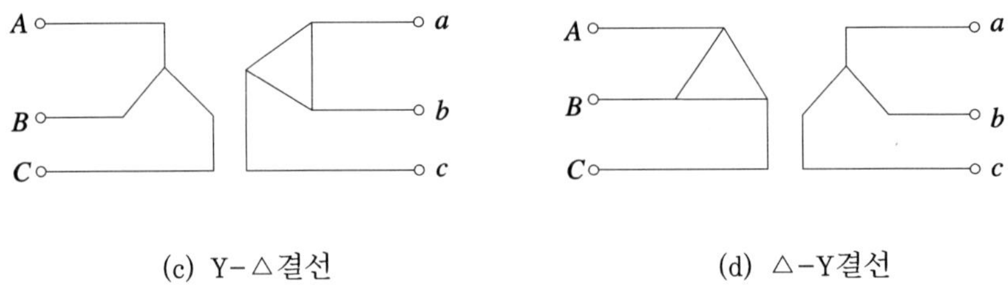

(c) Y-△결선 (d) △-Y결선

그림 19.6 3상 2권선 변압기의 결선방법

(1) Y-△(△-Y)결선

일반적으로 송전선의 송전단(승압용) 변전소에서의 변압기는 △-Y결선(발전기 측 △결선)의 승압용 변압기를, 반대로 수요단 변전소에서는 Y-△결선(부하 측 △결선)의 강압용 변압기가 널리 사용되고 있다. 이 결선에서는 여자전류의 제3 고조파분을 흘리는 △회로가 있음으로 정현파 전압이 유기되어, 중성점을 접지하면 이상전압의 발생을 경감 시킬 수 있고, 중성점용 부하시 탭 절환기를 채용할 수 있다.

그러나 이 결선에서는 1차 측과 2차 측간에 30°의 위상차가 생기기 때문에, 용도는 △결선측이 비접지 계통일 경우에만 사용된다. 단, 위상의 관계로부터 중성점 접지계통에 △결선 측을 접속해서 사용할 경우에는 별도로 중성점을 갖는 접지용 변압기를 따로 설치할 필요가 있다.

(2) △-△결선

이 결선은 제 3 조파를 흡수할 수 있다는 것과 1차 측, 2차 측간에 위상변화가 없기 때문에 가령 1대에 고장이 발생하더라도 나머지 2대를 V-V결선으로 바꾸어서(단, 이때의 변압기 용량은 사고 전의 57.6[%]로 저감됨) 운전을 계속할 수 있다는 잇점이 있다. 그러나 이 △-△결선에서는 중성점을 접지할 수 없으므로 이상전압이 발생하기 쉽고 지락보호에 어려움이 있어 따로 접지용 변압기를 설치해야 하기 때문에 주로 66[kV] 이하의 회로에서 사용된다.

지금 30°의 각 변위를 무시하면 그림 19.6의 변압기의 대표 상 단상 회로는 어느 것이나 그림 19.7과 같은 등가회로로 나타낼 수 있다. 단 1, 2차 측 저항 및 여자 전류는 각각 1, 2차 측 리액턴스 및 통과 전류에 비해서 그 값이 훨씬 작기 때문에 이것은 무시하고 있다.

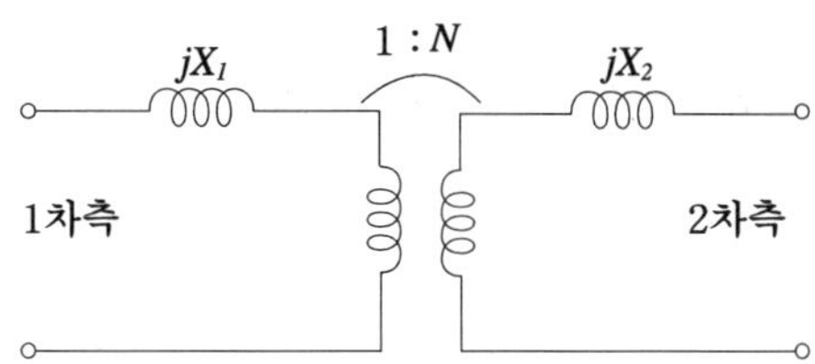

그림 19.7 변압기의 등가 회로

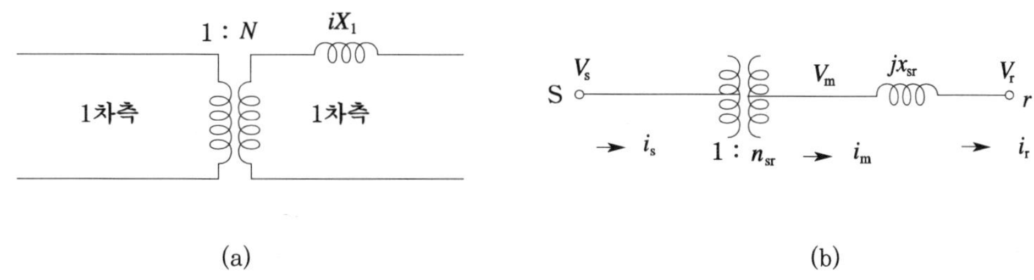

그림 19.8 변압기의 등가 회로

그러나, 보다 일반적으로는 그림 19.8에 보는 바와 같이 1차 측의 리액턴스를 2차 측에 환산해서 하나로 묶은 등가회로를 사용하는 것이 보통이다.

곧 여기서는 변압기를 전기적으로 그림 19.8 (b)에 보인 바와 같이 리액터 부분과 이상 변압기가 직렬로 연결되어 있는 것으로 나타내고 있다. 또 이때 리액턴스 부분의 표시에 관해서는 직렬의 저항분과 대지 커패시턴스분이 존재하지 않는 송전선과 같다고 보면 될 것이다.

(3) V결선

이것은 △-△결선의 1상을 제외한 것으로서 고장시의 응급처치로서 사용되다. 그 밖에도 현재는 경부하이지만, 장래 부하증가가 예상될 경우에는 임시용으로서 적용되기도 한다. 이 결선 방식은 △-△결선에 비해 출력은 58[%], 용량 이용률은 86.6[%] 밖에 안 되어서 이용률이 낮고 전압강하도 불평형으로 되기 때문에 상용으로 이용하기에는 적당하지 못한 것이다.

19.4 중성점 접지방식

19.4.1 중성점 접지방식의 종류

송전 계통은 3상 3선식을 채택해서 3상 변압기로 전압을 높여 주기도 하고 또는 이를 적당한 값으로 낮추어서 수용가에게 안전하게 전력을 공급하고 있다. 이처럼 송전 계통은 송전 방식으로서 3상 3선식을 채택하고 있는 이상, 변압기의 Y결선의 3상 접속점인 중성점을 어떻게 처리하는가 하는 중성점의 접지 문제는 송전선 및 기기의 절연 설계, 송전선으로부터 통신선에의 유도 장해, 고장 구간의 검출을 위한 보호 계전기의 동작 및 계통의 안정도 등에 커다란 영향을 미친다.

중성점이 접지되어 있지 않을 경우에는 계통의 지락 고장시에 이상전압이 발생해서 접속되어 있는 기기의 절연에 위협을 주거나, 계통의 지락 고장을 보호계전기로 확실하게 검출하는데 필요한 전압·전류를 얻을 수 없다는 등 여러 가지 장해가 일어나기 때문에 일반적으로는 변압기의 중성점에 중성점 접지장치를 설치하고 있다.

우선 중성점을 접지하는 목적을 열거하면 다음과 같다.

① 지락 고장시 건전상의 대지 전위 상승을 억제해서 전선로 및 기기의 절연 레벨을 경감시킨다.

② 뇌, 아크 지락, 기타에 의한 이상 전압의 경감 및 발생을 방지한다.

③ 지락 고장시 접지 계전기의 동작을 확실하게 한다.

④ 소호 리액터 접지방식에서는 1선 지락시의 아크 지락을 재빨리 소멸시켜 그대로 송전을 계속할 수 있게 한다.

송전선의 고장은 거의 대부분이 1선 지락으로부터 시작된다. 이 때, 이것을 빨리 제거해주지 않으면 고장은 다시 2선 지락이라든지 3상 단락으로 진전될 경우가 많다. 같은 전압의 송전선일지라도 1선 지락 고장시에 건전상에 발생하는 전압 상승값은 중성점의 접지 임피던스값의 크기에 따라 달라진다. 이 때, 건전상의 전압 상승이 평상시의 Y전압의 1.3배를 넘지 않도록 접지 임피던스를 조절해서 접지하는 것을 특히 **유효 접지**라고 부르고 있다.

중성점 접지 방식은 그림 19.9에 보는 바와 같이 중성점을 접지하는 접지 임피던스 Z_n 의 종류와 그 크기에 따라 다음과 같은 여러 가지 방식으로 나누어진다.

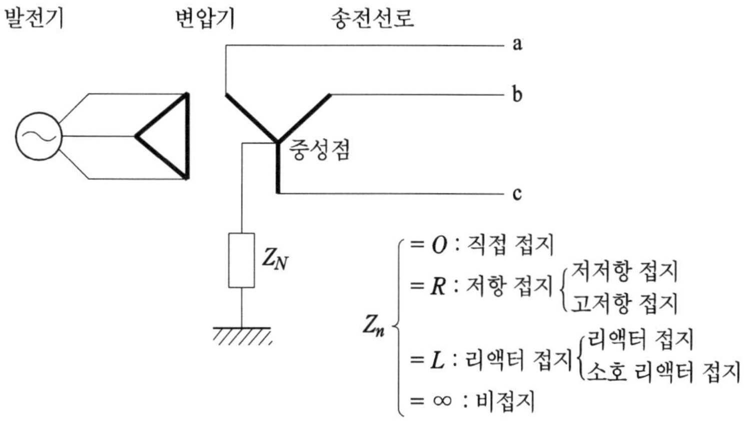

그림 19.9 중성점 접지 방식

우리나라의 전력계통에서는 154[kV] 이상은 모두 직접접지방식을 채택하고 있다.

19.4.2 중성점 접지 적용상의 문제

(1) 직접접지 방식

직접접지방식은 계통에 접속된 변압기의 중성점을 금속선으로 직접 접지하는 방식으로서, 1선 지락시 건전상의 전압은 별로 상승하지 않아서 전력기기의 절연을 낮출 수 있으며, 동시에 보호 계전기의 동작도 확실하게 할 수 있다. 그러나 한편으로는 지락전류가 커짐으로써 통신선에 발생하는 전자유도전압이 높아질 수가 있다. 이 전자유도전압이 제한값을 넘을 경우에는 대책이 필요하다. 또한 지락고장에 대한 과도안정도가 낮기 때문에 지락고장 계속시간을 가능한 한 짧게 해 둘 필요가 있다(고속 차단방식의 채택).

(2) 저항접지 방식

저항접지 방식은 1선 지락전류를 억제하기 위해서 중성점에 저항기를 접속해서 접지하는 것이다. 변압기 중성점의 저항의 크기는 1선 지락전류를 100~1000[A] 정도로 억제할 수 있는 값으로 선정하고 있다. 저항접지 방식은 직접접지 방식에 비해서 1선 지락전류가 작아서 통신선에 대한 유도장해는 적으나, 건전상의 전압상승이 높아진다는 문제점이 있다.

(3) 소호 리액터 접지방식

소호 리액터 접지방식은 계통 내의 대지정전용량과 공진하게끔 리액터로 중성점을 접지하는 방식이다. 이 방식은 1선 지락시의 대지충전전류를 소호 리액터전류로 흐르지 않도록 없애서 고장점 아크를 자동 소멸시킴으로써 정전 및 이상전압의 발생을 방지하는 것이다. 이를 위해서는 중성점에 접속될 리액터는 언제나 대지충전전류를 없앨 수 있도록 다수의 탭으로 그 크기를 조절해 주어야만 할 것이다.

우리 나라에서는 지난 1968년 가을부터 154[kV] 송전 계통을 당시의 소호 리액터 접지 방식으로부터 직접 접지 방식으로 전환하였으며, 그 후 건설된 345[kV], 765[kV] 초고압 송전 계통도 중성점 접지 방식으로서 모두 직접 접지 방식을 채택하고 있다.

예제 19.3 10[kVA] 단상 변압기 3대를 △-△결선으로 사용하고 있을 때 1대가 고장이 났으므로 이것을 제거하여 나머지 2대를 V-V결선으로서 사용하면 몇 [kVA]의 부하까지 걸 수 있겠는가? 이것은 △-△결선일 때의 용량에 대하여 몇 [%]로 되는가? 또, 이때의 이용률은 얼마인가?

풀이

V결선의 전류는 △결선 전류값의 $\frac{1}{\sqrt{3}}$로 하지 않으면 안 되므로 V결선의 경우 사용할 수 있는 용량은?

$$10 \times 3 \times \frac{1}{\sqrt{3}} = 17.3 \text{ [kVA]}$$

따라서 △결선의 경우 용량과 비교하면

$$\frac{\text{V결선의 용량}}{\triangle\text{결선의 용량}} = \frac{17.3[\text{kVA}]}{3 \times 10[\text{kVA}]} = 0.576$$

곧 △결선의 용량의 57.6 [%]로 된다.

이때의 이용률 $= \frac{17.3 \text{ [kVA]}}{2 \times 10 \text{ [kVA]}} = 0.866$

즉 이용률은 86.6[%]이다.

19.5 변압기의 운용

19.5.1 변압기의 병행운전

변압기를 2대 이상 병행 운전할 경우에는 각 변압기가 자신의 용량에 비례한 전류를 분담해서 순환전류가 실용상 지장이 없을 정도로 작게 할 필요가 있다. 이 때문에 변압기를 병행 운전하기 위해서는 다음과 같은 조건이 충족되어야 할 것이다.

① 1차, 2차 측의 정격 전압 및 극성이 같을 것

② 권선비(변압비)가 같을 것

③ 3상 변압기에서는 상 회전 및 각 변위가 서로 같을 것

④ %저항 강하 및 %리액턴스 강하가 각각 같을 것

⑤ 누설 임피던스비가 정격 용량의 역비로 되어 있어야 할 것

이상의 조건이 만족되지 않을 경우에는 2차 회로에 순환전류가 흐르게 되고 이 순환 전류의 크기가 커지면 2차 권선의 온도 상승이 과대하게 되어서 위험하게 된다. 3상 전압을 변압할 경우에는 1차, 2차 측의 전압이 같더라도 그림 19.10에 보는 바와 같이 Y-△, △-Y, Y-Y, △-△ 등의 결선 방식에 따라 1차, 2차 측의 전압간의 위상차(곧 각 변위)가 달라질 수 있기 때문에 병렬 접속할 경우에는 이 점 특히 주의하여야 한다.

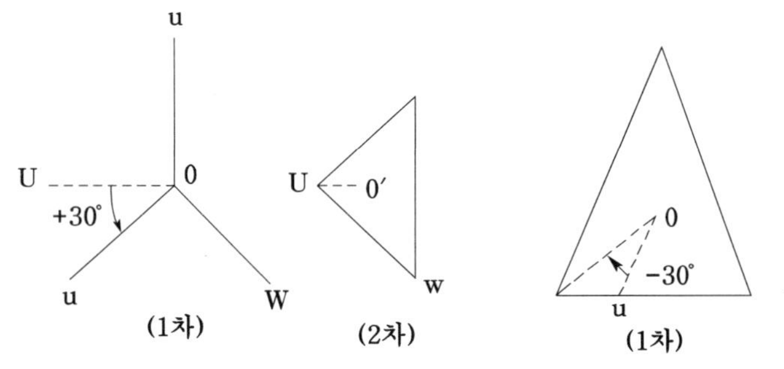

(a) Y-△결선(각변위+30°)　　(b) △-Y결선(각변위-30°)

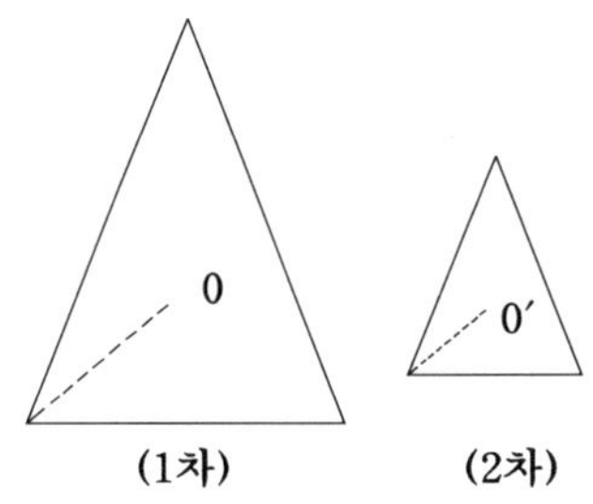

(c) △-△결선(각변위 0°)

그림 19.10 3상 변압기의 각변위

물론 Y-Y와 Y-Y 또는 Y-△와 Y-△처럼 같은 결선을 한 변압기를 병렬시킬 경우에는 문제가 없지만, 서로 다른 결선을 한 변압기를 병렬접속해서 병행운전 할 경우에는 표 19.1에 보인 것처럼 병행운전이 가능한 것과 불가능한 것이 있기 때문에 이 점 특히 유의하여야 한다.

표 19.1 병행 운전의 가능 여부

가 능	불 가 능
△-△와 Y-Y	△-△와 △-Y
△-Y와 Y-△	Y-Y와 △-Y

지금 그림 19.11처럼 변압기 용량 및 %임피던스가 각각 P_1[kVA], Z_1[%] 및 P_2[kVA], Z_2[%]인 2대의 변압기 A 및 B가 부하 P_L[kVA]로 병행 운전하고 있을 경우 각각의 변압기에 걸리는 부하 P_A 및 P_B를 구해본다.

여기서 A변압기의 용량 P_1을 기준 용량으로 잡으면 이 기준 용량으로 환산한 B변압기의 %임피던스 Z_2'는 $Z_2' = Z_2 \times (P_1/P_2)$로 되기 때문에 구하고자 하는 P_A, P_B는 다음과 같이 된다.

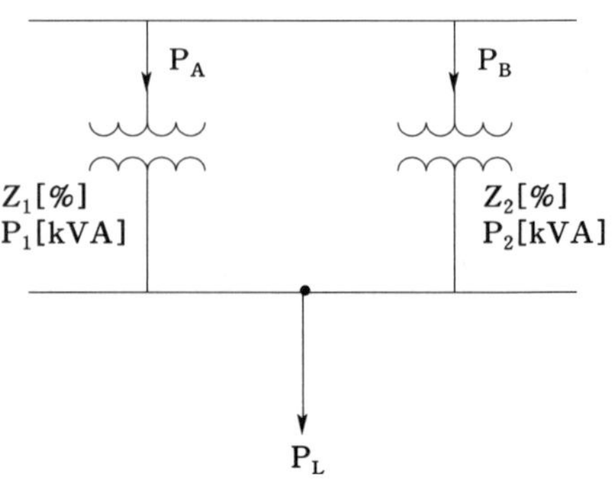

그림 19.11 병행 운전의 부하 분담

$$P_A = P_L \times \frac{Z_2'}{Z_1 + Z_2'} = P_L \times \frac{Z_2(P_1/P_2)}{Z_1 + Z_2(P_1/P_2)}$$

$$= \frac{Z_2 P_1}{Z_1 P_2 + Z_2 P_1} \times P_L \text{ [kVA]}$$

$$P_B = P_L - P_A = \frac{Z_1 P_2}{Z_1 P_2 + Z_2 P_1} \times P_L \text{ [kVA]} \qquad (19.7)$$

예제 19.4 변압기 용량은 50[kVA]로 같지만 변압기 임피던스가 각각 3[%] 및 3.7[%]인 2대의 변압기를 병행 운전할 경우 걸 수 있는 부하의 최대값 P_{Lm}[kVA]를 구하라. 단, 각 변압기의 저항과 리액턴스의 비는 같다고 한다.

풀이 병행 운전할 변압기의 용량은 다같이 $P_1 = P_2 = 50$[kVA]로 같은 용량이므로 부하가 증가하였을 경우에는 먼저 정격 용량에 도달하는 것은 임피던스가 작은 변압기이다. 곧 식 (19.7)에서 저항과 리액턴스의 비가 같기 때문에 $\dot{Z}_1/(\dot{Z}_1+\dot{Z}_2) = Z_1/(Z_1+Z_2)$로 되어서 $P_A = 50$[kVA], $Z_1 = 3$[%], $Z_2 = 3.7$[%]로 하였을 때의 P_L가 최대 부하 P_{Lm}[kVA]로 된다.

따라서 $50 = \frac{3.7}{3+3.7} \times P_{Lm}$

$$\therefore P_{Lm} = 50 \times \frac{6.7}{3.7} \fallingdotseq 90.5 \text{ [kVA]}$$

예제 19.5 표 19.2에 보인 같은 정격을 가진 2대의 3상 변압기를 병행 운전하고 있다. 부하가 어느 값 이하로 되면 병행 운전하는 것보다 B변압기를 정지하는 쪽이 효율이 더 좋아지는데 이때의 한계 부하[kW]를 구하여라. 단, 변압기의 1차 전압, 2차 전압, 변압비, 결선 및 %임피던스는 각각 같다고 하고 부하의 역률은 90[%]라고 한다.

표 19.2

항목 / 변압기	정격 용량 [MVA]	철손 [kW]	전부하시 동손 [kW]
A	30	50	200
B	10	18.8	80

풀이 A, B 양 변압기는 병행 운전의 조건을 만족하고 있으므로 각 변압기의 부하 분담은 용량에 비례한다. 전부하를 P_L[MVA], A변압기의 분담 부하를 P_A[MVA], B변압기의 분담 부하를 P_B[MVA]라고 하면,

$$P_L = P_A + P_B \text{ [MVA]}$$

$$P_A = \frac{P_A}{P_A + P_B} P_L = \frac{30}{30+10} P_L = \frac{30}{40} P_L \text{ [MVA]}$$

$$P_B = \frac{P_B}{P_A + P_B} P_L = \frac{10}{30+10} P_L = \frac{10}{40} P_L \text{ [MVA]}$$

이 부하 상태에서의 A, B변압기의 손실은 A변압기의 손실을 P_{LA}[kW], B변압기의 손실을 P_{LB}[kW]라고 하면 철손은 부하가 변화하여도 일정하지만 동손은 그때 부하에 걸려 있는 전력의 제곱에 비례하므로,

$$P_{LA} = 50 + \left(\frac{P_A}{30}\right)^2 \cdot 200 = 50 + \left(\frac{\frac{30}{40} P_L}{30}\right)^2 \cdot 200 = 50 + \frac{1}{8} P_L^2 \text{ [kW]}$$

$$P_{LB} = 18.8 + \left(\frac{P_B}{10}\right)^2 \cdot 80 = 18.8 + \left(\frac{\frac{10}{40} P_L}{10}\right)^2 \cdot 80 = 18.8 + \frac{1}{20} P_L^2 \text{ [kW]}$$

A, B변압기가 병행 운전시의 손실과 A변압기만이 전부하 상태에서 운전할 때의 손실이 같은 경우가 변압기 교체를 하는 한계 부하이다.
지금 A변압기만을 전부하 P_L[MVA]로 운전할 경우의 손실 P_{LA}'[kW]는,

$$P_{LA}' = 50 + \left(\frac{P_L}{30}\right)^2 \cdot 200 = 50 + \frac{2}{9} P_L^2 \text{[kW]}$$

즉, $P_{LA} + P_{LB} = P_{LA}'$를 구하면,

$$50 + \frac{1}{8} P_L^2 + 18.8 + \frac{1}{20} P_L^2 = 50 + \frac{2}{9} P_L^2$$

$$18.8 = \frac{34}{720} P_L^2$$

$$\therefore \ P_L = \sqrt{\frac{18.8 \times 720}{34}} \fallingdotseq 19.95 \text{[MVA]}$$

부하 역률이 90[%]이므로

$$19.95 \times 0.9 \fallingdotseq 18 \text{ [MW]}$$

그러므로 한계 부하는 18,000 [kW]이다.

19.6 부하시 전압조정기

계통전압의 변동이나 부하전류의 변화에 의해서 발생하는 전압변동을 보상해서 부하 측의 전압을 허용범위 내에 들도록 일정하게 유지한다거나, 또는 전력계통을 적정하게 운용하기 위한 목적으로 계통전압을 조정해서 전력조류를 제어하기 위해서는 전압을 조정해 줄 필요가 있다. 이를 위해서는 변압기의 권선에 탭을 설치해서 변압비(권선비)를 어느 범위 내에서 적당한 스텝 전압으로 바꾸어 주도록 하고 있다.

부하시 탭 절환장치는 이러한 전력 계통의 적정한 전압조정과 설비의 유효이용을 목적으로 설치된다. 이 장치에는 직렬 권선을 갖는 변압기와 부하시 탭 절환장치와를 조합한 **부하시 전압조정기(LRA)**와 변압기에 부하시 탭 절환기를 부착시킨 **부하시 탭 절환 변압기(LRT)** 등이 있는데, 근년에는 후자의 LRT가 일반적으로 많이 쓰이고 있다.

탭의 조정범위로서는 배전용이 25[%] 또는 15[%], 송전용이 20[%] 또는 15[%]가 표준으로 되고 있으며, 중심 탭 전압은 가능한 한 정격전압에 일치하도록 하고 있다. 또 탭 간격은 계통에서의 허용 전압변동 폭(1~2[%])을 감안해서 통상 2[%] 이하로 설정하고 있다.

부하시 탭 절환 변압기는 부하가 걸린 상태에서 변압기의 탭을 전환하는 것임으로 탭의 절환 도중에서는 2개의 서로 다른 탭이 일시적으로 단락되어서 그 사이에 순환전류가 흐르게 된다. 이처럼 탭 사이를 교차접속(브릿지)하였을 때 흐르는 순환 전류를 제한하기 위해서 탭 사이에 리액터를 삽입하는 방식을 리액터식, 저항을 삽입하는 것을 저항식이라고 한다. 또 탭 절환을 고전압 측에서 하는 것과 저전압 측에서 하는 것이 있는데, 절연 설계상으로는 저전압 전환이 유리하며, 전류 용량상으로는 고전압 측에서 탭 절환을 하는 것이 유리하다.

그림 19.12는 오늘날 대용량 부하시 탭 절환 변압기로서 많이 쓰이고 있는 저항식 절환방식의 한 예를 보인 것이다.

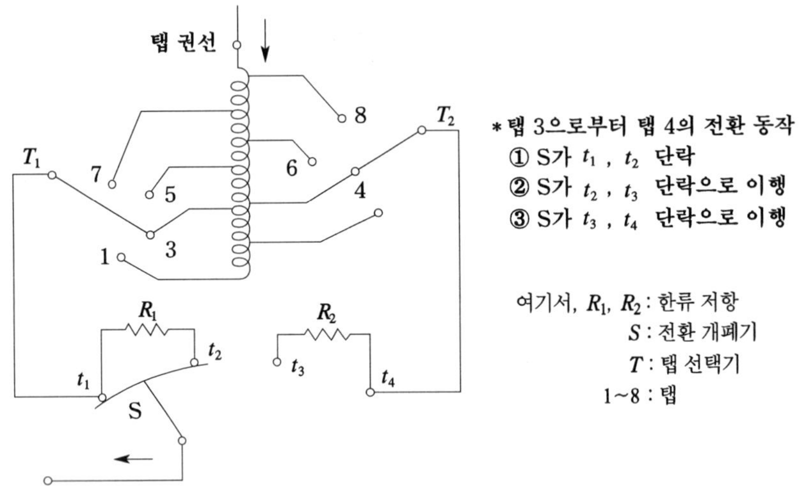

그림 19.12 저항식 부하시 탭 변환 변압기

연 습 문 제

1. 정격 출력 10[kVA], 정격 전압에서의 철손 120[W], 정격 전류에서의 동손 180[W]의 단상 변압기를 정격 전압에서 지상 역률 0.8, 정격 전류의 3/4의 부하에 사용하였을 경우의 효율을 계산하여라.

2. 변압기에서 발생하는 소음의 원인과 그 방지 대책을 설명하여라.

3. 정격 주파수 60 [Hz]의 변압기를 50 [Hz]로 사용할 경우 하기의 사항에 대한 영향을 설명하여라. 단, 1차 전압은 정격 전압과 같다고 한다.
(1) 효율 (2) 전압 변동률 (3) 정격 출력

4. 100[kVA], 6,600/105[V]인 변압기의 철손이 1[kW], 전부하 동손이 1.25[kW]이다. 이 변압기가 매일 무부하로 18시간, 역률 100[%]의 반부하로 4시간, 역률 80[%]의 전부하로 2시간 운전된다고 할 때 이 변압기의 전일 효율을 구하여라. 단, 부하전압은 일정하다고 한다.

5. 단상 변압기의 병행 운전의 조건과 이 조건이 만족되지 않을 경우의 문제점에 대해서 설명하여라.

6. 2뱅크 이상의 변압기를 병행 운전할 경우 어떤 점을 고려하지 않으면 안 되는가? 또 표 19.3에 보인 변압기의 조합으로 병행 운전해서 4,000[kVA]의 부하에 공급하고 있을 때 어느 변압기가 어느 정도의 과부하로 되겠는가? 단, 병행 운전에 필요한 기타의 조건은 만족되고 있는 것으로 한다.

표 19.3

변압기	정격 용량[kVA]	%임피던스
A변압기	3,000	6.3
B변압기	1,000	7.0

7. 단상 변압기 3대가 있는데 그 1차측은 △접속, 2차측은 Y접속으로서 2선간의 전압 3,300/400[V]의 변압을 하고 있다. 지금 저압측의 부하는 250[kW], 역률 80[%]일 때 변압기 각 상의 전류를 구하여라. 단, 임피던스, 여자 전류 및 철손의 영향은 무시하는 것으로 한다.

8. 표 19.4의 정격을 가진 2대의 변압기가 병행 운전을 해서 부하에 전력을 공급하고 있다. 이 경우 이 변전소로부터 공급할 수 있는 최대 부하[MVA]는 얼마인가? 단, 저항과 누설 임피던스의 비는 양 변압기가 서로 같다고 하고 또 양 변압기 공히 과부하는 인정하지 않는 것으로 한다.

표 19.4

변압기	용량[kVA]	전압[kV]	%Z
A	100	154/66	11.0
B	150	154/66	14.0

9. 표 19.5에 보인 바와 같은 정격을 갖는 2대의 3상 변압기를 병행 운전하고 있다. 부하가 어떤 값 이하로 내려가면 병행 운전하는 것보다도 B변압기를 정지시키는 것이 효율은 더 좋아지는데 이때의 한계 부하[kW]를 구하여라. 단, 양 변압기의 1차 전압, 2차 전압, 변압비, 결선 및 %임피던스는 각각 같다고 하고 부하의 역률은 90 [%]라 한다.

표 19.5

항목 / 변압기	정격 용량[kVA]	철손[kW]	전부하 동손[kW]
A	30,000	50	200
B	10,000	15	80

제 20 장

조상 설비

20.1 조상 설비의 기능

송전선에서는 송전단 및 수전단의 전압을 일정하게 유지하는 정전압 송전방식을 사용하고 있다. 이 때문에 부하변동에 따른 전압강하의 변동을 작게 할 필요가 있다. 일반적으로 송전선의 전압강하의 변동은 무효전력변동에 의한 영향이 커서 무효전력변동을 억제하기 위한 대책이 취해지고 있다. 이 대책으로서 사용되는 것이 조상 설비이다.

따라서 조상설비의 설치 목적은 무효전력의 조정을 통한 (1) 전압의 조정과 송전 계통의 안정도 향상, (2) 송전 선로의 역률 개선에 의한 전력 손실의 경감이다.

20.1.1 전압 조정

일반적으로 전력 계통은 정전압 송전 방식을 취하고 있지만, 통상의 동력 부하는 그 역률이 대략 70～80[%] 정도이므로, 중부하시에는 큰 지상 전류가 흐르게 되어 송배전선의 전압 강하가 커진다. 반대로 장거리 송전선에서는 경부하시에 충전 전류(진상 전류)의 영향, 이른바 페란티 효과로 수전단 전압이 송전단 전압보다 높아지기도 한다. 이 때문에 수전단에 조상 설비를 설치해서 중부하시에는 진상 전류를 흘리고, 경부하시에는 지상 전류를 흘려서 송수전단의 전압을 부하의 크기에 관계없이 일정하게 유지하도록 하고 있으며, 이 결과로써 송전 계통의 안정도가 향상되어 송전 전력은 증가하게 된다.

20.1.2 전력 손실의 경감

송배전 선로는 저항에 비해 리액턴스가 크기 때문에 전원에서 본 역률은 부하의 역률보다 나빠져서 큰 지상 전류가 흐르게 되며 이것이 송전 손실을 낳게 된다.

이 역률을 개선하기 위해서 조상 설비가 사용되는데, 그 원리는 조상 설비로 진상 전류를 공급함으로써 부하의 지상 전류를 흡수하여 송배전선에 흐르는 무효 전류를 줄이는 것이다. 곧 조상 설비의 이용으로 역률이 개선되면 그만큼 전원으로부터 공급해야 할 무효 전력이 줄어든 결과 선로 전류도 감소해서 전력 손실이 감소하게 되는 것이다.

20.2 조상 설비의 종류

조상 설비는 상술한 바와 같이 전력 계통의 무효 전력을 조정해서 계통 전압의 적정 유지와 전력 손실 경감을 목적으로 설치되는데 이에는 회전형과 정지형이 있다. 회전형으로서는 동기 조상기가 사용되고, 정지형으로서는 전력용 콘덴서와 분로 리액터가 많이 사용된다. 이들의 장치는 부하점 가까이에 설치하는 것이 보다 유효하기 때문에 발전소에 설치되는 경우는 없고 모두가 변전소에 설치된다.

20.2.1 동기 조상기

동기 조상기는 고정자를 전기자 권선, 회전자를 계자 권선으로 한 동기 전동기(횡축형)인데, 이 동기 전동기는 여자 전류를 가감해서 역률을 임의로 조정할 수 있는 특징이 있다. 곧, 동기 조상기는 동기 전동기를 무부하로 운전해서 계자 전류를 조정함으로써, 부하의 역률을 조정하는 장치이다. 계자 전류를 조정하면 전기자전류가 변화하게 됨으로, 이 계자 전류의 크기에 따라 부하의 전류를 지상으로부터 진상까지 폭넓게 조정할 수 있다. 그림 20.1은 이 관계를 나타내는 곡선으로서 이것을 **동기 조상기의 V곡선**(위상 특성 곡선)이라고 한다.

이처럼 동기 조상기는 전기자 반작용에 기인하는 V특성을 이용하고 있다. 가령 부하가 많이 걸리는 주간에는 계자 회로의 저항을 줄여서 과여자로 하여 진상 전류를 취하도록 하고, 반대로 부하가 적게 걸리는 심야에는 저항을 크게 해서 부족 여자로 하여 지상 전류를 취하도록 해서 계통의 역률조정을 하고 있는 것이다.

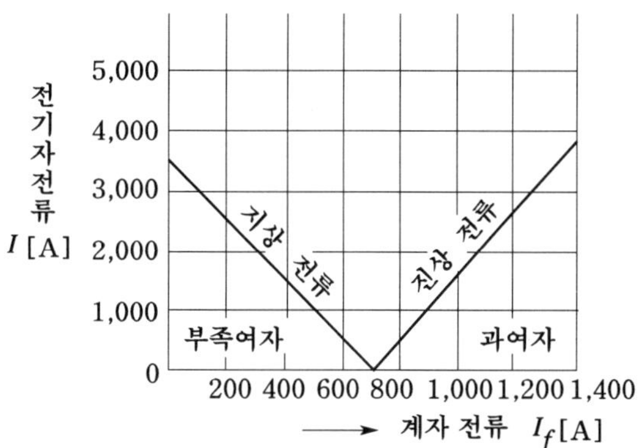

그림 20.1 동기 조상기의 V곡선

이처럼 동기 조상기는 진상·지상 전류를 공급할 수 있어서 폭넓은 전압 조정이 가능하지만, 이것은 어디까지나 회전기이기 때문에 건설비가 비싸고 운전 보수도 복잡하다는 문제점이 있어서 최근에는 거의 채용되지 않고 있다.

20.2.2 전력용 콘덴서

전력용 콘덴서는 역률 개선과 전압 조정을 할 수 있다는 점에서는 그 기능이 동기 조상기와 같지만, 이 장치는 진상 전류만 공급할 수 있을 뿐, 지상 전류는 공급할 수 없다는 것이 동기 조상기와 다르다. 이처럼 전력용 콘덴서는 정지 기기이기 때문에 가격이 싸고 손실도 적고 소음도 없다는 장점이 있다. 그밖에 이것은 간단히 뱅크 용량(설비)을 추가로 설치시킴으로써 진상무효전력[kVA]용량의 증설에 쉽게 대응 할 수 있기 때문에, 오늘날 진상무효전력의 공급은 주로 이 콘덴서에 맡기는 경우가 많다. 다만 콘덴서는 지상 무효 전력을 취할 수 없으므로, 무부하시나 경부하시에 반대로 지상무효전력의 공급이 요구될 경우에는 따로 동기 조상기를 설치하거나 또는 분로 리액터를 병용해서 원활한 조정을 기하도록 하고 있다.

이처럼 전력용 콘덴서는 조상기처럼 원활한 조정이 안 되고 단계적으로 투입, 조정되기 때문에 일반적으로는 전력용 콘덴서의 설비 용량을 그림 20.3에서와 같이 적당한 용량군-이것을 보통 **뱅크 용량**이라고 한다.-으로 나누고 각 군마다 차단기를 설치해서 부하의 증감에 맞추어 이것을 개폐하고 있는 것이다.

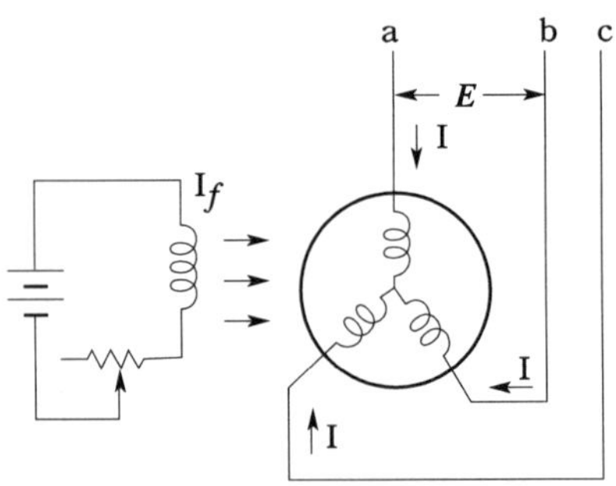

그림 20.2 동기 조상기의 동작 원리

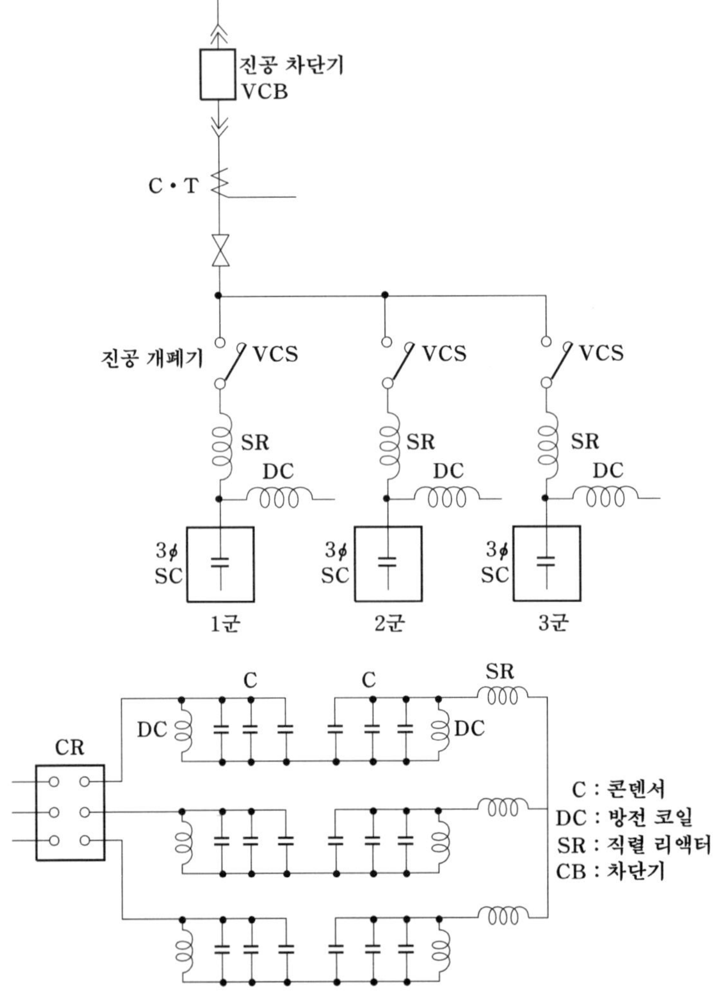

그림 20.3 전력용 콘덴서의 접속 예

20.2.3 분로 리액터

분로 리액터는 리액터에 흐르는 지상 전류를 이용한 조상 설비이다.

전력 계통이 유도성일 경우에는 전력용 콘덴서를 설치해 줌으로써 계통의 지상 무효전력분을 보상할 수 있다. 그러나 최근에는 대용량 초고압 송전선이나 지중 송전선의 확충에 따라 계통의 무효 전력은 지상으로부터 진상으로 바뀌게 되는 경우도 있다. 따라서 이러한 경우에는 반대로 지상 무효전력분을 보상해 줄 필요가 생겨서 채용되고 있는 것이 분로 리액터이다. 이것과 전력용 콘덴서를 조합해서 운용하면 비록 계단식으로 조정하게 되지만 동기 조상기와 같은 기능을 발휘할 수 있다.

분로 리액터도 정지 기기이기 때문에 동기 조상기에 대해 전력용 콘덴서가 갖는 똑같은 장점을 가지지만, 다만 이것은 기기의 특성 상(그 구조나 외관은 변압기와 비슷한데, 철심 구조가 갭을 많이 갖고 있음)진동, 소음이 커지기 때문에 주의할 필요가 있다.

20.2.4 정지형 무효 전력 보상 장치(SVC)

정지형 무효 전력 보상 장치는 계통전압의 변동에 신속하게 대응해서 무효 전력을 계통에 공급하여 전압을 조정하기 위한 장치로서 그 구조는 전력용 콘덴서와 사이리스터로 제어될 리액터를 조합해서 구성되고 있다. 이 장치는 전력 콘덴서 등의 고정 용량의 조상 설비와 달리, 계통 내에 발생한 무효 전력의 동요에 재빨리 대응해서 지상용량이나 진상용량 등을 단시간(수 10[μs])에 공급할 수 있다는 특징이 있다. 이 때문에 이 SVC는 주로 계통의 미소한 전압 변동 대책이라든가 계통 안정도의 향상 대책 등 고도한 제어가 요구될 경우에 많이 쓰이고 있다.

표 20.1은 이들 각 조상 설비를 비교한 것이다.

표 20.1 조상 설비의 비교

비교 항목	전력용 콘덴서	분로 리액터	동기 조상기	SVC
가 격	저렴	저렴	고가	고가
운전 유지	간단	간단	복잡	간단
전력 손실	적다(출력의 0.3[%] 이하)	약간 적다(출력의 0.6[%] 이하)	크다(출력의 2~3[%] 정도)	약간 크다(출력의 0.5~1.0[%])
보 수	간단	간단	번잡	간단
무효 전력 흡수	진상용	지상용	지상·진상 양용	지상·진상 양용
전압의 조정	계단적	계단적	연속적	연속적

비교 항목	전력용 콘덴서	분로 리액터	동기 조상기	SVC
전압 유지 능력	작다	작다	크다	크다
안정도에의 영향	없다	없다	있다	있다

20.3 전압, 역률 개선

20.3.1 조상 설비 개폐시의 전압 변동 계산

그림 20.4와 같은 전력 계통에서 66[kV] 모선의 전력용 콘덴서 Q_c[kVA]를 투입하였을 때, 66[kV] 모선의 전압 변동 ΔV_{66}[%]는 66[kV] 모선에서 전원 측을 본 리액턴스가 jx[%](기준 용량 P_B[kVA]로 산정)라고 하면

$$\begin{aligned}\Delta V_{66} &= \frac{jx}{100}\times\left(-j\frac{Q_c}{P_B}\right)\times 100\\ &= \frac{Q_c}{(100/x)P_B}\times 100\\ &= \frac{Q_c}{P_s}\times 100\ [\%]\end{aligned} \tag{20.1}$$

단, P_s : 66 [kV] 모선의 단락 용량[kVA]

로 되어 전압변동은 콘덴서 용량 Q_c[kVA]와 단락 용량 P_s[kVA]와의 비로 표시된다.

또 이때 154[kV] 모선의 전압 변동 ΔV_{154}[%]는 변압기의 리액턴스를 x_t[%](기준용량 P_B[kVA]로 산정), 154[kV] 모선으로부터 전원 측을 본 외부 리액턴스를 x_l[%]라고 하면 다음 식으로 표시된다.

$$\Delta V_{154} = \Delta V_{66}\times\frac{x_l}{x_t + x_l}\ [\%] \tag{20.2}$$

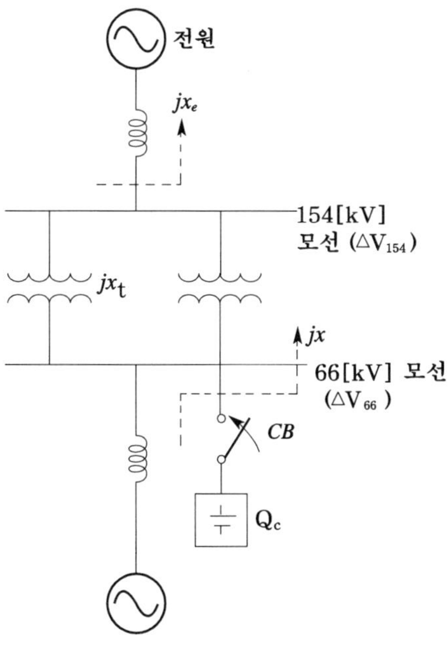

그림 20.4 조상 설비 개폐시의 계통도

20.3.2 역률 개선용 콘덴서의 계산

역률은 부하의 종류 및 크기에 따라 달라진다. 전등, 전열기의 역률은 거의 100 [%]인데 유도 전동기, 용접기 등의 역률은 상당히 나쁘며 또한 부하 상태에 따라서도 그 값이 일정하지 않다.

일반적으로 역률을 저하시키는 원인으로서는 유도 전동기 부하의 영향을 첫째로 꼽고 있다. 유도 전동기는 특히 경부하일 때 역률이 낮아지는데 일반적으로 유도 전동기는 이러한 경부하 상태로 운전되는 시간이 긴 것이 보통이다.

일정한 전력을 수전할 경우에는 부하의 역률이 낮을수록 선로 전류는 크게 되고 이에 따라 전압 강하는 커지고 전력 손실도 역률의 제곱에 비례해서 증가하게 된다. 또 전선로의 송전 용량은 전압 강하에 의해서 정해지므로, 역률이 저하하면 그만큼 송전 용량이 감소된다. 더욱이 발전기나 변압기 등의 용량은 [kVA]로 주어지므로 역률이 나빠지면 그만큼 [kW] 출력도 감소된다. 따라서 역률의 양부는 부하점에서 발전소에 이르는 전 전기 설비에 영향을 미치게 되므로 역률 개선의 중요성은 매우 크다고 하겠다.

같은 전력을 수송할 때 다른 조건은 그대로 두고 역률만을 개선한다면 다음과 같은 효과를 얻을 수 있다.

① 선로, 변압기 등의 저항손(I^2R)은 역률의 제곱에 반비례해서 감소한다.

② 변압기, 개폐기 등의 소요 용량은 역률에 반비례해서 감소한다.

③ 선로의 송전 용량이 그 허용 전류에 의해서 제한될 경우는 송전 용량도 증가한다.

④ 전압 강하는 $1+\frac{X}{R}\tan\varphi$(φ : 역률각)에 비례해서 감소한다.

역률 개선의 계산에는 부하의 유효 전력이 일정한 경우와 피상 전력이 일정한 경우의 2 가지가 있다.

(1) 부하의 유효 전력이 일정한 경우

그림 20.5에서 부하가 P[kW]로 일정할 때 역률을 $\cos\theta_1$으로부터 $\cos\theta_2$로 개선하는데 소요될 콘덴서 용량 Q_c[kVA]는 그림 20.5의 벡터도로부터

$$Q_c = Q_{L1} - Q_{L2} = P(\tan\theta_1 - \tan\theta_2) \tag{20.3}$$

또는 이 식을 변경해서

$$Q_c = P\left\{\sqrt{\frac{1}{\cos^2\theta_1} - 1} - \sqrt{\frac{1}{\cos^2\theta_2} - 1}\right\} \text{[kVA]} \tag{20.4}$$

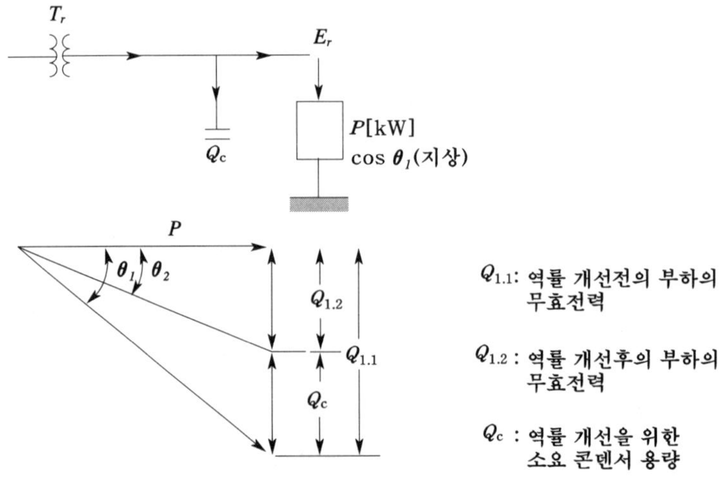

그림 20.5 벡터도(콘덴서 용량 계산)

로부터 직접 $\cos\theta_1$, $\cos\theta_2$의 값을 사용해서 구할 수 있다.

예제 20.1 전력 880[kW]로 역률 75[%](지상)의 부하가 있다. 전력용 콘덴서를 설치함으로써 역률을 90[%]로 개선하고자 한다. 이때의 소요 조상 용량 Q_c는 몇 [kVA]인가?

풀이 조상 용량 Q_c는 식 (20.3)을 사용해서 $P=880$[kW], $\cos\theta_1=0.75$, $\cos\theta_2=0.9$이므로

$$\tan\theta_1=\frac{\sin\theta_1}{\cos\theta_1}=\frac{\sqrt{1-\cos^2\theta_1}}{\cos\theta_1}=\frac{\sqrt{1-(0.75)^2}}{0.75}=0.88$$

$$\tan\theta_2=\frac{\sin\theta_2}{\cos\theta_2}=\frac{\sqrt{1-\cos^2\theta_2}}{\cos\theta_2}=\frac{\sqrt{1-(0.9)^2}}{0.9}=0.48$$

$$\therefore\ Q_c=880(0.88-0.48)=352\ [\text{kVA}]$$

또는 식 (20.4)에 $\cos\theta_1$, $\cos\theta_2$의 값을 직접 대입하여

$$Q_c=880\left\{\sqrt{\frac{1}{(0.75)^2}-1}-\sqrt{\frac{1}{(0.9)^2}-1}\right\}=352\ [\text{kVA}]$$

를 얻을 수 있다.

예제 20.2 어느 수용가가 당초 역률(지상) 80[%]로 600[kW]의 부하를 사용하고 있었는데 새로이 역률(지상) 60[%]로 400[kW]의 부하를 증가해서 사용하게 되었다. 콘덴서로 합성 역률을 90[%]로 개선하려고 할 경우 콘덴서의 소요 용량을 구하여라.

풀이 먼저 각각의 부하 전력에 대한 무효 전력을 구한 다음 합성 부하에 대한 유효 전력과 무효 전력을 계산해서 역률 개선용 진상 무효 전력을 산출하면 된다. 즉,

$$600\ [\text{kW}]\ \text{부하에 대한 무효 전력}=600\times\frac{0.6}{0.8}=450\ [\text{kVA}]$$

$$400\ [\text{kW}]\ \text{부하에 대한 무효 전력}=400\times\frac{0.8}{0.6}=533\ [\text{kVA}]$$

따라서 합성 부하(P_0+jQ_0)는,

$$P_0=600+400=1{,}000\ [\text{kW}]$$

$$Q_0=450+533=983\ [\text{kVA}]$$

합성 역률을 90 [%]로 개선하였을 경우는,

$$무효\ 전력 = \frac{1{,}000}{0.9} \times \sqrt{1-0.9^2} = 484\ [\text{kVA}]$$

그러므로 구하고자 하는 콘덴서 용량 Q_c는,

$$Q_c = 983 - 484 \fallingdotseq 500\ [\text{kVA}]$$

---

(2) 부하의 피상 전력이 일정할 경우

변압기 용량 P[kVA]와 같은 양의 부하(유효 전력 P_L[kW], 역률 $\cos\theta_1$)를 공급하고 있는 데에 새로이 부하 $\triangle P_L$[kW](역률 $\cos\theta_2$)를 증설할 경우 변압기를 과부하 시키지 않고 공급하기 위한 콘덴서 용량 Q_c[kVA]는 그림 20.6의 벡터도로부터

$$Q_c = P\sin\theta_1 + \triangle P_L \frac{\sin\theta_2}{\cos\theta_2} - \sqrt{P^2 - (P_L + \triangle P_L)^2} \tag{20.5}$$

으로 계산할 수 있다.

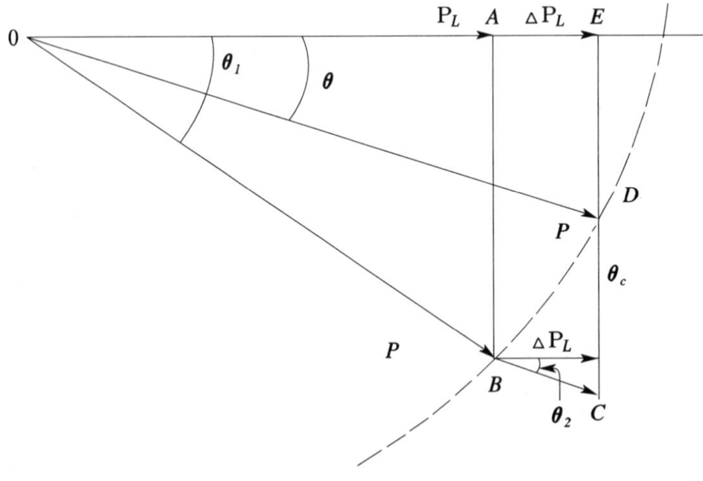

그림 20.6

예제 20.3 용량 10,000 [kVA]의 변전소가 있는데 현재 10,000 [kVA], 지상 역률 0.8의 부하에 전력을 공급하고 있다. 이 변전소로부터 다시 지상 역률 0.6, 1,000 [kW]의 부하에 전력을 공급하고자 할 경우 변전소를 과부하시키지 않고 이 증가된 부하까지 함께 공급하기 위해서는 최저 몇 [kVA]의 전력용 콘덴서가 필요하겠는가? 또 이때 이 콘덴서까지 포함한 부하의 합성 역률은 얼마로 되겠는가?

풀이 구하고자 하는 콘덴서 용량을 Q_c [kVA]라고 하면 그림 20.5의 벡터도로부터 부하 증가 후의 전무효 전력 Q [kVar](그림에서의 $\overline{CE}$)는

$$Q = P\sin\theta_1 + \Delta P_L \tan\theta_2$$
$$= 10{,}000 \times \sqrt{1-0.8^2} + 1{,}000 \times \frac{\sqrt{1-0.6^2}}{0.6} \fallingdotseq 7.333 \text{ [kVar]}$$

부하를 증가하고 역률을 개선한 후의 무효 전력 Q' [kVar](그림에서의 $\overline{DE}$)는

$$Q' = \sqrt{P^2 - (P_L + \Delta P_L)^2}$$
$$= \sqrt{10{,}000^2 - (10{,}000 \times 0.8 + 1{,}000)^2} \fallingdotseq 4{,}359 \text{ [kVar]}$$

따라서 소요 콘덴서 용량 Q_c [kVA]는

$$Q_c = Q - Q' \fallingdotseq 2{,}974 \text{ [kVA]}$$

또 이때의 합성 역률 $\cos\theta$는

$$\cos\theta = \frac{P_L + \Delta P_L}{P} = \frac{10{,}000 \times 0.8 + 1{,}000}{10{,}000} = 0.9$$

곧 90 [%]로 개선된다.

예제 20.4 어느 변전소에서 지상 역률 80 [%]의 부하 6,000 [kW]에 공급하고 있었는데 새로이 지상 역률 60 [%]의 부하가 1,200 [kW] 더 늘어나게 되었으므로 이에 따른 콘덴서를 설치하고자 한다. 아래의 각 경우에 대하여 소요 콘덴서 용량을 구하여라.

(1) 부하 증가 후에도 역률을 80 [%]로 유지할 경우

(2) 부하 증가 후에도 변전소의 [kVA]를 일정하게 유지할 경우

(3) 부하 증가 후의 역률을 90 [%]로 유지할 경우

풀이 현재의 부하 전력을 W_1, 증가 부하의 전력을 W_2라고 하면 제의에 따라,

$$W_1 = 6{,}000 + j6{,}000 \times \frac{0.6}{0.8} = 6{,}000 + j4{,}500$$

$$W_2 = 1{,}200 + j1{,}200 \times \frac{0.8}{0.6} = 1{,}200 + j1{,}600$$

으로 되어 합성 전력 W_0는,

$$W_0 = W_1 + W_2 = 7{,}200 + j6{,}100$$

이 되며, 이때의 $\tan\theta_0 = 0.847$, $\cos\theta_0 = 0.76$으로 된다.

(1) 역률 80[%]일 때의 $\tan\theta = \frac{0.6}{0.8} = 0.75$이므로 합성 전력의 역률을 80[%]로 하려면,

$$0.75 = \frac{6{,}100 - Q_c}{7{,}200}$$ 를 풀어서

$$Q_c = 700 \text{ [kVA]}$$

(2) 콘덴서 설치 전의 피상 전력은,

$6{,}000/0.8 = 7{,}500$ [kVA] 이다.

따라서 콘덴서 소요 용량을 Q_c라고 하면

$$7{,}500 = \sqrt{(7{,}200)^2 + (6{,}100 - Q_c)^2}$$

을 풀어서 $Q_c = 8.2 \times 10^3$ 또는 4.0×10^3[kVA]를 얻는다.

이 중 $Q_c = 8.2 \times 10^3$[kVA]는, 역률을 진상으로 하기 때문에 후자의 4,000 [kVA]를 택하면 된다.

(3) $\cos\theta = 0.9$일 때 $\tan\theta = 0.484$이므로 콘덴서 용량 Q_c는,

$$Q_c = 7{,}200 \times (0.847 - 0.484) = 2{,}614 \text{ [kVA]}$$

연 습 문 제

1. 전력용 콘덴서를 설치할 경우 이것에 직렬로 리액터를 접속하는 이유 및 리액터 용량을 결정하는 근거를 설명하고 또한 리액터 용량의 개략값을 구하는 계산식을 보여라.

2. 발변전소에 설치되는 하기의 것에 대해서 설치의 주목적 및 접속 장소를 설명하여라.

(1) 분로 리액터 (2) 한류 리액터

(3) 직렬 리액터 (4) 소호 리액터

3. 역률 0.8인 부하 480[kW]를 공급하는 변전소에 콘덴서 220[kVA]를 설치하면 역률은 얼마로 개선되는가?

4. 역률 0.85(지상)인 부하 3,400[kW]의 변전소에서 신규 수용으로서 역률 0.8(지상)의 부하 5,600[kW]를 증설하게 되었다. 여기서 콘덴서를 설치하여 변전소에서의 종합 효율을 0.9(지상)로 개선하고자 한다. 이때의 소요 콘덴서 용량을 구하여라.

5. 5,000[kVA]의 변전 설비를 가진 수용가에서 현재 5,000[kVA], 역률 75[%](지상)의 부하가 운전중이다. 여기에 1,045[kVA]의 콘덴서를 설치하면 역률 80[%](지상)의 부하를 몇 [kW] 더 증가시킬 수 있겠는가? 또, 이때의 종합 역률은 얼마로 되겠는가?

6. 정격 용량 300[kVA]의 변압기에서 지상 역률 70[%]의 부하에 300[kVA]를 공급하고 있다. 합성 역률을 90[%]로 개선하여 이 변압기의 전용량까지 공급을 늘려 주려고 한다. 여기에 소요되는 전력용 콘덴서의 용량 및 이때 증가할 수 있는 부하(역률은 지상, 90[%])는 얼마인가?

제 21 장

개폐 장치 및 모선

21.1 개폐 장치의 개요

발변전소나 송전 선로 등으로 구성된 전력 계통은 운전, 보수가 용이하고 또 계통에서 사고가 발생하였을 때에는 이상상태로 된 고장 구간을 건전한 계통으로부터 신속하게 분리하여야 하기 때문에 적당한 장소에 전력 개폐 장치를 설치할 필요가 있다. 같은 회로의 개폐라 하더라도 큰 전류가 흐르고 있는 회로를 개폐하는 경우와 극히 작은 전류가 흐르고 있는 회로를 개폐하는 경우가 있다. 이 중 전력 계통의 주회로에 사용되고 있는 개폐 장치는 다음과 같은 3가지이다.

(1) 차단기

차단기는 정상적인 부하 전류의 개폐는 물론 고장이 발생하였을 때 흐르는 매우 큰 고장 전류도 개폐할 수 있는 능력을 지니고 있어야 한다. 또 그것은 고장 검출용 보호 계전기와 조합되어서 고장 부분을 신속하게 건전 회로로부터 분리함으로써 사고의 확대를 방지한다는 역할도 할 수 있어야 한다.

(2) 단로기 및 라인 스위치

단로기는 정격 전압 하에서 단순히 충전된 회로(전류는 흐르지 않는다)를 개폐하기 위해서 사용되는 개폐기로서 주로 기기의 점검 수리를 위해서 이들을 전원으로부터 분리할 경우나 회로의 접속을 변경할 때 사용되며, 원칙적으로는 부하 전류는 개폐하지 않는 것이다.

이 때문에 단로기의 조작은 차단기와 인터록해서 차단기가 개방된 상태가 아니면 단로기는 개폐조작을 할 수 없게 되어 있다.

한편 **라인 스위치**는 단로기 중, 그 기능을 크게 바꾸지 않는 범위에서 소량의 전류를 개폐할 수 있는 구조를 갖는 것이다.

(3) 부하 개폐기 및 접촉기

어느 것이나 고장 전류와 같은 대 전류는 차단할 수 없지만, 정격 전류까지의 부하 전류라든가 루프(loop) 전류 정도는 차단할 수 있는 능력을 갖는 개폐 장치이다.

이 중, **부하 개폐기**는 송배전선 등의 개폐 빈도가 별로 많지 않은 장소에 사용되며, 접촉기는 전동기 등의 제어용으로서 빈도가 잦은 경우에 대한 개폐 능력을 갖는 것이다.

21.2 차단기

21.2.1 차단기의 정격

개폐 장치에서 가장 중요한 것은 차단기이다. 차단기는 평상시의 부하 전류나 계통 사고시의 매우 큰 고장 전류를 완전히 차단할 수 있는 것이라야만 한다.

차단기의 정격이란 규정된 책무, 조건 및 특정한 조작하에서 차단기가 갖는 성능의 보증 한계를 말하는 것이며 그 주요 항목으로는 다음과 같은 것이 있다.

① **정격 전압** : **차단기의 정격 전압**이란 규정의 조건하에서 그 차단기에 과할 수 있는 사용 회로 전압의 상한값을 말하며 일반적으로는 선간 전압으로 나타낸다.

② **정격 차단 전류** : 모든 정격 및 규정의 회로 조건하에서 규정된 표준 동작 책무와 동작 상태에 따라서 차단할 수 있는 지상 역률의 차단 전류의 한도를 말한다.

③ **정격 차단 용량** : 3상 교류일 경우 이것은 그 차단기의 정격 차단 전류와 정격 전압과의 곱에 $\sqrt{3}$을 곱해 준 것이다. 즉,

$$\text{정격 차단 용량} = \sqrt{3} \times (\text{정격 전압}) \times (\text{정격 차단 전류})$$

단, 단상용의 경우에는 $\sqrt{3}$을 생략한다. 차단 용량의 단위는 [kVA] 또는 [MVA]이다. 표 21.1에 현재 우리나라에서 사용되고 있는 차단기의 최대 차단 용량을 보인다.

표 21.1 차단기 용량

전압[kV]	차단 시간[Hz]	차단 용량[MVA]
6.9	8	150
22.9	5	1,000
69	5	1,500
161	3	15,000
345	3	25,000 (40kA)
765	2	69,000 (50kA)

④ 차단기의 동작 책무 :

차단기가 차단하게 될 전류는, 부하전류, 단락전류, 송전선의 충전전류 등인데, 이 중에서도 가장 문제가 되는 것은 송전선이나 발변전소 내의 단락사고에 의한 단락전류이다. 단락전류는 부하전류에 비해 매우 큰 값으로 되는데 차단기는 확실하게 이 전류를 차단할 수 있어야 한다.

또한 차단기가 전력 계통에서 사용될 경우에는 안정도 유지 대책으로 재폐로 동작이 요구될 경우가 많다. 곧, 차단기는 1회만 차단해서 끝나는 것이 아니고 몇 차례씩이나 투입-차단-투입(C-O-C)과 같은 동작을 되풀이할 경우가 많다. 이러한 경우에는 회로조건에 따라 차단기의 차단 용량이 달라지기 때문에 통상 표 21.2의 표준 동작 책무에서 보인 것처럼, 차단기의 용량도 이들의 일련의 동작 책무에 맞는 성능의 한도로서 표현하고 있다.(이들의 값은 별도로 표준 규격에서 정하고 있음)

표 21.2 표준 동작 책무

종 별	기 호	동 작 책 무
일 반 용	A	O-(1분)-CO-(3분)-CO
	B	CO-(15초)-CO
고속도 재투입용	R	O-(θ)-CO-(1분)-CO

단, O : 차단 동작
CO : 투입 동작에 이어 지체 없이 차단 동작을 하는 것
θ : 재투입 시간, 0.35초를 표준으로 한다.

21.2.2 차단기의 종류

차단기는 분류 방법에 따라 그 종류가 다양하지만 일반적으로는 전류 차단 시에 발생하는 아크를 소호하는 방식에 따라 다음과 같이 분류하고 있다.

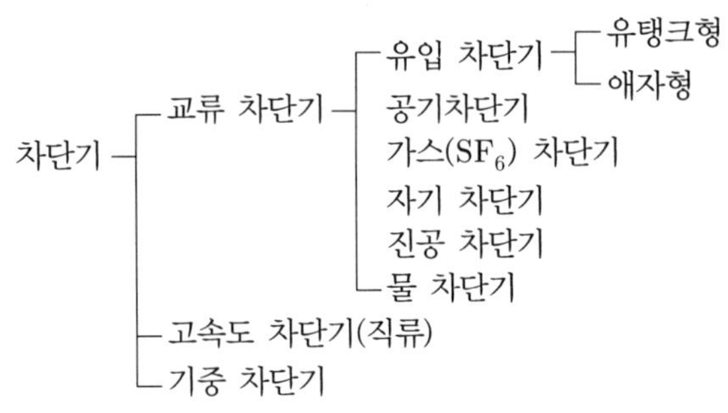

그림 21.1 차단기의 종류

이 중 중요한 것만 몇 가지 추려서 설명하면 다음과 같다.

(1) 유입 차단기(OCB)

유입 차단기는 절연유를 소호와 절연의 2가지 목적을 겸해서 사용하는 오랜 실적을 가진 차단기이다. 절연유 속에서 전극을 열면 아크가 생기고 이 아크열에 의해 기름이 분해되어 가스가 발생한다. 이 가스는 거의 대부분이 수소 가스이다. 이 수소 가스는 냉각 능력이 커서 아크로부터 열을 빼앗아 소호하게 된다.

차단기의 차단 원리는 일반적으로 아크 에너지에 의한 발생 가스를 아크에 세게 불어 넣어주는 방식(자력형)과, 가동 피스톤으로 절연유를 아크에 불어 넣어주는 방식(타력형), 또는 이들을 병용한 방식(혼합형) 등으로 소호를 하는 것이다.

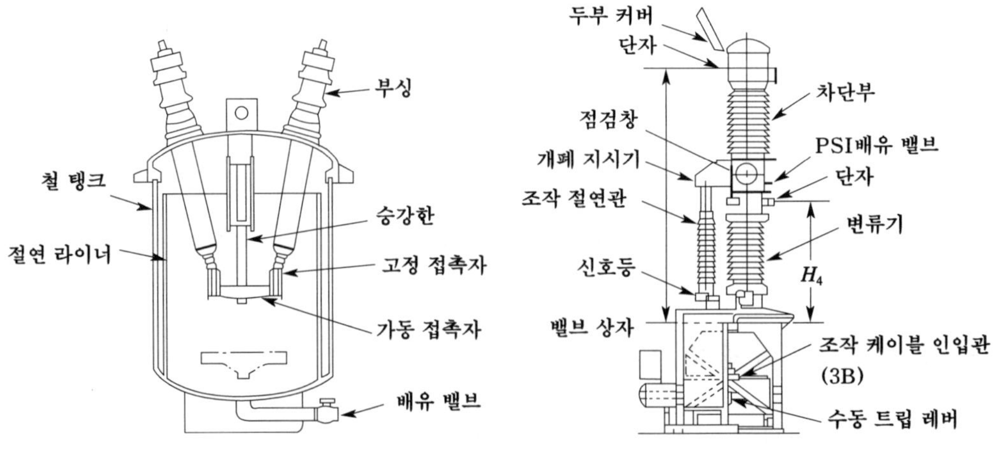

그림 21.2 유입 차단기

유입 차단기는 이 밖에도 대지 절연에 애자를 이용해서 절연유를 절약한 애자형도 있다. 이 유입 차단기의 적용 전압은 3～154[kV]까지로서 광범위하게 사용되고 있는 편이다.

(2) 공기 차단기(ABB)

차단 원리는 압축공기(15～30[kg/cm^2])로 고속의 공기류를 만들고, 그 속에서 차단 아크를 발생시켜서 고속의 공기류의 냉각작용으로 소호를 하는 것이다. 압축 공기는 약 7[kg/cm^2]에서 절연유와 동등 이상의 절연 내력을 갖는다. 이 차단기는 차단 성능이 우수하다는 것, 공기를 쉽게 얻을 수 있다는 것, 그리고 차단점을 늘리면 고전압 또는 초고압 계통처럼 차단 용량이 큰 곳에서도 쉽게 설치할 수 있다는 장점이 있으나, 한편 높은 압력의 압축 공기를 대기 중에 불어 내기 때문에 소음이 커서 최근에는 별로 사용되지 않는 편이다.

이 ABB의 적용 전압은 22～345[kV]까지이다.

(3) 진공 차단기(VCB)

차단 원리는 진공 상태에서의 아크의 확산 작용을 이용해서 소호하는 것이다. 그 특징은 아주 작은 전극 간격에서 아크 차단을 고속으로 할 수 있다는 것이다. 또 접점의 손모가 적으므로 수명이 길고, 화재 폭발의 위험이 없다는 것, 소형, 경량이므로 종래의 차단기와는 달리 2단 적재 내지 3단 적재 설치가 가능하다는 것, 그밖에 소음이 없고 보수가 용이하기 때문에 현재 저전압, 중간용량의 배전용 차단기라든가 개폐기로 많이 사용되고 있다.

(4) 가스 차단기(GCB)

소호용의 기체는 공기에 한정되지 않고, 안정도가 높고, 불활성, 불연, 무추, 무독의 기체라면 사용할 수 있다. 6불화유황(SF_6)가스는 공기에 비해 100배 가까운 소호능력을 갖는다고 한다. 따라서 SF_6 가스 차단기는 이 SF_6 가스의 우수한 소호능력과 절연강도를 이용한 차단기로서 소호원리 및 차단부의 구조는 공기 차단기와 거의 같은 것이다.

가스 차단기는 공기 차단기에 비해 다음과 같은 특징을 지니고 있다.

① 다중 차단일 경우 차단 점수가 1/2～1/3로 되어 크기가 작아진다.
② 소호에 이용한 가스를 대기에 방출하지 않기 때문에 배기 소음이 적다.
③ 소호 능력이 우수하므로 통상의 차단뿐만 아니라 소 전류 차단시의 이상 전압이 낮다.
④ 아크에 의한 접촉자의 손모가 적기 때문에 완전 밀폐로 해서 보수를 거의 안 해도 된다.

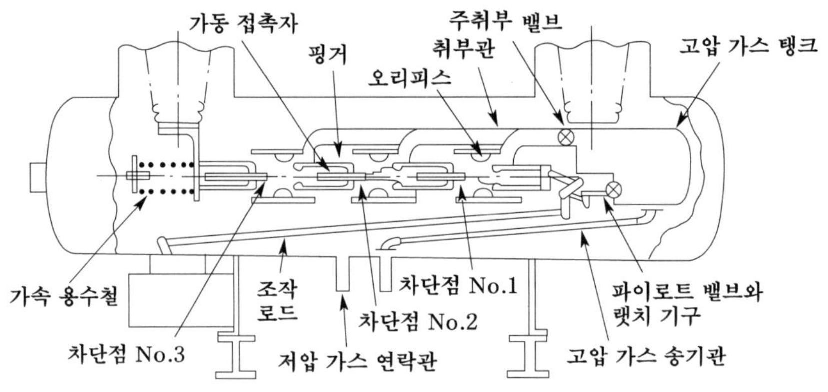

그림 21.3 SF_6 가스 차단기의 일례

이상과 같은 특징이 있기 때문에 이 SF_6 가스 차단기는 66[kV] 이상의 회로에 표준용으로 사용되고 있으며, 고전압, 대용량으로 될수록 그 효과는 더 커지고 있다. 특히 최근에는 이 차단기뿐만 아니라 이와 관련된 모선, 단로기 등을 일괄하고 여기에 SF_6 가스를 충전한 가스 절연 개폐 장치까지 함께 수용한 이른바 **축소형 개폐 장치**가 개발되어 널리 사용되고 있다.

표 21.3은 오늘날 사용되고 있는 변전소용 차단기를 정리해서 보인 것이다.

표 21.3 차단기의 적용

	전압[kV]	표준 적용기기
송전용 변전소	66～765 22～33	가스 차단기 진공 차단기 가스 차단기
배전용 변전소	66～154 6	가스 차단기 진공 차단기 가스 차단기 진공 차단기

21.2.3 가스 절연 변전소(GIS)

SF_6 가스는 우수한 소호 능력과 절연 기능을 가지고 있기 때문에, 이러한 높은 소호능력을 갖는 재료를 모선 및 개폐설비에 적용해서 개폐장치의 축소화를 도모한 것이 **복합 개폐**

장치 또는 **가스 절연 개폐 장치(GIS)** 라고 불리고 있는 것이다.

더 나아가 이러한 가스 절연 개폐 장치를 중심으로 여기에 모선, 계기용 변성기, 피뢰기 및 접지 장치까지를 모두 가스 봉입 금속 용기 내에 일괄해서 수용한 것이 가스 절연 변전소(GIS)이다.

이 GIS의 특징은 다음과 같다.

① 대기 절연을 이용한 것에 비해 현저하게 소형화할 수 있다.

공칭 전압[kV]		66	154
축소화율 (개략의 %)	용적	7	4
	면적	12	8

② 충전부가 완전히 밀폐되기 때문에 안정성이 높다.

③ 대기 중의 오염물의 영향을 받지 않기 때문에 신뢰도가 높고 보수도 용이하다.

④ 소음이 적고 환경 조화를 기할 수 있다.

⑤ 공사기간을 단축할 수 있다.

한편 이 GIS가 갖는 단점으로서는 다음과 같은 점을 들 수 있다.

① 내부를 직접 눈으로 볼 수 없다.

② 가스 압력, 수분 등을 엄중하게 감시할 필요가 있다.

③ 내부 점검, 부품 교환이 번거롭다.

④ 비교적 고가이다.

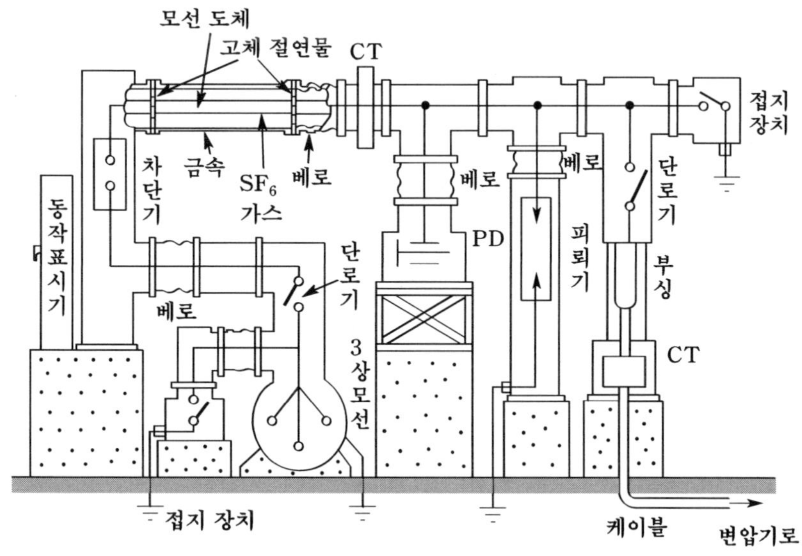

그림 21.4 SF_6 가스 절연 변전소의 구조

이 때문에 이 GIS의 용도로서는 용지 취득이 어려운 장소라든가 도심부의 지하에 많이 채용되는 경향이 있다.

21.3 단락전류 계산법

앞서 차단기의 정격 차단 용량은,

$$\text{정격 차단 용량[kVA]} = \sqrt{3} \times \text{정격 전압[kV]} \times \text{정격 차단 전류[A]} \tag{21.1}$$

로 표시된다고 하였다.

여기서 차단기의 정격 차단 전류 I_s는 정격 전압 및 규정의 회로 조건하에서 규정된 동작 책무 및 동작 상태에 따라서 차단할 수 있는 차단 전류의 한도를 말하며 통상 이 값은 다음 식으로 계산한다.

$$I_s = \sqrt{\left(\frac{X}{2}\right)^2 + Y^2} \tag{21.2}$$

여기서, X 및 Y는 각각 차단기의 차단 전류의 교류분 및 직류분의 진폭을 가리키는 것이다.

여기서는 변전소를 포함한 전력 계통에서 3상 단락 고장이 발생하였을 경우의 단락 전류, 단락 전력의 계산 방법에 대해서 설명한다.

지금 그림 21.5의 F점에서 3상 단락 고장(3LS)이 발생하였을 경우의 3상 단락 전류 I_s [A]는 고장점 F로부터 발전기 G까지의 임피던스를 $Z\,[\Omega]$, 고장점의 Y전압을 $E\,[\text{V}]$라고 하면,

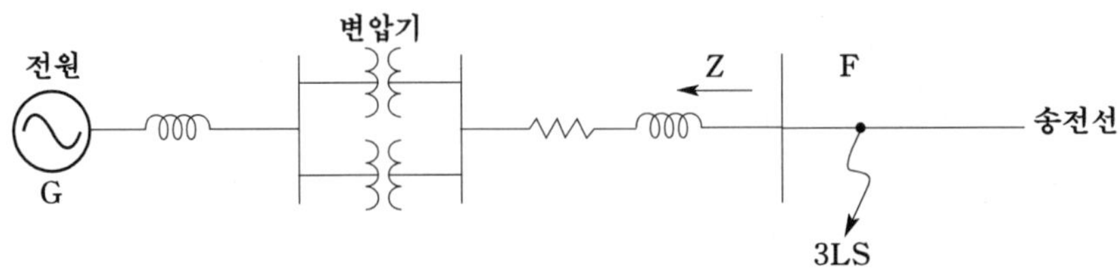

그림 21.5

$$I_s = \frac{E}{Z}[\mathrm{A}] \tag{21.3}$$

로 구해진다.

이와 같이 [V]를 [Ω]으로 나누어서 단락 전류[A]를 구하는 계산법을 오옴법이라고 한다.

그런데 일반적으로 전력 계통에서는 임피던스를 [Ω] 대신에 [%]로 나타내는 경우가 많다. 지금 정격 전류를 I_n [A], 정격 Y전압을 E [V]라고 하면 우선 $\%Z$의 정의로부터

$$\left.\begin{aligned} \%Z &= \frac{ZI_n}{E} \times 100\ [\%] \\ \therefore Z[\Omega] &= \frac{\%Z \cdot E}{100 I_n}\ [\Omega] \end{aligned}\right\} \tag{21.4}$$

이므로 여기서 얻게 된 $Z[\Omega]$을 앞서의 식 (21.3)에 대입하면,

$$I_s = \frac{E}{Z[\Omega]} = \frac{E}{\dfrac{\%Z \cdot E}{100 \cdot I_n}} = \frac{100}{\%Z} \times I_n\ [\mathrm{A}] \tag{21.5}$$

로 되어 고장점 F로부터 발전기 G까지의 $\%Z$가 구해지면, 단락 전류 I_s는 식 (21.5)로 쉽게 구할 수 있다.

이 계산 방법을 **퍼센트법(%법)**이라고 하는데 이 계산식에서 곧 알 수 있듯이 3상 단락 전류 I_s의 크기는 정격 전류 I_n의 $\frac{100}{\%Z}$배, 즉 100을 $\%Z$로 나누어 주기만 하면 정격 전류의 몇 배가 단락 전류로서 흐르게 되는가를 쉽게 알 수 있다는 특징이 있다.

다음 식 (21.5)의 양변에 $\sqrt{3}\,V$를 곱할 경우,

$$P_n = \sqrt{3}\,VI_n\ [\mathrm{kVA}]$$

는 정격 용량을 나타내고 $P_s = \sqrt{3}\,VI_s$[kVA]는 3상 단락 용량을 나타내므로,

$$P_s = \frac{100}{\%Z}P_n \tag{21.6}$$

단, I_n : 정격 전류[A]

V : 선간 전압[kV]

의 관계가 성립한다. 이로부터 $\%Z$와 P_n가 주어지면 P_s는 위의 식 (21.6)으로부터 쉽게 구할 수 있게 된다.

21.3.1 단락 용량 경감 대책

전력 계통에서 발전기라든가 변압기의 증설 또는 송전선의 신·증설로 계통규모가 확대되면 그만큼 고장 발생시의 고장전류가 커진다. 고장(단락·지락)전류는 곧 송변전 기기의 손상 증대, 부근에 있는 통신선에의 유도 장해 증가 등, 큰 피해를 주게 되므로 다음과 같은 단락 용량 대책을 강구할 필요가 있다.

① 현재 채용하고 있는 것보다 한 단계 더 높은 상위 전압의 계통을 구성한다.
② 발전기와 변압기의 임피던스를 크게 한다.
③ 계통을 분할하거나 송전선 또는 모선간에 한류 리액터를 삽입한다.
④ 계통간을 직류 설비라든가 특수한 연계 장치로 연계한다.
⑤ 사고시 모선 분리 방식을 채용한다.

예제 21.1 그림 21.6에 나타난 바와 같은 무부하 송전선의 S점에서 3상 단락 사고가 났다고 할 때 S점을 흐르는 단락 전류를 각각,

(1) 오옴법
(2) %법

으로 구하여라. 단, 계산에 사용할 수치는 동 그림에서 보인 바와 같다고 한다.

풀이 **(1) 오옴법에 의한 계산**

먼저 선로측 전압 154[kV]에 맞추어서 발전기 및 변압기의 리액턴스를 [Ω]으로 환산해 준다.

$$x_{G1} = x_{G2} = \frac{30 \times 10 \times (154)^2}{50{,}000} = 142.3[\Omega]$$

같은 발전기가 2대 병렬이므로 합성된 발전기 리액턴스

$$x_G = \frac{142.3}{2} = 71.15[\Omega]$$

다음 $$x_{tr} = \frac{16 \times 10 \times (154)^2}{100{,}000} = 37.95\ [\Omega]$$

$$x_l = 0.5 \times 50 = 25\ [\Omega]$$

고장점 S로부터 전원측을 본 임피던스 x는,

$$x = x_G + x_{tr} + x_l = 134.1[\Omega]$$

따라서 단락 전류 I_s는,

$$I_s = \frac{154{,}000/\sqrt{3}}{134.1} = 663.1[\mathrm{A}]$$

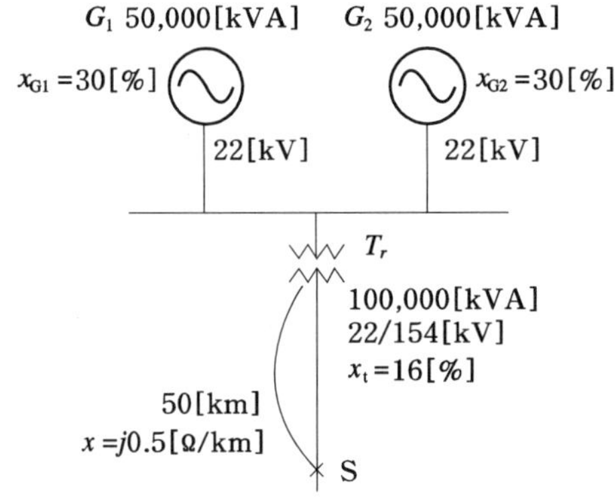

그림 21.6

(2) %법에 의한 계산

기준 용량으로 $P_0 = 100{,}000$ [kVA]를 잡아 준다. 정격 전류 I_n은,

$$I_n = \frac{100{,}000}{\sqrt{3} \cdot 154} = 374.9[\mathrm{A}]$$

$$\%x_l = \frac{ZI_n}{E/\sqrt{3}} \times 100 = \frac{25 \times 374.9}{154{,}000/\sqrt{3}} \times 100 = 10.54[\%]$$

$$\%x_{tr} = 16 \times \frac{100{,}000}{100{,}000} = 16[\%]$$

$$\%x_{G1} = \%x_{G2} = 30 \times \frac{100{,}000}{50{,}000} = 60[\%]$$

2대 병렬이므로

$$x_G = \frac{60}{2} = 30[\%]$$

그러므로 고장점 S에서 전원측을 본 전 임피던스 $\%x$는,

$$\%x = \%x_G + \%x_{tr} + \%x_l = 30 + 16 + 10.54 = 56.54$$

$$I_s = \frac{100}{\%x} \times I_n = \frac{100}{56.54} \times 374.9 = 663.1 \text{ [A]}$$

예제 21.2 그림 21.7에서 보는 바와 같은 전력 계통이 있다. 각 부분의 $\%Z$는 그림에서와 같으며 이들은 모두 100 [MVA] 기준으로 환산된 것이라고 한다. 이 전력 계통에서 차단기 a 및 차단기 b의 차단 용량은 각각 얼마로 하여야 하는가?

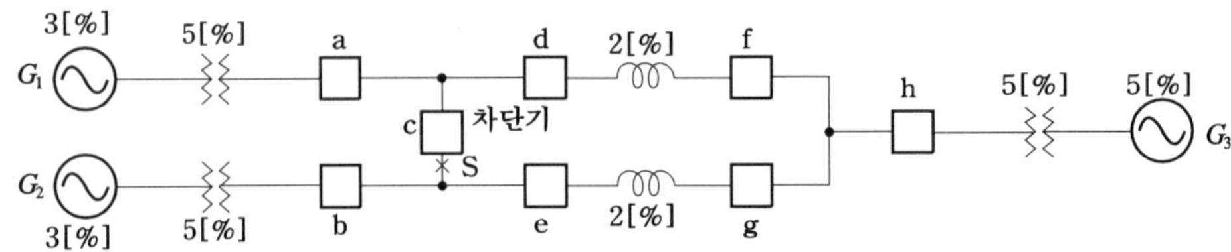

그림 21.7

풀이 고장 전류 중 G_1으로부터의 성분을 I_{G1}, G_2로부터의 성분을 I_{G2}, G_3으로부터의 성분을 I_{G3}이라고 한다. 또 100[MVA]에 대한 정격 전류를 I_n이라고 한다.

(1) 차단기 a의 용량 결정

차단기 a의 바로 우측에서 단락 고장이 일어났을 경우 a에 흐르는 전류 I_a는,

$$I_a = I_{G1} = I_n \cdot \frac{100}{5+3} = 12.5 I_n$$

차단기 a의 바로 좌측에서 단락 고장이 일어났을 경우 a에 흐르는 전류 I_a'는,

$$I_a' = I_{G2} + I_{G3} = 2 \times I_n \frac{100}{4+5+2} \fallingdotseq 18.2 I_n$$

그런데, $I_a' > I_a$이므로 차단기 a는, I_a'에 대해서 차단 용량을 결정해 주면 될 것이다. 가령 정격 전압(선간)을 V_n이라고 하면,

$$\begin{aligned} \text{차단 용량} &= \sqrt{3}\, V_n I_a' = \sqrt{3}\, V_n \times 18.2 I_n \\ &= 18.2 \times 100 = 1{,}820 \text{[MVA]} \end{aligned}$$

(2) 차단기 b의 용량 결정

마찬가지로 차단기 b의 바로 우측에서 단락 고장이 났을 경우 b에 흐르는 전

류 I_b는

$$I_b = I_{G1} + I_{G3} = I_n \cdot \frac{100}{5+3} + I_n \frac{100}{4+5+2} \fallingdotseq 21.6 I_n$$

b의 좌측에서 고장이 났을 경우 b에 흐르는 전류 I_b'는,

$$I_b' = I_{G2} = I_n \cdot \frac{100}{4+5+2} \fallingdotseq 9.1 I_n$$

$I_b > I_b'$ 이므로 차단기 b는 I_b에 대해서 차단 용량을 결정하면 된다.

$$\text{차단 용량} = \sqrt{3}\, V_n I_b = \sqrt{3}\, V_n \times 21.6 I_n$$
$$= 21.6 \times 100 = 2{,}160\ [\text{MVA}]$$

21.4 모선방식

21.4.1 회로 구성 및 결선 방식

발변전소 내의 기기는 항상 그 능력을 완전하게 발휘하고, 고장이 일어났을 경우에는 최단 시간에 고장을 회복할 수 있고 또 고장 파급의 범위를 가능한 한 줄일 수 있어야 한다. 그러기 위해서는 평상시부터 변압기, 차단기, 단로기 등의 사용 기기가 충분히 제 기능을 발휘할 수 있도록 회로 구성을 잘 선정해 두어야 한다.

회로 구성은 일반적으로 다음과 같은 사항을 고려해서 결정한다.

① 운전, 보수가 안전하고 확실하게 실시될 것
② 각 기기의 점검, 수리를 쉽게 할 수 있을 것
③ 구내에 발생한 사고를 최소한도로 국한할 것
④ 회로 구성은 가능한 한 표준적인 접속 방식을 채용해서 오조작이 없을 것
⑤ 건설비가 쌀 것

이상의 방침에 따르기 위해서는 같은 종류의 기기, 가령 발전기 상호간의 융통을 기하기 위해서는 각 기기를 횡적으로 연결 할 필요가 있다. 또한 다른 종류의 기기를 조합시켜야 할 경우, 가령 발전기와 변압기에 대해서 A조의 발전기와 B조의 변압기를 조합시켜서 사용

하고자 할 경우에는 종적으로도 융통성을 지니도록 하지 않으면 안 된다. 이와 같은 기능을 맡아서 하는 것이 바로 **모선**이다. 곧, 변전소 내에서 같은 전압의 변압기라던가 송전선은 공통의 모선이라고 불리는 변전소의 내부에서만 설치된 회로에 접속시키는 것이 일반적이다. 이 모선의 결선 방식은 전력계통의 중심으로서 전원계통, 송전계통, 배전계통, 변압기 구성 등의 특성에 따라서 계통의 신뢰도, 계통운용의 융통성, 운전·보수 등을 종합적으로 검토해서 계통구성과 충분히 잘 협조될 수 있는 방식을 채용하지 않으면 안 된다.

이와 같이 모선은 변전소의 각 기기라든가 송배전선을 접속하기 위한 기본 회로로서 통상 단모선 및 복모선 방식이 채택되고 있으나, 필요에 따라서는 여러 가지 변형 회로가 채택될 수 있다.

(1) 단모선 방식

그림 21.8에 보인 것처럼 이것은 가장 단순한 모선 방식으로서 주로 전력 계통의 말단 변전소에서 회선수가 적은 경우라든가 배전용 변전소에서 사용된다.

이 방식은 소요 기기 및 공간을 작게 차지해서 경제적으로 유리하다는 장점은 있으나, 운용 면에서는 만일 모선에 사고가 일어났을 경우에는 변전소가 모두 정지된다는 위험성이 있고, 그 밖에 모선을 점검 수리하기 위해서는 설비의 정지를 피할 수 없기 때문에 신뢰성이 낮다는 문제점이 있어서 비교적 소규모의 변전소에서만 채용될 뿐이다.

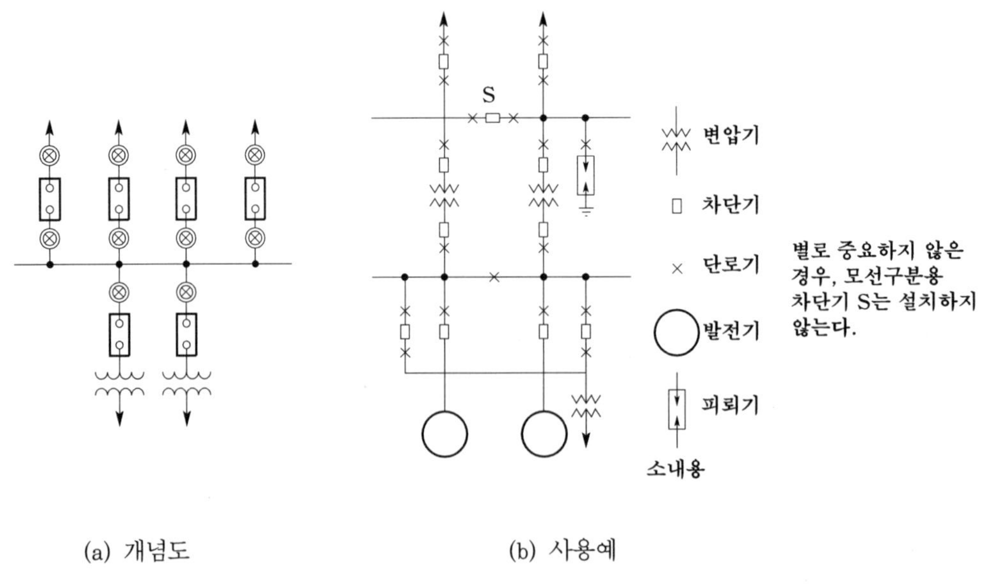

그림 21.8 단모선 방식

(2) 복모선 방식

복모선에는 2중 모선이 사용되며, 여기에는 2중 모선 4버스 타이 방식, 링 모선 방식 등이 있다. 그림 21.9는 **2중 모선 방식**의 발전소의 예를, 그림 21.10은 조상 설비를 갖춘 변전소 예를 보인 것이다.

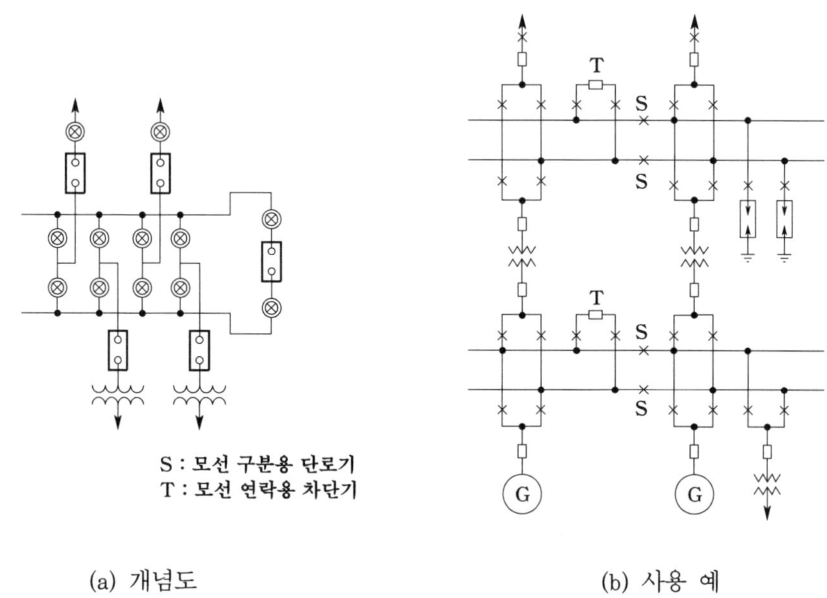

(a) 개념도 (b) 사용 예

그림 21.9 2중 모선 방식

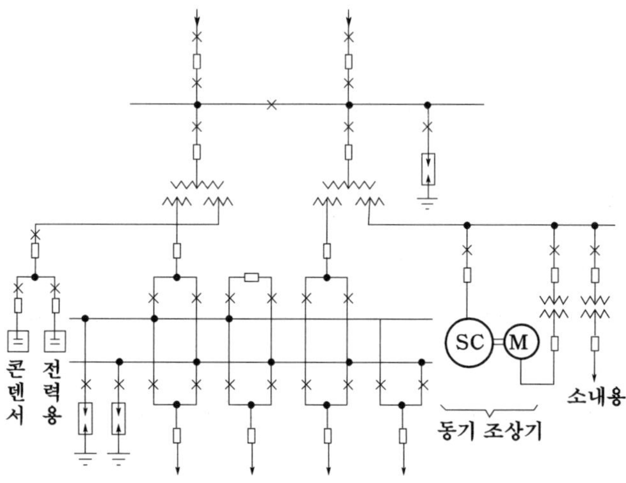

그림 21.10 조상 설비가 있는 변전소의 예(3권선 변압기)

이 2중 모선 방식은 단로기 등의 소요 기기의 수가 많아지고 설치 면적도 많이 필요로 하게 되지만, 모선의 교체가 가능하기 때문에 기기의 점검 운용을 원활하게 할 수 있다는 장점이 있다. 그 1예로서 한 모선을 점검하기 위해서 그 모선을 정지시킬 경우에도 변압기라던가 송전선은 그대로 운전할 수 있다. 또, 한 모선에 사고가 발생하더라도 개폐기 조작으로 접속되어 있는 송전선 이라든가 변압기를 다른 모선으로 곧 바로 절체 할 수 있어서 신로성이 높아지기 때문에 대규모의 변전소에서 널리 채용되고 있다.

일반적으로 상위 계통의 변전소에서는 이 방식이 채택되고 특히 중요한 기간 계통의 변전소에는 2중 모선의 특징을 살려서 한층 더 높은 신뢰도 향상을 도모하기 위하여 그림 21.11에 보인 바와 같이 2중 모선 4버스 타이 방식, $1\frac{1}{2}$차단기 방식 등의 고신뢰도 모선 방식을 채택하고 있다.

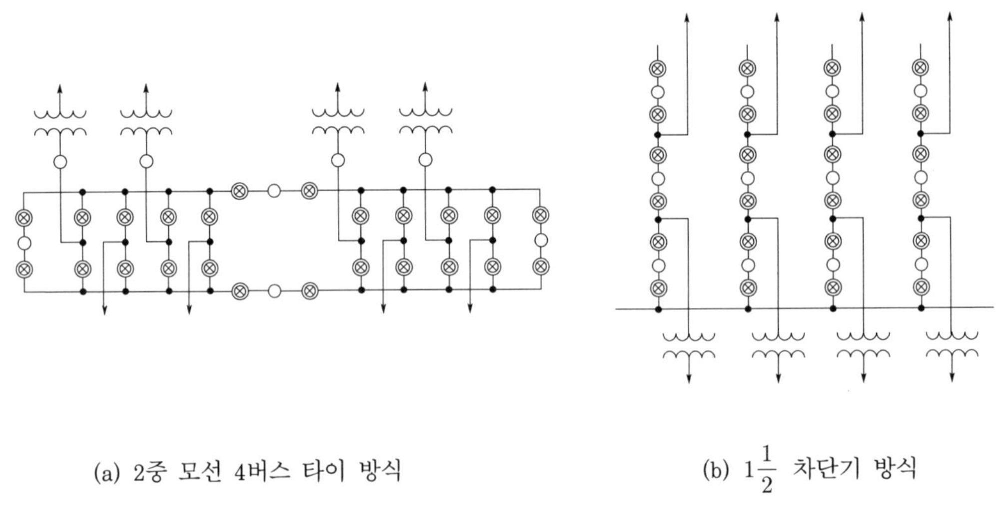

(a) 2중 모선 4버스 타이 방식 (b) $1\frac{1}{2}$ 차단기 방식

그림 21.11 고신뢰도 모선 방식

(3) 환상 모선 방식

환상 모선 방식은 소요 면적이 적고 모선의 부분 정지, 차단기의 점검에는 편리하지만, 계통 운용에는 2중 모선 방식만큼 자유도가 없고 제어 및 보호회로가 복잡하게 되며 또한 직렬 기기의 전류 용량이 커진다는 결점이 있다.

이 방식은 일부 대용량 화력 발전소의 고압 측 모선에서 채용되고 있으나 일반의 변전소에서는 별로 채용되지 않는다.

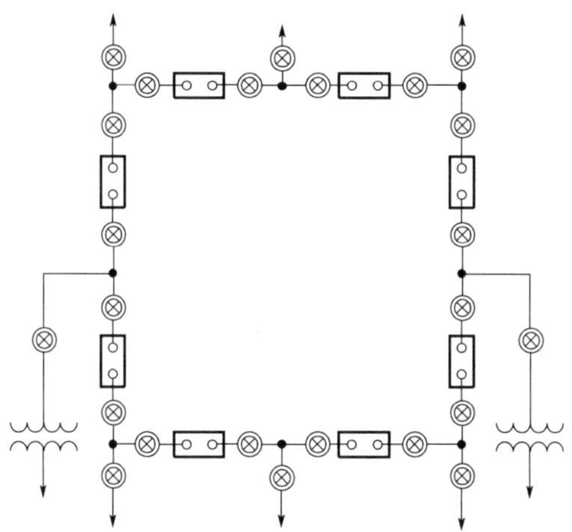

그림 21.12 환상 모선 방식

21.5 계기용 변성기

고전압, 대전류 회로를 측정하거나 감시할 경우, 직접 이들의 전압이나 전류를 배전반의 계기라든가 계전기 등에 유도한다는 것은 배선의 절연 강도면이나 취급자에 주게 될 위험도로 보아 곤란한 일이다. 이와 같은 이유에서 주회로의 전압이나 전류를 저전압 또는 저전류로 변성하기 위해서 사용되는 것이 계기용 변압기 및 변류기이며, 일반적으로는 이 양자를 일괄해서 계기용 변성기라고 부른다.

21.5.1 계기용 변압기(PT)

이것은 통상 PT라고 불리는데 회로의 전압을 계기라든가 계전기, 표시 등에 쓰기에 적합한 저전압으로 변성하는 장치이다.

구조로서는 전력용의 변압기와 같은 것이지만, PT는 사용 목적에 따라 전력 손실보다도 변성에 의한 오차를 줄이기 위해 철심에는 양질의 규소 강판을 사용함과 동시에 각 권선의 임피던스를 작게 해서 전압 변동을 작게 하고 있다는 것이 약간 다른 점이라고 하겠다.

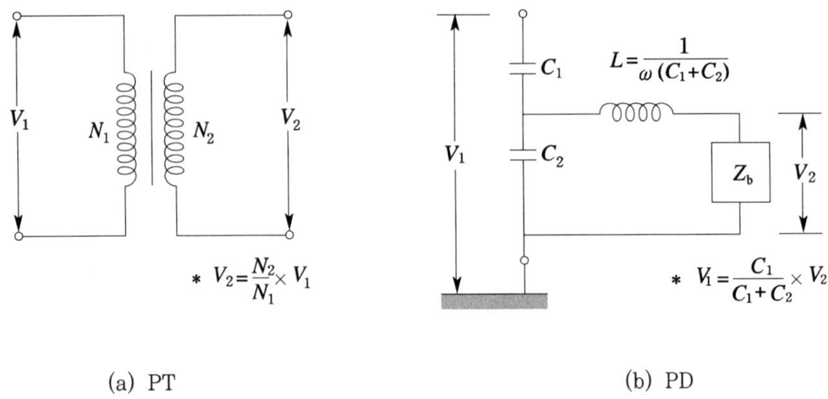

(a) PT (b) PD

그림 21.13 PT, PD의 동작 원리

철심에 권선을 감아서 쇄교 자속의 전자 작용을 이용한 PT는 고전압용이 될수록 중량 및 크기가 커져서 아주 비싸진다. 이에 대하여 직렬 콘덴서에 의한 분압을 응용한 변성기가 콘덴서형 전압 변성기로서 Potential Device라는 의미에서 PD라 불리고 있다. PD는 PT에 비해 특성이 약간 모자라지만 소형, 경량이고 고전압용에서도 가격이 싸기 때문에 110 [kV] 이상에서는 많이 쓰이고 있다.

21.5.2 변류기(CT)

이것은 통상 CT라고 불리는데 회로의 대전류를 계기나 계전기에 알맞는 5 [A] 이하의 전류로 변성하는 장치이다. 표 21.4는 PT, CT 양자를 회로에 접속해서 사용할 경우의 차이점을 정리해서 보인 것이다.

표 21.4 PT와 CT의 사용법상의 차이

	PT	CT
1차측	주회로에 병렬	주회로에 직렬
2차 접속 부하	전압계 계전기의 전압 코일 등 임피던스가 큰 부하	전류계 계전기의 전류 코일 등 임피던스가 작은 부하
2차 유기 전압	정격 전압(110 [V], 100 [V])	저전압 (2차 전류×2차 임피던스)
사용상의 주의점	2차측은 단락(또는 저임피던스 부하를 접속)하지 않을 것	2차측은 개방(또는 극히 높은 임피던스 부하를 접속)하지 않을 것

연 습 문 제

1. 전력 계통에서 사용되는 차단기의 종류를 들고 각각에 대해서 설명하여라.

2. 최근의 고전압 계통에서는 차단 전류가 현저하게 증대하는 경향이 있다. 이 때문에 특히 문제로 되는 사항과 그 대책에 대해서 설명하여라.

3. 전력 계통에서 차단기의 개폐로 발생되는 서어지 종류와 그 방지 대책에 대해서 설명하여라.

4. 그림 21.14의 66[kV] 송전 계통에서, S점에서 3상 단락을 일으켰을 경우 단락 전류 I_s를 구하여라. 단, 각 부분의 용량 및 %임피던스는 다음과 같다고 한다.

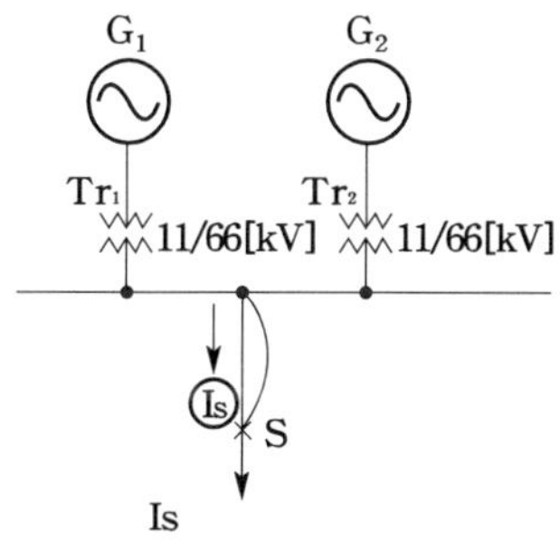

그림 21.14

발전기 용량 G_1 30,000 [kVA] $\%Z_{G1} = 30$ [%]

G_2 15,000 [kVA] $\%Z_{G2} = 30$ [%]

변압기 용량 $T_{r1} = 30{,}000$ [kVA], $\%Z_{T1} = 7.5$ [%]

$T_{r2} = 15{,}000$ [kVA], $\%Z_{T2} = 7.5$ [%]

송전 선로의 리액턴스 $x = 0.5$ [Ω/km], 긍장=50 [km]

5. 그림 21.15에 보인 변압기의 3차측에서 3상 단락 고장이 발생하였을 때 고장점 직전에 있는 차단기에 흐르는 3상 단락 전류를 구하여라. 단, 변압기의 용량 및 %임피던스는

표와 같다고 한다. 또 154[kV] 모선의 단락 용량은 10,000[MVA], 66[kV] 모선의 단락 용량은 2,000[MVA]라 하고, 33[kV]측은 변전소 소내 부하만을 공급하는 것으로 한다.

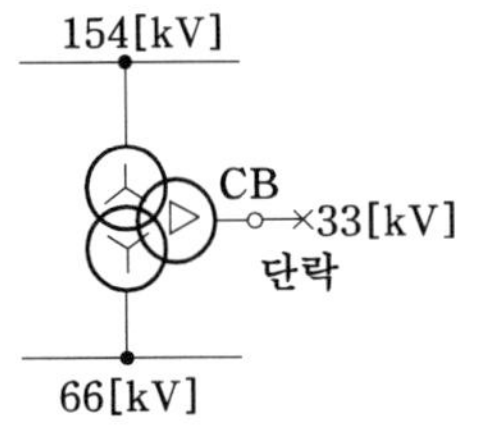

그림 21.15

	용량[MVA]	%Z
1차·2차간	100	11
2차·3차간	30	4
3차·1차간	30	10

6. 그림 21.16과 같은 22.9[kV] 선로에 연결된 수용가가 있다. 이 수용가의 인입구에 설치되어야 할 수용가 차단기 B의 차단기 용량으로서는 어느 정도의 것이 필요하겠는가? 단, 선로의 r 및 x는 각각 0.3[Ω/km], 0.4[Ω/km]라고 한다.

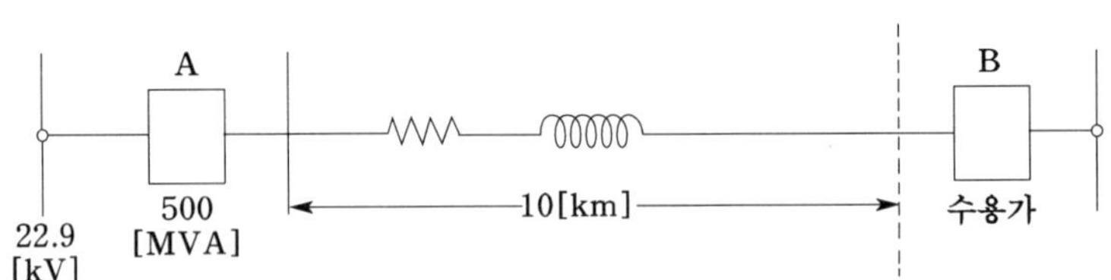

그림 21.16

7. 그림 21.17과 같은 전력 계통이 있다. 각 부분의 %임피던스는 그림에 보인 대로이며 모두가 10 [MVA]의 기준 용량으로 환산된 것이다. 이 전력 계통에서

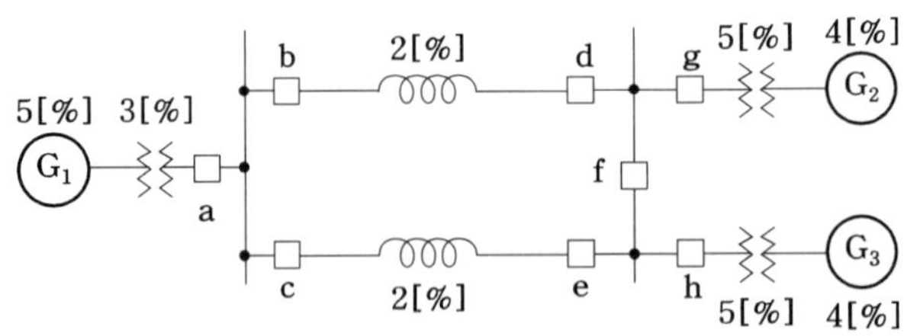

그림 21.17

(1) 차단기 a의 차단 용량[MVA]

(2) 차단기 b의 차단 용량[MVA]은 각각 얼마의 것을 사용하는 것이 좋은가?

제 22 장

보안 장치

22.1 이상 전압과 절연 협조

발변전소에서는 정상 상태에서 벗어나는 이상 상태가 종종 일어나는데, 이것을 그대로 방치해 두면 전기 설비에 고장을 일으켜서 큰 피해를 주기 때문에 이러한 이상 상태는 조기에 발견해서 고장이 확대되기 전에 조치해 줄 필요가 있다. 이러한 이상 상태는 발변전소 내에서 일어나는 경우가 있고, 송배전 선로 등의 외부에서 일어난 것이 발변전소에 파급해 오는 경우도 있다.

일반적으로 이상 상태로서 생각되는 것은 뇌에 의한 이상 전압, 회로를 차단기로 개방하였을 때 일어나는 이상 전압, 지락 고장에 의한 이상 전압과 기기의 내부 고장에 의한 절연 불량, 회로나 선로 등에서의 단락에 의한 과전류, 기기의 온도나 속도의 이상 상승 등 실로 그 종류는 다양하다.

그 밖에 발변전소에 이상이 없더라도 평상시의 운전 보수에서도 전압이 높은 기기에 접촉하는 기회가 많기 때문에 이러한 경우에도 안전하게 작업을 할 수 있도록 사전에 여러 가지 대책을 세워 두어야 한다.

전력 계통의 절연 설계를 보호 장치와의 관련에서 합리적으로 한다는 것을 **절연 협조**라고 한다. 곧 계통의 각 기기는 자체의 기능에서 요구되는 절연 강도뿐만이 아니라, 만일 이상 상태가 일어나더라도 그 범위를 최소한으로 축소해서 계통 전체의 신뢰도와 경제성을 높일 수 있도록 기기 상호간에 있어서도 가장 경제적이고 합리적인 절연 강도를 유지 하게끔 절연의 협조를 도모해 줄 필요가 있는 것이다.

계통 절연에 대해서는 무엇보다도 뇌에 의한 이상 전압–이것을 보통 **외뢰(外雷)**라고 함–이 제일 크다. 그러므로 절연 협조의 기본 방침은, 뇌격으로 발생하는 이상 전압에 대해서는 피뢰기로 보호하고, 그 밖의 이상 전압에 대해서는 설비 자체에 시공하는 절연만으로 안전하게 견딜 수 있도록 설계하고 있다.

22.2 피뢰기

22.2.1 피뢰기의 구조 및 특성

피뢰기란 뇌 또는 회로의 개폐 등에 의해서 발생한 이상 전압의 파고값이 어느 한계값을 넘었을 때, 이것에 따른 전류를 분류시킴으로써 이상 전압을 제어해서 전기 기기의 절연을 보호하고 또한 속류(續流)도 단시간 내에 차단함으로써 계통 상태를 원래의 정상 상태로 회복시키는 기능을 가진 장치이다.

전력 계통 내에서 일어나는 고장이나 차단기의 개폐 등으로 발생하는 이상 전압에 대해서는 통상 기기에 절연을 시공해서 자체의 힘으로 충분히 견딜 수 있도록 설계하지만, 발변전소에의 뇌의 직격 또는 송배전 선로에의 뇌격에 의한 이상 전압이 발변전소로 내습하였을 경우에는, 기기의 절연만으로 이 이상 전압에 대해서도 견딜 수 있도록 설계한다는 것은 불가능한 일이다. 이 때문에 일반적인 계통 보호 수단으로서는 발변전소의 출입구에 내습하는 이상 전압의 파고값을 낮추어 줄 수 있는 **피뢰기**를 설치하고 있는 것이다.

피뢰기는 그림 22.1에서와 같이 **구성 요소**와 **직렬 갭**을 갖추고 이 양자에 의하여 다음과 같이 기기의 보호 및 송전의 안정을 도모하고 있다.

① 이상 전압의 내습으로 피뢰기의 단자 전압이 어느 일정값 이상으로 되면 즉시 방전해서 전압 상승을 억제하여 기기를 보호한다.

② 이상 전압이 없어져서 단자 전압이 일정값 이하가 되면 즉시 방전을 정지해서 원래의 송전 상태로 되돌아가게 된다.

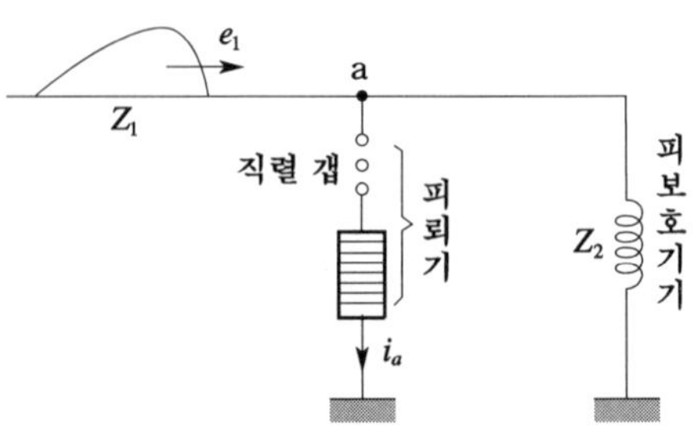

그림 22.1 피뢰기의 접속

이처럼 피뢰기는 직렬 갭으로 통상의 전압, 즉 상용 주파수의 상규 전압에 대해서는 대지 간에 절연을 유지하고 있지만, 이상 전압이 내습하면 갭이 방전을 개시해서 특성 요소를 통하여 새로운 도전로를 형성함으로써 전압의 상승을 방지하고 있다.

피뢰기 단자 간에 충격 전압을 인가하였을 경우 방전을 개시하는 전압 순시값을 **충격 방전 개시 전압**이라고 한다. 이에 대하여 상용 주파수의 방전 개시 전압(실효값)을 **상용 주파 방전 개시 전압**이라고 하는데, 보통 이 값은 피뢰기의 정격 전압의 1.5배 이상이 되도록 잡고 있다. 또 다음과 같은 값을 피뢰기의 **충격비**라고 한다.

$$\text{충격비} = \frac{\text{충격 방전 개시 전압}}{\text{상용 주파수 방전 개시 전압의 파고 값}} \tag{22.1}$$

다음에 갭의 방전에 따라 피뢰기를 통해서 대지로 흐르는 충격 전류를 **피뢰기의 방전 전류**, 그 허용 최대한을 **피뢰기의 방전 내량**이라고 말하며, 일반적으로는 이들을 파고 값으로 나타내고 있다.

또 방전으로 저하되어서 피뢰기의 단자 간에 남게 되는 충격 전압을 **제한 전압**이라고 한다. 즉, 이것은 피뢰기 동작 중 계속해서 걸리고 있는 단자 전압의 파고 값을 말하는데 그림 22.2는 이때의 파형을 보인 것이다.

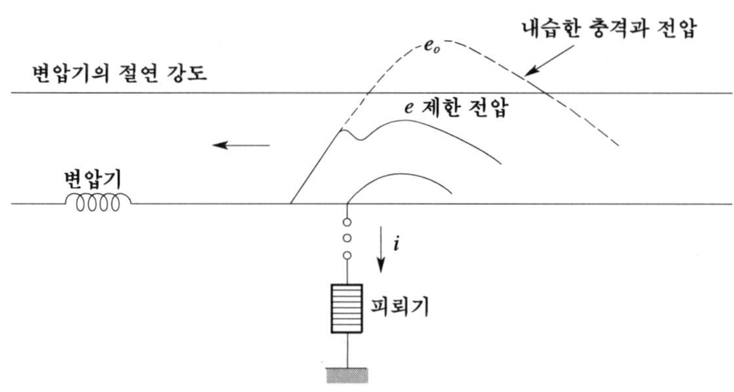

그림 22.2 피뢰기의 제한 전압

한편 피뢰기의 접지에도 접지 저항이 있기 때문에 피뢰기가 방전하면 피뢰기 자체의 전압도 올라가게 되므로 변압기의 절연 강도는 다음 식을 만족하여야 한다.

(변압기의 절연 강도) > (피뢰기의 제한 전압+접지 저항 전압)

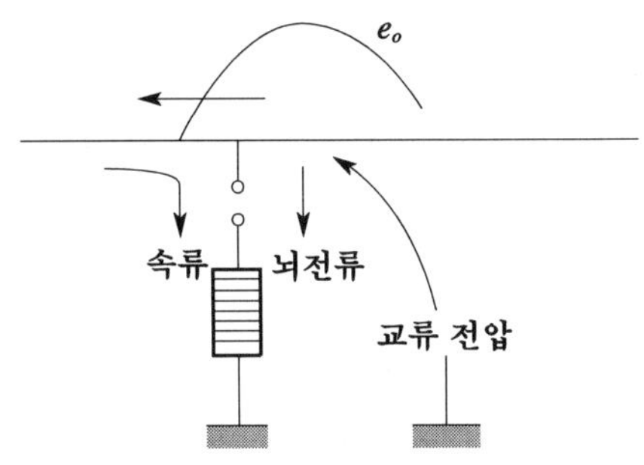

그림 22.3 피뢰기의 정격전압

방전 전류에 이어서 전원으로부터 공급되는 상용 주파수의 전류를 **속류(續流)**라고 한다. 속류는 특성 요소에 의해서 어느 일정값 이하로 억제되어야 하기 때문에 직렬 갭으로 차단하도록 하고 있다. 그러나, 만일 이때 피뢰기 단자에 인가되는 상용 주파수의 전압이 높으면 속류가 너무 커서 차단 불능으로 된다. 이처럼 속류를 끊을 수 있는 최고의 교류 전압을 **피뢰기의 정격 전압**이라고 하며, 보통 실효 값으로 나타내고 있다.

이상으로 피뢰기가 구비하여야 할 조건은

① 충격 방전 개시 전압이 낮을 것
② 상용 주파 방전 개시 전압이 높을 것
③ 방전내량이 크면서 제한 전압이 낮을 것
④ 속류 차단 능력이 충분할 것

등으로 요약할 수 있다.

22.2.2 피뢰기의 종류

피뢰기는 전술한 필요조건을 만족시키기 위해서 여러 가지 형식의 것이 개발, 사용되어 왔으나, 현재는 아래와 같이 전압 대 전류의 관계가 비 직선적인 재료를 특성 요소로 사용한 것이 주류로 되어 있다.

(1) 밸브 저항 형 피뢰기

탄화규소(SiC)를 주재료로 해서 구어 낸 도자기질의 원판 형 특성 요소를 쌓아올려서 직렬 갭과 함께 사용하는 것으로 그림 22.4와 같은 특성을 나타낸다.

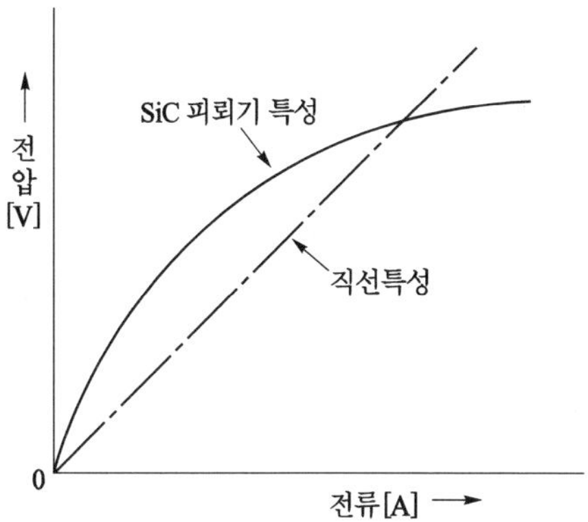

그림 22.4 밸브 저항형 피뢰기의 특성

(2) ZnO 피뢰기(갭 레스 피뢰기)

이것은 특성 요소에 산화아연(ZnO)을 주성분으로 해서 구워 낸 것을 사용한 피뢰기이다. 그 특성은 그림 22.5에 보인 바와 같이 상규 대지 전압에 대해서는 전류를 거의 흘리지 않기 때문에 직렬 갭을 필요로 하지 않고 또한 대 방전 전류에 대한 제한 전압이 거의 일정하다는 우수한 성능을 지니고 있어서 많이 사용되고 있다.

이 ZnO 피뢰기의 특징을 들면 다음과 같다.

① 미소 전류로부터 대 전류까지 제한 전압은 거의 일정해서 안정된 특성을 지니며 방전 지연이 없다.

② 직렬 갭이 필요 없기 때문에 오손될 염려는 없다.

③ 구조가 간단하며 소형, 경량이다.

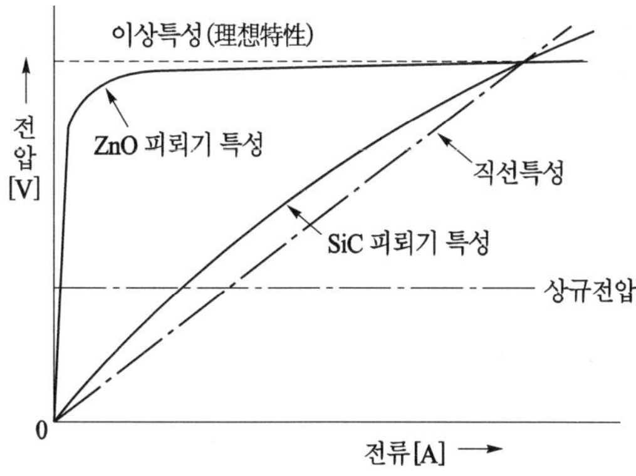

그림 22.5 ZnO 피뢰기의 특성

22.3 보호계전 장치

변전소에 설치될 보호 계전 장치는 변전소 내의 변압기, 모선, 조상 설비의 보호는 물론 송배전선의 보호를 위해서 사용되는데 여기서는 발변전소 내에 설치되는 보호 계전 장치에 대해서만 설명한다.

22.3.1 보호 계전 장치의 역할

발변전소의 보호 계전기는 모선 고장과 기기의 내부 고장에 대한 보호를 주목적으로 한다. 이들의 계전기는 고장 상태를 검출하는 성능을 가짐과 동시에 기기나 선로의 개폐 또는 동기화에 의한 동요로 동작하거나 또는 보호 범위 밖의 단락 사고에 대해서는 동작하지 않도록 되어 있어야 한다.

발변전소 내에서 보호 계전기로 보호를 필요로 하는 주요 기기는 발전기, 주변압기, 조상기, 전력용 콘덴서, 부하시 전압 조정기 등이다.

22.3.2 보호 계전기가 구비해야 할 조건

보호 계전기의 구비 조건은 다음과 같다.

① 보호 동작이 정확하고 감도가 예민할 것
② 고장을 신속 정확하게 선택할 것
③ 온도 및 파형 등에 의한 오차가 근소할 것
④ 오랫동안 사용하더라도 특성이 변화하지 않을 것
⑤ 보수 점검이 용이할 것
⑥ 열적, 기계적으로 견고할 것
⑦ 가격이 싸고 또 그 소비 전력도 적을 것

22.4 발전기의 보호계전 방식

22.4.1 내부 고장에 대한 보호

발전기의 코일은 Y로 결선되어 있기 때문에 발전기의 단자 측 및 중성점 측으로부터 뽑을 수 있는 각각 3개의 도선을 이용해서 발전기의 보호 계전 방식을 형성할 수 있다.

발전기의 내부 단락 고장의 보호로서는 보통 그림 22.6에 나타낸 바와 같은 **차동 계전 방식**을 많이 사용한다.

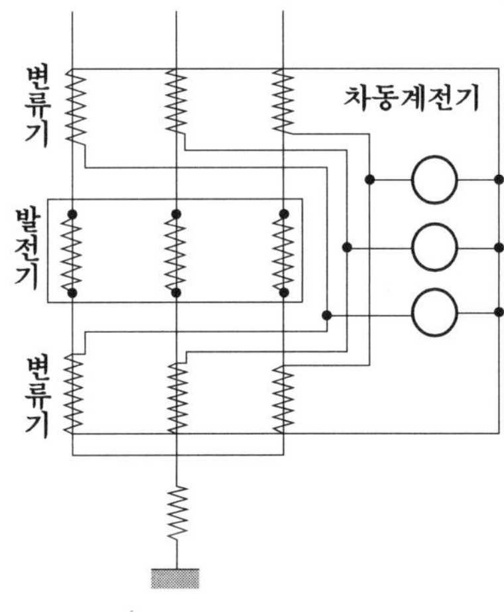

그림 22.6 차동 계전 방식

단자 측과 중성점 측의 각 상에 정격이 같은 변류기(CT)를 넣고 2차 측을 차동적으로 접속해서 여기에 전류 계전기를 물려주면 차동 계전 방식으로 되고 계전기는 발전기 권선의 단자 측과 중성점 측의 전류를 비교해서 그 사이에 벡터 차가 생기면 동작하게 된다. 이때,

① 단자 측의 CT의 위치는 발전기로부터 모선까지의 도체를 전부 보호 범위 내에 포함시킬 것

② 발전기의 단락 전류의 크기가 사용한 CT의 과전류 계수 이하로 될 것

③ 양측의 CT의 부담을 될 수 있는 대로 작게 하고 또한 균등하게 부담시키도록 할 것

등의 몇 가지 점에 주의할 필요가 있다.

22.4.2 외부 고장에 대한 보호

외부 고장으로 발전기가 과부하로 되었을 때 그 원인이 부하 측에 있으면 부하 측의 차단기를 차단해서 발전기는 가능한 한 계통으로부터 분리시키지 않도록 하는 것이 좋다. 그러나, 그 어떤 원인으로 과부하가 계속된다든지 발전기의 모선이나 모선까지의 도체 중에 사고가 일어났을 경우에는 발전기 측의 차단기를 차단하지 않을 수 없다. 이를 위해서는 일반적으로 반 한시 과전류 계전기가 사용되고 있는데 그 시한 정정은 부하 측의 차단기가 먼저 동작하고 난 뒤에 동작하도록 1~2초 정도로 잡아주고 있다.

과전류 계전기를 단자 측에 넣었을 때에는 단독 송전 계통일 경우에는 외부 고장에 대해서만 동작하고 내부 고장에 대해서는 동작하지 않지만, 이것을 중성점 측에 넣었을 경우에는 발전기가 단독 송전 계통을 이루거나 또는 다른 계통과 병행 운전하고 있든지 간에 과전류 계전기는 내부 고장에 대해서도 동작하기 때문에 될 수 있는 대로 이것을 중성점 측에 접속해서 쓰는 것이 좋다.

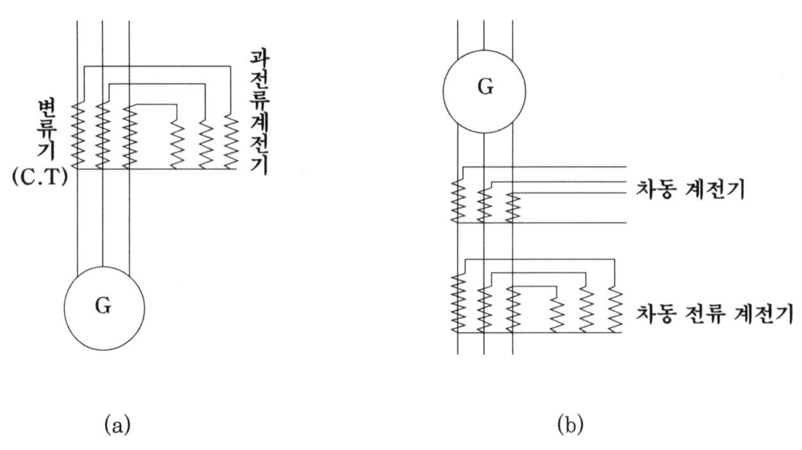

그림 22.7 과전류 보호(내부 고장 보호)

22.5 변압기의 보호계전 방식

변압기의 내부 고장에 대한 보호용으로서 현재 가장 많이 쓰이고 있는 것은 **비율 차동 계전 방식**이다. 변압기의 내부 고장에 대해서는 발전기에서와 같은 차동 계전기는 사용할 수 없다. 그 이유는 발전기의 경우 단자 측의 전류와 중성점 측의 전류는 평상 운전의 경우에는 전혀 똑같은 것이었는데, 변압기에서는 비록 저압 측의 전류와 고압 측의 전류를 변류기의 2차 측에서 5 [A]로 같게 하고 있더라도 이것은 어디까지나 부하 전류에 대해서 그렇다는 것이고 여자 전류만큼의 차는 언제나 존재하고 있다.

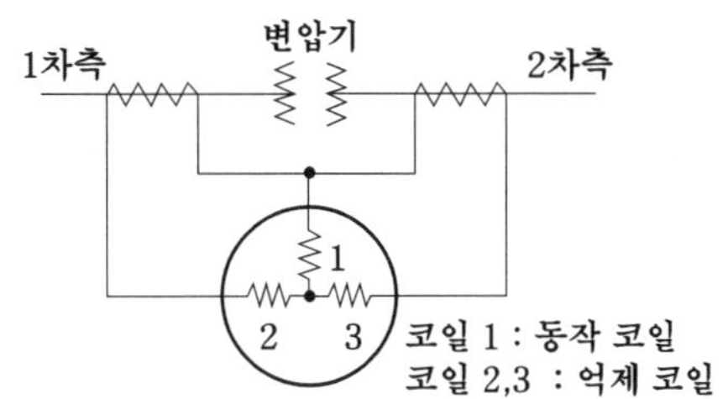

그림 22.8 비율 차동 계전기

여자 전류는 저·고압 측 중 한 쪽에만 흐르고 다른 쪽에는 흐르지 않기 때문에 계전기의 동작 코일에는 평상시에도 여자 전류가 흐르고 있는 것이다. 또한 변압기의 외부에 고장이 발생하면 저압 측과 고압 측에 들어 있는 변류기의 정격이 다르기 때문에 가령 단락 전류가 흘렀을 경우 포화해서 각각의 전류비를 바꾸게 되고 이 때문에 오차 전류가 발생해서 이것이 동작 코일에 흐르게 된다.

그러므로, 위에서 본 바와 같이 변압기의 내부 고장이 아닌데도 동작 코일에 전류가 흐르는 수가 있기 때문에 이것만으로 내부 고장을 판정할 수 없게 된다. 그래서, 그림에서 나타낸 바와 같은 계전기의 제어 코일에 흐르는 전류의 일정[%]값 이상의 전류가 동작 코일에 흘렀을 때에만 비로소 이 계전기는 변압기에 내부 고장이 일어난 것으로 판정해서 동작하도록 되어 있다.

이때의 전류 비율로서는 통상 30～50[%] 정도로 잡고 있다. 즉, 억제 코일에 흐르는 전류의 30[%] 또는 35[%] 이상의 전류가 동작 코일에 흘렀을 때에 비로소 이 계전기는 동작하게 된다. 이와 같은 비율을 지니도록 하면 설령 외부 고장이 일어났을 때 양측의 변류기에 포화 현상이 생겨 전류비가 변화하게 되더라도 이 계전기는 오동작하지 않게 되는 것이다.

22.6 발변전소의 보호계전 방식

모선 사고는 어쩌다가 한 번 일어날 수 있는 사고이지만 일단 사고가 일어나면 그 영향이 커서 전력 계통에 막대한 피해를 주기 때문에 신속하게 고장 제거를 할 수 있는 선택성이 높은 보호 계전 방식이 요구된다. 이하 간단히 주요한 보호 방식만을 간추려서 설명해 본다.

22.6.1 전류 차동 계전 방식

모선 내 고장과 외부 고장에서는 모선에 유입하는 전류의 합계와 유출하는 전류의 합계의 총계가 틀린다는 것을 이용해서 고장 검출을 하는 방식이다. 곧 각 CT의 2차 회로를 차동적으로 접속하고 거기에 과전류 계전기를 설치하면 모선 내 고장에서는 동작 코일이 작동하여 보호하고 모선외 고장에서는 동작하지 않는 원리에 의거하는 것이다.

이 방식은 CT 특성의 불균일 또는 과전류 영역에서의 특성차 등에 의해서 외부 고장에서도 동작 코일의 오동작이 일어날 수 있다. 그러므로 차동 회로에 비율 차동 계전기를 사용하고 오동작 방지의 억제력을 주도록 한 비율 차동 계전 방식이 일반적으로 채용되고 있다.

22.6.2 전압 차동 계전 방식

차동 회로에 넣는 전류 계전기를 임피던스가 큰 전압 계전기로 바꾸어 준 것으로서 모선 내 고장 시에는 계전기에 전압이 인가되는 것으로서 동작하는 방식이다. 외부 고장 시 변류기가 포화해서 오차 전류가 생기더라도 차동 회로는 고 임피던스 때문에 흐르지 않고 변류기 2차 회로를 환류 함으로써 오동작을 방지할 수 있다.

22.6.3 위상 비교 계전 방식

모선에 접속된 각 회선의 전류 위상을 비교함으로써 모선 내 고장인지 외부 고장인지를 판별하는 방식이다. 곧 외부 고장일 경우에는 고장 회선의 유출 전류와 다른 회선의 전류 위상이 역 위상으로 되지만, 모선 내 고장 시에는 고장 전류가 모선으로 향하기 때문에 거의 동 위상으로 된다. 따라서 이것을 계전기로 검출하여 동위상일 때만 동작하여 모선을 보호하도록 하고 있다.

22.6.4 방향 비교 계전 방식

모선에 접속된 각 회선에 전력 방향 계전기 또는 거리 방향 계전기를 사용하고 모선으로부터 유출하는 고장 전류가 없는데 어느 회선으로부터 모선 방향에 고장 전류의 유입이 있었을 경우 곧 이것을 모선 고장이라고 판단해서 보호하는 방식이다.

연습문제

1. 전력 계통의 절연 협조에 대해서 설명하여라.

2. 이상 전압에 대한 변전소 절연 설계의 기본적인 방침에 대해서 설명하여라.

3. 피뢰기가 필요한 이유와 구비조건에 대해서 설명하여라.

4. 피뢰기의 제한 전압에 대해서 설명하고 그 값이 어떤 인자에 의해 결정되는가를 설명하여라.

5. 피뢰기의 직렬갭에 대해서 설명하여라.

6. 피뢰기의 정격 전압이란 어떤 것인가를 설명하고 또 비유효 접지 계통 및 유효 접지 계통의 각각에 연결된 발변전소의 피뢰기에는 계통의 공칭 전압에 대해서 어떤 관계에 있는 정격 전압치의 것이 선정되는지, 그리고 그 이유를 설명하여라.

7. 변압기의 고장과 그 보호 방식에 대해서 설명하여라.

8. 변전소를 신설할 경우 위치 선정 상 고려해야 할 사항에 대해서 설명하여라.

9. 도심 지역에 변전소를 건설함에 있어서 설계상 고려해야 할 사항을 설명하여라.

10. 변전소의 감시 제어 방식을 3가지 이상 들고 이를 설명하여라.

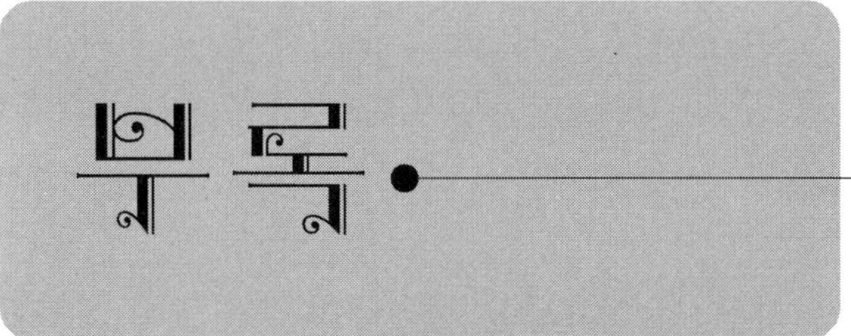

부 록

▸ 연습문제 해답

▸ 찾아보기

연습문제 해답

제2장 연습문제 해답

5. 이론출력 : $P = 9.8QH$

$= 9.8 \times 150 \times 300 = 441{,}000$[kW]

발전기 출력 : $P_g = 9.8QH\eta_t\eta_g$

$= 9.8 \times 150 \times 300 \times 0.87 \times 0.96$

$≒ 368{,}000$[kW]

6. $P = 9.8 \times 60 \times 100 \times 0.8 = 47{,}040$[kW]

7. $P_g = 9.8QH\eta_t\eta_g$ [kW]로부터

$$Q = \frac{P_g}{9.8H\eta_t\eta_g} ≒ 93.5[\mathrm{m^3/s}]$$

따라서 1일당의 사용수량 Q_d 는

$Q_d = Q \times 24 \times 60 \times 60 ≒ 8.1 \times 10^6$ [m³/일]

8. 총손실 낙차 h는

$$h ≒ 3{,}800 \times \frac{1}{2{,}000} + 1 = 2.9[\mathrm{m}]$$

이론수력 P는

$P = 9.8 \times (80.9 - 2.9) \times 30 = 22{,}932$[kW]

수차 발전기 한 대분의 이론수력 P_1 는

$$P_1 = \frac{1}{2} \times 22{,}932 = 11{,}466[\mathrm{kW}]$$

수차용량 P_t 는

$P_t = 11{,}466 \times 0.86 ≒ 9{,}860$ [kW]

발전기 용량 P_g 는

$P_g = 9{,}860 \times 0.96 ≒ 9{,}460$[kW]

따라서 발전소 출력 $= 9{,}460 \times 2 = 18{,}920$[kW]

9. 최대출력 : $P_m = 9.8Q_1H_1\eta_t\eta_g = 74{,}970$[kW]

200일간 발생하는 전력량 W_2 [kWh]는 제의에 따라

$Q_2 = 100[\mathrm{m^3/s}]$

$\eta_2 = 0.7$, $T_2 = 200 \times 24$[h]로부터

$W_2 = 9.8Q_2H\eta_2T_2 ≒ 246.7 \times 10^6$ [kWh]

50일간 발생하는 전력량 W_3 [kWh]는

$W_3 = 9.8Q_3H\eta_3T_3 ≒ 24.3 \times 10^6$ [kWh]

기타의 기간(115일간)을 최대출력으로 운전하였다고 하면 이때의 발전량 W_1[kWh]는 P_m 의 출력을 115×24 [시간]배 함으로써,

$W_1 = 207 \times 10^6$ [kWh]

따라서 1년간 전발전량 W[kWh]는

$W = W_1 + W_2 + W_3 ≒ 478 \times 10^6$ [kWh]

10. $P = 9.8QH\eta_t = 9.8Ak\sqrt{2gH} \cdot H\eta_t \propto H^{\frac{3}{2}}$

여기서, A : 수압관의 단면적

$Q = A \cdot v = A \cdot k\sqrt{2gH}$

지금 수위변화 전후의 유효낙차, 최대출력을 각각 H_1, P_1 및 H_2, P_2라고 하면

$$\frac{P_1}{P_2} = \left(\frac{H_1}{H_2}\right)^{3/2}$$

$$\therefore P_2 = P_1 \times \left(\frac{H_2}{H_1}\right)^{3/2} = 50{,}000 \times \left(\frac{75}{80}\right)^{3/2}$$

$≒ 45{,}000$[kW]

11. $$Q = \frac{P_g}{\eta_w\eta_g 9.8H} = \frac{600{,}000}{0.88 \times 0.97 \times 9.8 \times 250}$$

$≒ 287.0[\mathrm{m^3/s}]$

제3장 연습문제 해답

1. 정지한 물 속의 1점에서의 압력의 세기 p는 모든 방향에 대해 같은 크기이다.

$p = wH = 1{,}000 \times 200 = 200{,}000[\mathrm{kg/m^2}] = 20[\mathrm{kg/cm^2}]$

2. $P_0 = \frac{1}{2}(0 + 1{,}000H)$

$= 500H = 500 \times 40$

$= 20{,}000[\mathrm{kg/m^2}] = 2[\mathrm{kg/cm^2}]$

6. $v = \sqrt{2gh} = \sqrt{2 \times 9.8 \times 40} = 28.02$[m/s]

그러나 실제의 분출속도는 위 식에서 구한 값보다 작아진다. 그것은 유속계수 C_v 의 값이 분출구의 모양에 따라 변화하기 때문이다.

7. 연속의 원리 $S_A v_A = S_B v_B$로부터

$$v_B = \frac{S_A}{S_B} \times v_A = \frac{\pi(0.15)^2}{\pi(0.25)^2} \cdot 0.6 = 0.216[\text{m/s}]$$

베르누이의 정리에 따라

$$P_B = w(H_A - H_B) + \frac{w}{2g}(v_A^2 - v_B^2) + P_A$$

$$= 1{,}000(20-0) + \frac{1{,}000}{2 \times 9.8}(0.6^2 - 0.216^2) + 30{,}000$$

$$= 50{,}016[\text{kg/m}^2] \fallingdotseq 5.0[\text{kg/cm}^2]$$

8. A, B점의 압력의 세기 P_A, P_B는

$$P_A = 1{,}000 \times 4 = 4{,}000[\text{kg/m}^2] = 0.4[\text{kg/cm}^2]$$

$$P_B = 1{,}000 \times 10 = 10{,}000[\text{kg/m}^2] = 1.0[\text{kg/cm}^2]$$

압력세기의 평균 P_0는

$$P_0 = \frac{1}{2}(P_A + P_B) = 7{,}000[\text{kg/m}^2] = 0.7[\text{kg/cm}^2]$$

월류둑 측면의 전면적은 하천의 폭이 30[m]이므로

$$A = 30 \times 6 = 180[\text{m}^2]$$

따라서 측면이 받는 수압 p는

$$p = p_0 A = 7{,}000 \times 180 = 1{,}260{,}000[\text{kg}] = 1{,}260[\text{t}]$$

9. 수위변화 전후의 유효낙차, 최대출력을 각각 H_1, P_1 및 H_2, P_2라 하면

$$\frac{P_1}{P_2} = \left(\frac{H_1}{H_2}\right)^{\frac{3}{2}}$$

$$\therefore P_2 = P_1 \times \left(\frac{H_2}{H_1}\right)^{\frac{3}{2}} = 100{,}000 \times \left(\frac{180}{200}\right)^{\frac{3}{2}}$$

$$\fallingdotseq 85{,}400[\text{kW}]$$

제4장 연습문제 해답

1. $R = \dfrac{600 \times 10^6 \times 2.3 \times 0.7}{365 \times 24 \times 60 \times 60} \fallingdotseq 30.6[\text{m}^3/\text{s}]$

2. 연간평균 유량 $Q[\text{m}^3/\text{s}]$는

$$Q = \frac{0.7 \times 1{,}500 \times 400 \times 10^3}{365 \times 24 \times 60 \times 60} = 13.32[\text{m}^3/\text{s}]$$

갈수량은 연간평균 유량 Q의 1/3이라고 하였으므로

$$13.32 \times \frac{1}{3} = 4.44[\text{m}^3/\text{s}]$$

7. $Q = \dfrac{5{,}000}{9.8 \times 60.6 \times 0.8} = 10.52[\text{m}^3/\text{s}]$

한편 상시 사용수량 $Q_1 = 6[\text{m}^3/\text{s}]$, 저수지 용량 $V = 80{,}000[\text{m}^3]$이 주어져 있기 때문에

$$V = (Q - Q_1) \times h \times 60 \times 60$$

로부터

$$h = \frac{80{,}000}{(10.52 - 6.0) \times 60 \times 60} \fallingdotseq 4.92[\text{시간}]$$

8.

(1) 유효 저수량은 조정지의 면적에 이용수심을 곱하면 되므로 유효 저수량을 V라 하면

$$V = 80{,}000 \times 1 = 80{,}000[\text{m}^3]$$

(2) 이용수량 $V[\text{m}^3]$, 평균 유효낙차 $H[\text{m}]$, 종합효율을 η라 하면 발전 전력량 $W[\text{kWh}]$는

$$W = 9.8 HV\eta/3{,}600[\text{kWh}]$$

$$= \frac{9.8 \times 80{,}000 \times 75 \times 0.8}{3{,}600} = 13{,}067[\text{kWh}]$$

(3) 조정지의 물을 이용하여 발전할 전력량 $W_1[\text{kWh}]$는

$$W_1 = (10{,}000 - 7{,}000) \times 4 = 12{,}000[\text{kWh}]$$

필요한 이용수심을 $h[\text{m}]$라 하면 이용할 수 있는 수량 V_h는

$$V_h = V \times h = 80{,}000 \times h[\text{m}^3]$$

그러므로 발전할 수 있는 전력량을 W_h라 하면

$$W_h = \frac{9.8 \times V_h \cdot H \cdot \eta}{3{,}600}$$

$$= \frac{9.8 \times 80{,}000 \times h \times 75 \times 0.8}{3{,}600}$$

따라서 조정지로 4시간 연속발전할 전력량과 이용수심 $h[\text{m}]$로 발전할 수 있는 전력량 W_h는 같아야 하므로

$$W_h = \frac{9.8 \times 80{,}000 \times h \times 75 \times 0.8}{3{,}600} = 12{,}000[\text{kWh}]$$

로부터

$$h = \frac{12{,}000 \times 3{,}600}{9.8 \times 80{,}000 \times 75 \times 0.8} = 0.918[\text{m}]$$

9. 저수량을 $V[\text{m}^3]$, 발전소의 사용수량 및 계속 시간을 각각 $Q[\text{m}^3/\text{s}]$, $T[\text{h}]$라 하면

$$V = Q \times 3{,}600T$$

즉, $Q = \dfrac{V}{3{,}600T}$

또, 발전 전력량 $W[\text{kWh}]$는 발전소 출력 $P_g[\text{kW}]$와 발전계속시간 $T[\text{h}]$의 곱이므로

$$W = P_g \cdot T = 9.8QH\eta_t\eta_g \times T$$

$$= 9.8 \times \frac{V}{3{,}600 \cdot T} \times H \cdot \eta_t \cdot \eta_g \cdot T$$

$$= \frac{9.8VH\eta_t\eta_g}{3{,}600}[\text{kWh}] \fallingdotseq 71{,}301[\text{kWh}]$$

10. 1,060[kWh]

11.

(1) 상시출력 $9.8\times0.8\times30\times100=23,520[\text{kW}]$

최대출력 $9.8\times0.8\times100\times100=78,400[\text{kW}]$

(2) $[78,400\times90+(78,400+23,520)\times275/2]\times24$

$=5.06\times10^8[\text{kWh}]$

(3) $\dfrac{5.06\times10^8}{78,400\times365\times24}\fallingdotseq 0.736=73.6[\%]$

(4) 프란시스 수차, $30,000[\text{kW}]\times3$[대]

최소, 최대 유량간에 3배 정도의 차이가 있으므로 대수를 적당히(3대) 조절하면서 언제나 최고의 효율수준으로 운전할 수 있도록 하는 것이 바람직할 것임

12. 그림 4.16에서 A점에서 OP와 평행선을 그려본다. 하천유량 누적곡선에서 OP보다 경사가 큰 부분에서는 저수가 가능하고 OP보다 경사가 완만한 부분에서는 하천유량이 부족되기 때문에 저수지에서 저수한 물을 보급받아야 한다.

저수지 용량은 A점에서 OP와 평행으로 그린 점선과 하천유량 누적곡선간에서 세로축의 차가 최대로 되는 BC의 용량으로 결정된다.

따라서 이때의 값은 그림으로부터

$\{5-(2+1)\}\times10^6=2\times10^6[\text{m}^3\cdot$일$]$

13.

- 첨두부하시 조정지 용량의 사용수량

$Q=\dfrac{216\times10^3}{4\times3600}=15[\text{m}^3/\text{s}]$

- 첨두부하시 출력

$P_{\max}=9.8\times(36+15)\times50\times0.85\fallingdotseq 21240\ [\text{kW}]$

- 비첨두시 매초당 저수량

$Q'=\dfrac{216\times10^3}{20\times3600}=3[\text{m}^3/\text{s}]$

- 비첨두시 출력

$P'=9.8\times(36-3)\times50\times0.85$

$\fallingdotseq 13744\ [\text{kW}]$

제5장 연습문제 해답

8. $t=\dfrac{PD}{2\sigma\eta}+\epsilon[\text{cm}]$

9. $Q=\dfrac{P}{9.8H\eta_t\eta_g}=\dfrac{40,000}{9.8\times50\times0.8}\fallingdotseq 102[\text{m}^3/\text{s}]$

한편

$Q=Av=\dfrac{\pi D^2}{4}\cdot v$

의 관계로부터

$D=\sqrt{\dfrac{4Q}{\pi v}}=\sqrt{\dfrac{4\times102}{3.14\times6}}=\sqrt{21.65}=4.65[\text{m}]$

제6장 연습문제 해답

9. 복류형 프란시스 수차는 러너가 2개이므로 러너 1개당의 출력은

$\dfrac{45,000}{2}=22,500[\text{kW}]$

이것을 비속도의 계산식에 대입하면,

$N_s=N\dfrac{P^{1/2}}{H^{5/4}}=500\times\dfrac{\sqrt{22,500}}{256^{5/4}}=73.2[\text{m·kW}]$

10. 이 양수 발전소의 전양수량을 $V[\text{m}^3]$, 유효양정을 $H_p[\text{m}]$라고 하면

$H_p=\dfrac{3,600\times W_p\,\eta_p\,\eta_m}{9.8\times V}$

$=\dfrac{3,600\times40,000\times10^3\times0.86\times0.98}{9.8\times60\times10^6}\fallingdotseq 206[\text{m}]$

11. $\eta=0.89\times0.98\times0.88\times0.98\times\dfrac{250-4}{250+4}$

$\fallingdotseq 0.728=72.8[\%]$

12. $V=50\times4\times3,600=720,000[\text{m}^3]$

$W_m=\dfrac{9.8\times720,000\times90}{3,600\times0.87\times0.98}\fallingdotseq 206,900[\text{kWh}]$

13. $PT=600,000[\text{kWh}]$

$T=\dfrac{600,000}{P}$

한편

$Q=\dfrac{P\eta_p\eta_m}{9.8}$

이므로 양수량 Q'는

$Q'=QT\times3,600$

$=\dfrac{3,600\times600,000\times0.9\times0.98}{9.8H}=1,944,000[\text{m}^3]$

14. $N_A=\dfrac{70\times H^{\frac{3}{4}}}{n\times\sqrt{2Q}}$

$N_B=\dfrac{70\times(2H)^{\frac{3}{4}}}{n\times\sqrt{Q}}$

따라서

$$\frac{N_B}{N_A} = 1.682 \times 1.414 = 2.38 \text{ [배]}$$

15. 수차출력 P는 사용수량이

$$Q = C_v \sqrt{2gH} = k\sqrt{H}$$

이므로

$$P = 9.8k\sqrt{H}\,H\eta_t = KH^{3/2}$$

낙차변화 (50−2.5) 후의 출력 P'

$$P' = \left(\frac{50-2.5}{50}\right)^{3/2} \times P$$

$$= \left(\frac{47.5}{50}\right)^{3/2} \times 7{,}500 \fallingdotseq 6{,}950 \text{[kW]}$$

16.

$N_s \fallingdotseq 179$

$$N = \frac{N_s H^{\frac{5}{4}}}{P^{\frac{1}{2}}} = \frac{179 \times 81^{\frac{5}{4}}}{10{,}000^{\frac{1}{2}}} = \frac{179 \times 243}{100} \fallingdotseq 435 \text{[rpm]}$$

한편 435[rpm]에 가까운 회전수를 갖는 발전기는 16극에서는

$$N = \frac{120f}{P} = \frac{120 \times 60}{16} = 450 \text{[rpm]}$$

18극에서는

$N = 400$[rpm]

이 경우 450 [rpm] 쪽이 계산값에 가깝기 때문에 매분 450 회전이 적당하다. 따라서 $N_s = 180$*)

따라서 이 수차는 프란시스형을 취하는 것이 좋다.

* 개략 계산식에 의한 $N_s = 179$에게 근접하고 있기 때문에 $N_s = 180$이라고 취할 수 있는 것으로 보았음

17. 부하의 최대출력 P_m은 제의에 따라

$$P_m = \frac{\text{평균 출력}}{\text{부하율}} = \frac{65{,}000}{0.60} = 10{,}833 \text{[kW]}$$

화력의 출력 P_s는

$$P_s = P_m - P_n$$

$$= 10{,}833 - 7{,}000 = 3{,}833 \text{[kW]}$$

즉, 화력의 매일의 첨두부하시 3,833 [kW]를 출력해 주어야 한다.

18.

$$\eta = \frac{H_0 - H_l}{H_0 + H_l} \times \frac{\eta_{TG}}{100} \times \frac{\eta_{PM}}{100} \times 100 \text{ [\%]}$$

이 식에 제의의 수치를 대입해서 η [%]를 구하면

$$\eta = \frac{500 - 500 \times 0.01}{500 + 500 \times 0.01} \times \frac{90}{100} \times \frac{85}{100} \times 100$$

$$\fallingdotseq 75 \text{[\%]}$$

19.

(1) 발전전력 $P_G = 9.8\,QH\eta_t\eta_g$

여기서 유효낙차

$$H = 400 - (400 \times 0.02) = 392 \text{[m]}$$

$$\eta_t \cdot \eta_g = 81 \text{[\%]}$$

$$\therefore P_G = 9.8 \times 50 \times 392 \times 0.81 \fallingdotseq 155{,}585 \text{[kW]}$$

(2) 양수시의 총양정 $= 400 + 8 = 408$[m]

$$P_p = \frac{9.8 \times 50 \times 408}{0.7} = 285{,}600 \text{[kW]}$$

(3) 소요 전력비 R

$$R = \frac{P_G}{P_p} = \frac{155{,}585}{285{,}600} = 0.545 (= 54.5 \text{[\%]})$$

20.

$$\delta = \frac{\dfrac{N_2 - N_1}{N_N}}{\dfrac{P_1 - P_2}{P_N}} \times 100 \text{ [\%]} = 4 \text{ [\%]}$$

위 식에

$P_N = 200$ [MW], $P_1 = 80$ [MW]

$N_N = N_1 = 60k$ [Hz], $N_2 = 59.5k$ [Hz]

를 대입하면

$$4 = \frac{\dfrac{59.5k - 60k}{60k}}{\dfrac{80{,}000 - P_2}{200{,}000}} = \frac{\dfrac{-0.5}{60} \times 200{,}000}{80{,}000 - P_2}$$

$$= \frac{-1666.7}{80{,}000 - P_2}$$

이로부터 $P_2 = 80{,}416.6$[kW]

21. $P_2 = P_1 - P_n \times \dfrac{N_2 - N_1}{N} \Big/ R$

$$= 60{,}000 - 80{,}000 \times \frac{60.3 - 60}{60} \Big/ 0.03$$

$$= 46{,}667 \text{[kW]}$$

22.

$$P_m = \frac{9.8QH}{\eta_{pm}} = \frac{9.8 \times 120 \times 150 \times 1.03}{0.84}$$

$$\fallingdotseq 216{,}300 \text{[kW]}$$

$$P_g = 9.8\eta_{wg}\,QH$$

$$= 9.8 \times 0.87 \times 120 \times 150 \times 0.97$$

$$\fallingdotseq 148{,}900 \text{[kW]}$$

$$\eta = \frac{P_g}{P_m} = \frac{148{,}900}{216{,}300} \fallingdotseq 0.688 = 68.8 \text{[\%]}$$

23. 먼저 사용수량 50[m^3/s]로 6시간 발전하는 데 소요될 수량 V는

$$V = 50 \times 6 \times 3{,}600 = 1{,}080{,}000[m^3]$$

이 양수량에 소요될 전력량 W_m 은

$$W_m = \frac{9.8 \cdot V \cdot H}{3{,}600\eta_p \eta_m}$$

단, H : 유효양정 (=실제의 낙차 H + 손실수두 H_{lp})

에 주어진 것을 대입해서

$$W_m = \frac{9.8 \times 1{,}080{,}000 \times 450}{3{,}600 \times 0.87 \times 0.98} \fallingdotseq 1{,}551{,}750[kWh]$$

24.

(1) 연평균 부하 W_A 는

$$W_A = 100{,}000 \times 0.7 = 700{,}000[kW]$$

총전력량 W_H 는

$$W_H = 700{,}000 \times 365 \times 24 \fallingdotseq 613.2 \times 10^6[kWh]$$

(2) 수력 발전소의 발전 전력량

최초의 90일간의 전력량 W_1

$$W_1 = 9.8 \times 90 \times 0.9 \times 100 \times 90 \times 24$$

$$\fallingdotseq 171.5 \times 10^6[kWh]$$

90일부터 365일까지의 발전량 W_2는 평균 사용수량 60[m^3/s]을 사용하므로

$$W_2 = 9.8 \times 60 \times 0.9 \times 100 \times 275 \times 24$$

$$\fallingdotseq 349.3 \times 10^6[kW]$$

수력 발전소의 발전 전력량 W_0

$$W_0 = W_1 + W_2 = 520.8 \times 10^6[kWh]$$

(3) 화력 발전소의 보급량 W_s

$$W_s = W_0 - W_H = 92.4 \times 10^6[kWh]$$

25. 총양정을 H라 하면

$$H = (950 - 450) + 10 = 510[m]$$

$$P = \frac{9.8 \times 510 \times 50}{0.85} = 294{,}000[kW]$$

26. 평균 사용수량에 상당하는 출력 P_m 은

$$P_m = 9.8 \times 45.5 \times 55.8 \times 0.77 \fallingdotseq 19{,}160[kW]$$

제의에 따라 402,000[m^3]의 저수량을 첨두부하 계속 시간 4시간에 사용하게 되므로 첨두부하시에 증대시킬 수 있는 유량 Q_p 및 이에 의한 출력 P_p는

$$Q_p = \frac{402{,}000}{4 \times 3{,}600} = 27.9[m^3/s]$$

$$P_p = 9.8 \times 45.5 \times 27.9 \times 0.77 = 9{,}580[kW]$$

따라서 첨두 부하시에는

$$P = P_m + P_p = 28{,}740[kW]$$

27. 수차와 발전기의 종합효율은 89.2[%]이므로

$$전력량 \ W = 9.8 \times 150 \times \frac{540{,}000}{60 \times 60} \times 0.892$$

$$= 196{,}686[kWh]$$

제7장 연습문제 해답

10. 환경오염 물질감소 대책(공해대책)

- CO_2 감소대책
  - 고발열량 연료의 이용(천연가스 등의 사용)
  - CO_2 회수·저류 기술의 개발
- SOx 감소대책
  - 연료저유황화
    - 저유황유의 사용
    - 원유채로 사용
    - 경질유·천연가스 등의 사용
  - 배연탈유
- NOx 감소대책
  - 저질소연료의 사용
  - 연소방법의 개선
    - 2단 연소법
    - 배가스 혼합 연소법
    - 저NOx 버너 사용
  - 배연탈초

제8장 연습문제 해답

6. $\eta = 1 - \frac{T_2}{T_1} = 1 - \frac{273 + 30}{273 + 550} \fallingdotseq 0.632 = 63.2[\%]$

열의 일당량[J]는 427[kg·m/kcal]이므로 필요한 열량 Q는

$$Q = \frac{5{,}000}{427 \times 0.632} \fallingdotseq 18.5[kcal]$$

7. 최고 사용온도 $T_1 = 273 + 650 = 923[°K]$

최저 온도 $T_2 = 273 + 20 = 293[°K]$

$$\eta_{max} = 1 - \frac{T_2}{T_1} = 1 - \frac{293}{923} \fallingdotseq 0.6826(68.3[\%])$$

8. 증기가 얻은 열 Q는 $i_1 = 195$, $i_2 = 670$이므로

$$Q = i_2 - i_1 = 670 - 195 = 475[kcal/kg]$$

9. $\eta = 45.1[\%]$, $A_s = 0.244$

10. 석탄 1[kg]당 유효하게 얻을 수 있는 열량은

$$6{,}000 \times 0.3 = 1{,}800[kcal/kg]$$

$$1[kWh] = 860[kcal]$$

따라서 석탄의 소비율은

$$860/1{,}800 = 0.478[kg \cdot kWh]$$

석탄 1[kg]당의 출력은

$$1{,}800/860 \fallingdotseq 2.1[kWh]$$

11.

$E_1 = CW/860 = \dfrac{5{,}000\times1{,}000}{860}$[kWh]

따라서 발전소의 종합효율 η는

$\eta = \dfrac{E_2}{E_1} = \dfrac{1{,}500\times860}{5{,}000\times1{,}000} ≒ 0.258 = 25.8[\%]$

12. 발전단 열효율

$\eta = \dfrac{출력}{입력}\times100\ [\%]$

$= \dfrac{발생\ 전력량에\ 상당하는\ 열량}{연료의\ 보유\ 열량}\times100$

$= \dfrac{860\times500\times10^3\times24\times30\times0.75}{64{,}000\times9{,}500\times10^3}\times100$

$≒ 38.2\ [\%]$

13.

$Q = i_1 - i_3 = 850 - 30 = 820$[kcal/kg]

$W = i_1 - i_2 = 850 - 420 = 430$[kcal/kg]

랭킨 사이클의 효율

$\eta = \dfrac{W}{Q} = \dfrac{430}{820} = 0.529 = 52.9[\%]$

종합효율

$\eta_0 = 0.529\times0.8\times0.93 = 0.39 = 39.0[\%]$

14.

소내비율은

$\dfrac{2{,}000}{30{,}000}\times100 \cong 6.7\ [\%]$

송전단 효율은

$\eta' = \dfrac{860(P-p)}{BH}\times100[\%]$

$= \dfrac{860(30{,}000-2{,}000)}{15{,}000\times6{,}000}\times100 = 26.8[\%]$

15.

(1) 발전소 종합효율 η

$\eta = \eta_b\times\eta_c\times\eta_{tg}$

$= 0.815\times0.362\times0.76 ≒ 0.2242$

(2) 석탄 사용량

1 [kWh]는 860 [kcal]이고 종합효율은 22.42 [%]이므로 1 [kWh]에 대해서는

$\dfrac{860}{0.2242} ≒ 3{,}840$[kcal/kg]

석탄의 발열량은 6,000 [kcal/kg]이므로 1 [kWh]당의 석탄 소비량은

$\dfrac{3{,}840}{6{,}000} = 0.64$[kg/kWh]

(3) 증기 소비량

1 [kg]의 증기에 대하여 사용증기와 배기증기의 열량차가 유효한 일(기계적)로 된 열량이다. 따라서 1 [kWh]에 대하여 필요로 하는 증기는

$\dfrac{860}{772-504} = 3.21$[kg/kWh]

한편 증기터빈과 발전기의 효율은 76 [%]이므로 발전 전력량 1 [kWh]당의 증기 소비량은

$\dfrac{3.21}{0.76} = 4.22$[kg/kWh]

16. 50일간의 발생 전력량을 열량으로 환산하면

$Q_A = 5{,}000\times50\times24\times0.6\times860$

$= 3{,}096\times10^6$ [kcal]

연료의 발생열량

$Q_0 = 10{,}500\times950\times10^3 = 9{,}975\times10^6$[kcal]

효율

$\eta = \dfrac{Q_A}{Q_0} = \dfrac{3{,}096\times10^6}{9{,}975\times10^6} = 100 ≒ 31.0\ [\%]$

17.

연간 송전 전력량 W[MWh]

$W = 500\times10^6\times(1-0.04)\times365\times24\times0.6$

$= 2.52\times10^6$ [MWh]

연간 중유 소비량 [kl]

$Q = \dfrac{500\times10^3[\text{kW}]\times365\times24\times860\times0.6}{0.38\times9{,}600\times10^3}$

$= 6.2\times10^5$ [kl]

18.

1일의 전력 발생량 W_G는

$W_G = 500\times10^3\times0.7\times24 = 8.4\times10^6$[kWh]

연료의 발열량 H는

$H = 9{,}800\times10^3 = 9.8\times10^6$ [kcal/kl]

열효율 $\eta = 0.39$

따라서 1일의 연료 소비량 B [kl]는

$B = \dfrac{860\times W_G}{\eta\cdot H} = \dfrac{860\times8.4\times10^6}{0.39\times9.8\times10^6} = 1{,}890$[k$l$]

1일의 연료비 α는

$\alpha = 1{,}890\times140{,}000 = 26.46\times10^7$ [원]

1일의 고정비 $\alpha_1 = 88.6\times10^6$이므로

1 [kWh]당의 발전원가 α_G [원/kWh]는

$\alpha_G = \dfrac{\alpha+\alpha_1}{W_G} = \dfrac{26.46\times10^7+8.86\times10^7}{8.4\times10^6}$

$≒ 42.05$[원/kWh]

제9장 연습문제 해답

15. $W_e = \frac{4,800(725.1-25.02)}{538.8} ≒ 6,240[\text{kg/h}]$

16.

$H_h = 8,100 \times 0.86 + 33,910 \times 0.12 + 2,500 \times 0.02$
$= 11,085[\text{kcal/kg}]$

$H_l = 8,100 \times 0.86 + 28,800 \times 0.12 + 2,500 \times 0.02$
$= 10,472[\text{kcal/kg}]$

공기량 $= 12.38(10,472 - 1,100)/10,000$
$≒ 11.6[\text{Nm}^3/\text{kg}]$

연소 가스량 $= 15.75(10,472 - 1,100)/10,000$
$- 2.18 ≒ 12.6[\text{Nm}^3/\text{kg}]$

17.

전력으로 변환된 열량 Q_e는

$Q_e = 6,000 \times 1,000 \times 0.38 = 2.28 \times 10^6[\text{kcal}]$

1[kWh]=3,600[kJ]=860[kcal]이므로 전력량 P_h는

$P_h = \frac{2.28 \times 10^6}{860} ≒ 2,651[\text{kWh}]$

18.

탄소의 중량

$C = 50 \times 10^3 \times 0.85 = 42,500[\text{kg/h}]$

수소의 중량

$H = 50 \times 10^3 \times 0.15 = 7,500[\text{kg/h}]$

이론 산소량

$Q = \frac{22.4C}{12} + \frac{22.4H}{4}$
$= \frac{22.4 \times 42,500}{12} + \frac{22.4 \times 7,500}{4}$
$= 121,333[\text{Nm}^3/\text{h}]$

이론 공기량

$A = Q/0.21 = 580,000[\text{Nm}^3/\text{h}]$

19. $\eta = \frac{200 \times 10^3 \times (809.9 - 120.25)}{10,500 \times 15 \times 10^3} \times 100 ≒ 87.6[\%]$

20. 일부하율 90[%]로 1일 주야간(24시간) 운전하였을 때의 발생 전력량 W는

$W = 250,000 \times 0.9 \times 24 = 5.4 \times 10^6[\text{kWh}]$

1[kWh]=860[kcal] 이므로 W를 [kcal]로 환산하면

$W_c = 5.4 \times 860 \times 10^6[\text{kcal}]$

따라서 석탄 소비량 X는

$X = \frac{860 \times 5.4 \times 10^6}{5,500 \times 0.37} ≒ 22.82 \times 10^5[\text{kg}] = 2,282[\text{t}]$

21.

연간 송전 전력량 W[MWh]

$550 \times 10^6 \times (1 - 0.04) \times 365 \times 24 \times 0.6$
$= 2,772 \times 10^6[\text{MWh}]$

연간 중유 소비량 $Q[\text{k}l]$

$Q = \frac{550 \times 10^3[\text{kW}] \times 365 \times 24 \times 860 \times 0.6}{0.38 \times 10,600 \times 10^3}$
$= 6.17 \times 10^5[\text{k}l]$

22.

$P = \frac{9.8QH}{\eta_p}$

한편

$Q = \frac{200}{60 \times 60} \times \frac{1}{2} ≒ 0.0278[\text{m}^3/\text{s}]$

$H = 80 \times 10 = 800[\text{m}]$

따라서

$P = \frac{9.8 \times 0.0278 \times 800}{0.75} = 290.6[\text{kW}]$

* 일반적으로 급수펌프에서는 $H \to 1.3$배, $Q \to 1.5$배로 넉넉하게 설계하는 것이 보통이다. 따라서 $P ≒ 560$[kW] 정도로 보면 된다.

제10장 연습문제 해답

11.

시간당 복수량

$W_c = 7 \times 3,000 = 21,000[\text{kg}]$

필요한 냉각면적

$A_c = 21,000/50 = 420[\text{m}^2]$

제11장 연습문제 해답

4.

(1) 장점

① 운전조작이 간단하다.
② 구조가 간단해서 운전에 대한 신뢰도가 높다.
③ 기동, 정지가 용이하다.

④ 물처리가 필요 없으며 또한 냉각수의 소요량이 적다.
⑤ 설치장소를 비교적 자유롭게 선정할 수 있다.
⑥ 건설기간이 짧고 이설도 쉽게 할 수 있다.

(2) 단점

① 가스온도가 높기 때문에 값비싼 내열재료를 사용해야 한다.
② 열효율은 내연력 발전소나 대용량의 기력 발전소보다 떨어진다.
③ 사이클 공기량이 많기 때문에 이것을 압축하는 데 많은 에너지가 필요하다.
④ 가스터빈의 종류에 따라서는 성능이 외기온도와 대기압의 영향을 받는다(즉, 외기온도가 내려가면 출력이 증가하고 외기온도가 올라가면 출력이 줄어든다).

9. 가스터빈의 발전효율이 30 [%]이므로 배기는 70 [%]의 열량을 보유한다. 따라서 발전효율 η_{GT}

$$\eta_{GT} = 0.3 + (0.7 \times 0.2) = 0.44 = 44[\%]$$

이것이 복합 사이클 발전의 종합효율이다.

제13장 연습문제 해답

13. $\lambda = \dfrac{0.693}{t_{\frac{1}{2}}} = \dfrac{0.693}{4.47 \times 10^9} = 1.55 \times 10^{-10}[\text{year}^{-1}]$

14. ${}_{92}U^{235}$ 1 [g]이 핵분열을 일으키면 질량이 0.09[%] 감소하고 그 질량의 감소분 m[g]이 에너지로 변환된다. 따라서 지금 광속을 c라고 하면 방출 에너지 E[J]는

$$E = mc^2 = 1 \times 10^{-3} \times (0.09/100) \times (3 \times 10^8)^2 = 81 \times 10^9 [\text{J}]$$

한편 1 [cal] = 4.18 [J]이므로 구하고자 하는 중유량 B [l]는 $B \times 10{,}000 \times 10^3 \times 4.18 = 81 \times 10^9$ 으로부터

$$B = 1.938 \fallingdotseq 1.940[l]$$

16. $K_\infty = \eta\epsilon pf = 1.69 \times 1.023 \times 0.76 \times 0.86 \fallingdotseq 1.13$

17.

$$k_\infty = \eta\epsilon pf$$

여기서, $\eta = 2.08$, $\epsilon = 1.03$, $p = 0.865$, $f = 0.603$을 대입하면

$$k_\infty = 2.08 \times 1.03 \times 0.865 \times 0.603 \fallingdotseq 1.12$$

18.

평균 충돌회수 $= \log_e(1.5 \times 10^6/0.025)/\xi = 24.5$[회]

제14장 연습문제 해답

12. 66.7[%]

제17장 연습문제 해답

2.

(1) 약 86 [g] (2) 약 140 [g]
(3) 367 [m] (4) 86 [k]

3. $P_0 = 8 \times 1{,}000^2 \times 1.2^2 \times 0.6 \times (1 - 0.6) \fallingdotseq 2.76 \times 10^6 [\text{W/m}^3] = 2.76[\text{MW/m}^3]$

또한, 최대 출력밀도 P_m은

$$P_m = 8 \times 1{,}000^2 \times 1.2^2 \times 0.5^2 = 2.88[\text{MW/m}^3]$$

4. 약 48,000[m^2]

5. $A = \dfrac{10{,}000 \times 10^3}{600 \times 0.18} \fallingdotseq 92{,}600[\text{m}^2]$

6. $S = \dfrac{3{,}000}{0.75 \times 0.85 \times 0.15} \fallingdotseq 31{,}380[\text{m}^2]$

8. 184 [kW]

9. 1년간의 발전량은

$$80 \times 0.5 \times 24 \times 365 = 350{,}400[\text{kWh}] = 1.261 \times 10^{12}[\text{J}]$$

500 [t]의 강철 생산에 요하는 에너지는

$$35 \times 10^9 \times 500 = 1.75 \times 10^{13}[\text{J}]$$

따라서 에너지 회수에 요하는 시간은

$$\frac{1.75 \times 10^{13}}{1.261 \times 10^{12}} \fallingdotseq 13.9[\text{년}]$$

제19장 연습문제 해답

4. 먼저 효율이 최고로 되는 부하는 철손과 동손이 같을 경우이다. 구하고자 하는 부하를 P[kVA]라고 하면

$$1\,[\mathrm{kW}] = \left(\frac{P}{100}\right)^2 \times 1.25\,[\mathrm{kW}]$$

로부터

$P = 89$ [kVA]

(이때 역률이 $\cos\varphi$였다면 $89\cos\varphi$[kW]가 된다.)

다음 전일 효율η는

전부하 운전의 kWh 출력=2×100×0.8=160 [kWh]

반부하 운전의 kWh 출력=4×50×1.0=200 [kWh]

그러므로 총 kWh 출력=160+200=360 [kWh]

24시간의 철손 = 24×1.0=24 [kWh]

전부하의 동손 = 2×1.25=2.5 [kWh]

반부하의 동손 = (4×1.25) / 4=1.25 [kWh]

전손실 = 24+2.5+1.25=27.75 [kWh]

따라서

$$\text{전일 효율 } \eta = \frac{300}{360+27.75} \times 100 = 93\,[\%]$$

최고 효율시 부하 $89\cos\varphi$ [kW]

전일 효율 $\eta = 93$ [%]

제20장 연습문제 해답

3. 역률 0.8일 때의 무효 전력을 Q_1[kVA], 220 [kVA]의 콘덴서를 설치한 후의 역률을 x, 이때의 무효 전력을 Q_2[kVA]라고 하면

$$Q_1 = \frac{480}{\sqrt{(480)^2 + Q_1^2}} = 0.8$$

로부터

$Q_1 = 360$ [kVA]

콘덴서 설치 후의 무효 전력 Q_2는

$Q_2 = Q_1 - 220 = 360 - 220 = 140$ [kVA]

따라서 역률x는

$$x = \frac{480}{\sqrt{(480)^2 + (140)^2}} = 0.96$$

그러므로 역률은 80 [%]에서 96 [%]로 개선된다.

4.

당초의 부하 전력 W_1은

$$W_1 = 3{,}400 + j3{,}400 \times \frac{\sqrt{1-0.85^2}}{0.85} = 3{,}400 + j2{,}108$$

신규 부하의 전력 W_2는

$$W_2 = 5{,}600 + j5{,}600 \times \frac{\sqrt{1-0.8^2}}{0.8} = 5{,}600 + j4{,}200$$

합성 전력 W는

$$W = W_1 + W_2 = 9{,}000 + j6{,}308$$

이 경우의 $\tan\theta = \dfrac{6{,}308}{9{,}000} = 0.7009$

한편 역률을 90 [%]로 하였을 때의 $\tan\theta_0$는

$$\tan\theta_0 = \frac{\sqrt{1-0.9^2}}{0.9} = 0.484$$

따라서 콘덴서의 소요 용량 Q_c는

$$Q_c = P(\tan\theta - \tan\theta_0)$$
$$= 9{,}000 \times (0.7009 - 0.484) \simeq 1{,}952\,[\mathrm{kVA}]$$

5.

기설의 부하를 $W_1 = 5{,}000$[kVA], $\cos\theta_1 = 0.75$로 하면

$P_1 = W_1\cos\theta_1 = 3{,}700$ [kW]

$Q_1 = W_1\sin\theta_1 = 5{,}000 \times \sqrt{1-(0.75)^2} = 3{,}305$[kVar]

따라서 Q[kVA]의 콘덴서를 설치해서 무효 전력을 보상하면

$Q_1 - Q = 3{,}305 - 1{,}045 = 2{,}260$ [kVar]

증가 부하의 유효 전력을 P_2 [kW], 역률을$\cos\theta_2$라고 하면 그 무효 전력 Q_2는

$$Q_2 = P_2\tan\theta_2,\ \tan\theta_2 = \frac{0.6}{0.8} = 0.75$$

이다. 이때 피상 전력이 5,000 [kVA]로 되기 위해서는

$$5{,}000 = \sqrt{(P_1+P_2)^2 + (Q_1 - Q + Q_2)^2}$$

가 성립하지 않으면 안된다. 즉,

$$5{,}000 = \sqrt{(3{,}750+P_2)^2 + (2{,}260+P_2\tan\theta_2)}$$
$$5{,}000^2 = (3{,}750+P_2)^2 + (2{,}260+0.75P_2)^2$$

이것을 풀면 $P_2 \fallingdotseq 500$ [kW]

이때의 종합 역률을 $\cos\varphi$라 하면

$$\cos\varphi = \frac{P_1+P_2}{W_1} = \frac{4{,}250}{5{,}000} = 0.85$$

즉, 지상 역률의 85 [%]로 된다.

6.

$$Q = W_0\left(\cos\varphi\sqrt{\frac{1}{\cos\varphi_0} - 1} - \sqrt{1-\cos^2\varphi}\right)$$
$$= 300\left(0.9\sqrt{\frac{1}{0.7^2} - 1} - \sqrt{1-0.9^2}\right)$$
$$= 144.9\,[\mathrm{kVA}]$$

증가 부하의 피상 전력 W_1 및 전력 P_1은 우선

$$W_1 = W_0\left(\frac{\cos\varphi}{\cos\varphi_0} - 1\right) = 300\left(\frac{0.9}{0.7} - 1\right) = 85.8\,[\mathrm{kVA}]$$

이므로 이로부터

$P_1 = W_1\cos\varphi_0 = 85.8 \times 0.7 \fallingdotseq 60$ [kW]

또는

$P_1 = W_0(\cos\varphi - \cos\varphi_0)$
$= 300(0.9 - 0.7) = 60$ [kW]

제21장 연습문제 해답

4. 예제 21.1의 해법 참조
송전선의 % 리액턴스 $\%x_l$는

$$\%x_l = \frac{30,000 \times 25}{10 \times 66^2} = 17.22[\%]$$

일반적으로 발전기, 변압기의 저항분은 작기 때문에 이 것을 무시한다.
고장점 S로부터 전원측을 본 %리액턴스 $\%x_s$는

$$\%x_s = \frac{(30+7.5)\cdot(60+15)}{(30+7.5)+(60+15)} + 17.22 = 42.22[\%]$$

66[kV] 송전선의 30,000[kVA] 기준의 정격전류 I_n은

$$I_n = \frac{P}{\sqrt{3}\,V} = \frac{30,000}{\sqrt{3}\cdot 66} = 262.4[\text{A}]$$

따라서, 3상 단락전류 I_s는

$$I_s = \frac{100}{\%x_s} \times I_n = \frac{100}{42.22} \times 262.4 = 622[\text{A}]$$

5. 마찬가지로 먼저 300[MVA]를 기준으로 한 %임피던스를 구한다.
3상단락점에서 본 합성 백분율 임피던스 $\%Z_0$는

$$\%Z_0 = \frac{(3+46.5)\times(15-13.5)}{(3+46.5)+(15-13.5)} + 53.5 = 54.96[\%]$$

정격전류 I_n는

$$I_n = \frac{P_n}{\sqrt{3}\,V} = \frac{300 \times 10^3}{\sqrt{3}\cdot 33} \fallingdotseq 5,249[\text{A}]$$

단락전류 I_s는

$$I_s = \frac{100}{\%Z_0}\cdot I_n = \frac{100}{54.96}\cdot 5,249 \fallingdotseq 9,550[\text{A}]$$

6. 전원측 차단기 A의 차단 용량 500 [MVA]를 이에 해당되는 등가 임피던스로 환산한다.

$$22.9\,[\text{kV}]\ \text{모선측 등가 임피던스} = \frac{\text{전압}}{\text{전류}} = \frac{(\text{전압})^2}{\text{용량}} = \frac{(22.9\times 10^3)^2}{500 \times 10^6} = j1.049[\Omega]$$

한편,

선로의 임피던스 $= 10(0.3 + j0.4) = 3 + j4$ [Ω]
합계 임피던스 $= 3 + j5.049 = 5.873\angle 59.3°$ [Ω]

$$\text{수용가 인입구의 3상 단락 전류} = \frac{\frac{22.9}{\sqrt{3}} \times 10^3}{5.873} = 2,251[\text{A}]$$

따라서,

차단용량 $= \sqrt{3} \times 22.9 \times 2,251 \times 10^{-3} = 89.3$ [MVA]
가까운 정격의 100 [MVA]를 사용하면 된다.

7. 고장 전류 중 G_1으로부터 흐르는 전류를 I_{G1}, G_2로부터 흐르는 전류를 I_{G2}, G_3로부터 흐르는 전류를 I_{G3}라 한다. 또, 10 [MVA]에 대한 정격 전류를 I_n이라고 한다.

(1) 차단기 a의 바로 우측에서 단락 고장이 일어났을 경우 a에 흐르는 전류 I_a는

$$I_a = I_{G1} = I_n \times \frac{100}{5+3} = 12.5 I_n$$

차단기 a의 바로 좌측에서 단락 고장이 일어났을 경우 a에 흐르는 전류 I_a'

$$I_a' = I_{G2} + I_{G3} = 2 \times I_n \cdot \frac{100}{4+5+2} \fallingdotseq 18.2 I_n$$

$I_a' > I_a$이므로 I_a'에 대해서 차단 용량을 결정해 주면 된다. 지금 정격 전압(선간 전압)을 V_n이라고 하면 차단기 a의 차단 용량 P_a는

$P_a = \sqrt{3}\,V_n \cdot I_a' = \sqrt{3}\cdot V_n \cdot I_n \times 18.2$
$= 10 \times 18.2 = 182$ [MVA]
$(\because \sqrt{3}\,V_n\,I_n = P_n = 10\ [\text{MVA}])$

(2) 차단기 b의 바로 우측에서 고장이 일어났을 경우 b에 흐르는 전류 I_b는

$$I_b = I_{G1} + I_{G3} = I_n \cdot \frac{100}{5+3} + I_n \cdot \frac{100}{4+5+2} \fallingdotseq 21.6 I_n$$

b의 바로 좌측에서 고장이 일어났을 경우 b에 흐르는 전류 I_b'는

$$I_b' = I_{G2} = I_n \cdot \frac{100}{4+5+2} = 9.1 I_n$$

$I_b > I_b'$이므로 이 경우에는 I_b에 대해서 차단 용량을 정해 주면 된다. 차단기 b의 차단 용량 P_b는

$P_b = \sqrt{3}\,V_n \cdot I_b = \sqrt{3}\,V_n\,I_n \times 21.6$
$= 10 \times 21.6 = 216$ [MVA]

그러므로

$P_a = 182$ [MVA] → 200 [MVA]
$P_b = 216$ [MVA] → 250 [MVA]

의 것을 설치하면 된다.

찾아보기

(ㄴ)

(ㄷ)

(ㄹ)

(ㅁ)

(ㅂ)

(ㅅ)

(ㅇ)

( )

(ㅊ)

▸ **著者 略歷**

宋吉永

1953년　서울工大 中退
1958년　日本武蔵工大 電氣科 卒業
1967년　日本早稻田大學大學院卒業 同大學에서 工學博士 學位 取得
1967년　韓國電力技術部 系統計劃課長
1970년　韓國電力 企劃管理部 技術役(EDPS 擔當次長)
1970년　科學技術部 中央電子計算所長
1974년　漢陽大學校 工科大學 電氣工學科 敎授
1977년　韓國情報科學會 會長
1977년　高麗大學校 工科大學 電氣工學科 敎授
(1999년 停年退任)
2001　日本早稻田大學 客員敎授

▸ **著　書**

白合出版社　컴퓨터 利用의 基礎知識
電子計算機 하아드웨어 入門
포오트란 入門
알기쉬운 電子計算機외 3권

동일출판사　送配電工學, 發變電工學, 시스템 解析理論
電力系統의 解析과 運用
알기쉬운 컴퓨터지식
전자계산기의 원리와 구조, 신편 전자계산기 시스템
신편 전력공학, 전력공학연습, 신편 전력계통공학
알기쉬운 전기의 세계

신편 **발변전공학**

발　행 / 2024년 8월 5일

저　자 / 송 길 영
펴 낸 이 / 정 창 희
펴 낸 곳 / 동일출판사
주　소 / 서울시 강서구 곰달래로31길7 (2층)
전　화 / 02) 2608-8250
팩　스 / 02) 2608-8265
등록번호 / 제109-90-92166호

ISBN 978-89-381-1650-5 93560
값 / 27,000원